软件开发微视频讲解大系

Java 从入门到精通
（项目案例版）

明日学院　编著

中国水利水电出版社
www.waterpub.com.cn

·北京·

内 容 提 要

　　《Java 从入门到精通（项目案例版）》以 Java 8 为基础，从第 1 行代码开始，介绍了 Java 入门、Java 核心技术、Java 高级编程、Java 项目实战案例以及 Java 编程思想等相关内容。全书共 21 章，其中 1~20 章主要介绍了 Java 概述、Eclipse 开发环境搭建和开发工具的使用、Java 语言基础、数组、字符串、面向对象编程基础、面向对象核心技术、异常处理、Java 常用类、枚举与泛型、Swing 程序设计、高级事件处理、I/O、多线程、网络通信、使用 JDBC 操作数据库、Swing 高级组件、AWT 绘图等，每个重要知识点均结合具体的实例讲解；最后一章通过企业进销存管理系统开发的全过程，详细介绍了 Java 各项技术在实际程序开发中的具体应用和相关编程思想，为以后具体实战打下坚实基础。另外还有 4 个项目案例，因为篇幅限制，将其以电子版的形式放在网上，读者可下载后学习（具体下载方法见前言中的相关说明）。

　　《Java 从入门到精通（项目案例版）》配备了极为丰富的学习资源，具体内容如下：

　　◎配套资源：302 节教学视频（可扫描二维码观看），总时长 36.6 小时，以及全书实例源代码。

　　◎附赠"Java 开发资源库"，拓展学习本书的深度和广度。

　　※实例资源库：1093 个实例及源码解读　　　　※模块资源库：16 个典型模块完整开发过程展现

　　※项目资源库：15 个项目完整开发过程展现　　　　※能力测试题库：4 种程序员必备能力测试题库

　　※面试资源库：351 道常见 Java 面试真题

　　◎附赠在线课程：　包括 Java、Oracle 体系课程、实战课程等多达百余学时的在线课程。

　　《Java 从入门到精通（项目案例版）》适合作为 Java 入门者、Java 工程师、应用型高校、培训机构的教材或参考书。

图书在版编目（Ｃ Ｉ Ｐ）数据

　　Java从入门到精通 : 项目案例版 / 明日学院编著
. -- 北京 : 中国水利水电出版社，2017.9（2018.10重印）
　　（软件开发微视频讲解大系）
　　ISBN 978-7-5170-5777-2

　　Ⅰ．①J… Ⅱ．①明… Ⅲ．①JAVA语言－程序设计
Ⅳ．①TP312.8

　　中国版本图书馆CIP数据核字(2017)第210736号

书　　名	Java 从入门到精通（项目案例版） Java CONG RUMEN DAO JINGTONG（XIANGMU ANLI BAN）
作　　者	明日学院 编著
出版发行	中国水利水电出版社 （北京市海淀区玉渊潭南路 1 号 D 座　100038） 网址：www.waterpub.com.cn E-mail：zhiboshangshu@163.com 电话：（010）62572966-2205/2266/2201（营销中心）
经　　售	北京科水图书销售中心（零售） 电话：（010）88383994、63202643、68545874 全国各地新华书店和相关出版物销售网点
排　　版	北京智博尚书文化传媒有限公司
印　　刷	三河市龙大印装有限公司
规　　格	203mm×260mm　16 开本　33.25 印张　710 千字　1 插页
版　　次	2017 年 9 月第 1 版　2018 年 10 月第 6 次印刷
印　　数	30001—35000 册
定　　价	89.80 元

前 言

Preface

Java 是一种面向对象的可跨越多平台、可移植性高的计算机编程语言。因具有简单、面向对象、分布式、安全性、平台独立与可移植性、多线程、动态性等特点，在桌面程序开发、金融业、网站、嵌入式领域、大数据技术、科学应用等方面，得到了广泛的应用，是应用范围最广泛的开发语言，也是 IT 产业常用的技术。Java 程序可以运行在大部分系统平台上，如移动电话、嵌入式设备及消费类电子产品等，目前很多 Android 应用的代码都是使用 Java 语言编写的。Java 是一门随时代快速发展的计算机语言程序，在大数据、云计算、人工智能和移动互联网的产业环境下，Java 能与各方面进行对接（如大数据分析软件 Hadoop 本身就是用 Java 语言编写的），其优势将进一步展现出来，在创新和社会进步上继续发挥强有力的重要作用。

本书内容

本书从初学者的角度出发，全面、系统地介绍了 Java 编程所需要的各种技术。全书共 21 章，其中 1~20 章主要介绍了 Java 简介、Eclipse 开发环境搭建和开发工具的使用、Java 语言基础、流程控制、数组、字符串、面向对象编程基础、面向对象核心技术、异常处理、Java 常用类、集合类、枚举与泛型、Swing 程序设计、高级事件处理、I/O（输入/输出）、反射、多线程、网络通信、使用 JDBC 操作数据库、Swing 高级组件、AWT 绘图等 Java 基础知识、核心技术和高级应用；最后一章通过企业进销存管理系统开发的全过程，详细介绍了 Java 各项技术在实际程序开发中的具体应用和相关编程思想，为以后具体实战打下坚实基础。另外还有 4 个项目案例，因为篇幅限制，将其以电子版的形式放在网上，读者可下载后学习（具体下载方法见下页的"本书学习资源列表及获取方式"）。

本书特点

↘ 结构合理，适合自学

本书定位以初学者为主，在内容安排上充分考虑到初学者的特点，内容由浅入深，循序渐进，能引领读者快速入门。

↘ 视频讲解，通俗易懂

为了提高学习效率，本书大部分章节都录制了教学视频。视频录制时采用模仿实际授课的形式，在各知识点的关键处给出解释、提醒和需注意事项，专业知识和经验的提炼，让你高效学习的同时，更多体会编程的乐趣。

↘ 实例丰富，一学就会

本书在介绍知识点时，辅以大量的实例或示例，并提供具体的设计过程和大量的图示，可帮助读者快速理解并掌握所学知识点。最后的大型综合案例，运用软件工程的设计思想和 Java 相关技术，让读者学习软件项目开发的实际过程。

    ↘ **栏目设置，精彩关键**

根据需要并结合实际工作经验，作者在各章知识点的叙述中穿插了大量的"注意""说明""技巧""多学两招""试一试"等小栏目，让读者在学习过程中，快速理解相关知识点并引导读者动手，切实掌握相关技术的应用技巧。

本书显著特色

    📖 **体验好**

二维码扫一扫，随时随地看视频。书中大部分章节都提供了二维码，读者朋友可以通过手机微信扫一扫，随时随地看相关的教学视频。（若个别手机不能播放，请参考下面"本书学习资源列表及获取方式"下载后在电脑上观看）

    📖 **资源多**

从配套到拓展，资源库一应俱全。本书提供了几乎覆盖全书的配套视频和源文件。还提供了开发资源库供读者拓展学习，具体包括：实例资源库、模块资源库、项目资源库、面试资源库、测试题库等，拓展视野、贴近实战，学习资源一网打尽！

    📖 **案例多**

案例丰富详尽，边做边学更快捷。跟着大量案例去学习，边学边做，从做中学，学习可以更深入、更高效。

    📖 **入门易**

遵循学习规律，入门实战相结合。编写模式采用基础知识+中小实例+实战案例，内容由浅入深，循序渐进，入门与实战相结合。

    📖 **服务快**

提供在线服务，随时随地可交流。提供 QQ 群、公众号等多渠道贴心服务。

本书学习资源列表及获取方式

本书的学习资源十分丰富，全部资源如下：

    📖 **配套资源**

（1）本书的配套同步视频共计 302 节，总时长 36.6 小时（可扫描二维码观看或通过下述方法下载）

（2）本书中小实例共计 248 个，综合案例共计 5 个（其中 4 个案例以电子版的形式放在网上，需下载后使用，具体下载方法见下页的相关说明）（源代码也可通过相同的方法下载）

    📖 **拓展学习资源（开发资源库）**

（1）实例资源库（典型实例 1093 个）

（2）模块资源库（典型模块 16 个）

（3）项目资源库（典型案例 15 个）

（4）面试资源库（面试真题 351 道）

（5）能力测试题库（能力测试题 4 种）

📖 以上资源的获取及联系方式（注意：本书不配带光盘，书中提到的所有资源均需通过以下方法下载后使用）

（1）读者朋友可以加入下面的微信公众号下载资源或咨询本书的有关问题。

（2）登录网站 xue.bookln.cn，输入书名，搜索到本书后下载。

（3）加入本书学习 QQ 群：772765037（若群满，会创建新群，请注意加群时的提示，并根据提示加入相应的群），咨询本书的有关问题。

本书读者

- ➥ 编程初学者
- ➥ 大中专院校的老师和学生
- ➥ 初中级程序开发人员
- ➥ 想学习编程的在职人员

- ➥ 编程爱好者
- ➥ 相关培训机构的老师和学员
- ➥ 程序测试及维护人员

致读者

本书由明日学院 Java 程序开发团队组织编写，主要编写人员有申小琦、赵宁、张鑫、周佳星、白宏健、王国辉、李磊、王小科、贾景波、冯春龙、杨柳、葛忠月、隋妍妍、赵颖、李春林、裴莹、刘媛媛、张云凯、吕玉翠、庞凤、孙巧辰、何平、李菁菁、张渤洋、胡冬、梁英、周艳梅、房雪坤、江玉贞、高春艳、辛洪郁、刘杰、宋万勇、张宝华、杨丽、潘建羽、王博、房德山、宋晓鹤、高洪江、刘志铭、赛奎春等。

在编写本书的过程中，我们始终坚持"坚韧、创新、博学、笃行"的企业理念，以科学、严谨的态度，力求精益求精，但错误、疏漏之处在所难免，敬请广大读者批评指正。

祝读者朋友在编程学习路上一帆风顺！

编 者

目　录

Contents

电子书目录

（以下内容需下载后使用，具体下载方法见本书前言中的"本书学习资源列表及获取方式"）

"Java 开发资源库" 目录

（Java 开发资源库需下载后使用，具体下载方法详见前言中 "本书学习资源列表及获取方式"）

第 1 大部分　实例资源库

（1093 个完整实例分析，路径：资源包/Java 开发资源库/实例资源库）

将数据库中的数据写入到 Excel　　将数据库中的数据写入到 Word

第 2 大部分　模块资源库

（16 个经典模块，路径：资源包/开发资源库/模块资源库）

第 3 大部分　项目资源库

（15 个企业开发项目，路径：资源包/开发资源库/项目资源库）

XXX

第 4 大部分　测试资源库

（616 道能力测试题目，路径：资源包/开发资源库/能力测试）

第 5 大部分　面试系统资源库

（369 项面试真题，路径：资源包/开发资源库/编程人生）

第 1 章　初识 Java

扫一扫，看视频

Java 是一种跨平台的、面向对象的程序设计语言。本章先简单介绍 Java 语言的不同版本及其相关特性以及学好 Java 语言的方法等，然后重点对 Java 环境的搭建、Eclipse 的下载及使用进行详细的讲解，最后了解基本的 Java 程序调试步骤。

通过阅读本章，您可以：

- ❥ 了解 Java 语言及其版本
- ❥ 熟练掌握 Java 环境的搭建
- ❥ 掌握如何下载并配置 Eclipse
- ❥ 熟悉第一个 Java 程序
- ❥ 掌握 Eclipse 的使用
- ❥ 熟悉程序调试

1.1　Java 简介

Java 是一种高级的面向对象的程序设计语言。使用 Java 语言编写的程序是跨平台的，从 PC 机到手持电话都有 Java 开发的程序和游戏，Java 程序可以在任何计算机、操作系统和支持 Java 的硬件设备上运行。

1.1.1　什么是 Java

扫一扫，看视频

Java 是于 1995 年由 Sun 公司推出的一种极富创造力的面向对象的程序设计语言，它是由有 Java 之父之称的 Sun 研究院院士詹姆斯·戈士林博士亲手设计而成的，并完成了 Java 技术的原始编译器和虚拟机。Java 最初的名字是 OAK，在 1995 年被重命名为 Java，正式发布。

Java 是一种通过解释方式来执行的语言，其语法规则和 C++ 类似。同时，Java 也是一种跨平台的程序设计语言。用 Java 语言编写的程序，可以运行在任何平台和设备上，如跨越 IBM 个人电脑、MAC 苹果计算机、各种微处理器硬件平台，以及 Windows、UNIX、OS/2、MAC OS 等系统平台，真正实现了"一次编写，到处运行"。Java 非常适于企业网络和 Internet 环境，并且已成为 Internet 中最具有影响力、最受欢迎的编程语言之一。

与目前常用的 C++ 相比，Java 语言不仅简洁，而且提高了可靠性，除去了最大的程序错误根源，此外它还有较高的安全性，可以说它是有史以来最为卓越的编程语言。

Java 语言编写的程序既是编译型的，又是解释型的。程序代码经过编译之后转换为一种称为 Java 字节码的中间语言，Java 虚拟机（JVM）将对字节码进行解释和运行。编译只进行一次，而解释在每次运行程序时都会进行。编译后的字节码采用一种针对 JVM 优化过的机器码的形式保存，虚拟机将字节码解释为机器码，然后在计算机上运行。Java 语言程序代码的编译和运行过程如图 1.1 所示。

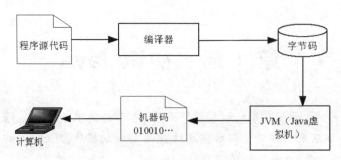

图 1.1　Java 程序的编译和运行过程

扫一扫，看视频

1.1.2　Java 的版本

自从 Sun 公司推出 Java 以来，就力图使之无所不能。Java 发展至今，按应用范围分为 3 个版本，即 Java SE、Java EE 和 Java ME，也就是 Sun ONE（Open Net Environment）体系。本节将分别介绍这 3 个 Java 版本。

📢 注意：

在 Java 6 出版之后，J2SE、J2EE 和 J2ME 正式更名，将名称中的 2 去掉，更名后分别为 Java SE、Java EE 和 Java ME。

1．Java SE

Java SE 是 Java 的标准版，主要用于桌面应用程序的开发，同时也是 Java 的基础，它包含 Java 语言基础、JDBC（Java 数据库连接性）操作、I/O（输入/输出）、网络通信和多线程等技术。Java SE 的结构如图 1.2 所示。

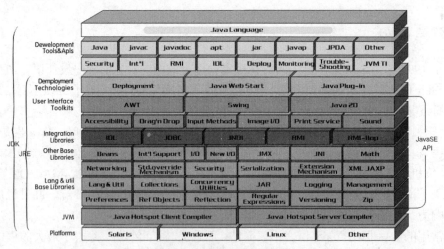

图 1.2　Java SE 的结构

2．Java EE

Java EE 是 Java 的企业版，主要用于开发企业级分布式的网络程序，如电子商务网站和 ERP（企业资源规划）系统，其核心为 EJB（企业 Java 组件模型）。Java EE 的结构如图 1.3 所示。

3. Java ME

Java ME 主要应用于嵌入式系统开发，如掌上电脑、手机等移动通信电子设备，现在大部分手机厂商所生产的手机都支持 Java 技术。Java ME 的结构如图 1.4 所示。

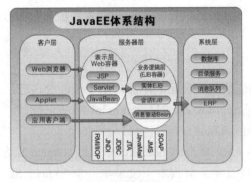

图 1.3　Java EE 的结构　　　　　　　　　图 1.4　Java ME 的结构

1.1.3　Java API 文档

API 的全称是 Application Programming Interface，即应用程序编程接口。Java API 文档是 Java 程序开发不可缺少的帮助文档，它记录了 Java 语言中海量的 API，主要包括类的继承结构、成员变量、成员方法、构造方法和静态成员的详细说明和描述信息。可以在 http://docs.oracle.com/javase/8/docs/api/index.html 网站中找到 JDK8 的 API 文档的，页面效果如图 1.5 所示。

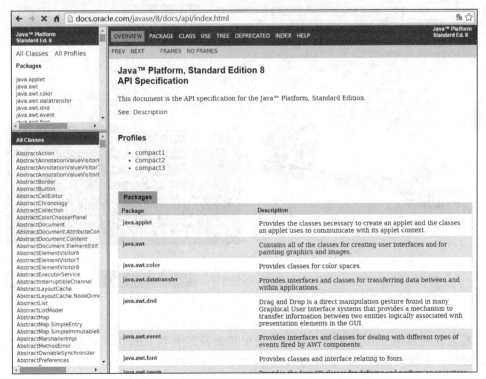

图 1.5　Java API 文档页面

1.2　搭建 Java 环境

在学习 Java 语言之前，必须了解并搭建好它所需要的开发环境。要编译和执行 Java 程序，JDK（Java Developers Kits）是必备的。下面具体介绍下载并安装 JDK 和配置环境变量的方法。

1.2.1　下载 JDK

Java 的 JDK 又称 Java SE（以前称 J2SE），是 Sun 公司的产品，由于 Sun 公司已经被 Oracle 收购，因此 JDK 可以在 Oracle 公司的官方网站 http://www.oracle.com/index.html 下载。

下面以目前最新版本的 JDK8 为例介绍下载 JDK 的方法，具体步骤如下。

（1）打开 IE 浏览器，输入网址 http://www.oracle.com/index.html，浏览 Oracle 官方主页。将光标移动到工具栏上的 Downloads 菜单项上，会显示下载列表下拉菜单，单击 Java SE 超链接，如图 1.6 所示。

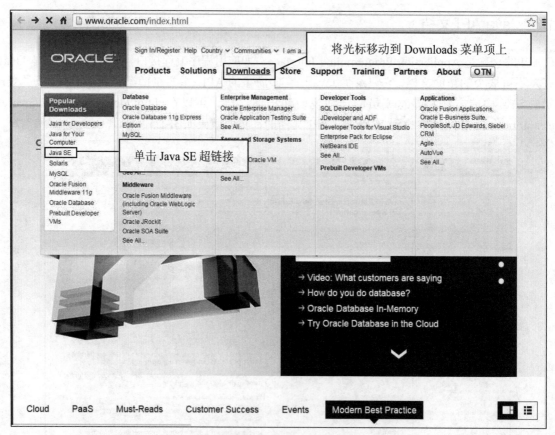

图 1.6　Oracle 主页

（2）将跳转到 JDK 的下载页面，在该页面中单击最新版本 JDK 的超链接，即如图 1.7 所示的 Download 按钮。在撰写本书时，最新的 JDK 版本为 JDK 8u65。

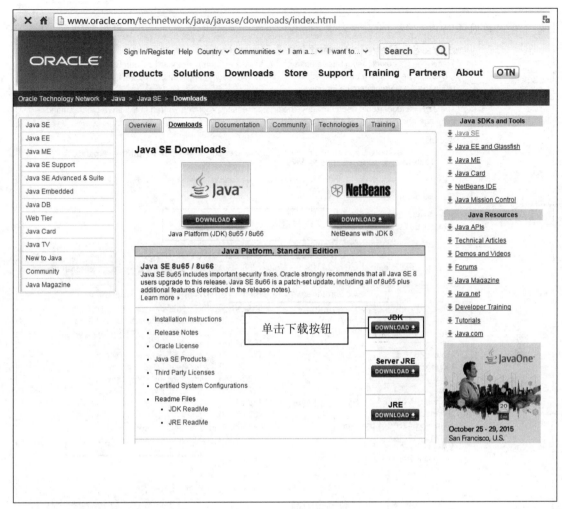

图 1.7　JDK 的下载页

✍ 说明：

> 这里下载的 JDK 版本是笔者写作本书时的最新版本，由于 JDK 的版本更新比较快，因此，如果读者在使用本书时，没有 JDK 8u65 版本，可以直接下载 JDK 的最新版本进行使用。

（3）在进入的新页面中，需要先选中 Accept License Agreement（同意协议）的单选按钮，这时将显示如图 1.8 所示的页面，否则单击要下载的超链接时将不能进行下载。

📢 注意：

> 下载时要选择适合自己操作系统平台的安装文件，如 Windows 系统平台是无法运行 Linux 系统平台的安装文件的。

（4）在下载列表中，可以根据电脑硬件和系统选择适当的版本进行下载。如果是 32 位的 Windows 操作系统，那么需要下载 jdk-8u65-windows-i586.exe 文件，直接在页面单击该文件的超链接即可。

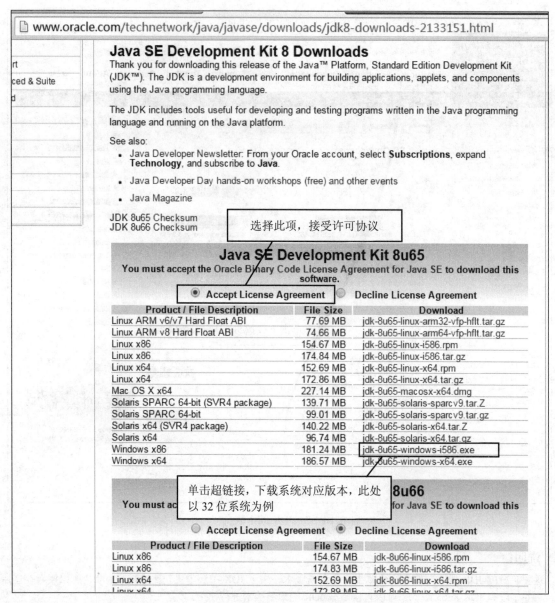

图 1.8　JDK 8u65 的下载列表

✍ 说明：

> 操作系统的位数可以通过选中"计算机"图标，单击鼠标右键，选择"属性"命令进行查看。

1.2.2　配置 JDK 环境

1. JDK 安装

下载 Windows 平台的 JDK 安装文件 jdk-8u65-windows-i586.exe 后即可安装，步骤如下。

（1）双击刚刚下载的安装文件，将弹出欢迎对话框，单击"下一步"按钮，如图 1.9 所示。

（2）在弹出的对话框中，可以选择安装的功能组件，这里选择默认设置，如图 1.10 所示。

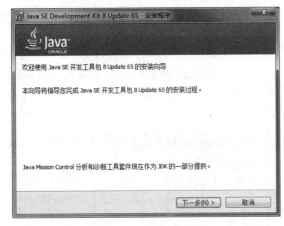

图 1.9　欢迎对话框

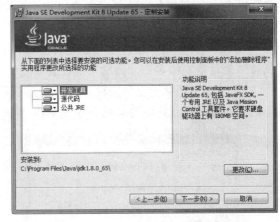

图 1.10　"自定义安装"对话框

（3）单击"更改"按钮，将弹出"更改文件夹"对话框，在该对话框中将 JDK 的安装路径更改为 C:\Java\jdk1.8.0_65\，如图 1.11 所示，单击"确定"按钮，将返回到"自定义安装"对话框中。

（4）单击"下一步"按钮，开始安装 JDK。在安装过程中会弹出 JRE 的"目标文件夹"对话框，这里更改 JRE 的安装路径为 C:\Java\jre8\（若此路径没有，可手动添加，另外，JRE 一定不要与 JDK 安装在同一路径下，否则，在使用过程中会出现错误提示），然后单击"下一步"按钮，安装向导会继续完成安装进程。

（5）安装完成后，将弹出如图 1.12 所示的"完成"对话框，单击"关闭"按钮即可。

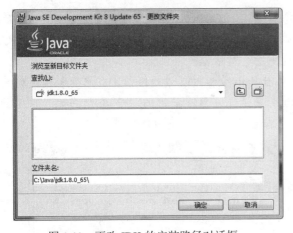

图 1.11　更改 JDK 的安装路径对话框

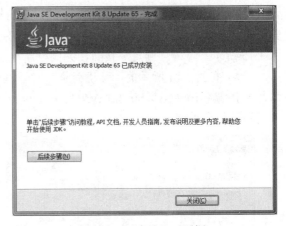

图 1.12　"完成"对话框

✍ 说明：

> JRE 全称为 Java Runtime Environment，它是 Java 运行环境，主要负责 Java 程序的运行，而 JDK 包含了 Java 程序开发所需要的编译、调试等工具，另外还包含了 JDK 的源代码。

2. 在 Windows 7 系统中配置环境变量

安装完 JDK 之后，如果要使用，需要首先配置环境变量，在 Windows 操作系统中，主要配置 3

个环境变量，分别是 JAVA_HOME、Path 和 CLASSPATH，其中 JAVA_HOME 用来指定 JDK 的安装路径；Path 主要用来使系统能够在任何路径下都可以识别 Java 命令；CLASSPATH 用来加载 Java 类库的路径。在 Windows 7 系统中配置环境变量的步骤如下。

（1）在"计算机"图标上单击鼠标右键，在弹出的快捷菜单中选择"属性"命令，在弹出的"属性"对话框左侧单击"高级系统设置"超链接，将打开如图 1.13 所示的"系统属性"对话框。

（2）单击"环境变量"按钮，将弹出"环境变量"对话框，如图 1.14 所示，单击"系统变量"栏下的"新建"按钮，创建新的系统变量。

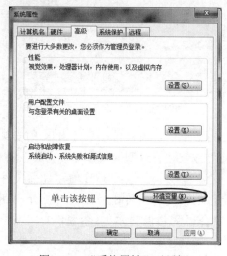

图 1.13　"系统属性"对话框

图 1.14　"环境变量"对话框

（3）弹出"新建系统变量"对话框，分别输入变量名"JAVA_HOME"和变量值（即 JDK 的安装路径），其中变量值是笔者的 JDK 安装路径，读者需要根据自己的计算机环境进行修改，如图 1.15 所示。单击"确定"按钮，关闭"新建系统变量"对话框。

（4）在图 1.14 所示的"环境变量"对话框中双击 Path 变量对其进行修改，在原变量值最前端添加.;%JAVA_HOME%\bin;%JAVA_HOME%\jre\bin;变量值（注意，最后的";"不要丢掉，它用于分割不同的变量值），如图 1.16 所示。单击"确定"按钮，完成环境变量的设置。

图 1.15　"新建系统变量"对话框

图 1.16　设置 Path 环境变量值

（5）在图 1.14 所示的"环境变量"对话框中，单击"系统变量"栏下的"新建"按钮，新建一个 CLASSPATH 变量，变量值为".;%JAVA_HOME%\lib;%JAVA_HOME%\lib\tools.jar;"，如图 1.17 所示。

图 1.17　设置 CLASSPATH 变量

（6）JDK 安装成功之后必须确认环境配置是否正确。在 Windows 系统中测试 JDK 环境需要选择"开始"→"运行"命令（没有"运行"命令可以按<Windows+R>组合键），然后在"运行"对话框中输入 cmd 并单击"确定"按钮启动控制台。在控制台中输入 javac 命令，按<Enter>键，将输出如图 1.18 所示的 JDK 的编译器信息，其中包括修改命令的语法和参数选项等信息。这说明 JDK 环境搭建成功。

图 1.18　JDK 的编译器信息

1.3　第一个 Java 程序

扫一扫，看视频

编写 Java 应用程序，可以使用任何一个文本编辑器来编写程序的源代码，然后使用 JDK 搭配的工具进行编译和运行。现在流行的开发工具可以自动完成 Java 程序的编译和运行，还带有代码辅助功能，可以提示完整的语法代码。但是大型的 IDE 开发工具需要的系统资源较多，在开发一个简单的程序时，还是原始的文本编辑器速度较快。本节将介绍使用文本编辑器开发一个简单 Java 程序的步骤。

例 1.1　下面编写本书的第一个 Java 程序，它在屏幕（也称控制台）上输出"HelloJava"信息。

程序编写步骤如下。（**实例位置：资源包\code\01\01**）

（1）使用文本编辑器编写 Java 程序代码的过程和平时编写文本文件是一样的，只需注意 Java 语法格式和编码规则即可。选择"开始"→"所有程序"→"附件"→"记事本"命令，在记事本程序中输入以下代码：

```java
public class HelloJava {
    public static void main(String[] args) {
        System.out.println("Hello Java");
    }
}
```

（2）选择"文件"→"保存"命令，选择存储位置为 C 盘根目录，在输入文件名称时，使用英文双引号（""）把文件名称包含起来，如"HelloJava.java"。这样可以防止记事本程序为文件自动添加.txt 扩展名。

（3）Java 源程序需要编译成字节码才能被 JVM 识别，可以使用 JDK 的 javac.exe 命令。假设 HelloJava.java 文件保存在 C 盘，选择"开始"→"运行"命令，在"运行"对话框中输入 cmd，单击"确定"按钮，启动控制台，在控制台中输入 cd\命令将当前位置切换到 C 盘根目录，输入 javac HelloJava.java 命令编译源程序。源程序被编译后，会在相同的位置生成相应的.class 文件，这是编译后的 Java 字节码文件。

📢 **注意：**

输入 javac HelloJava.java 命令时，要注意 javac 和 HelloJava.java 之间有一个空格符。如果没有输入这个空格符，将导致命令出错，无法执行。

（4）在控制台中输入 java HelloJava 命令将执行编译后的 HelloJava.class 字节码文件。编译与运行 Java 程序的步骤以及运行结果如图 1.19 所示。

图 1.19　编译与运行 Java 程序的步骤以及运行结果

1.4　Eclipse 开发环境

扫一扫，看视频

虽然使用记事本和 JDK 编译工具已经可以编写 Java 程序，但是在项目开发过程中必须使用大型的集成开发工具（IDE）来编写 Java 程序，这样可以避免编码错误，方便管理项目结构，而且使用 IDE 工具的代码辅助功能可以快速地输入程序代码。本节将介绍 Eclipse 开发工具，包括它的安装、配置与启动、菜单栏、工具栏以及各种视图的作用等。

1.4.1　Eclipse 简介

Eclipse 是由 IBM 公司投资 4 000 万美元开发的集成开发工具。它基于 Java 语言编写，并且是开放源代码的、可扩展的，也是目前最流行的 Java 集成开发工具之一。另外，IBM 公司捐出 Eclipse 源代码，组建了 Eclipse 联盟，由该联盟负责这种工具的后续开发。Eclipse 为编程人员提供了一流的 Java 程序开发环境，它的平台体系结构是在插件概念的基础上构建的，插件是 Eclipse 平台最具特色的特征之一，也是其区别于其他开发工具的特征之一。学习了本章之后，读者将对 Eclipse 有一个初步的了解，为后面深入学习做准备。

1.4.2　下载 Eclipse

本节介绍如何到 Eclipse 的官方网站下载本书所使用的 Eclipse 开发环境。掌握 Eclipse 的下载与使用，并不只是为了学习，以后工作中 Eclipse 也是程序开发的好帮手。事实上，Eclipse 已经成为使用最广泛、应用最多的 Java 开发工具，并且是由 Java 语言编写的。其下载步骤如下。

（1）打开浏览器，在地址栏中输入 http://www.eclipse.org 后，按 Enter 键开始访问 Eclipse 的官方网站，该网站的首页面包含了下载超链接，如图 1.20 所示。单击页面上的 DOWNLOAD 菜单项进入下载页面。

图 1.20　Eclipse 网站首页面

（2）Eclipse 下载页面中包含各种版本的 Eclipse 下载区域，其中第 3 个栏目是 Java 开发版的 Eclipse（它包含 Java IDE、CVS 客户端、XML 编辑器和 Window Builder 等），在每个栏目的右侧是各种平台的下载超链接，本书使用的是 32 位的 Windows 平台，所以单击 Windows 32 Bit 超链接，如图 1.21 所示。

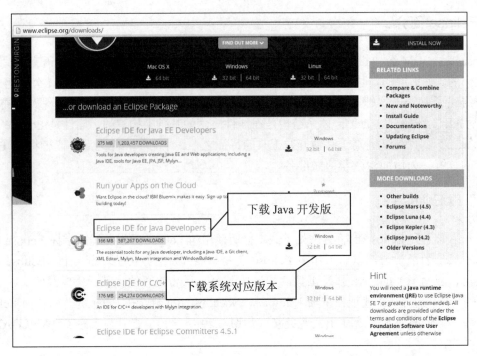

图 1.21　Eclipse 下载页面

（3）最后的 Eclipse 下载页面会根据客户端所在的地理位置，分配合理的下载镜像站点，用户只需在 Eclipse 下载页面中单击 "DOWNLOAD" 按钮，即可下载 Eclipse，如图 1.22 所示。

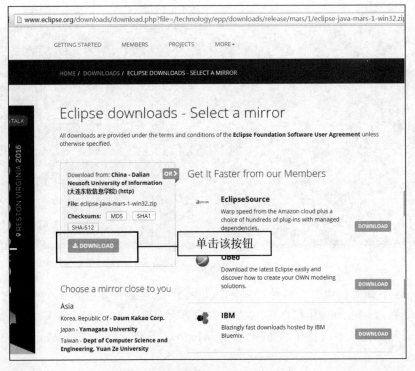

图 1.22　最后的 Eclipse 下载页面

1.4.3　Eclipse 的配置与启动

现在已经配置好 Eclipse 的多国语言包，可以启动 Eclipse 了。在 Eclipse 的安装文件夹中运行 eclipse.exe 文件，即开始启动 Eclipse，弹出 Workspace Launcher 对话框，该对话框用于设置 Eclipse 的工作空间（工作空间用于保存 Eclipse 建立的程序项目和相关设置）。本书的开发环境统一设置工作空间为 Eclipse 安装位置的 workspace 文件夹，在 Workspace Launcher 对话框的 Workspace 文本框中输入.\workspace，单击"OK"按钮，即可启动 Eclipse，如图 1.23 所示。

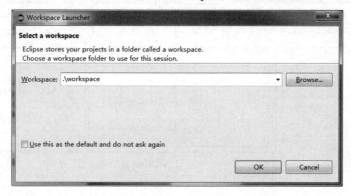

图 1.23　Workspace Launcher 对话框

📢 注意：

每次启动 Eclipse 时都会出现 Workspace Launcher 对话框，通过选中 Use this as the default and do not ask again 复选框可以设置默认工作空间，这样 Eclipse 启动时就不会再询问工作空间的设置了。

✍ 技巧：

如果在启动 Eclipse 时，选中 Use this as the default and do not ask again 复选框，设置不再询问工作空间设置后，可以通过以下方法恢复提示。首先选择"Window"→"Preferences"命令，打开 Preferences 对话框，然后在左侧选择"General"→"Workspace"节点，并且将右侧的 Open rederenced projects when a project is opende（启动时提示工作空间）复选框选中 Prompt（提示），单击"OK"按钮即可。

Eclipse 首次启动时，会显示 Eclipse 欢迎界面，如图 1.24 所示。

图 1.24　Eclipse 的欢迎界面

1.4.4 Eclipse 工作台

在 Eclipse 的欢迎界面中，单击"Workbench"按钮或关闭欢迎界面，将显示 Eclipse 的工作台，它是程序开发人员开发程序的主要场所。Eclipse 还可以将各种插件无缝地集成到工作台中，也可以在工作台中开发各种插件。Eclipse 工作台主要包括标题栏、菜单栏、工具栏、编辑器、透视图和相关的视图等，如图 1.25 所示。

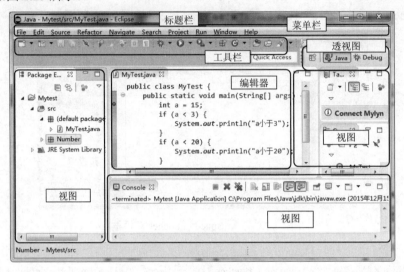

图 1.25　Eclipse 工作台

1.4.5 导入项目文件

本书提供了许多项目源码，Eclipse 直接导入这些项目。导入步骤如下。

（1）选择菜单栏"File"→"🖿Import"命令，打开 Import（导入）窗口，如图 1.26 所示。

图 1.26　在 File 菜单栏中选择 Import 命令

（2）在打开的 Import 窗口中选择"General"→"Existing Projects into Workspace"选项，然后单击"Next"按钮，如图 1.27 所示。

（3）打开导入项目的窗口之后，单击"Browse"按钮，选中项目所在文件夹，即可自动辨认 Java 项目名称，如图 1.28 所示，单击"Finish"按钮，完成导入操作。

图 1.27　Import 窗口

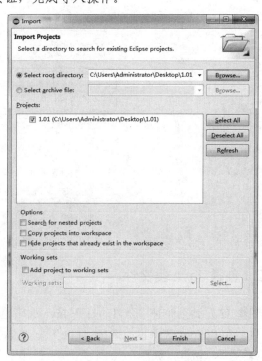

图 1.28　选中项目所在文件夹

1.5　Eclipse 的使用

现在读者对 Eclipse 工具已经有大体的认识了，本节将介绍如何使用 Eclipse 完成 HelloJava 程序的编写和运行。

1.5.1　创建 Java 项目

在 Eclipse 中编写程序，必须先创建项目。Eclipse 中有很多种项目，其中 Java 项目用于管理和编写 Java 程序。创建该项目的步骤如下。

（1）选择"File"→"New"→"Project"命令，打开 New Project（新建项目）对话框，该对话框包含创建项目的向导，在向导中选择"Java Project（Java 项目）"节点，单击"Next"按钮。

（2）弹出 New Java Project（新建 Java 项目）对话框，在 Project name（项目名）文本框中输入 HelloJava，在 Project Layout（项目布局）栏中选中 Create separate folder for sources and class files（为源文件和类文件创建单独的文件夹）单选按钮，如图 1.29 所示，然后单击"Finish"（完成）按钮，完成项目的创建。

图 1.29　"新建 Java 项目"对话框

1.5.2　创建 Java 类文件

创建 Java 类文件时，会自动打开 Java 编辑器。创建 Java 类文件可以通过"新建 Java 类"向导来完成。在 Eclipse 菜单栏中选择"File"→"New"→"Class"命令，将打开 New Java Class（新建 Java 类）对话框，如图 1.30 所示。

图 1.30　"新建 Java 类"对话框

📢 注意:

虽然 HelloJava 类名与 Java 项目同名，但是它们分别代表类文件和 Java 项目，读者需要注意区分它们的含义。

使用该向导对话框创建 Java 类的步骤如下。

（1）在 Source folder（源文件夹）文本框中输入项目源程序文件夹的位置。通常向导会自动填写该文本框，没有特殊情况，不需要修改。

（2）在 Package（包）文本框中输入类文件的包名，这里暂时默认为空，不输入任何信息，这样就会使用 Java 工程的默认包。

（3）在 Name（类名称）文本框中输入新建类的名称，如 HelloJava。

（4）选中 public static void main(String[] args)复选框，向导在创建类文件时，会自动为该类添加 main()方法，使该类成为可以运行的主类。

1.5.3　使用编辑器编写程序代码

编辑器总是位于 Eclipse 工作台的中间区域，该区域可以重叠放置多个编辑器。编辑器的类型可以不同，但它们的主要功能都是完成 Java 程序、XML 配置等代码编写或可视化设计工作。本节将介绍如何使用 Java 编辑器和其代码辅助功能快速编写 Java 程序。

1．打开 Java 编辑器

在使用向导创建 Java 类文件之后，会自动打开 Java 编辑器编辑新创建的 Java 类文件。除此之外，打开 Java 编辑器最常用的方法是在 Package Explorer（包资源管理器）视图中双击 Java 源文件或在 Java 源文件处单击鼠标右键并在弹出的快捷菜单中选择"Open With"→"Java Editor"命令。Java 编辑器的界面如图 1.31 所示。

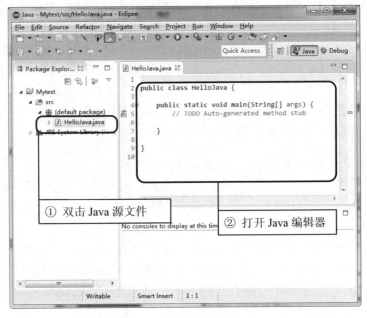

图 1.31　Java 编辑器界面

从图 1.31 中可以看到，Java 编辑器以不同的样式和颜色突出显示 Java 语法。这些突出显示的语法包括以下几个方面。

- 程序代码注释。
- Javadoc 注释。
- Java 关键字。

✍ 技巧：

> 在 Java 编辑器左侧单击鼠标右键，在弹出的快捷菜单中选择"显示行号"命令，可以开启 Java 编辑器显示行号的功能。

2. 编写 Java 代码

Eclipse 的强大之处并不在于编辑器能突出显示 Java 语法，而在于它强大的代码辅助功能。在编写 Java 程序代码时，可以使用<Ctrl+Alt+/>快捷键自动补全 Java 关键字，也可以使用<Alt+/>快捷键启动 Eclipse 代码辅助菜单。

在使用向导创建 HelloJava 类之后，向导会自动构建 HelloJava 类结构的部分代码，并建立 main() 方法，程序开发人员需要做的就是将代码补全，为程序添加相应的业务逻辑。

✍ 技巧：

> 在 Eclipse 安装后，Java 编辑器文本字体为 Consolas 10。采用这个字体时，中文显示比较小，不方便查看。这时，可以选择主菜单上的"Window"→"Preferences"命令，打开 Preferences 对话框，在左侧的列表中选择"General"→"Appearance"→"Colors and Fonts"节点，在右侧选择 Java→"Basic→Test Font"节点，并单击"Edit"按钮，在弹出的对话框中字体大小修改为"五号"，单击"确定"按钮，返回到 Preferences 对话框中，单击"OK"按钮即可。

在 HelloJava 程序代码中，第 2、4、5、6 行是由向导创建的，完成这个程序只要编写第 3 行和第 8 行代码即可。

首先看一下第 3 行代码。它包括 private、static、String 3 个关键字，这 3 个关键字如果在记事本程序中手动输入可能不会花多长时间，但是无法避免出现输入错误的情况，如将 private 关键字输入为"privat"，缺少了字母"e"，这个错误可能在程序编译时才会被发现。如果是名称更长、更复杂的关键字，就更容易出现错误。而在 Eclipse 的 Java 编辑器中可以输入关键字的部分字母，然后使用<Ctrl+Alt+/>快捷键自动补全 Java 关键字。代码如下：

```java
public class HelloJava {
    private static String say = "我要学会你";
    public static void main(String[] args) {
        System.out.println("你好 Java " + say);
    }
}
```

其次是第 8 行的程序代码。它使用 System.out.println()方法输出文字信息到控制台，这是程序开发时最常使用的方法之一。当输入"."操作符时，编辑器会自动弹出代码辅助菜单，也可以在输入部分文字之后使用<Alt+/>快捷键调出代码辅助菜单，完成关键语法的输入。

（1）System.out.println()方法在 Java 编辑器中可以通过输入 syso 和按<Alt+/>快捷键完成快速输入。

（2）将光标移动到 Java 编辑器的错误代码位置，按<Ctrl+1>快捷键可以激活"代码修正"菜单。

1.5.4 运行 Java 程序

HelloJava 类包含 main()主方法，它是一个可以运行的主类。例如，在 Eclipse 中运行 HelloJava 程序，可以在 Project Explorer 视图中的 HelloJava.java 文件处单击鼠标右键，在弹出的菜单中选择 "Run As"→"Java Application"命令。程序运行结果如图 1.32 所示。

图 1.32　HelloJava 程序在控制台的输出结果

1.6　程序调试

扫一扫，看视频

读者在程序开发的过程中会不断体会到程序调试的重要性。为验证 Java 单元的运行状况，以往会在某个方法调用的开始和结束位置分别使用 System.out.println()方法输出状态信息，并根据这些信息判断程序执行的状况，但这种方法比较原始，而且经常导致程序代码混乱（导出的都是 System. out.println()方法）。

本节将简单介绍 Eclipse 内置的 Java 调试器的使用方法，使用该调试器可以设置程序的断点，实现程序单步执行，在调试过程中查看变量和表达式的值等调试操作，这样可以避免在程序中编写大量的 System.out.println()方法输出调试信息。

使用 Eclipse 的 Java 调试器需要设置程序断点，然后使用单步调试分别执行程序代码的每一行。

```java
public class MyTest {
    public static void main(String[] args) {
        System.out.println("输出 1 行");
        System.out.println("输出 2 行");
        System.out.println("输出 3 行");
    }
}
```

1．设置断点

设置断点是程序调试中必不可少的手段，Java 调试器每次遇到程序断点时都会将当前线程挂起，即暂停当前程序的运行。

可以在 Java 编辑器中显示代码行号的位置双击添加或删除当前行的断点，或者在当前行号的位置单击鼠标右键，在弹出的快捷菜单中选择"Toggle Breakpoint"命令实现断点的添加与删除，如

图 1.33 所示。

2. 以调试方式运行 Java 程序

要在 Eclipse 中调试 HelloJava 程序，可以在 Project Explorer 视图中的 HelloJava.java 文件处单击鼠标右键，在弹出的快捷菜单中选择"Debug As"→"Java Application"命令。调试器将在断点处挂起当前线程，使程序暂停，如图 1.34 所示。

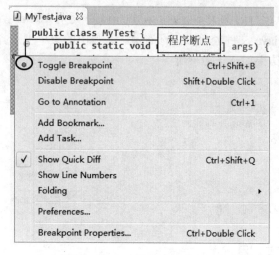

图 1.33　Java 编辑器中的断点

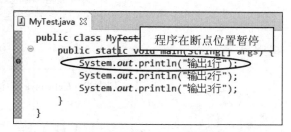

图 1.34　程序执行到断点后暂停

3. 程序调试

程序执行到断点被暂停后，可以通过 Debug（调试）视图工具栏上的按钮执行相应的调试操作，如运行、停止等。Debug 视图如图 1.35 所示。

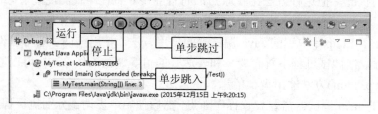

图 1.35　Debug 视图

➥　单步跳过

在 Debug 视图的工具栏中单击 按钮或按<F6>键，将执行单步跳过操作，即运行单独的一行程序代码，但是不进入调用方法的内部，然后跳到下一个可执行点并暂挂线程。

✍ 说明：

> 不停地执行单步跳过操作，会每次执行一行程序代码，直到程序结束或等待用户操作。

➥　单步跳入

在 Debug 视图的工具栏中单击 按钮或按<F5>键，执行该操作将跳入调用方法或对象的内部单步执行程序并暂挂线程。

1.7 小　　结

本章简单介绍了 Java 语言及其相关特性，另外还分别介绍了在 Windows 系统平台中搭建 Java 环境的方法，以及编写 Java 程序的简单步骤。通过本章的学习，读者应该了解什么是 Java 和它的不同版本以及如何学习 Java 语言。搭建 Java 环境是本章的重点，读者应该熟练掌握。

第 2 章　Java 语言基础

很多人认为学习 Java 语言之前必须要学习 C++语言，其实并非如此，产生这种错误的认识是因为很多人在学习 Java 语言之前都学过 C++语言。事实上，Java 语言比 C++语言更容易掌握。要掌握并熟练应用 Java 语言，就需要对 Java 语言的基础充分地了解。本章对 Java 语言基础进行了比较详细的介绍，对于初学者来说，应该对本章的各个小节仔细地阅读、思考，这样才能达到事半功倍的效果。

通过阅读本章，您可以：

- ➤ 了解 Java 语言中的代码注释与编码规范
- ➤ 掌握 Java 语言中的基本数据类型
- ➤ 理解 Java 语言中的常量与变量
- ➤ 掌握 Java 语言运算符的使用
- ➤ 理解 Java 语言数据类型的转换
- ➤ 掌握运算符的使用

2.1　代码注释与编码规范

在程序代码中适当地添加注释可以提高程序的可读性和可维护性。好的编码规范可以使程序更易阅读和理解。本节将介绍 Java 中的几种代码注释以及应该注意的编码规范。

2.1.1　代码注释

通过在程序代码中添加注释可提高程序的可读性。注释中包含了程序的信息，可以帮助程序员更好地阅读和理解程序。在 Java 源程序文件的任意位置都可添加注释语句。注释中的文字 Java 编译器不进行编译，所有代码中的注释文字对程序不产生任何影响。所以我们不仅可以在注释中写程序代码的解释说明、设计者的个人信息，也可以使用注释来屏蔽某些不希望执行的代码。Java 语言提供了 3 种添加注释的方法，分别为单行注释、多行注释和文档注释。

1. 单行注释

"//"为单行注释标记，从符号"//"开始直到换行为止的所有内容均作为注释而被编译器忽略。语法如下：

```
//注释内容
```

例如，以下代码为声明的 int 型变量添加注释：

```
int age;              //声明 int 型变量用于保存年龄信息
```

2. 多行注释

"/* */"为多行注释标记，符号"/*"与"*/"之间的所有内容均为注释内容。注释中的内容可以换行。

语法如下：

```
/*
注释内容1
注释内容2
…
*/
```

📢 **注意：**

在多行注释中可嵌套单行注释。例如：

```
/*
  程序名称：Hello word  //开发时间：2008-03-05
*/
```

但在多行注释中不可以嵌套多行注释，以下代码为非法：

```
/*
  程序名称：Hello word
  /*开发时间：2015-03-05
    作者：张先生
  */
*/
```

3. 文档注释

"/** */"为文档注释标记。符号"/**"与"*/"之间的内容均为文档注释内容。当文档注释出现在声明（如类的声明、类的成员变量的声明、类的成员方法声明等）之前时，会被 Javadoc 文档工具读取作为 Javadoc 文档内容。文档注释的格式与多行注释的格式相同。对于初学者而言，文档注释并不重要，了解即可。

✍ **说明：**

一定要养成良好的编程风格。软件编码规范中提到"可读性第一，效率第二"，所以程序员必须要在程序中添加适量的注释来提高程序的可读性和可维护性。程序中注释要占程序代码总量的20%～50%。

2.1.2 编码规范

在学习开发的过程中要养成良好的编码习惯，因为规整的代码格式会给程序的开发与日后的维护提供很大方便。在此对编码规则做了以下总结，供读者学习。

（1）每条语句要单独占一行，一条命令要以分号结束。

📢 **注意：**

程序代码中的分号必须为英文状态下输入的，初学者经常会将";"写成中文状态下的"；"，此时编译器会报出 illegal character（非法字符）这样的错误信息。

（2）在声明变量时，尽量使每个变量的声明单独占一行，即使是相同的数据类型也要将其放置在单独的一行上，这样有助于添加注释。对于局部变量应在声明的同时对其进行初始化。

（3）在 Java 代码中，关键字与关键字之间如果有多个空格，这些空格均被视作一个。例如：

等价于

```
public static void main(String args[])  ⟹  public static void main(String args[])
```

扫一扫，看视频

多行空格没有任何意义，为了便于理解、阅读，应控制好空格的数量。

（4）为了方便日后的维护，不要使用技术性很高、难懂、易混淆判断的语句。由于程序的开发与维护不是同一个人，所以应尽量使用简单的技术完成程序需要的功能。

（5）对于关键的方法要多加注释，这样有助于阅读者了解代码结构。

2.2 变量与常量

在程序执行过程中，其值能被改变的量称为变量，其值不能被改变的量称为常量。变量与常量的命名都必须使用合法的标识符。本节将向读者介绍标识符与关键字、变量与常量的声明。

2.2.1 标识符与关键字

1. 标识符

标识符可以简单地理解为一个名字，用来标识类名、变量名、方法名、数组名等有效的字符序列。

Java 语言规定标识符由任意顺序的字母、下划线（_）、美元符号（$）和数字组成，并且第一个字符不能是数字。标识符不能是 Java 中的保留关键字。

下面的标识符都是合法的：

```
time
akb48
_interface
O_o
BMW
$$$
```

下面这些标识符都是非法的：

```
300warrior        //不可以用数字开头
pulbic            //不可以使用关键字
User Name         //不可用空格断开
```

在 Java 语言中标识符中的字母是严格区分大小写的，如 good 和 Good 是不同的两个标识符。Java 语言使用 Unicode 标准字符集，最多可以标识 65535 个字符，因此，Java 语言中的字母不仅包括通常的拉丁文字 a、b、c 等，还包括汉字、日文以及其他许多语言中的文字。

```
String 名字 = "齐天大圣";              //这些都是合法的，但不推荐用中文命名
String 年龄 = "五百年以上";
String 职业 = "神仙";
```

☞ **常见错误：**

用中文命名标识符是非常不好的编码习惯，当编译环境的字符编码集发生改变后，代码所有的中文标识符全部显示成乱码，程序难以维护。因为 Java 是跨平台开发语言，这种情况发生的概率非常大。

编写 Java 代码有一套公认的命名规范，如下。

（1）类名：通常使用名词，第一个单词字母必须大写，后续单词首字母大写。

（2）方法名：通常使用动词，第一个单词首字母小写，后续单词首字母大写。

（3）变量：第一个单词首字母小写，后续单词首字母大写。

（4）常量：所有字母均大写。

（5）单词的拼接：通常使用"userLastName"方式拼接单词，而不是"user_last_name"。

2. 关键字

关键字是 Java 语言中已经被赋予特定意义的一些单词，不可以把这些字作为标识符来使用。简单理解为凡是在 Eclipse 变成红色粗体的单词，都是关键字。Java 语言中的关键字如表 2.1 所示。

表 2.1　Java 关键字

int	public	this	finally	boolean	abstract
continue	float	long	short	throw	throws
return	break	for	static	new	interface
if	goto	default	byte	do	case
strictfp	package	super	void	try	switch
else	catch	implements	private	final	class
extends	volatile	while	synchronized	instanceof	char
proteced	import	transient	dafault	double	

2.2.2　变量

扫一扫，看视频

变量的使用是程序设计中一个十分重要的环节。为什么要声明变量呢？简单地说，就是要告诉编译器这个变量是属于哪一种数据类型，这样编译器才知道需要配置多少空间给它，以及它能存放什么样的数据。在程序运行过程中，空间内的值是变化的，这个内存空间就称为变量。为了便于操作，给这段空间取个名字，就是我们声明的变量名。内存空间内的值就是变量值。在声明变量时可以没有赋值，也可以直接赋给初值。

例如，声明变量，并给变量赋值，代码如下：

```
int x = 30;    // 声明 int 型变量 x，并赋值 30
int y;         // 声明 int 型变量 y
y = 1;         // 给变量 y 赋值 1
y = 25;        // 给变量 y 赋值 25
```

✎ 说明：

在 Java 语言中允许使用汉字或其他语言文字作为变量名，如"int 年龄 = 21"，在程序运行时不会出现错误，但建议读者尽量不要使用这些语言文字作为变量名。

对于变量的命名并不是任意的，应遵循以下几条规则。

（1）变量名必须是一个有效的标识符。

（2）变量名不可以使用 Java 中的关键字。

（3）变量名不能重复。

（4）应选择有意义的单词作为变量名。

25

扫一扫，看视频

2.2.3 常量

在程序运行过程中一直不会改变的量称为常量，通常也被称为"final 变量"。常量在整个程序中只能被赋值一次。在为所有的对象共享值时，常量是非常有用的。

在 Java 语言中声明一个常量，除了要指定数据类型外，还需要通过 final 关键字进行限定。声明常量的标准语法如下：

```
final 数据类型 常量名称[=值]
```

常量名通常使用大写字母，但这并不是必须的。很多 Java 程序员使用大写字母表示常量，是为了清楚地表明正在使用常量。

例 2.1 声明 double 型常量，并给常量赋值，使用常量进行计算。**（实例位置：资源包\code\02\01）**

```java
public class ConstantTest {
    public static void main(String[] args) {
        final double PI = 3.14;        //声明常量 PI
        PI = 1.1;          //再次给常量赋值会报错
        System.out.println("常量 PI 的值为: " + PI);
        System.out.println("半径为 3 的圆的周长为: " + (PI * 2 * 3));  //使用常量
        System.out.println("半径为 4 的圆的面积为: " + (PI * 4 * 4));
    }
}
```

运行结果如图 2.1 所示。

图 2.1　常量的使用

2.3　基本数据类型

Java 中有 8 种基本数据类型来储存数值、字符和布尔值，如图 2.2 所示。

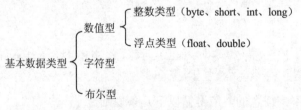

图 2.2　Java 的基本数据类型

扫一扫，看视频

2.3.1 整数类型

整数类型用来存储整数数值，即没有小数部分的数值，可以是正数，也可以是负数。整型数据根据它在内存中所占大小的不同，可分为 byte、short、int 和 long 4 种类型。它们具有不同的取值范围，如表 2.2 所示。

表 2.2 整型数据类型

数 据 类 型	内存分配空间		取 值 范 围
	字 节	长 度	
byte	1 字节	8 位	-128~127
short	2 字节	16 位	-32768~32767
int	4 字节	32 位	-2147483648~2147483647
long	8 字节	64 位	-9223372036854775808~9223372036854775807

📢 注意：

给变量赋值时，要注意取值范围，超出相应范围就会出错。

下面分别对这 4 种整型数据类型进行介绍。

1. int 型

例如，声明 int 型变量，代码如下：

```
int x;              //声明 int 型变量 x
int x,y;            //同时声明 int 型变量 x,y
int x = 10,y = -5;  //同时声明 int 型变量 x,y 并赋予初值
int x = 5+23;       //声明 int 型变量 x，并赋予公式（5+23）计算结果的初值
```

int 型变量在内存中占 4 字节，也就是 32 位 bit，在计算机中 bit 是用 0 和 1 来表示的，所以 int 5 在计算机中这样显示：

```
00000000 00000000 00000000 00000101
```

上面这段代码在 Java 运行时，等同于下面这段代码：

```
int a = 15;
int b = 20;
int c = a+b;
System.out.println(c);   //输出 35
```

✏ 说明：

int 是 Java 整型值的默认数据类型，当代码使用整数赋值或输出时，都默认为 int。
System.out.println(15+20); //输出 35

2. byte 型

byte 型的声明方式与 int 型相同。
声明 byte 类型变量，代码如下：

```
byte a;
byte a,b,c;
byte a = 19,b = -45;
byte a = 19-5;
```

3. short 型

short 型的声明方式与 int 型相同。
声明 short 类型变量，代码如下：

```
short s;
short s,t,r;
short s = 1000,t = -19;
short s = 20000/10;
```

4. long 型

long 型的取值范围比 int 型大，属于比 int 高级的数据类型，所以在赋值的时候要和 int 做出区分，需要在整数后面加 L 或者 l。

声明 long 类型变量，代码如下：

```
long number;
long number,rum;
long number = 123456781,rum = -987654321L;
long number = 123456789L* 987654321L;
```

☞ **常见错误：**

int 是 Java 的默认整数类型，如果给 long 类型赋值时，没有添加 L 或 l 标识，则会按照这样的逻辑进行赋值：

```
long number=123456789 * 987654321;  //错误的 long 型赋值方式，没有 L 或 l 标识
```

这样的代码在计算机中会这样执行：

```
int a = 123456789;
int b = 987654321;
int c=a*b;            //如果 a*b 的值超过-2147483648~2147483647 范围，则 c 的值就是错误的
long number=(long)c;//这样的结果可能是错误的
```

为了验证这个问题，我们运行这段代码：

```
long right=123456789L*987654321L;       //正确的赋值方法
long wrong=123456789*987654321;         //错误的赋值方式，没有 L 或 l 标识
System.out.println("正确的计算结果是 "+right);
System.out.println("错误的计算结果是 "+wrong);
```

运行的结果如图 2.3 所示，所以错误赋值会导致错误的结果。

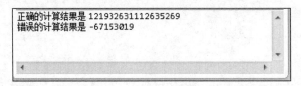

图 2.3　运行结果

整型数据在 Java 程序中有 3 种表示形式，分别为十进制、八进制和十六进制。

➥ 十进制：十进制的表现形式大家都很熟悉，如 120、0、-127。

📢 **注意：**

不能以 0 作为十进制数的开头（0 除外）。

➥ 八进制：如 0123（转换成十进制数为 83）、-0123（转换成十进制数为-83）。

📢 **注意：**

八进制必须以 0 开头。

➥ 十六进制：如 0x25（转换成十进制数为 37）、0Xb01e（转换成十进制数为 45086）。

🔊 注意：

十六进制必须以 0X 或 0x 开头。

例 2.2　给 int 型变量按照十进制、八进制、十六进制赋值。（**实例位置：资源包\code\02\02**）

```java
public class Radix{
    public static void main(String[] args) {
        int a = 11;                   // 十进制整型
        System.out.println(a);        // 输出十进制表示的整型值
        int b = 011;                  // 八进制整型
        System.out.println(b);        // 输出八进制表示的整型值
        int c = 0x11;                 // 十六进制整型
        System.out.println(c);        // 输出十六进制表示的整型值
    }
}
```

运行结果如图 2.4 所示。

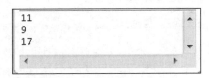

```
11
9
17
```

图 2.4　整数类型的使用

➲ 试一试：

看一下 "077" "001" "0xFF" 对应的十进制值是多少。

扫一扫，看视频

2.3.2　浮点类型

浮点类型表示有小数部分的数字。Java 语言中浮点类型分为单精度浮点类型（float）和双精度浮点类型（double），它们具有不同的取值范围，如表 2.3 所示。

表 2.3　浮点型数据类型

数 据 类 型	内存空间（8 位等于 1 字节）		取 值 范 围
	字　节	长　度	
float	4 字节	32 位	1.4E-45~3.4028235E38
double	8 字节	64 位	4.9E-324~1.7976931348623157E308

在默认情况下小数都被看作 double 型，若想使用 float 型小数，则需要在小数后面添加 F 或 f，另外，可以使用后缀 d 或 D 来明确表明这是一个 double 类型数据。但加不加 "d" 没有硬性规定，可以加也可以不加。而声明 float 型变量时如果不加 "f"，系统会认为是 double 类型而出错。下面举例介绍声明浮点类型变量的方法。

声明浮点类型变量，实例代码如下：

```java
float f1 = 13.23f;
double d1 = 4562.12d;
double d2 = 45678.1564;
```

📢 注意：

浮点值属于近似值，在系统中运算后的结果可能与实际有偏差。

例 2.3 展示 4.35 * 100 的错误结果，并给出解决方案。（实例位置：资源包\code\02\03）

```java
public class DoubleUnAccurate1 {
    public static void main(String[] args) {
        double a = 4.35 * 100;              // 用 double 计算 4.35*100 的结果
        System.out.println("a = " + a);// 输出这个 double 值
        int b = (int) a;                    // 将 double 类型强制转换成 int 类型
        System.out.println("b = " + b);// 输出 int 值
        System.out.println("a 的四舍五入值 = " + Math.round(a));      // 使用四舍五入
    }
}
```

运行结果如图 2.5 所示。

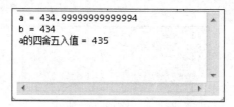
```
a = 434.99999999999994
b = 434
a的四舍五入值 = 435
```

图 2.5　4.35 * 100 的运行结果

例 2.4 计算 2.0-1.9 的结果，与 0.1 进行比较，展示错误结果，并给出解决方案。（实例位置：资源包\code\02\04）

```java
public class DoubleUnAccurate2 {
    public static void main(String[] args) {
        double a = 0.1;
        double b = 2.0 - 1.9;
        System.out.println("a = " + a);
        System.out.println("b = " + b);
        System.out.println("a==b 的结果 : " + (a == b)); // a==b 的结果是 false
        /*
         * Math.abs()是取绝对值的方法，1e-6 表示 1*10 的-6 次方，是计算机中最小数的概念。
         * 如果两数之差的绝对值小于最小数，则认为这两个数是相等的。
         */
        boolean bool = Math.abs(a - b) < (1e-6);
        System.out.println("两数之差绝对值小于最小数的结果:" + bool);
    }
}
```

运行结果如图 2.6 所示。

```
a = 0.1
b = 0.10000000000000009
a==b 的结果 : false
两数之差绝对值小于最小数的结果: true
```

图 2.6　2.0-1.9 的运行结果

📢 **提示：**

很多公司打印财务报表时，经常出现借贷金额差几角几分钱甚至几厘钱，如果这一块业务是用 double 计算的，就可能是浮点的不精密性引起。

2.3.3　字符类型

1．char 型

字符类型（char）用于存储单个字符，占用 16 位（两个字节）的内存空间。在声明字符型变量时，要以单引号表示，如 's' 表示一个字符。

同 C、C++语言一样，Java 语言也可以把字符作为整数对待。由于 Unicode 编码采用无符号编码，可以存储 65536 个字符（0x0000~0xffff），所以 Java 中的字符几乎可以处理所有国家的语言文字。

✍ **说明：**

如果想得到一个 0~65536 之间的数所代表的 unicode 表中相应位置上的字符，也必须使用 char 型显式转换。

char 的默认值是空格，也可以与整数做运算。

使用 char 关键字可声明字符变量，下面举例说明。

声明字符类型变量代码如下：

char ch = 'a';

由于字符 a 在 Unicode 表中的排序位置是 97，因此允许将上面的语句写成：

char ch = 97;

➲ **试一试：**

使用 char 变量在控制台输出"文字顺序有时不响影阅读质量。"

📢 **提示：**

感兴趣的读者可以登录 http://www.Unicode.org 查阅更多关于 Unicode 的信息。

2．转义字符

转义字符是一种特殊的字符变量，其以反斜杠"\"开头，后跟一个或多个字符。转义字符具有特定的含义，不同于字符原有的意义，故称"转义"。Java 中的转义字符如表 2.4 所示。

表 2.4　转义字符

转 义 字 符	含　　义
\ddd	1~3 位八进制数据所表示的字符，如\456
\uxxxx	4 位十六进制所表示的字符，如\u0052
\'	单引号字符
\"	双引号字符
\\	反斜杠字符
\t	垂直制表符，将光标移到下一个制表符的位置
\r	回车
\n	换行
\b	退格
\f	换页

将转义字符赋值给字符变量时，与字符常量值一样需要使用单引号。

例 2.5 使用转义字符。（**实例位置：资源包\code\02\05**）

```java
public class EscapeCharacter {
    public static void main(String[] args) {
        char c1 = '\\'; // 反斜杠转义字符
        char c2 = '\''; // 单引号转义字符
        char c3 = '\"'; // 双引号转义字符
        char c4 = '\u2605'; // 16 进制表示的字符
        char c5 = '\101'; // 8 进制表示字符
        char c6 = '\t'; // 制表符转义字符
        char c7 = '\n'; // 换行符转义字符
        System.out.println("[" + c1 + "]");
        System.out.println("[" + c2 + "]");
        System.out.println("[" + c3 + "]");
        System.out.println("[" + c4 + "]");
        System.out.println("[" + c5 + "]");
        System.out.println("[" + c6 + "]");
        System.out.println("[" + c7 + "]");
    }
}
```

运行结果如图 2.7 所示。

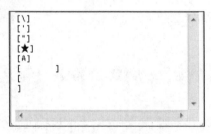

图 2.7　转义字符的使用

⊃ 试一试：

打印所有转义字符。

扫一扫，看视频

2.3.4　布尔类型

布尔类型又称逻辑类型，只有 true 和 false 两个值，分别代表布尔逻辑中的"真"和"假"。布尔值不能与整数类型进行转换。布尔类型通常被用在流程控制中作为判断条件。

通过关键字 boolean 来声明布尔类型变量。

例 2.6 声明 boolean 型变量。（**实例位置：资源包\code\02\06**）

```java
public class BooleanTest {
    public static void main(String[] args) {
        boolean b; // 声明布尔型变量 b
        boolean b1, b2; // 声明布尔型变量 b1、b2
        boolean b3 = true, b4 = false; // 声明布尔型变量 b1 赋给初值 true，b2 赋给初值 false
        boolean b5 = 2 < 3, b6 = (2 == 4); // 声明布尔型变量赋与逻辑判断的结果
        System.out.println("b5 的结果是： " + b5);
        System.out.println("b6 的结果是： " + b6);
```

```
        }
}
```
运行结果如图 2.8 所示。

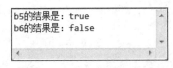

图 2.8　布尔类型的使用

在 Java 虚拟机中，布尔值只使用 1 位（bit），但由于 Java 最小分配单元是 1 字节，所以一个布尔变量在内存中会分配一个字节。例如 true 在内存的二进制表示形式是：
```
00000001
```

2.4　数据类型转换

类型转换是将一个值从一种类型更改为另一种类型的过程。例如，不仅可以将 String 类型数据"457"转换为一个数值型，而且可以将任意类型的数据转换为 String 类型。

如果从低精度数据类型向高精度数据类型转换，则永远不会溢出，并且总是成功的；而把高精度数据类型向低精度数据类型转换则必然会有信息丢失，有可能失败。

数据类型转换有两种方式，即隐式转换与显式转换。

2.4.1　隐式转换

从低级类型向高级类型的转换，系统将自动执行，程序员无须进行任何操作。这种类型的转换称为隐式转换，也可以称为自动转换。下列基本数据类型会涉及数据转换，不包括逻辑类型。这些类型按精度从"低"到"高"排列的顺序为 byte < short < int < long < float < double，可对照图 2.9。

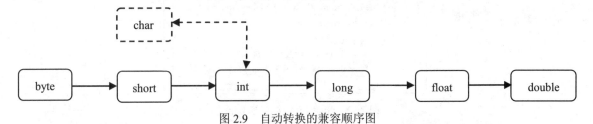

图 2.9　自动转换的兼容顺序图

使用 int 型变量为 float 型变量赋值，此时 int 型变量将隐式转换成 float 型变量。
```
int x = 50;      // 声明 int 型变量 x
float y = x;     // 将 x 赋值给 y
```
此时执行输出语句，y 的结果将是 50.0。

✍ 说明：

隐式类型的转换需要遵循一定的规则，来解决在什么情况下将哪种类型的数据转换成另一种类型的数据。

下面通过一个简单实例介绍数据类型隐式转换。

例 2.7　创建不同数值类型的变量，进行隐式转换。（**实例位置：资源包\code\02\07**）

```java
public class ImplicitConversion {
    public static void main(String[] args) {
        // 声明 byte 型变量 mybyte，并把 byte 型变量允许的最大值赋给 mybyte
        byte mybyte = 127;
        int myint = 150;              // 声明 int 型变量 myint，并赋值 150
        float myfloat = 452.12f;      // 声明 float 型变量 myfloat，并赋值
        char mychar = 10;             // 声明 char 型变量 mychar，并赋值
        double mydouble = 45.46546;   // 声明 double 型变量，并赋值
        /* 将运算结果输出 */
        System.out.println("byte 型与 float 型数据进行运算结果为:" + (mybyte+myfloat));
        System.out.println("byte 型与 int 型数据进行运算结果为: " + mybyte * myint);
        System.out.println("byte 型与 char 型数据进行运算结果为: " + mybyte / mychar);
        System.out.println("double 型与 char 型数据进行运算结果为: " + (mydouble +
mychar));
    }
}
```

运行结果如图 2.10 所示。

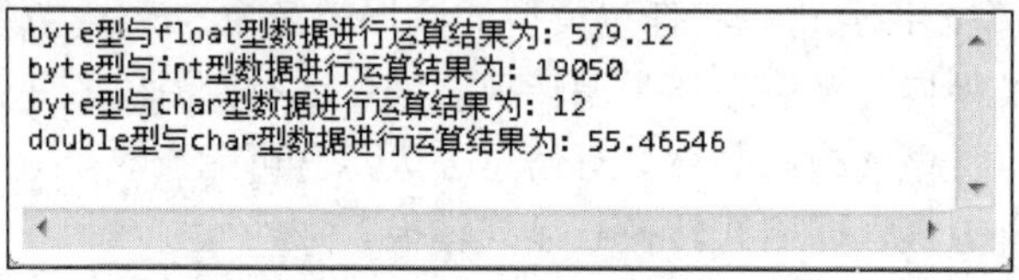

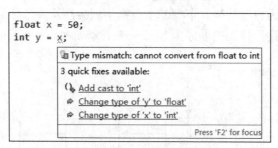

图 2.10　隐式类型转换

但如果例 2.7 中的 float 和 int 交换了位置，编译环境就会弹出 "float 值无法转变成 int 值" 的错误，如图 2.11 所示。

```
float x = 50;
int y = x;
```
Type mismatch: cannot convert from float to int

3 quick fixes available:

Add cast to 'int'
Change type of 'y' to 'float'
Change type of 'x' to 'int'

Press 'F2' for focus

图 2.11　float 值无法转变成 int 值

像这种高精度转换成低精度的场景，在我们开发程序的时候经常发生，遇到这种问题该怎么办？这时我们就需要用到显示转换。

2.4.2　显式转换

当把高精度的变量值赋给低精度的变量时，必须使用显式类型转换运算（又称强制类型转换），当执行显式类型转换时可能会导致精度损失。

语法如下：

（类型名）要转换的值

下面通过几种常见的显式数据类型转换实例来说明。

例 2.8 将不同的数据类型进行显式类型转换。（**实例位置：资源包\code\02\08**）

```java
public class ExplicitConversion {
    public static void main(String[] args) {
        int a = (int) 45.23; // double 类型强制转化成 int 类型
        long b = (long) 456.6F; // float 类型强制转化成 long 类型
        char c = (char) 97.14;// double 型强制转换成 char 型
        System.out.println("45.23 强制转换成 int 的结果: " + a);
        System.out.println("456.6F 强制转换成 long 的结果: " + b);
        System.out.println("97.14 强制转换成 char 的结果" + c);
    }
}
```

运行结果如图 2.12 所示。

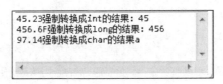

```
45.23强制转换成int的结果: 45
456.6F强制转换成long的结果: 456
97.14强制转换成char的结果a
```

图 2.12　显式类型转换

当执行显式类型转换时可能会导致精度损失。

✍ **说明：**

> 当把整数赋值给一个 byte、short、int、long 型变量时，不可以超出这些变量的取值范围，否则必须进行强制类型转换。例如：
>
> byte b = (byte)129;

2.5 运 算 符

运算符是一些特殊的符号，主要用于数学函数、一些类型的赋值语句和逻辑比较方面。Java 中提供了丰富的运算符，如赋值运算符、算术运算符和比较运算符等。本节将向读者介绍这些运算符。

2.5.1 赋值运算符

赋值运算符以符号"="表示，它是一个双目运算符（对两个操作数做处理），其功能是将右边操作数所含的值赋给左边的操作数。例如：

```java
int a = 100;      //该表达式是将 100 赋值给变量 a
```

左边的操作数必须是一个量，而右边的操作数则可以是变量（如 a、number）、常量（如 123、'book'）、有效的表达式（如 45*12）。

例 2.9 使用赋值运算符为变量赋值，实例代码如下：（**实例位置：资源包\code\02\09**）

```java
public class EqualSign {                          // 创建类
    public static void main(String[] args) {      // 主方法
        int a, b, c = 11;                         // 声明整型变量 a、b、c
        a = 32;                                   // 将 32 赋值给变量 a
```

扫一扫，看视频

```
        c = b = a + 4;                              //将a与4的和先赋值给变量b，再赋值给变量c
        System.out.println("a = " + a);
        System.out.println("b = " + b);
        System.out.println("c = " + c);
    }
}
```

运行结果如图 2.13 所示。

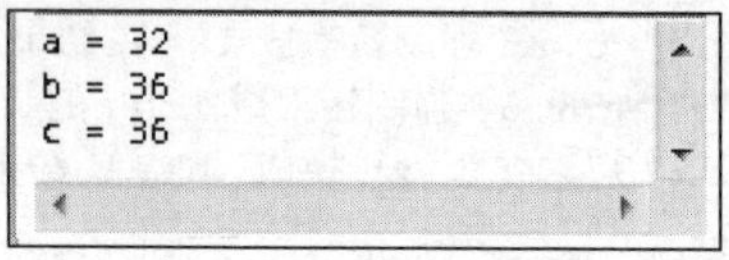

```
a = 32
b = 36
c = 36
```

图 2.13　赋值运算符的使用

✍ 说明：

在 Java 中可以把赋值运算符连在一起使用。如：

$x = y = z = 5;$

在这个语句中，变量 x、y、z 都得到同样的值 5。但在程序开发中不建议使用这种赋值语法。

扫一扫，看视频

2.5.2　算术运算符

Java 中的算术运算符主要有+（加号）、−（减号）、*（乘号）、/（除号）、%（求余），它们都是双目运算符。Java 中算术运算符的功能及使用方式如表 2.5 所示。

表 2.5　算术运算符

运　算　符	说　　明	实　　例	结　　果
+	加	12.45f + 15	27.45
−	减	4.56 − 0.16	4.4
*	乘	5L * 12.45f	62.25
/	除	7 / 2	3
%	取余	12 % 10	2

其中，"+"和"−"运算符还可以作为数据的正负符号，如+5、−7。

📢 注意：

在进行除法和取余运算时，0 不能做除数。例如，对于语句"int a = 5/0;"，系统会报出"ArithmeticException"异常。

例 2.10　使用算术运算符将变量的计算结果输出。（实例位置：资源包\code\02\10）

```java
public class ArithmeticOperator {
    public static void main(String[] args) {
        float num1 = 45.2f;
        int num2 = 120;
        int num3 = 17, num4 = 10;
        System.out.println("num1+num2 的和为：" + (num1 + num2));
        System.out.println("num1-num2 的差为：" + (num1 - num2));
```

```
        System.out.println("num1*num2 的积为: " + (num1 * num2));
        System.out.println("num1/num2 的商为: " + (num1 / num2));
        System.out.println("num3/num4 的余数为: " + (num3 % num4));
    }
}
```

运行结果如图 2.14 所示。

```
num1+num2的和为: 165.2
num1-num2的差为: -74.8
num1*num2的积为: 5424.0
num1/num2的商为: 0.37666667
num3/num4 的余数为: 7
```

图 2.14 算术运算符的使用

✎ 说明：

"+" 运算符也有拼接字符串的功能。

➲ 试一试：

编写一个简易计算器。

扫一扫，看视频

2.5.3 自增和自减运算符

自增和自减运算符是单目运算符，可以放在变量之前，也可以放在变量之后。自增和自减运算符的作用是使变量的值增 1 或减 1。

```
a++;
++a
a--;
--a;
```

例 2.11 在循环中使用自增运算符，查看自增的效果。（**实例位置：资源包\code\02\11**）

```
public class AutoIncrementDecreasing {
    public static void main(String[] args) {
        int a = 1;                              // 创建整型变量a,初始值为1
        System.out.println("a = " + a);         // 输出此时 a 的值
        a++;                                    // a 自增+1
        System.out.println("a++ = " + a);       // 输出此时 a 的值
        a++;                                    // a 自增+1
        System.out.println("a++ = " + a);       // 输出此时 a 的值
        a++;                                    // a 自增+1
        System.out.println("a++ = " + a);       // 输出此时 a 的值
        a--;                                    // a 自减-1
        System.out.println("a-- = " + a);       // 输出此时 a 的值
    }
}
```

运行结果如图 2.15 所示。

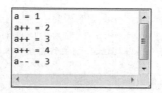

```
a = 1
a++ = 2
a++ = 3
a++ = 4
a-- = 3
```

图 2.15　自增自减运算符的使用

➲ **试一试：**

将例 2.3 中的自增运算符改成自减运算符。

　　自增自减运算符摆放位置不同，增减的操作顺序也会随之不同。前置的自增、自减运算符会先将变量的值加 1（减 1），再让该变量参与表达式的运算。后置的自增、自减运算符会先让变量参与表达式的运算，再将该变量加 1（减 1），如图 2.16 所示。

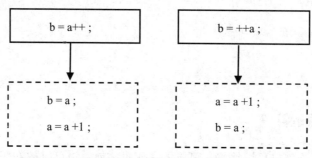

图 2.16　自增运算符放在不同位置时的运算顺序

➲ **试一试：**

int a=1;int b=(a++)+(++a);口算 b 的值是多少？

扫一扫，看视频

2.5.4　关系运算符

　　关系运算符属于双目运算符，用来判断一个操作数与另外一个操作数之间的关系。关系运算符的计算结果都是布尔类型的，它们如表 2.6 所示。

表 2.6　关系运算符

运　算　符	说　　明	实　　例	结　　果
==	等于	2 == 3	false
<	小于	2 < 3	true
>	大于	2 > 3	false
<=	小于等于	5 <= 6	true
>=	大于等于	7 >= 7	true
!=	不等于	2 != 3	true

　　例 2.12　使用关系运算符对变量进行比较运算。（**实例位置：资源包\code\02\12**）

```
public class RelationalOperator {
```

```java
public static void main(String[] args) {
    int num1 = 4, num2 = 7;
    int num3 = 7;
    System.out.println("num1<num2 的结果: " + (num1 < num2));
    System.out.println("num1>num2 的结果: " + (num1 > num2));
    System.out.println("num1==num2 的结果: " + (num1 == num2));
    System.out.println("num1!=num2 的结果: " + (num1 != num2));
    System.out.println("num1<=num2 的结果: " + (num1 <= num2));
    System.out.println("num2>=num3 的结果: " + (num2 >= num3));
    }
}
```

运行结果如图 2.17 所示。

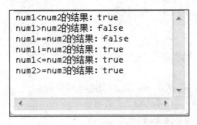

图 2.17　关系运算符的使用

◯ 试一试：

判断一个数是不是偶数。

2.5.5　逻辑运算符

　　假定某面包店，在每周二的下午 7 点至 8 点和每周六的下午 5 点至 6 点，对生日蛋糕商品进行折扣让利活动，那么想参加折扣活动的顾客，就要在时间上满足这样的条件，周二并且 7:00 PM~8:00PM 或者周六并且 5:00 PM~6:00PM，这里就用到了逻辑关系。

　　逻辑运算符是对真和假这两种逻辑值进行运算，运算后的结果仍是一个逻辑值。逻辑运算符包括&&（逻辑与）、||（逻辑或）、!（逻辑非）。逻辑运算符计算的值必须是 boolean 型数据。在逻辑运算符中，除了"!"是单目运算符之外，其他都是双目运算符。Java 中的逻辑运算符如表 2.7 所示。

表 2.7　逻辑运算符

运　算　符	含　义	举　例	结　果
&&	逻辑与	A && B	（对）与（错）= 错
||	逻辑或	A || B	（对）或（错）= 对
!	逻辑非	!A	不（对）= 错

✎ 说明：

为了方便大家理解，表格中将"真""假"以"对""错"的方式展示。

　　逻辑运算符的运算结果如表 2.8 所示。

表 2.8　逻辑运算符的运算结果

A	B	A&&B	A‖B	!A
true	true	true	true	false
true	false	false	true	false
false	true	false	true	true
false	false	false	false	true

逻辑运算符与关系运算符同时使用，可以完成复杂的逻辑运算。

例 2.13　使用逻辑运算符和关系运算符对变量进行运算。（实例位置：资源包\code\02\13）

```java
public class LogicalAndRelational {
    public static void main(String[] args) {
        int a = 2;                           // 声明 int 型变量 a
        int b = 5;                           // 声明 int 型变量 b
        // 声明 boolean 型变量，用于保存应用逻辑运算符 "&&" 后的返回值
        boolean result = ((a > b) && (a != b));
        // 声明 boolean 型变量，用于保存应用逻辑运算符 "‖" 后的返回值
        boolean result2 = ((a > b) || (a != b));
        System.out.println(result);          // 将变量 result 输出
        System.out.println(result2);         // 将变量 result2 输出
    }
}
```

运行结果如图 2.18 所示。

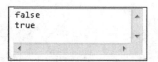

```
false
true
```

图 2.18　逻辑运算符的使用

➲ 试一试：

判断一名员工是否满足：男，年龄在 20 岁以上，40 岁以下。

扫一扫，看视频

2.5.6　位运算符

位运算的操作数类型是整型，可以是有符号的也可以是无符号的。位运算符可以分为两大类：位逻辑运算符和位移运算符，如表 2.9 所示。

表 2.9　位运算符

运　算　符	含　　义	举　　例
&	与	a & b
‖	或	a ‖ b
~	取反	~a
^	异或	a ^ b
<<	左移位	a << 2
>>	右移位	b >> 4
>>>	无符号右移位	x >>> 2

1. 位逻辑运算符

位逻辑运算符包括&、|、^和~，前三个是双目运算符，第四个是单目运算符。这四个运算符的运算结果如表 2.10 所示。

表 2.10　位逻辑运算符计算二进制的结果

A	B	A&B	A|B	A^B	~A
0	0	0	0	0	1
1	0	0	1	1	0
0	0	0	1	1	1
1	1	1	1	0	0

参照表 2.10，我们看一下这四个运算符在实际运算中的效果。

（1）位逻辑与实际上是将操作数转换成二进制表示方式，然后将两个二进制操作数对象从低位（最右边）到高位对齐，每位求与，若两个操作数对象同一位都为 1，则结果对应位为 1，否则结果对应位为 0。例如 12 和 8 经过位逻辑与运算后得到的结果是 8。

```
   0000 0000 0000 1100     （十进制 12 原码表示）
&  0000 0000 0000 1000     （十进制 8 原码表示）
   0000 0000 0000 1000     （十进制 8 原码表示）
```

（2）位逻辑或实际上是将操作数转换成二进制表示方式，然后将两个二进制操作数对象从低位（最右边）到高位对齐，若两个操作数对象同一位都为 0，则结果对应位为 0，否则结果对应位为 1。例如，4 和 8 经过位逻辑或运算后的结果是 12。

```
   0000 0000 0000 0100     （十进制 4 原码表示）
|  0000 0000 0000 1000     （十进制 8 原码表示）
   0000 0000 0000 1100     （十进制 12 原码表示）
```

（3）位逻辑异或实际上是将操作数转换成二进制表示方式，然后将两个二进制操作数对象从低位（最右边）到高位对齐，每位求异或，若两个操作数对象同一位不同时，则结果对应位为 1，否则结果对应位为 0。例如，31 和 22 经过位逻辑异或运算后得到的结果是 9。

```
   0000 0000 0001 1111     （十进制 31 原码表示）
^  0000 0000 0001 0110     （十进制 22 原码表示）
   0000 0000 0000 1001     （十进制 9 原码表示）
```

（4）取反运算符，实际上是将操作数转换成二进制表示方式，然后将各位二进制位由 1 变为 0，由 0 变为 1。例如，123 取反运算后得到的结果是-124。

```
~  0000 0000 0111 1011     （十进制 123 原码表示）
   1111 1111 1000 0100     （十进制 -124 原码表示）
```

&、|、^也可以用于逻辑运算，运算的结果如表 2.11 所示。

表 2.11　位逻辑运算符计算布尔值的结果

A	B	A&B	A|B	A^B
true	true	true	true	false
true	false	false	true	true
false	true	false	true	true
false	false	false	false	false

例 2.14　使用位逻辑运算符进行运算。（实例位置：资源包\code\02\14）

```java
public class LogicalOperator {
    public static void main(String[] args) {
        short x = ~123;                              // 创建 short 变量 x，等于 123 取反的值
        System.out.println("12 与 8 的结果为: " + (12 & 8));// 位逻辑与计算整数的结果
        System.out.println("4 或 8 的结果为: " + (4 | 8)); // 位逻辑或计算整数的结果
        System.out.println("31 异或 22 的结果为: " + (31 ^ 22));
                                                     // 位逻辑异或计算整数的结果
        System.out.println("123 取反的结果为: " + x);        // 位逻辑取反计算整数的结果
        System.out.println("2>3 与 4!=7 的与结果: " + (2 > 3 & 4 != 7));
                                                     // 位逻辑与计算布尔值的结果
        System.out.println("2>3 与 4!=7 的或结果: " + (2 > 3 | 4 != 7));
                                                     // 位逻辑或计算布尔值的结果
        System.out.println("2<3 与 4!=7 的与异或结果: " + (2 < 3 ^ 4 != 7));
                                                     // 位逻辑异或计算布尔值的结果
    }
}
```

运行结果如图 2.19 所示。

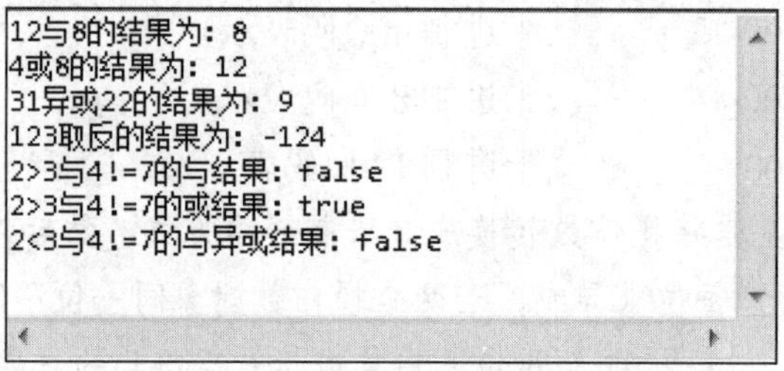

```
12与8的结果为: 8
4或8的结果为: 12
31异或22的结果为: 9
123取反的结果为: -124
2>3与4!=7的与结果: false
2>3与4!=7的或结果: true
2<3与4!=7的与异或结果: false
```

图 2.19　位逻辑运算符的运行结果

2．位移运算符

移位运算有三个，分别是左移<<、右移>>和无符号右移>>>，这三个运算符都是双目的。

（1）左移是将一个二进制操作数对象按指定的移动位数向左移，左边（高位端）溢出的位被丢弃，右边（低位端）的空位用 0 补充。左移相当于乘以 2 的幂，如图 2.20 所示。

例如 short 型整数 9115 的二进制是 0010 0011 1001 1011，左移一位变成 18230，左移两位变成 -29076，如图 2.21 所示。

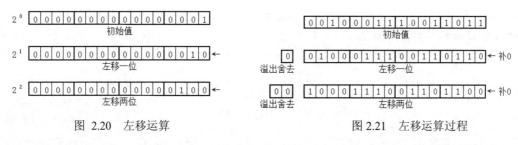

图 2.20 左移运算   图 2.21 左移运算过程

（2）右移是将一个二进制的数按指定的位数向右移动，右边（低位端）溢出的位被丢弃，左边（高位端）用符号位补充，正数的符号位为 0，负数的符号为 1。右移位运算相当于除以 2 的幂，如图 2.22 所示。

例如 short 型整数 9115 的二进制是 0010 0011 1001 1011，右移一位变成 4557，右移两位变成 2278，运行过程如图 2.23 所示。

图 2.22 右移运算   图 2.23 正数右移运算过程

short 型整数-32766 的二进制是 1000 0000 0000 0010，右移一位变成-16383，右移两位变成 -8192，运行过程如图 2.24 所示。

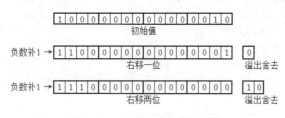

图 2.24 负数右移运算过程

（3）无符号右移是将一个二进制的数按指定的位数向右移动，右边（低位端）溢出的位被丢弃，左边（高位端）一律用 0 填充，运算结果相当于除以 2 的幂。例如 int 型整数-32766 的二进制是 1111 1111 1111 1111 1000 0000 0000 0010，右移一位变成 2147467265，右移两位变成 1073733632，运行过程如图 2.25 所示。

图 2.25 无符号右移运算过程

例 2.15　使用位移运算符对变量进行位移运算。（**实例位置：资源包\code\02\15**）

```java
public class BitwiseOperator1 {
    public static void main(String[] args) {
        int a = 24;
        System.out.println(a + "右移两位的结果是：" + (a >> 2));
        int b = -16;
        System.out.println(b + "左移三位的结果是：" + (b << 3));
        int c = -256;
        System.out.println(c + "无符号右移 2 位的结果是：" + (c >>> 2));
    }
}
```

运行结果如图 2.26 所示。

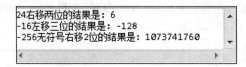

```
24右移两位的结果是：6
-16左移三位的结果是：-128
-256无符号右移2位的结果是：1073741760
```

图 2.26　位移运算符的使用

☞ **常见错误：**

byte、short 类型做>>>操作，可能发生数据溢出，结果仍为负数。

例 2.16　让 byte、short 两种类型的变量做无符号右移操作。（**实例位置：资源包\code\02\16**）

```java
public class BitwiseOperator2 {
    public static void main(String[] args) {
        byte a = (byte) (-32 >>> 1);
        System.out.println("byte 无符号右移的结果：" + a);
        short b = (short) (-128 >>> 4);
        System.out.println("short 无符号右移的结果：" + b);
    }
}
```

运行结果如图 2.27 所示。

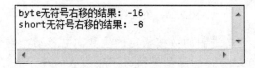

```
byte无符号右移的结果：-16
short无符号右移的结果：-8
```

图 2.27　无符号右移

✍ **说明：**

从二进制的实现机制来说，byte、short 不适用于>>>操作。

2.5.7　复合赋值运算符

扫一扫，看视频

和其他主流编程语言一样，Java 中也有复合赋值运算符。所谓的复合赋值运算符，就是将赋值运算符与其他运算符合并成一个运算符来使用，从而同时实现两种运算符的效果。Java 中的复合运算符如表 2.12 所示。

表 2.12　复合赋值运算符

运　算　符	说　　明	举　　例	等 价 效 果
+=	相加结果赋予左侧	a += b;	a = a + b;
−=	相减结果赋予左侧	a −= b;	a = a–b;
*=	相乘结果赋予左侧	a *= b;	a = a * b;
/=	相除结果赋予左侧	a /= b;	a = a / b;
%=	取余结果赋予左侧	a %= b;	a = a % b;
&=	与结果赋予左侧	a &= b;	a = a & b;
|=	或结果赋予左侧	a |= b;	a = a | b;
^=	异或结果赋予左侧	a ^= b;	a = a ^ b;
<<=	左移结果赋予左侧	a <<= b;	a = a << b;
>>=	右移结果赋予左侧	a >>= b;	a = a >> b;
>>>=	无符号右移结果赋予左侧	a >>>= b;	a = a >>> b;

以 "+=" 为例，虽然 "a += 1" 与 "a = a + 1" 两者最后的计算结果是相同的，但是在不同的场景下，两种运算符都有各自的优势和劣势。

（1）低精度类型自增。

在 Java 编译环境中，整数的默认类型是 int 型，所以这样的赋值语句会报错：

```
byte a = 1;        //创建 byte 型变量 a
a = a + 1;         //让 a 的值+1，错误提示：无法将 int 型转换成 byte 型
```

在没有进行强制转换的条件下，a+1 的结果是一个 int 值，无法直接赋给一个 byte 变量。但是如果使用 "+=" 实现递增计算，就不会出现这个问题。

```
byte a = 1; //创建 byte 型变量 a
a += 1;        //让 a 的值+1
```

（2）不规则的多值相加。

"+=" 虽然简洁、强大，但是有些时候是不好用的，比如下面这个语句：

```
a = (2 + 3 - 4) * 92 / 6;
```

这条语句如果改成复合赋值运算符就变得非常繁琐。

```
a += 2;
a += 3;
a -= 4;
a *= 92;
a /= 6;
```

📢 **注意：**

不要把 "<<=" ">>=" 与 "<=" ">=" 搞混。

2.5.8　三元运算符

三元运算符的使用格式为：

条件式?值 1:值 2

三元运算符的运算规则为：若条件式的值为 true，则整个表达式取值 1，否则取值 2。例如：

扫一扫，看视频

```
boolean b = 20<45?true:false;
```

如上例所示，表达式"20<45"的运算结果返回真，那么 boolean 型变量 b 取值为 true；相反，表达式如果"20<45"返回为假，则 boolean 型变量 b 取值 false。

三元运算符等价于 if…else 语句。

等价于三元运算符的 if…else 语句，代码如下：

```
boolean a;              //声明 boolean 型变量
if(20<45)               //将 20<45 作为判断条件
  a = true;             //条件成立将 true 赋值给 a
else
  a = false;            //条件不成立将 false 赋值给 a
```

扫一扫，看视频

2.5.9　圆括号

圆括号可以提升公式中计算过程的优先级，在编程中常用。如图 2.28 所示，使用圆括号更改运算的优先级，可以得到不同的结果。

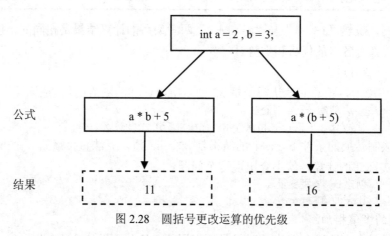

图 2.28　圆括号更改运算的优先级

圆括号还有调整代码格式，增强阅读性的功能。比如这样一个公式：

```
a = 7 >> 5 * 6 ^ 9 / 3 * 5 + 4;
```

这样的计算公式复杂且难读，如果稍有疏忽就会估错计算结果，影响后续代码的设计。

但要是把刚才的计算公式加上括号，且不改变任何运算的优先级，就是这样：

```
a = (7 >> (5 * 6)) ^ ((9 / 3 * 5) + 4);
```

这行代码的运算结果没有发生任何改变，但运算逻辑却显得非常清晰。

⮕ 试一试：

尝试写一个包含 3 个圆括号的计算公式。

扫一扫，看视频

2.5.10　运算符优先级

Java 中的表达式就是使用运算符连接起来的符合 Java 规则的式子。运算符的优先级决定了表达式中运算执行的先后顺序。通常优先级由高到低的顺序依次是增量和减量运算、算术运算、比较运算、逻辑运算、赋值运算。

如果两个运算有相同的优先级，那么左边的表达式要比右边的表达式先被处理。表 2.13 显示了在 Java 中众多运算符特定的优先级。

表 2.13　运算符的优先级

优　先　级	描　　述	运　算　符
1	括号	()
2	正负号	+、-
3	单目运算符	++、--、!
4	乘除	*、/、%
5	加减	+、-
6	移位运算	>>、>>>、<<
7	比较大小	<、>、>=、<=
8	比较是否相等	==、! =
9	按位与运算	&
10	按位异或运算	^
11	按位或运算		
12	逻辑与运算	&&
13	逻辑或运算	||
14	三目运算符	?:
15	赋值运算符	=

✍ 技巧：

在编写程序时尽量使用括号"()"运算符来限定运算次序，以免产生错误的运算顺序。

2.6　小　　结

本章向读者介绍的是 Java 语言基础，其中需要读者重点掌握的是 Java 语言的基本数据类型、变量与常量以及运算符三大知识点。初学者经常将 string 类型认为是 Java 语言的基本数据类型，在此提醒读者 Java 语言的基本数据类型中并没有 string 类型。另外，要对数据类型之间的转换有一定的了解。在使用变量时，需要读者注意的是变量的有效范围，否则在使用时会出现编译错误或浪费内存资源。此外，Java 中的各种运算符也是 Java 基础中的重点，正确使用这些运算符，才能得到预期的结果。

第3章　流程控制

做任何事情都要遵循一定的原则。例如，到图书馆去借书，就必须有借书证，并且借书证不能过期，这两个条件缺一不可。程序设计也是如此，需要有流程控制语言实现与用户的交流，并根据用户的输入决定程序要"做什么""怎么做"等。

流程控制对于任何一门编程语言来说都是至关重要的，它提供了控制程序步骤的基本手段。如果没有流程控制语句，整个程序将按照线性的顺序来执行，不能根据用户的输入决定执行的序列。本章将向读者介绍 Java 语言中的流程控制语句。

通过阅读本章，您可以：

- 熟悉 Java 语言中的 3 种程序结构
- 掌握 if 条件语句的使用方法
- 熟悉 if 语句与 switch 语句的区别
- 掌握 while 循环语句的使用方法
- 掌握 do…while 循环语句的使用方法
- 熟悉 while 语句与 do…while 语句的区别
- 掌握 for 语句的使用方法
- 熟悉 foreach 语句的使用方法
- 了解跳转语句的使用方法

3.1　程序结构

顺序结构、选择结构和循环结构是结构化程序设计的 3 种基本结构，是各种复杂程序的基本构造单元。图 3.1 展示了这 3 种程序结构的基本理念，其中，第一幅图是顺序结构的流程图，它就是按照书写顺序执行的语句构成的程序段；第二幅图是选择结构的流程图，它主要根据输入数据和中间结果

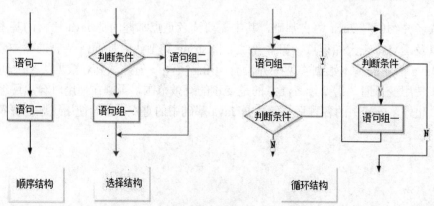

图 3.1　程序 3 种基本结构流程图

的不同选择执行不同的语句，选择结构主要由条件语句（也叫判断语句或者分支语句）组成；而第三幅图是循环结构的流程图，它是在一定条件下反复执行某段程序的流程结构，其中，一组被重复执行的语句称为循环体，而决定循环是否终止的判断条件是循环条件，循环结构主要由循环语句组成。

我们之前编写的程序都是顺序结构，比如定义一个 int 类型的变量并输出，代码如下：

```
int a = 15;
System.out.println(a);
```

下面将主要对选择结构中的条件语句和循环结构的循环语句进行详细讲解。

3.2　条件语句

在生活中，用户选择的情况非常多，比如，当一个人走到岔路口时，摆在面前的有两条路，那么应该如何根据需要选择要走的路呢？或者，在一个公司面临重大的战略转型时，领导人和投资人该如何做出正确的选择，这些都需要进行选择。那么在程序中，如果遇到选择的情况怎么办呢？这时条件语句就可以派上用场了。条件语句根据不同的条件来执行不同的语句，在 Java 中，条件语句主要包括 if 语句和 switch 语句两种，下面分别讲解。

扫一扫，看视频

3.2.1　if 条件语句

if 条件语句主要用于告诉程序在某个条件成立的情况下执行某段语句，而在另一种情况下执行另外的语句。

使用 if 条件语句，可选择是否要执行紧跟在条件之后的那个语句。关键字 if 之后是作为条件的"布尔表达式"，如果该表达式返回的结果为 true，则执行其后的语句；若为 false，则不执行 if 条件之后的语句。if 条件语句可分为简单的 if 条件语句、if...else 语句和 if...else if 多分支语句。

1．简单的 if 条件语句

语法如下：

```
if (布尔表达式){
  语句;
}
```

- 布尔表达式：必要参数，它最后返回的结果必须是一个布尔值。它可以是一个单纯的布尔变量或常量，也可以是关系表达式。
- 语句：可以是一条或多条语句，当布尔表达式的值为 true 时执行这些语句。若语句序列中仅有一条语句，则可以省略条件语句中的"{ }"。

简单 if 语句的执行流程如图 3.2 所示。

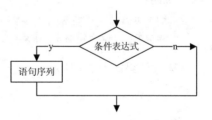

图 3.2　if 条件语句的执行流程

代码中只有一条语句，实例代码如下：

```
int a = 100;
if (a == 100)    // 没有大括号，直接跟在 if 语句之后
System.out.print("a 的值是100");
```

✍ 说明：

虽然 if 后面只有一条语句，省略 "{}" 并无语法错误，但为了增强程序的可读性最好不要省略。

例 3.1 如下所示的两种情况都是正确的。（**实例位置：资源包\code\03\01**）

```java
public class IFTest {
    public static void main(String[] args) {
        if (true) // 让判断条件永远为真
            System.out.println("我没有使用大括号"); // 没有大括号，直接跟在 if 语句之后
        if (true) {// 让判断条件永远为真
            System.out.println("我使用大括号");// 输出语句在大括号之内
        }
    }
}
```

运行结果如图 3.3 所示。

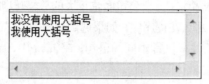

我没有使用大括号
我使用大括号

图 3.3 if 语句的使用

例 3.2 拨打电话，如果输入的电话号码不是 84972266，则提示拨的号码不存在。（**实例位置：资源包\code\03\02**）

```java
import java.util.Scanner;
public class TakePhone {
    public static void main(String[] args) {
        Scanner in = new Scanner(System.in);//创建 Scanner 对象，用于进行输入
        System.out.println("请输入要拨打的电话号码：");
        int phoneNumber = in.nextInt(); // 创建变量，保存电话号码
        if (phoneNumber != 84972266) // 判断此电话号码是否是 84972266
            // 如果不是 84972266 号码，则提示号码不存在
            System.out.println("对不起，您拨打的号码不存在！");
    }
}
```

✍ 说明：

上面代码中用到了 Scanner 类，它的英文直译是扫描仪，它的作用和名字一样，就是一个可以解析基本数据类型和字符串的文本扫描器，前面代码中用到的其 nextInt()方法用来扫描一个值并返回 int 类型。

运行结果如图 3.4 所示。

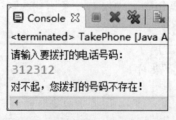

请输入要拨打的电话号码：
312312
对不起，您拨打的号码不存在！

图 3.4 拨打电话程序运行结果

☞ **常见错误：**

> 当多个语句需要同时执行时，容易漏掉花括号。例如，程序的真正意图是如下语句：
>
> ```
> if(flag)
> {
> i++;
> j++;
> }
> ```
>
> 漏掉花括号后的语句如下：
>
> ```
> if(flag)
> i++;
> j++;
> ```
>
> 这样书写，在判断 flag 返回值是 false 时，i++不会执行，但 j++ 这条语句会执行。因为程序的代码看起来似乎是正确的，所以导致这种错误很难发现。为了避免这种错误，编程时一定要遵守代码的编写规范。

扫一扫，看视频

2．if…else 语句

if…else 语句是条件语句中最常用的一种形式，它会针对某种条件有选择地做出处理。通常表现为"如果满足某种条件，就进行某种处理，否则就进行另一种处理"。

语法如下：

```
if(布尔表达式){
    语句1;
}else {
    语句2;
}
```

如果表达式的值为 true，则执行紧跟 if 语句的复合语句；如果表达式的值为 false，则执行 else 后面的语句。

这种形式的判断语句相当于汉语里的"如果……那么……否则……"，用流程图表示第二种判断语句，如图 3.5 所示。

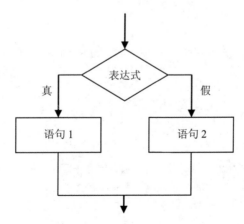

图 3.5　if…else 判断语句执行流程

◀» **注意：**

> else 不能单独使用，必须和关键字 if 一起出现。else (a>b) max=a 是不合法的。

例 3.3　在项目中创建类 Getifelse，在主方法中定义变量，并通过使用 if...else 语句判断变量的值来决定输出结果。（实例位置：资源包\code\03\03）

```java
public class Getifelse {
    public static void main(String args[]) { // 主方法
        int math = 95;      // 声明 int 型局部变量，并赋给初值 95
        int english = 56;   // 声明 int 型局部变量，并赋给初值 56
        if (math > 60) {    // 使用 if 语句判断 math 是否大于 60
            System.out.println("数学及格了"); // 条件成立时输出的信息
        } else {
            System.out.println("数学没有及格"); // 条件不成立输出的信息
        }
        if (english > 60) { // 判断英语成绩是否大于 60
            System.out.println("英语及格了"); // 条件成立输出的信息
        } else {
            System.out.println("英语没有及格"); // 条件不成立输出的信息
        }
    }
}
```

运行结果如图 3.6 所示。

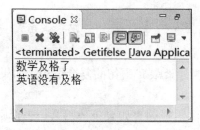

图 3.6　使用 if...else 语句判断变量的值决定输出结果

✍ 技巧：

对于 if...else 语句可以使用三元运算符对语句进行简化，如下面的代码：
```
if(a > 0)
    b = a;
else
    b = -a;
```
可以简写成：
```
b = a > 0?a:-a;
```
上段代码为求绝对值的语句，如果 a>0，就把 a 的值赋值给变量 b，否则将-a 赋值给变量 b。也就是 "?" 前面的表达式为真，则将问号与冒号之间的表达式的计算结果赋值给变量 b，否则将冒号后面的表达式的计算结果赋值给变量 b。使用三元运算符的好处是可以使代码简洁，并且有一个返回值。

3．if...else if 多分支语句

if...else if 多分支语句用于针对某一事件的多种情况进行处理。通常表现为"如果满足某种条件，就进行某种处理；如果满足另一种条件，则进行另一种处理"。

语法如下：

扫一扫，看视频

```
if(表达式 1){
  语句 1
}
else if(表达式 2){
  语句 2
}
...
else if(表达式 n){
  语句 n
}
```

表达式 1~表达式 n：必要参数。可以由多个表达式组成，但最后返回的结果一定要为 boolean 类型。

语句 1~语句 n：可以是一条或多条语句，当表达式 1 的值为 true 时，执行语句 1；当表达式 2 的值为 true 时，执行语句 2，依此类推。

if...else if 多分支语句的执行流程如图 3.7 所示。

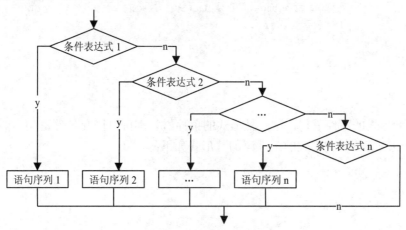

图 3.7 if...else if 多分支语句执行流程

例 3.4 在项目中创建类 GetTerm，在主方法中定义变量 x，使用 if...else if 多分支语句通过判断 x 的值决定输出结果。（**实例位置：资源包\code\03\04**）

```java
public class GetTerm { // 创建主类
    public static void main(String args[]) { // 主方法
        int x = 20; // 声明 int 型局部变量
        if (x > 30) { // 判断变量 x 是否大于 30
            System.out.println("a 的值大于 30"); // 条件成立的输出信息
        } else if (x > 10) { // 判断变量 x 是否大于 10
            System.out.println("a 的值大于 10，但小于 30"); // 条件成立的输出信息
        } else if (x > 0) { // 判断变量 x 是否大于 0
            System.out.println("a 的值大于 0，但小于 10"); // 条件成立的输出信息
        } else { // 当以上条件都不成立时，执行的语句块
            System.out.println("a 的值小于 0"); // 输出信息
        }
    }
}
```

运行结果如图 3.8 所示。

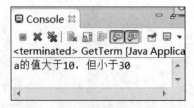

图 3.8　if…else if 多分支语句的使用

在本实例中由于变量 x 为 20，所以条件 x > 30 为假，程序向下执行判断下面的条件；条件 x>10 为真，所以执行条件 x>10 后面的程序块中的语句。输出 "a 的值大于 10，但小于 30"，然后退出 if 语句。

📂 **多学两招：**

> 使用 if 语句时书写尽量规范。
> 使用 boolean 变量作为判断条件，假设 boolean 变量 flag，较为规范的书写为：
> ```
> if(flag)                 /*表示为真*/
> if(!flag)                /*表示为假*/
> ```
> 不符合规范的书写，例如：
> ```
> if(flag==true)
> ```

4．if 语句的嵌套

前面讲过三种形式的条件语句，这三种形式的条件语句都可以嵌套条件语句。例如，在第一种形式的条件语句中嵌套第二种形式的条件语句。形式如下：

```
if(表达式1)
{
if(表达式2)
    语句1;
else
    语句2;
}
```

在第二种形式的条件语句中嵌套第二种形式的条件语句。形式如下：

```
if(表达式1)
{
    if(表达式2)
        语句1;
    else
        语句2;
}
else
{
    if(表达式2)
        语句1;
    else
        语句2;
}
```

条件语句可以有多种嵌套方式，可以根据具体需要进行设计，但一定要注意逻辑关系的正确处理。使用 if 语句嵌套时要注意 else 关键字要和 if 关键字成对出现，并且遵守临近原则，else 关键字和自己最近的 if 语句构成一对。

例 3.5 判断是否是闰年。（实例位置：资源包\code\03\05）

```java
import java.util.Scanner;
public class JudgeLeapYear {
    public static void main(String[] args) {
        int iYear;                                   // 创建整型变量，保存输入的年份
        Scanner sc = new Scanner(System.in);         // 创建扫描器
        System.out.println("please input number");
        iYear = sc.nextInt();                        // 控制台输入一个数字
        if (iYear % 4 == 0) {                        // 如果能被 4 整除
            if (iYear % 100 == 0) {                  // 如果能被 100 整除
                if (iYear % 400 == 0)                // 如果能被 400 整除
                    System.out.println("It is a leap year");      // 是闰年
                else
                    System.out.println("It is not a leap year");  // 不是闰年
            } else
                System.out.println("It is a leap year");          // 是闰年
        } else
            System.out.println("It is not a leap year");          // 不是闰年
    }
}
```

判断闰年的方法是，年份数能被 4 整除且不能被 100 整除的数，或者能被 400 整除的数。程序使用判断语句对这 3 个条件逐一判断，先判断年份能否被 4 整除 iYear%4==0，如果不能整除输出字符串"It is not a leap year"，如果能整除，继续判断能否被 100 整除 iYear%100==0，如果不能整除输出字符串"It is a leap year"，如果能整除，继续判断能否被 400 整除 iYear%400==0，如果能整除输出字符串"It is a leap year"，不能整除输出字符串"It is not a leap year"。

运行程序，当输入 2008 时，程序运行结果如图 3.9 所示；当输入 1900 时，程序运行结果如图 3.10 所示。

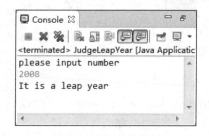

图 3.9 是闰年的效果

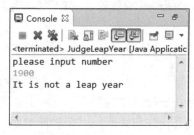

图 3.10 不是闰年的效果

可以简化判断是否是闰年的实例代码，用一条条件语句来完成。

例 3.6 判断是否是闰年，用一条逻辑语句进行判断。（实例位置：资源包\code\03\06）

```java
import java.util.Scanner;
public class JudgeLeapYear2 {
    public static void main(String[] args) {
        int iYear; // 创建整型变量，保存输入的年份
        Scanner sc = new Scanner(System.in); // 创建扫描器
```

```
        System.out.println("please input number");
        iYear = sc.nextInt(); // 控制台输入一个数字
        // 如果 iYear 可以被 4 整除并且不能被 100 整除，或者 iYear 可以被 400 整除
        if (iYear % 4 == 0 && iYear % 100 != 0 || iYear % 400 == 0)
            System.out.println("It is a leap year"); // 是闰年
        else
            System.out.println("It is not a leap year");// 不是闰年
    }
}
```

程序中将能被 4 整除且不能被 100 整除，或者能被 400 整除这 3 个条件用一个表达式来完成。表达式是一个复合表达式，进行了 3 次算术运算和关系运算以及两次逻辑运算，算术运算和关系运算判断能否被整除，逻辑运算判断是否满足这 3 个条件。

3.2.2　switch 多分支语句

扫一扫，看视频

2008 年北京奥运会的时候，全球各个国家齐聚北京。每个国家的参赛队都有指定的休息区，例如 "美国代表队请到 A4-14 休息区等候" "法国代表队请到 F9-03 休息区等候" 等。本次奥运会一共有 204 个国家参与，如果用计算机来分配休息区，难道要写 204 个 if 语句？

这是编程中一个常见的问题，就是检测一个变量是否符合某个条件，如果不符合，再用另一个值来检测，依此类推。比如我们给各个国家一个编号，然后我们判断某个代表队的国家编号是不是美国的？如果不是美国的，那是不是法国的？是不是德国的？是不是新加坡的？当然，这种问题可以使用 if 条件语句完成。

例如，使用 if 语句检测变量是否符合某个条件。关键代码如下：

```
int country =001;
if (country == 001) {
    System.out.println("美国代表队请到 A4-14 休息区等候");
}
if (country == 026) {
    System.out.println("法国代表队请到 F9-03 休息区等候");
}
if (country == 103) {
    System.out.println("新加坡代表队请到 S2-08 休息区等候");
}
......    /*此处省略其他 201 个国家的代表队*/
```

这个程序显得比较笨重，程序员需要测试不同的值来给出输出语句。在 Java 中，可以用 switch 语句将动作组织起来，以一个较简单明了的方式来实现 "多选一" 的选择。

语法如下：

```
switch(用于判断的参数){
case 常量表达式 1 : 语句 1; [break;]
case 常量表达式 2 : 语句 2; [break;]
......
case 常量表达式 n : 语句 n; [break;]
default : 语句 n+1; [break;]
}
```

switch 语句中参数必须是整型、字符型、枚举类型或字符串类型，常量值 1~n 必须是与参数兼

容的数据类型。

　　switch 语句首先计算参数的值,如果参数的值和某个 case 后面的常量表达式相同,则执行该 case 语句后的若干个语句,直到遇到 break 语句为止。此时如果该 case 语句中没有 break 语句,将继续执行后面 case 中的若干个语句,直到遇到 break 语句为止。若没有任何一个常量表达式与参数的值相同,则执行 default 后面的语句。

　　break 的作用是跳出整个 switch 语句。

　　default 语句是可以不写的,如果它不存在,而且 switch 语句中表达式的值不与任何 case 的常量值相同,switch 则不做任何处理。

　　switch 语句的执行流程如图 3.11 所示。

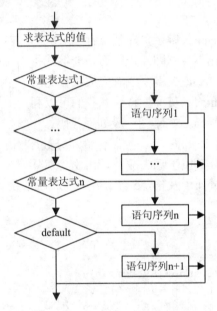

图 3.11　switch 语句的执行流程

　　例 3.7　使用 switch 语句判断星期,并打印出对应的英文。（**实例位置：资源包\code\03\07**）

```java
public class GetSwitch {
    public static void main(String args[]) {
        int week = 2; // 定义 int 型变量 week
        switch (week) { // 指定 switch 语句的表达式为变量 week
        case 1: // 定义 case 语句中的常量为 1
            System.out.println("Monday"); // 输出信息
            break;
        case 2: // 定义 case 语句中的常量为 2
            System.out.println("Tuesday");
            break;
        case 3: // 定义 case 语句中的常量为 3
            System.out.println("Wednesday");
            break;
        case 4: // 定义 case 语句中的常量为 4
            System.out.println("Thursday");
            break;
        case 5: // 定义 case 语句中的常量为 5
```

```
        System.out.println("Friday");
        break;
    case 6: // 定义 case 语句中的常量为 6
        System.out.println("Saturday");
        break;
    case 7: // 定义 case 语句中的常量为 7
        System.out.println("Sunday");
        break;
    default: // default 语句, 如果 week 不是 1~7 之间的数字, 则执行此行代码
        System.out.println("Sorry,I don't Know");
    }
  }
}
```

运行结果如图 3.12 所示。

如果 switch 语句中没有 break 关键字，即使执行完对应的 case 的处理语句，switch 语句也不会立即停止，而是会继续执行下面所有的 case，直至遇见 break 关键字或者完成执行完所有代码才会停止。这就是 switch 的"贯穿"特性。我们可以利用这个"贯穿"的特性，让多个 case 共享同一段处理代码。

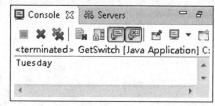

图 3.12　判断星期并打印出对应的英文

例 3.8　创建成绩类，使用 Scanner 类在控制台输入分数，然后用 switch 语句判断输入的分数属于哪类成绩。10 分、9 分属于优，8 分属于良，7 分、6 分属于及格，5 分、4 分、3 分、2 分、1 分、0 分均为不及格。（**实例位置：资源包\code\03\08**）

```
import java.util.Scanner;
public class Grade {
    public static void main(String[] args) {
        Scanner sc=new Scanner(System.in);
        System.out.print("请输入成绩: ");
        int grade = sc.nextInt();
        switch (grade) {
        case 10:
        case 9: System.out.println("成绩为优");break;
        case 8: System.out.println("成绩为良");break;
        case 7:
        case 6: System.out.println("成绩为中");break;
        case 5:
        case 4:
        case 3:
        case 2:
        case 1:
        case 0: System.out.println("成绩为差");break;
        default: System.out.println("成绩无效");
        }
    }
}
```

运行结果如图 3.13～图 3.15 所示。

图 3.13　成绩为 9 时的运行结果

图 3.14　成绩为 5 时的运行结果图

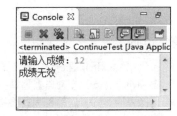

图 3.15　成绩为 12 时的运行结果

从这个结果发现，当成绩为 9 时，switch 判断之后执行了 "case 9 :" 后面的语句，输出了 "成绩为优"；当成绩为 5 时，"case 5 :" 要后面是没有任何处理语句的，这时候 switch 会自动跳转到 "case 4 :"，但 "case 4 :" 后面也没有任何处理代码，这样就会继续往下找，直到在 "case 0 :" 中找到了找到处理代码，于是输出了 "成绩为差" 的结果，然后执行 break，结束了 switch 语句；当成绩为 12 时，switch 直接进入了 default，执行完后退出。

✎ 说明：

> 在 JDK 1.6 及以前的版本中，switch 语句中表达式的值必须是整型或字符型，常量值 1~n 必须也是整型或字符型，但是在 JDK 1.7 以上的版本中，switch 语句的表达式的值除了是整型或字符型，还可以是字符串类型。

例 3.9　通过 switch 语句根据字符串 str 的值，输出不同的提示信息。（**实例位置：资源包\ code\03\09**）

```java
public class SwitchInString {
    public static void main(String[] args) {
        String str="明日科技";
        switch (str){
        case "明日":                                    //定义 case 语句中的常量 1
            System.out.println("明日图书网 www.mingribook.com");//输出信息
            break;
        case "明日科技":                                 //定义 case 语句中的常量 2
            System.out.println("吉林省明日科技有限公司");   //输出信息
            break;
        default:                                        //default 语句
            System.out.println("以上条件都不是。");       //输出信息
        }
    }
}
```

运行结果如图 3.16 所示。

图 3.16　switch 语句的使用

🔊 注意：

> （1）同一个 switch 语句，case 的常量值必须互不相同。
> （2）在 switch 语句中，case 语句后常量表达式的值可以为整数（除 long 外），但绝不可以是实数。例如，下面的代码就是不合法的：

```
case 1.1;
```

✍ 说明：

> if 语句和 switch 语句都实现多条件判断，但 if 语句主要对布尔表达式、关系表达式或者逻辑表达式进行判断，而 switch 语句主要对常量值进行判断。因此，在程序开发中，如果遇到多条件判断的情况，并且判断的条件不是关系表达式、逻辑表达式或者浮点类型，就可以使用 switch 语句代替 if 语句，这样执行效率会更高。

3.3 循环语句

循环语句就是在满足一定条件的情况下反复执行某一个操作。在 Java 中提供了 4 种常用的循环语句，分别是 while 语句、do…while 语句、for 语句和 foreach 语句，其中，foreach 语句是 for 语句的特殊简化版本。下面分别进行介绍。

3.3.1 while 循环语句

while 语句的循环方式为利用一个条件来控制是否要继续反复执行这个语句。
语法如下：

```
while(条件表达式)
{
    执行语句
}
```

当条件表达式的返回值为真时，则执行"{}"中的语句，当执行完"{}"中的语句后，重新判断条件表达式的返回值，直到表达式返回的结果为假时，退出循环。while 循环语句的执行流程如图 3.17 所示。

例 3.10 在项目中创建类 GetSum，在主方法中通过 while 循环将整数 1~10 相加，并将结果输出。（**实例位置：资源包\code\03\10**）

```java
public class GetSum { // 创建类
    public static void main(String args[]) { // 主方法
        int x = 1; // 定义 int 型变量 x，并赋给初值
        int sum = 0; // 定义变量用于保存相加后的结果
        while (x <= 10) {
            sum = sum + x; // while 循环语句，当变量满足条件表达式时执行循环体语句
            x++;
        }
        System.out.println("sum = " + sum); // 将变量 sum 输出
    }
}
```

运行结果如图 3.18 所示。

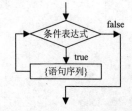

图 3.17　while 语句的执行流程

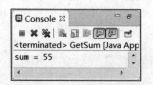

图 3.18　计算 1~10 的和

注意:

初学者经常犯的一个错误就是在 while 表达式的括号后加 ";"。如:

```
while(x == 5);
System.out.println("x 的值为 5");
```

这时程序会认为要执行一条空语句，而进入无限循环，Java 编译器又不会报错。这可能会浪费很多时间去调试，应注意这个问题。

3.3.2 do...while 循环语句

do...while 循环语句与 while 循环语句类似，它们之间的区别是 while 语句为先判断条件是否成立再执行循环体，而 do...while 循环语句则先执行一次循环后，再判断条件是否成立。也就是说 do...while 循环语句中 "{}" 中的程序段至少要被执行一次。

语法如下:

```
do
{
 执行语句
}
while(条件表达式);
```

do...while 语句与 while 语句的一个明显区别是 do...while 语句在结尾处多了一个分号 (;)。根据 do...while 循环语句的语法特点总结出的 do...while 循环语句的执行流程，如图 3.19 所示。

例 3.11 在项目中创建类 Cycle，在主方法中编写如下代码。通过本实例可看出 while 语句与 do...while 语句的区别。**（实例位置：资源包\code\03\11）**

```java
public class Cycle {
    public static void main(String args[]) {
        int a = 100;                            //声明 int 型变量 a 并赋初值 100
        while (a == 60)                         //指定进入循环体条件
        {
            System.out.println("ok1");          //while 语句循环体
            a--;
        }
        int b = 100;                            //声明 int 型变量 b 并赋初值 100
        do {
            System.out.println("ok2");          //do...while 语句循环体
            b--;
        } while (b == 60);                      //指定循环结束条件
    }
}
```

运行结果如图 3.20 所示。

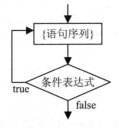

图 3.19 do...while 循环语句的执行流程

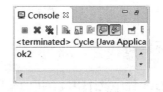

图 3.20 do...while 语句的使用

3.3.3 while 与 do...while 比较

可以通过设置起始循环条件不成立的循环语句来观察 while 和 do...while 的不同。将变量 i 初始值设置为 0，然后循环表达式设置为 i>1，显然循环条件不成立。循环体执行的是对变量 j 的加 1 运算，通过输出变量 j 在循环前的值和循环后的值进行比较。

例 3.12 使用 do...while 循环输出 j 的值。（**实例位置：资源包\code\03\12**）

```java
public class DoWhileTest {
    public static void main(String[] args) {
        int i = 0, j = 0;
        System.out.println("before do_while j=" + j);
        do {
            j++;
        } while (i > 1);
        System.out.println("after do_while j=" + j);
    }
}
```

运行结果如图 3.21 所示。

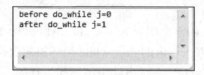

图 3.21 使用 do...while 循环输出 j 的值

例 3.13 使用 while 循环输出 j 的值。（**实例位置：资源包\code\03\13**）

```java
public class WhileTest {
    public static void main(String[] args) {
        int i = 0, j = 0;
        System.out.println("before while j=" + j);
        while (i > 1) {
            j++;
        }
        System.out.println("after while j=" + j);
    }
}
```

运行结果如图 3.22 所示。

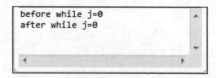

图 3.22 使用 while 循环输出 j 的值

3.3.4 for 循环语句

for 循环是 Java 程序设计中最有用的循环语句之一。一个 for 循环可以用来重复执行某条语句，直到某个条件得到满足。

扫一扫，看视频

for 语句语法如下：

```
for(表达式 1;表达式 2;表达式 3) {
    语句
}
```

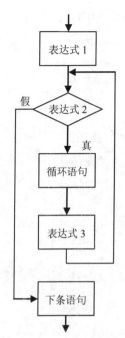

➘ 表达式 1：该表达式通常是一个赋值表达式，负责设置循环的起始值，也就是给控制循环的变量赋初值。

➘ 表达式 2：该表达式通常是一个关系表达式，用控制循环的变量和循环变量允许的范围值进行比较。

➘ 表达式 3：该表达式通常是一个赋值表达式，对控制循环的变量进行增大或减小。

➘ 语句：语句仍然是复合语句。

for 循环语句的执行流程如下：

（1）先执行表达式 1。

（2）判断表达式 2，若其值为真，则执行 for 语句中指定的内嵌语句，然后执行（3）。若表达式 2 值为假，则结束循环，转到（5）。

（3）执行表达式 3。

（4）返回（2）继续执行。

（5）循环结束，执行 for 语句下面的一个语句。

图 3.23　for 循环执行流程

上面的 5 个步骤也可以用图 3.23 表示。

例 3.14　使用 for 循环完成 1~100 的相加运算。（实例位置：资源包\code\03\14）

```java
public class AdditiveFor {
    public static void main(String[] args) {
        int sum = 0;
        int i;
        for (i = 1; i <= 100; i++){ // for 循环语句
            sum += i;
        }
        System.out.println("the result :" + sum);
    }
}
```

运行结果如图 3.24 所示。

程序中 for(i=1;i<=100;i++) sum+=i;就是一个循环语句，sum+=i 是循环体语句，其中 i 就是控制循环的变量，i=1 是表达式 1，i<=100 是表达式 2，i++是表达式 3，sum+=i;是语句；表达式 1 将循环控制变量 i 赋初始值为 1，表达式 2 中 100 是循环变量允许的范围，也就是说 i 不能大于 100，

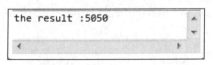

图 3.24　使用 for 循环完成 1~100 的相加运算

大于 100 时将不执行语句 sum +=i;。语句 sum +=i;是使用了带运算的赋值语句，它等同于语句 sum = sum +i;。sum +=i 语句一共执行了 100 次，i 的值是从 1 到 100 变化。

✍ 说明：

> 使用 for 循环时，可以在表达式 1 中直接声明变量。例如：
>
> ```java
> int sum = 0;
> for (int i = 1; i <= 100; i++) //在 for 循环中定义循环变量 i
>     sum += i;
> System.out.println("the result :" + sum);
> ```

✍ 技巧：

> 在编程时，有时会使用 for 循环的特殊语法格式来实现无限循环。语法格式为：
>
> ```java
> for(;;)
> {
>     …
> }
> ```
>
> 对于这种无限循环可以通过 break 语句跳出循环。例如：
>
> ```java
> for(;;)
> {
>   if(x <20)
>   break;
>   x++;
> }
> ```

扫一扫，看视频

3.3.5　foreach 语句

　　foreach 语句是 for 语句的特殊简化版本，但是 foreach 语句并不能完全取代 for 语句，然而任何 foreach 语句都可以改写为 for 语句版本。foreach 并不是一个关键字，习惯上将这种特殊的 for 语句格式称之为 foreach 语句。foreach 语句在遍历数组等方面为程序员提供了很大的方便。

　　语法如下：

```java
for(循环变量 x ：遍历对象 obj){
    引用了 x 的 java 语句;
}
```

　➥　遍历对象 obj：依次去读 obj 中元素的值。

　➥　循环变量 x：将 obj 遍历读取出的值赋给 x。

✍ 说明：

> 遍历，在数据结构中是指沿着某条路线，依次对树中每个节点均做一次且仅做一次访问。我们可以简单地理解为，对数组或集合中的所有元素，逐一访问，依次读取一遍。数组，就是相同数据类型的元素按一定顺序排列的集合。

　　foreach 语句中的元素变量 x，不必对其进行初始化。下面通过简单的例子来介绍 foreach 语句是如何遍历一维数组的。

　　例 3.15　在项目中创建类 Repetition，在主方法中定义一维数组，并使用 foreach 语句遍历该数组。（实例位置：资源包\code\03\15）

```java
public class Repetition {                              //创建类 Repetition
    public static void main(String args[]) {           //主方法
```

```
int arr[] = { 7, 10, 1 };                         //声明一维数组
System.out.println("一维数组中的元素分别为：");    //输出信息
for (int x : arr) {  //foreach 语句，int x 引用的变量，arr 指定要循环遍历的数组，
                     最后将 x 输出
    System.out.println(x);
    }
  }
}
```

运行结果如图 3.25 所示。

图 3.25　使用 foreach 语句遍历数组

扫一扫，看视频

3.3.6　循环语句的嵌套

循环有 for、while、do...while 3 种方式，这 3 种循环可以相互嵌套。例如，在 for 循环中套用 for
循环。

```
for(…)
{
    for(…)
    {
    …
    }
}
```

在 while 循环中套用 while 循环。

```
while(…)
{
    while(…)
    {
    …
    }
}
```

在 while 循环中套用 for 循环。

```
while(…)
{
    for(…)
    {
    …
    }
}
```

例 3.16　使用嵌套的 for 循环输出乘法口诀表。（实例位置：资源包\code\03\16）

```
public class Multiplication {
```

```
public static void main(String[] args) {
    int i, j;  // 创建两个整型变量
    for (i = 1; i < 10; i++) {  // 输出 9 行
        for (j = 1; j < i + 1; j++) {  // 输出与行数相等的列
            System.out.print(j + "*" + i + "=" + i * j + "\t");
        }
        System.out.println();  // 换行
    }
}
```

运行结果如图 3.26 所示。

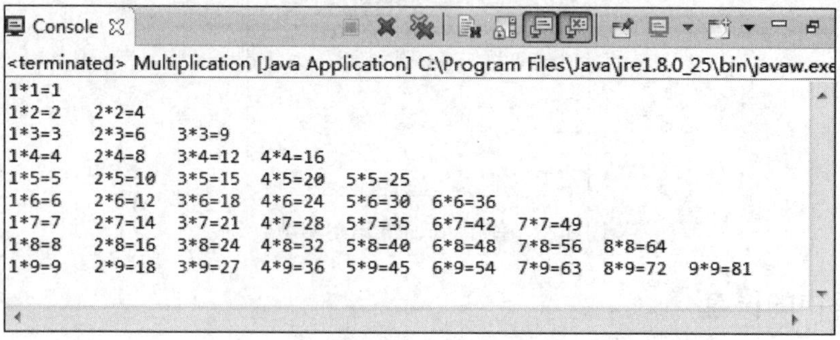

图 3.26　使用嵌套 for 循环输出乘法口诀表

这个结果是如何得出的呢？最外层的循环控制输出的行数，i 从 1 到 9，当 i=1 的时候，输出第一行，然后进入内层循环，这里的 j 是循环变量，循环的次数与 i 的值相同，所以使用"j＜i+1"来做控制，内层循环的次数决定本行有几列，所以先输出 j 的值，然后输出"*"号，再输出 i 的值，最后输出 j 和 i 相乘的结果。内层循环全部执行完毕后，输出换行，然后开始下一行的循环。

3.4　跳 转 语 句

假如我们在一个书架中寻找一本《新华字典》，当我们在第二排第三个位置找到了这本书，我们还需要去看第三排、第四排的书吗？不需要了。同样，我们编写一个循环，当循环还未结束时，就已经处理完所有的任务了，就没有必要再继续运行下去了，否则既浪费时间又浪费内存资源。所以这一节介绍一下跳转语句。

跳转语句包含两方面的内容，一方面是控制循环变量的变化方式，也就是让循环判断中的逻辑关系表达式变成 false，从而达到终止循环的效果；一方面是控制循环的跳转。控制循环的跳转需要用到 break 和 continue 两个关键字，这两条跳转语句的跳转效果不同，break 是中断循环，continue 是直接执行下一次循环。

3.4.1　break 语句

使用 break 语句可以跳出 switch 结构。在循环结构中，同样也可用 break 语句跳出当前循环体，从而中断当前循环。

在 3 种循环语句中使用 break 语句的形式如图 3.27 所示。

```
while(...)      do         for
{              {          {
    ...            ...        ...
    break;         break;     break;
    ...            ...        ...
}              }while(...);  }
```

图 3.27 break 语句的使用形式

例 3.17 输出 1～20（不包含 20）的第一个偶数，使用 break 跳出循环。(**实例位置：资源包\code\03\17**)

```java
public class BreakTest {
    public static void main(String[] args) {
        for (int i = 1; i < 20; i++) {
            if (i % 2 == 0) {// 如果i是偶数
                System.out.println(i);// 输出 i 的值
                break;// 跳到下一循环
            }
        }
        System.out.println("---end---");
    }
}
```

运行结果如图 3.28 所示。

```
2
---end---
```

图 3.28 使用 break 跳出循环

📢 注意：

如果遇到循环嵌套的情况，break 语句将只会使程序流程跳出包含它的最内层的循环结构，只跳出一层循环。

例 3.18 在嵌套的循环中使用 break，跳出内层循环。(**实例位置：资源包\code\03\18**)

```java
public class BreakInsideNested {
    public static void main(String[] args) {
        for (int i = 0; i < 3; i++) {
            for (int j = 0; j < 6; j++) {
                if (j == 4) {    // 如果j等于4的时候就结束内部循环
                    break;
                }
                System.out.println("i=" + i + " j=" + j);
            }
        }
    }
}
```

运行结果如图 3.29 所示。

图 3.29　使用 break 跳出内层循环

从这个运行结果我们可以看出：

（1）循环中的 if 语句判断：如果 j 等于 4 时，执行 break 语句，则中断了内层的循环，输出的 j 值最大到 3 为止。

（2）但是外层的循环没有受任何影响，输出的 i 值最大到 2，正是 for 循环设定的最大值。

如果想要让 break 跳出外层循环，Java 提供了"标签"的功能，语法如下：

```
标签名：循环体{
    break 标签名;
}
```

➥ 标签名：任意标识符。

➥ 循环体：任意循环语句。

➥ break 标签名：break 跳出指定的循环体，此循环体的标签名必须与 break 的标签名一致。

带有标签的 break 可以制定跳出的循环，这个循环可以是内层循环，也可以是外层循环。

例 3.19　使用带有标签的 break 跳出外层循环。（**实例位置：资源包\code\03\19**）

```java
public class BreakOutsideNested {
    public static void main(String[] args) {
        Loop: for (int i = 0; i < 3; i++) {// 在 for 循环前用标签标记
            for (int j = 0; j < 6; j++) {
                if (j == 4) {// 如果 j 等于 4 的时候就结束外层循环
                    break Loop;// 跳出 Loop 标签标记的循环体
                }
                System.out.println("i=" + i + " j=" + j);
            }
        }
    }
}
```

运行结果如图 3.30 所示。

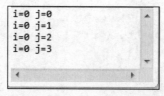

图 3.30　使用带有标签的 break 跳出外层循环

从这个结果我们可以看出，当 j 的值等于 4 的时候，i 的值没有继续增加，直接结束外层循环。

扫一扫，看视频

扫一扫，看视频

3.4.2 continue 语句

continue 语句是针对 break 语句的补充。continue 不是立即跳出循环体，而是跳过本次循环结束前的语句，回到循环的条件测试部分，重新开始执行循环。在 for 循环语句中遇到 continue 语句后，首先执行循环的增量部分，然后进行条件测试。在 while 和 do…while 循环中，continue 语句使控制直接回到条件测试部分。

在 3 种循环语句中使用 continue 语句的形式如图 3.31 所示。

```
while(...)          do                 for
{                   {                   {
    ...                 ...                 ...
    continue;           continue;           continue;
    ...                 ...                 ...
}                   }while(...);       }
```

图 3.31 continue 语句的使用形式

例 3.20 输出 1~20（不包含 20）的偶数，使用 continue 语句跳出循环。（**实例位置：资源包\code\03\20**）

```java
public class ContinueTest {
    public static void main(String[] args) {
        for (int i = 1; i < 20; i++) {
            if (i % 2 != 0) {          // 如果 i 不是偶数
                continue;              // 跳到下一循环
            }
            System.out.println(i); // 输出 i 的值
        }
    }
}
```

运行结果如图 3.32 所示。

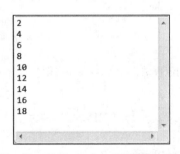

图 3.32 使用 continue 语句跳出循环

与 break 语句一样，continue 语句也支持标签功能，语法如下：

```
标签名 ：循环体{
    continue 标签名;
}
```

> ↳ 标签名：任意标识符。
> ↳ 循环体：任意循环语句。
> ↳ continue 标签名：continue 语句跳出指定的循环体，此循环体的标签名必须与 continue 的标签名一致。

◀️ 注意：

continue 语句和 break 语句的区别是：continue 语句只结束本次循环，而不是终止整个循环。而 break 语句是结束整个循环过程，开始执行循环之后的语句。

如果有以下两个循环结构：

（1）   （2）

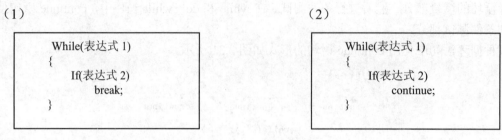

这两个循环结构的程序流程图如图 3.33 和图 3.34 所示。

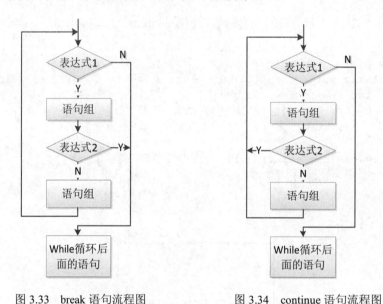

图 3.33 break 语句流程图   图 3.34 continue 语句流程图

3.5 小 结

本章介绍了流程控制语句（条件语句、循环语句和跳转语句）；通过使用 if 与 switch 语句，可以基于布尔类型的测试，将一个程序分成不同的部分；通过 while、do…while 循环语句和 for 循环语句，可以让程序的一部分重复执行，直到满足某个终止循环的条件；使用跳转语句可以使条件语句和循环语句变得更加灵活。通过本章的学习，读者应该学会在程序中灵活使用流程控制语句。

第 4 章 数　　组

数组是最为常见的一种数据结构，是相同类型的、用一个标识符封装到一起的基本类型数据序列或对象序列。可以用一个统一的数组名和下标来唯一确定数组中的元素。实质上，数组是一个简单的线性序列，因此访问速度很快。本章将介绍有关数组的知识。

通过阅读本章，您可以：
- ❯ 掌握一维数组创建和使用的方法
- ❯ 掌握二维数组创建和使用的方法
- ❯ 了解如何遍历数组
- ❯ 了解如何填充替换数组中的元素
- ❯ 掌握如何对数组进行排序
- ❯ 了解如何复制数组

4.1　数组的概述

数组是具有相同数据类型的一组数据的集合。例如，球类的集合——足球、篮球、羽毛球等；电器集合——电视机、洗衣机、电风扇等。在程序设计中，可以将这些集合称为数组。数组中的每个元素具有相同的数据类型。在 Java 中同样将数组看作是一个对象，虽然基本数据类型不是对象，但是由基本数据类型组成的数组则是对象。在程序设计中引入数组可以更有效地管理和处理数据。我们经常使用的数组包括一维数组和二维数组等，图 4.1 就是变量和一维数组的概念图。

图 4.1　变量和一维数组的概念图

4.2　一　维　数　组

一维数组实质上是一组相同类型数据的线性集合，例如学校中学生们排列的一字长队就是一个数组，每一位学生都是数组中的一个元素。再比如快捷酒店，就相当于一个一维数组，每一个房间都是这个数组中的元素。当在程序中需要处理一组数据，或者传递一组数据时，就可以使用数组实现。本节将介绍一维数组的创建及使用。

4.2.1　创建一维数组

数组元素类型决定了数组的数据类型。它可以是 Java 中任意的数据类型，包括基本数据类型和其他引用类型。数组名字为一个合法的标识符，符号"[ ]"指明该变量是一个数组类型变量。单个"[ ]"表示要创建的数组是一个一维数组。

声明一维数组有两种方式：

```
数组元素类型 数组名字[];
数组元素类型[] 数组名字;
```

声明一维数组，语法如下：

```
int arr[];        // 声明 int 型数组，数组中的每个元素都是 int 型数值
double[] dou;     // 声明 double 型数组，数组中的每个元素都是 double 型数值
```

声明数组后，还不能访问它的任何元素，因为声明数组只是给出了数组名字和元素的数据类型，要想真正使用数组，还要为它分配内存空间。在为数组分配内存空间时必须指明数组的长度。为数组分配内存空间的语法格式如下：

```
数组名字 = new 数组元素类型[数组元素的个数];
```

➥　数组名字：被连接到数组变量的名称。

➥　数组元素个数：指定数组中变量的个数，即数组的长度。

为数组分配内存，语法如下：

```
arr = new int[5];          //数组长度为 5
```

以上代码表示要创建一个有 5 个元素的整型数组，并且将创建的数组对象赋给引用变量 arr，即引用变量 arr 引用这个数组，如图 4.2 所示。

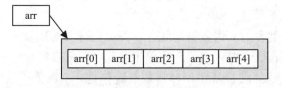

图 4.2　一维数组的内存模式

上面代码中 arr 为数组名称，方括号"[ ]"中的值为数组的下标，也叫索引。数组通过下标来区分不同的元素，也就是说，数组中的元素都可以通过下标来访问。这就相当于刚才比喻的快捷酒店，我们想要找到某个房间里的人，只需要知道这个人所在房间号。这个房间号就相当于数组的下标。

数组的下标是从 0 开始的。由于创建的数组 arr 中有 5 个元素，因此数组中元素的下标为 0~4。

在声明数组的同时也可以为数组分配内存空间，这种创建数组的方法是将数组的声明和内存的分配合在一起执行，语法如下：

```
数组元素类型 数组名 = new 数组元素类型[数组元素的个数];
```

声明并为数组分配内存，语法如下：

```
int month[] = new int[12];
```

上面的代码创建数组 month，并指定了数组长度为 12。这种创建数组的方法也是 Java 程序编写过程中普遍的做法。

⟳ 试一试：

```
创建一个长度为 20 的 char 类型数组。
```

4.2.2　初始化一维数组

数组可以与基本数据类型一样进行初始化操作，也就是赋初值。数组的初始化可分别初始化数组中的每个元素。数组的初始化有以下 3 种方式：

```java
int a[] = { 1, 2, 3 };               // 第一种方式
int b[] = new int[] { 4, 5, 6 };     // 第二种方式
int c[] = new int[3];                // 第三种方式
c[0] = 7;                            //给第一个元素赋值
c[1] = 8;                            //给第二个元素赋值
c[2] = 9;                            //给第三个元素赋值
```

从中可以看出，数组的初始化就是包括在大括号之内用逗号分开的表达式列表。用逗号"，"分隔数组中的各个元素，系统自动为数组分配一定的空间。第一种初始化方式，将创建 3 个元素的数组，依次为 1、2、3；第二种初始化方式，创建 3 个元素的数组，依次为 4、5、6；第三种初始化方式先给数组创建了内存空间，再给数组元素逐一赋值。

📢 注意：

Java 中的数组第一个元素，索引是以 0 开始的，如图 4.3 所示。

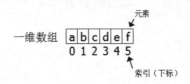

图 4.3　数组中的元素与对应的索引

扫一扫，看视频

4.2.3　获取数组长度

我们初始化一维数组的时候都会在内存中分配内存空间，内存空间的大小决定了一维数组能够存储多少个元素，也就是数组长度。如果我们不知道数组是如何分配内存空间的，该如何获取数组长度呢？我们可以使用数组对象自带的 length 属性。语法如下：

```
arr.length
```

↘　arr ：数组名。

↘　length ：数组长度属性，返回 int 值。

例 4.1　使用 length 属性获取数组长度。（**实例位置：资源包\code\04\01**）

```java
public class GetArrayLength {
    public static void main(String[] args) {
        char a[] = { 'A', 'B', 'C', 'D' }; // 创建一维数组
        System.out.println("数组 a 的长度为" + a.length);
        char b[] = a; // 创建一维数组 b，直接等于数组 a
        System.out.println("数组 b 的长度为" + b.length);
    }
}
```

运行结果如图 4.4 所示。

图 4.4　使用 length 属性获取数组长度

4.2.4　使用一维数组

在 Java 中，一维数组是最常见的一种数据结构。下面的实例是使用一维数组将 1~12 月份各月的天数输出。

例 4.2　在项目中创建类 GetDay，在主方法中创建 int 型数组，并实现将各月的天数输出。（**实例位置：资源包\code\04\02**）

```java
public class GetDay {
    public static void main(String[] args) {
        // 创建并初始化一维数组
        int day[] = new int[] { 31, 28, 31, 30, 31, 30, 31, 31, 30, 31, 30, 31 };
        for (int i = 0; i < 12; i++) { // 利用循环将信息输出
            System.out.println((i + 1) + "月有" + day[i] + "天"); // 输出的信息
        }
    }
}
```

运行结果如图 4.5 所示。

图 4.5　输出各月的天数

☞ **常见错误：**

使用数组最常见的错误就是数组下标越界，例如：
```java
public class ArrayIndexOut {
public static void main(String[] args) {
    int a[] = new int[3];// 最大下标为 2
    System.out.println(a[3]);// 下标越界！
}
```
这段代码运行时会抛出数组下标越界的异常，如图 4.6 所示。

图 4.6 数组下标越界异常日志

4.3 二维数组

比如快捷酒店，每一个楼层都有很多房间，这些房间都可以构成一维数组，如果这个酒店有 500 个房间，并且所有房间都在同一个楼层里，那么拿到 499 号房钥匙的旅客可能就不高兴了，从 1 号房走到 499 号房要花好长时间，因此每个酒店都不只有一个楼层，而是很多楼层，每一个楼层都会有很多房间，形成一个立体的结构，把大量的房间均摊了下来，这种结构就是二维表结构，如图 4.7 所示，在计算机中，这种二维表结构可以使用二维数组来表示。如图 4.7 所示，每一个楼层都是一个一维数组，楼层数本身又构成了一个数组，这样一家酒店就构成了一个二维数组。

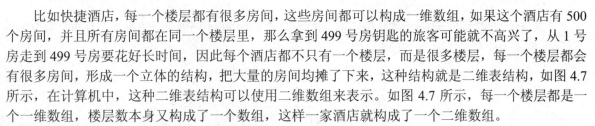

楼层	房间号						
一楼	1101	1102	1103	1104	1105	1106	1107
二楼	2101	2102	2103	2104	2105	2106	2107
三楼	3101	3102	3103	3104	3105	3106	3107
四楼	4101	4102	4103	4104	4105	4106	4107
五楼	5101	5102	5103	5104	5105	5106	5107
六楼	6101	6102	6103	6104	6105	6106	6107
七楼	7101	7102	7103	7104	7105	7106	7107

图 4.7 二维表结构的楼层房间号

二维数组常用于表示表，表中的信息以行和列的形式表示，第一个下标代表元素所在的行，第二个下标代表元素所在的列。

4.3.1 创建二维数组

二维数组可以看作是特殊的一维数组，因此，二维数组有两种声明方式：

数组元素类型 数组名字[][];
数组元素类型[][] 数组名字;

声明二维数组。代码如下：

```
int tdarr1[][];
char[][] tdarr2;
```

同一维数组一样，二维数组在声明时也没有分配内存空间，同样要使用关键字 new 来分配内存，然后才可以访问每个元素。

为二维数组分配内存有两种方式：

```
int a[][];
a = new int[2][4];          //直接分配行列
int b[][];
b = new int[2][];          //先分配行，不分配列
```

```
b[0] = new int[2];          //给第一行分配列
b[1] = new int[2];          //给第二行分配列
```

📢 **注意：**

创建二维数组的时候，可以只声明"行"的长度，而不声明"列"的长度，例如：

`int a[][] = new int[2][];// 可省略"列"的长度`

但如果不声明"行"数量的话，就是错误的写法，例如：

`int b[][] = new int[][];// 错误写法！`

`int c[][] = new int[][2];// 错误写法！`

4.3.2 初始化二维数组

二维数组的初始化方法与一维数组类似，也有 3 种方式。但不同的是，二维数组有两个索引（即下标），构成由行列组成的一个矩阵，如图 4.8 所示。

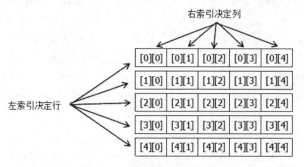

图 4.8　二维数组索引与行列的关系

例 4.3 　分别用三种方法初始化二维数组。（**实例位置：资源包\code\04\03**）

```java
public class InitTDArray {
    public static void main(String[] args) {
        /* 第一种方式 */
        int tdarr1[][] = { { 1, 3, 5 }, { 5, 9, 10 } };
        /* 第二种方式 */
        int tdarr2[][] = new int[][] { { 65, 55, 12 }, { 92, 7, 22 } };
        /* 第三种方式 */
        int tdarr3[][] = new int[2][3]; // 先给数组分配内存空间
        tdarr3[0] = new int[] { 6, 54, 71 }; // 给第一行分配一个一维数组
        tdarr3[1][0] = 63; // 给第二行第一列赋值为 63
        tdarr3[1][1] = 10; // 给第二行第二列赋值为 10
        tdarr3[1][2] = 7; // 给第二行第三列赋值为 7
    }
}
```

从这个例子可以看出，二维数组每一个元素也是一个数组，所以第一种直接赋值方式，在大括号内还有大括号，因为每一个元素都是一个一维数组；第二种使用 new 的方法与一维数组类似；第三种方法比较特殊，在分配内存空间之后，还有两种赋值的方式，给某一行直接赋值一个一维数组，或者给某一行的每一个元素分别赋值。开发者可以根据使用习惯和程序要求灵活地选用其中一个赋值方法。

📂 多学两招：

比一维数组维数更高的叫多维数组，理论上二维数组也属于多维数组。Java 也支持三维、四维等多维数组，创建其他多维数组的方法与创建二维数组类似。

```java
int a[][][] = new int[3][4][5];                    // 创建三维数组
char b[][][][] = new char[6][7][8][9];             // 创建四维数组
double c[][][][][] = new double[10][11][12][13][14];  // 创建五维数组
```

📣 注意：

多维的数组在 Java 编程中是可以使用的，但因为其结构关系过于复杂，容易出错，所以不推荐在程序中使用比二维数组更高维的数组，如果需要存储复杂的数据，推荐使用集合类或自定义类。集合类包括 List、Map 等，这些集合类会在后面的章节做重点的学习。

4.3.3　使用二维数组

二维数组在实际应用中非常广泛。下面就是使用二维数组输出古诗《春晓》的例子。

例 4.4　创建一个二维数组，将古诗《春晓》的内容赋值于二维数组，然后分别用横版和竖版两种方式输出。（**实例位置：资源包\code\04\04**）

```java
public class Poetry {
    public static void main(String[] args) {
        char arr[][] = new char[4][]; // 创建一个 4 行的二维数组
        arr[0] = new char[] { '春', '眠', '不', '觉', '晓' }; // 为每一行赋值
        arr[1] = new char[] { '处', '处', '闻', '啼', '鸟' };
        arr[2] = new char[] { '夜', '来', '风', '语', '声' };
        arr[3] = new char[] { '花', '落', '知', '多', '少' };
        /* 横版输出 */
        System.out.println("-----横版-----");
        for (int i = 0; i < 4; i++) {// 循环 4 行
            for (int j = 0; j < 5; j++) {// 循环 5 列
                System.out.print(arr[i][j]);// 输出数组中的元素
            }
            if (i % 2 == 0) {
                System.out.println("，");// 如果是一、三句，输出逗号
            } else {
                System.out.println("。");// 如果是二、四句，输出句号
            }
        }
        /* 竖版输出 */
        System.out.println("\n-----竖版-----");
        for (int j = 0; j < 5; j++) {// 列变行
            for (int i = 3; i >= 0; i--) {// 行变列，反序输出
                System.out.print(arr[i][j]);// 输出数组中的元素
            }
            System.out.println();   //换行
        }
        System.out.println("。，。，");//输出最后的标点
    }
}
```

运行结果如图 4.9 所示。

图 4.9　使用二维数组输出古诗《春晓》

⊃ 试一试：

创建一个 3 行 3 列的整型二维数组并赋初值，然后求对角之和。如：输入从 1~9，那么对角线上的数是 1、5 和 9，结果应该输出 15，如图 4.10 所示。

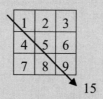

图 4.10　求对角和的效果

我们之前讲的数组都是行列固定的矩形方阵，Java 同时也支持不规则的数组，例如二维数组中，不同行的元素个数完全不同，例如：

```
int a[][] = new int[3][];// 创建二维数组，指定行数，不指定列数
a[0] = new int[5];       // 第一行分配 5 个元素
a[1] = new int[3];       // 第二行分配 3 个元素
a[2] = new int[4];       // 第三行分配 4 个元素
```

这个不规则二维数组所占的空间如图 4.11 所示。

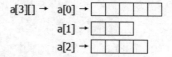

图 4.11　不规则二维数组的空间占用

例 4.5　创建一个不规则二维数组，输出数组每行的元素个数及各元素的值。（**实例位置：资源包\ code\04\05**）

```
public class IrregularArray {
    public static void main(String[] args) {
        int a[][] = new int[3][];// 创建二维数组，指定行数，不指定列数
        a[0] = new int[] { 52, 64, 85, 12, 3, 64 }; // 第一行分配 6 个元素
```

```
a[1] = new int[] { 41, 99, 2 };// 第二行分配 3 个元素
a[2] = new int[] { 285, 61, 278, 2 };// 第三行分配 4 个元素
for (int i = 0; i < a.length; i++) {
    System.out.print("a[" + i + "]中有" + a[i].length + "个元素，分别是: ");
    for (int tmp : a[i]) { // foreach 循环输出数组中元素
        System.out.print(tmp + " ");
    }
    System.out.println();
    }
}
}
```

运行结果如图 4.12 所示。

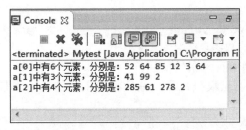

图 4.12　不规则二维数组的使用

4.4　数组的基本操作

4.4.1　遍历数组

遍历数组就是获取数组中的每个元素。通常遍历数组都是使用 for 循环来实现的。遍历一维数组很简单，也很好理解，下面详细介绍遍历二维数组的方法。

遍历二维数组需使用双层 for 循环，通过数组的 length 属性可获得数组的长度。

例 4.6　定义二维数组，实现将二维数组中的元素呈梯形输出。（**实例位置：资源包\code\04\06**）

```
public class Trap {
    public static void main(String[] args) {
        int b[][] = new int[][] { { 1 }, { 2, 3 }, { 4, 5, 6 } }; // 定义二维数组
        for (int k = 0; k < b.length; k++) {
            for (int c = 0; c < b[k].length; c++) { // 循环遍历二维数组中的每个元素
                System.out.print(b[k][c]); // 将数组中的元素输出
            }
            System.out.println(); // 输出换行
        }
    }
}
```

运行结果如图 4.13 所示。

这个例子中有一个语法需要掌握：如果有一个二维数组 a[][]，a.length 返回的是数组的行数，a[0].length 返回的是第一行的列数量，a[1].length 返回的是第二行的列数量……同理，a[n]返回的是第 n-1 行的列数量，由于二维数组可能是不规则数组，所以每一行的列数量可以不相同，所以在循环遍历二维数组的时候，最好使用数组的 length 属性控制循序次数，而不是用其他变量。

扫一扫，看视频

➲ 试一试：

> 将例 4.6 中的 for 循环改成 foreach 循环。

4.4.2 填充和批量替换数组元素

数组中的元素定义完成后，可通过 Arrays 类的静态方法 fill() 来对数组中的元素进行分配，可以起到填充和替换的效果。fill() 方法有两种参数类型，下面以 int 型数组为例介绍 fill() 方法的使用。

1. fill(int[] a , int value)

该方法可将指定的 int 值分配给 int 型数组的每个元素。

语法如下：

```
Arrays.fill(int[] a , int value)
```

➭ a：要进行元素分配的数组。

➭ value：要存储数组中所有元素的值。

例 4.7　通过 fill() 方法填充数组元素，最后将数组中的各个元素输出。（**实例位置：资源包\code\04\07**）

```java
import java.util.Arrays; //导入 java.util.Arrays 类
public class Swap {
    public static void main(String[] args) {
        int arr[] = new int[5]; // 创建 int 型数组
        Arrays.fill(arr, 8); // 使用同一个值对数组进行填充
        for (int i = 0; i < arr.length; i++) { // 循环遍历数组中的元素
            // 将数组中的元素依次输出
            System.out.println("第" + i + "个元素是: " + arr[i]);
        }
    }
}
```

运行结果如图 4.14 所示。

图 4.13　将二维数组中的元素呈梯形输出

图 4.14　通过 fill() 方法填充数组元素

2. fill(int[] a , int fromIndex , int toIndex , int value)

该方法将指定的 int 值分配给 int 型数组指定范围中的每个元素。填充的范围从索引 fromIndex（包括）一直到索引 toIndex（不包括）。如果 fromIndex == toIndex，则填充范围为空。

语法如下：

```
Arrays.fill(int[] a , int fromIndex , int toIndex , int value)
```

➭ a：要进行分配的数组。

➭ fromIndex：要使用指定值填充的第一个元素的索引（包括）。

❯ toIndex：要使用指定值填充的最后一个元素的索引（不包括）。

❯ value：要存储在数组所有元素中的值。

📢 注意：

如果指定的索引位置大于或等于要进行分配的数组的长度，则会报出 ArrayIndexOutOf- BoundsException（数组越界异常）异常。

例 4.8 通过 fill()方法替换数组元素，最后将数组中的各个元素输出。（**实例位置：资源包\code\04\08**）

```java
import java.util.Arrays;                           //导入 java.util.Arrays 类
public class Displace {
    public static void main(String[] args) {
        int arr[] = new int[] { 45, 12, 2, 77,31,91,10 };// 定义并初始化 int 型数组 arr
        Arrays.fill(arr, 1, 4, 8);                 // 使用 fill()方法对数组进行填充
        for (int i = 0; i < arr.length; i++) {     // 循环遍历数组中的元素
            // 将数组中的每个元素输出
            System.out.println("第" + i + "个元素是: " + arr[i]);
        }
    }
}
```

运行结果如图 4.15 所示。

图 4.15　通过 fill()方法替换数组元素

➲ 试一试：

使用 fill()方法将电话号"18612345678"输出成"186****5678"。

4.4.3　复制数组

Arrarys 类的 copyOf()方法与 copyOfRange()方法可实现对数组的复制。copyOf()方法是复制数组至指定长度，copyOfRange()方法则将指定数组的指定长度复制到一个新数组中。

1．copyOf()方法

该方法提供了多种使用方式，用于满足不同类型数组的复制。语法如下：

```
Arrays.copyOf(arr,int newlength)
```

❯ arr：要进行复制的数组。

❯ newlength：int 型常量，指复制后的新数组的长度。如果新数组的长度大于数组 arr 的长度，则用 0 填充（根据复制数组的类型来决定填充的值，整型数组用 0 填充，char 型数组则使

扫一扫，看视频

用 null 来填充）；如果复制后的数组长度小于数组 arr 的长度，则会从数组 arr 的第一个元素开始截取至满足新数组长度为止。

例 4.9 创建一维数组，将此数组复制得到一个长度为 5 的新数组，并将新数组输出。（**实例位置：资源包\code\04\09**）

```java
import java.util.Arrays;                    //导入 java.util.Arrays 类
public class Cope {
    public static void main(String[] args) {        // 主方法
        int arr[] = new int[] { 23, 42, 12, };      // 定义数组
        int newarr[] = Arrays.copyOf(arr, 5);       // 复制数组 arr
        for (int i = 0; i < newarr.length; i++) {   // 循环变量复制后的新数组
            System.out.println("第" + i + "个元素: " + newarr[i]); // 将新数组输出
        }
    }
}
```

运行结果如图 4.16 所示。

图 4.16　copyOf()方法的使用

2. copyOfRange()方法

该方法提供了多种使用方式。其常用语法如下：

```
Arrays.copyOfRange(arr,int formIndex,int toIndex)
```

➥ arr：要进行复制的数组对象。

➥ formIndex：指定开始复制数组的索引位置。formIndex 必须在 0 至整个数组的长度之间。新数组包括索引是 formIndex 的元素。

➥ toIndex：要复制范围的最后索引位置。可大于数组 arr 的长度。新数组不包括索引是 toIndex 的元素。

例 4.10 创建一维数组，并将数组中索引位置是 0~3 之间的元素复制到新数组中，最后将新数组输出。（**实例位置：资源包\code\04\10**）

```java
import java.util.Arrays; //导入 java.util.Arrays
public class Repeat {
    public static void main(String[] args) { // 主方法
        int arr[] = new int[] { 23, 42, 12, 84, 10 }; // 定义数组
        int newarr[] = Arrays.copyOfRange(arr, 0, 3); // 复制数组
        for (int i = 0; i < newarr.length; i++) { // 循环遍历复制后的新数组
            System.out.println(newarr[i]); // 将新数组中的每个元素输出
        }
    }
}
```

运行结果如图 4.17 所示。

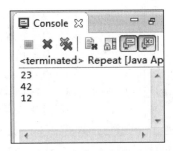

图 4.17　copyOfRange()方法的使用

➲ 试一试：

使用一维数组保存身份证号，将其中的"出生日期"段复制成另一个数组。

4.5　数组的排序

在程序设计中，经常需要将一组数据进行排序，这样更加方便统计与查询。程序常用的排序方法有冒泡排序、选择排序等。本节将对常用的数据排序方法进行详细讲解。

扫一扫，看视频

4.5.1　算法：冒泡排序

冒泡排序是最常用的数组排序算法之一，它以简洁的思想与实现方法备受青睐，是初学者最先接触的一个排序算法。使用冒泡排序时，排序数组元素的过程总是小数往前放，大数往后放，类似水中气泡往上升的动作，所以称作冒泡排序。

1. 基本思想

冒泡排序的基本思想是对比相邻的元素值，如果满足条件就交换元素值，把较小的元素移动到数组前面，把较大的元素移动到数组后面（也就是交换两个元素的位置），这样较小的元素就像气泡一样从底部上升到顶部。

2. 计算过程

冒泡算法由双层循环实现，其中外层循环用于控制排序轮数，一般是要排序的数组长度减 1 次，因为最后一次循环只剩下一个数组元素，不需要对比，同时数组已经完成排序了。而内层循环主要用于对比数组中每个临近元素的大小，以确定是否交换位置，对比和交换次数以排序轮数而减少。例如，一个拥有 6 个元素的数组，在排序过程中每一次循环的排序过程和结果如图 4.18 所示。

第一轮外层循环时把最大的元素值 63 移动到了最后面（相应的比 63 小的元素向前移动，类似气泡上升），第二轮外层循环不再对比最后一个元素值 63，因为它已经确认为最大（不需要上升），应该放在最后，需要对比和移动的是其他剩余元素，这次将元素 24 移动到了 63 的前一个位置。其他循环将依此类推，继续完成排序任务。

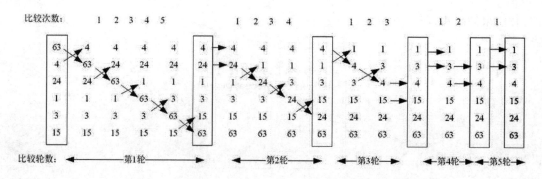

图 4.18　6 个元素数组的排序过程

3. 算法实现

例 4.11　在项目中创建 BubbleSort 类，这个类的代码将实现冒泡排序的一个演示，其中排序使用的是正排序。（**实例位置：资源包\code\04\11**）

```java
public class BubbleSort {
    /**
     *冒泡排序方法
     *
     * @param array
     *            要排序的数组
     */
    public void sort(int[] array) {
        for (int i = 1; i < array.length; i++) {
            // 比较相邻两个元素，较大的数往后冒泡
            for (int j = 0; j < array.length - i; j++) {
                if (array[j] > array[j + 1]) {//如果前一个元素比后一个元素大，则两元素
                                              互换
                    int temp = array[j]; // 把第一个元素值保存到临时变量中
                    array[j] = array[j + 1]; // 把第二个元素值保存到第一个元素单元中
                    array[j + 1] = temp; // 把临时变量（也就是第一个元素原值）保存到第二
                                         个元素中
                }
            }
        }
        showArray(array); // 输出冒泡排序后的数组元素
    }
    /**
     * 显示数组中的所有元素
     *
     * @param array
     *            要显示的数组
     */
    public void showArray(int[] array) {
        System.out.println("冒泡排序的结果: ");
        for (int i : array) { // 遍历数组
            System.out.print(i + " "); // 输出每个数组元素值
```

```
        }
        System.out.println();
    }
    public static void main(String[] args) {
        // 创建一个数组，这个数组元素是乱序的
        int[] array = { 63, 4, 24, 1, 3, 15 };
        // 创建冒泡排序类的对象
        BubbleSort sorter = new BubbleSort();
        // 调用排序方法将数组排序
        sorter.sort(array);
    }
}
```

运行结果如图 4.19 所示。

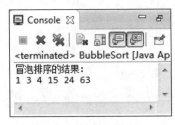

图 4.19　冒泡排序

● 试一试：

将例 4.11 的冒泡排序改成倒序排序。

扫一扫，看视频

4.5.2　算法：选择排序

直接选择排序方法属于选择排序的一种，它的排序速度要比冒泡排序快一些，也是常用的排序算法，是初学者应该掌握的。

1．基本思想

直接选择排序的基本思想是将指定排序位置与其他数组元素分别对比，如果满足条件就交换元素值，注意这里区别冒泡排序，不是交换相邻元素，而是把满足条件的元素与指定的排序位置交换（如从最后一个元素开始排序），这样排序好的位置逐渐扩大，最后整个数组都成为已排序好的格式。

这就好比有一个小学生，从包含数字 1~10 的乱序的数字堆中分别选择合适的数字，组成一个从 1~10 的排序，而这个学生首先从数字堆中选出 1，放在第一位，然后选出 2（注意这时数字堆中已经没有 1 了），放在第二位，依此类推，直到找到数字 9，放到 8 的后面，最后剩下 10，就不用选择了，直接放到最后就可以了。

与冒泡排序相比，直接选择排序的交换次数要少很多，所以速度会快些。

2．计算过程

每一趟从待排序的数据元素中选出最小（或最大）的一个元素，顺序放在已排好序的数列的最后，直到全部待排序的数据元素排完。

例如：初始数组资源 { 63, 4, 24, 1, 3, 15 }，利用选择排序算法进行排序，过程如图 4.20 所示。

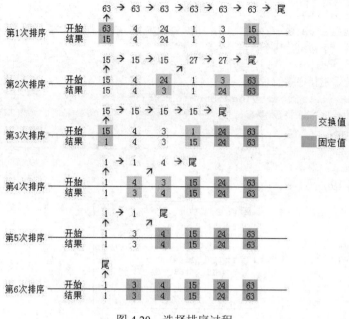

图 4.20　选择排序过程

首先第一次排序时，先记录数组中第一个元素的位置，也就是 63 这个值，然后让 63 与后面的元素依次比较，结果没有比 63 大的，就把 63 放到数组最后一个位置，也就是 63 与 15 互换位置。这样数组中最后一个值就是整个数组中最大的值了，将这个值固定，不再改变。接着开始第二次排序，还是记录数组中第一个元素的位置，但此时这个值是调换后的 15，让 15 与后面的元素依次比较，当与 24 相比的时候，24 大于 15，就把记录的位置改成 24 的位置，让 24 与后面的元素进行比较，最后 24 最大，将 24 与最后一个（非固定）元素调换位置，固定 24 的值。依照这个规则，将找出的最大值与数组的最后一个位置的值进行调换，进行[数组长度-1]次排序之后，就得到了一个从小到大的有序数组。

3. 算法实现

例 4.12　在项目中创建 SelectSort 类，这个类的代码将作为直接选择排序的一个演示，其中排序使用的是正排序。（**实例位置：资源包\code\04\12**）

```java
public class SelectSort {
    /**
     * 直接选择排序法
     * @param array
     *            要排序的数组
     */
    public void sort(int[] array) {
        int index;
        for (int i = 1; i < array.length; i++) {
            index = 0;
            for (int j = 1; j <= array.length - i; j++) {
                if (array[j] > array[index]) {
```

```
                    index = j;
                }
            }
        // 交换在位置 array.length-i 和 index(最大值)上的两个数
        int temp = array[array.length - i]; // 把第一个元素值保存到临时变量中
        array[array.length - i] = array[index]; // 把第二个元素值保存到第一个元素单元中
        array[index] = temp; // 把临时变量也就是第一个元素原值保存到第二个元素中
        }
        showArray(array); // 输出直接选择排序后的数组值
    }
    /**
     * 显示数组中的所有元素
     * @param array
     *           要显示的数组
     */
    public void showArray(int[] array) {
        System.out.println("选择排序的结果为： ");
        for (int i : array) { // 遍历数组
            System.out.print(i + " "); // 输出每个数组元素值
        }
        System.out.println();
    }
    public static void main(String[] args) {
        // 创建一个数组，这个数组元素是乱序的
        int[] array = { 63, 4, 24, 1, 3, 15 };
        // 创建直接排序类的对象
        SelectSort sorter = new SelectSort();
        // 调用排序对象的方法将数组排序
        sorter.sort(array);
    }
}
```

运行结果如图 4.21 所示。

图 4.21 选择排序

⊃ 试一试：

将例 4.12 的选择排序改成倒序排序。

4.5.3 Arrays.Sort()方法

通过 Arrays 类的静态 sort()方法可实现对数组的排序。sort()方法提供了多种使用方式，可对任意类型数组进行升序排序。

扫一扫，看视频

语法如下：

```
Arrays.sort(object)
```

↳ Object：被排序的数组。

例 4.13 创建一维数组，并将数组排序后输出。（**实例位置：资源包\code\04\13**）

```java
import java.util.Arrays;//导入 java.util.Arrays 类
public class Taxis {
    public static void main(String[] args) { // 主方法
        int arr[] = new int[] { 23, 42, 12, 8 }; // 声明数组
        Arrays.sort(arr); // 将数组进行排序
        System.out.println("排序后的结果为");
        for (int i = 0; i < arr.length; i++) { // 循环遍历排序后的数组
            System.out.print(arr[i]+" "); // 将排序后数组中的各个元素输出
        }
    }
}
```

运行结果如图 4.22 所示。

图 4.22 使用 Arrays.Sort()方法实现排序

🔊提示：

更多关于 Arrays 类的方法，可以参考 JDK API 文档。

扫一扫，看视频

4.6 小 结

本章介绍的是数组的创建及使用方法。需要读者注意的是数组的下标是从 0 开始，最后一个元素的下标总是"数组名.length-1"。本章的重点是创建数组、给数组赋值以及读取数组中元素的值。此外，Arrays 类还提供了其他操作数组的方法，有兴趣的读者可以查阅相关资料。

第5章 字 符 串

前面的章节介绍了 char 类型可以保存字符，但它只能表示单个字符。如果要用 char 类型来展示像"版权说明""功能简介"之类大篇幅的文章，程序会非常复杂，这时就可以使用 Java 中最常用的一个概念——字符串。

字符串，顾名思义，就是用字符拼接成的文本值。字符串在存储上非常类似数组，不仅字符串的长度可取，而且每一位上的元素也可取。在 Java 语言中是将字符串当做对象来处理的，可以通过 java.lang 包中的 String 类创建字符串对象。本章将从创建字符串开始介绍，并逐步深入学习各种处理字符串的方法。

通过阅读本章，您可以：
- ❯ 了解字符串的特征
- ❯ 掌握如何创建 String 类对象
- ❯ 熟悉字符串的连接
- ❯ 掌握如何提取字符串的相应信息
- ❯ 熟练掌握字符串的常用操作
- ❯ 熟悉格式化字符串的方法
- ❯ 了解 String 类、StringBuffer 类和 StringBuilder 类的特点及使用方法

5.1 String 类

5.1.1 声明字符串

字符串是常量，它们可以显示任何文字信息，字符串的值在创建之后不能更改。在 Java 语言中，单引号中的内容表示字符，例如's'，而双引号中的内容则表示字符串，例如：

```
"我是字符串" , "123456789" , "上下 左右 东西 南北"
```

Java 通过 java.lang.String 这个类来创建可以保存字符串的变量，所以字符串变量是一个对象。声明一个字符串变量 a，以及声明两个字符串变量 a、b。代码如下：

```
String a;
String a,b;
```

📢 **注意：**

在不给字符串变量赋值的情况下，默认值为 null，就是空对象，如果此时调用 String 的方法会发生空指针异常。

5.1.2 创建字符串

给字符串变量赋值有很多方法，下面分别介绍。

1. 引用字符串常量

例如，直接将字符串常量赋值给 String 类型变量。代码如下：

```
String a = "时间就是金钱，我的朋友。";
String b = "锄禾日当午", c = "小鸡炖蘑菇";
String str1,str2;
str1 = "We are students";
srt2 = "We are students";
```

当两个字符串对象引用相同的常量时，就具有相同的实体，内存示意图如图 5.1 所示。

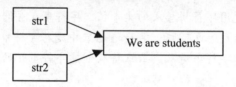

图 5.1　两个字符串对象引用相同的常量

2. 利用构造方法实例化

例如，使用 new 关键字创建 String 对象。代码如下：

```
String a = new String("我爱清汤小肥羊");
String b = new String(a);
```

3. 利用字符数组实例化

例如，定义一个字符数组 charArray，使用该字符数组创建一个字符串。代码如下：

```
char[] charArray = { 't', 'i', 'm', 'e' };
String a = new String(charArray);
```

4. 提取字符数组中的一部分创建字符串对象

例如，定义一个字符数组 charArray，从该字符数组索引 3 的位置开始，提取两个元素，创建一个字符串。代码如下：

```
char[] charArray = { '时', '间', '就', '是', '金', '钱' };
String a = new String(charArray, 3, 2);
```

例 5.1　编写一段代码，声明多个字符串变量，用不同的赋值方法给这些字符串变量赋值并输出。（**实例位置：资源包\code\05\01**）

```
public class CreateString{
    public static void main(String[] args) {
        String a = "时间就是金钱，我的朋友。";// 直接引用字符串常量
        System.out.println("a = " + a);
        String b = new String("我爱清汤小肥羊");// 利用构造方法实例化
        String c = new String(b); // 使用已有字符串变量实例化
        System.out.println("b = " + b);
        System.out.println("c = " + c);
        char[] charArray = { 't', 'i', 'm', 'e' };
        String d = new String(charArray); // 利用字符数组实例化
        System.out.println("d = " + d);
        char[] charArray2 = { '时', '间', '就', '是', '金', '钱' };
        // 提取字符数组部分内容,从下标为 4 的元素开始，截取 2 个字符
        String e = new String(charArray2, 4, 2);
```

```
System.out.println("e = " + e);
    }
}
```

运行结果如图 5.2 所示。

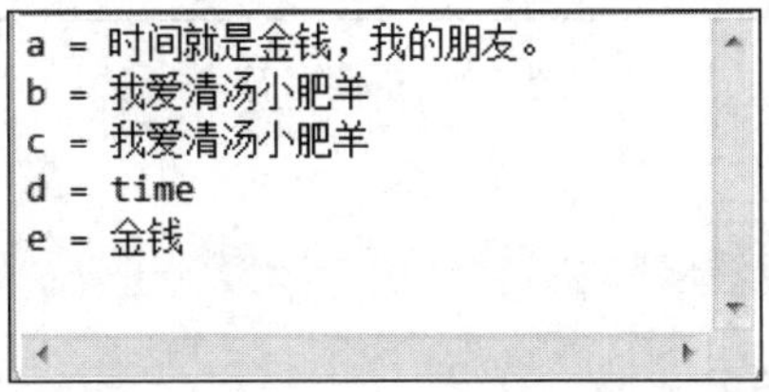

```
a = 时间就是金钱, 我的朋友。
b = 我爱清汤小肥羊
c = 我爱清汤小肥羊
d = time
e = 金钱
```

图 5.2　用不同的赋值方法给字符串变量赋值

◯ 试一试:

分别用 4 种方法创建字符串对象, 打印如下内容:
我是直接赋值的。
我是构造方法直接创建的。
我是用字符数组创建的。
我是用字符数组中一部分创建的。

5.2　连接字符串

扫一扫, 看视频

对于已声明的字符串, 可以对其进行相应的操作。连接字符串就是字符操作中较简单的一种。可以对多个字符串进行连接, 也可使字符串与其他数据类型进行连接。

5.2.1　连接字符串

使用 "+" 运算符可实现拼接多个字符串的功能, "+" 运算符可以连接多个字符串并产生一个 String 对象。除了 "+" 运算符, "+=" 同样可以实现字符串拼接。

例 5.2　使用 "+" 和 "+=" 拼接字符串。(**实例位置: 资源包\code\05\02**)

```
public class StringConcatenation {
    public static void main(String[] args) {
        String a = "abc";
        String b = "123";
        String c = a + b + "!";        // 使用 "+" 拼接字符串
        String d = "拼接字符串";
        d += c;                        // 使用 "+=" 拼接字符串
        System.out.println("a = " + a);
        System.out.println("b = " + b);
        System.out.println("c = " + c);
        System.out.println("d = " + d);
    }
}
```

运行结果如图 5.3 所示。

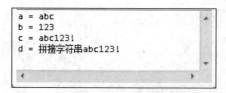

图 5.3　拼接字符串

⊃ 试一试：

使用一个字符串对象，打印整首古诗。

✍ 技巧：

Java 中相连的字符串不可以直接分成两行。例如：

System.out.println("I like
Java")

这种写法是错误的，如果一个字符串太长，为了便于阅读，可以将这个字符串分在两行上书写。此时就可以使用 "+" 将两个字符串连起来，之后在加号处换行。因此，上面的语句可以修改为：

System.out.println("I like"+
"Java");

字符串是常量，是不可修改的。拼接两个字符串之后，原先的字符串不会发生变化，而是在内存中生成一个新的字符串，如图 5.4 所示。

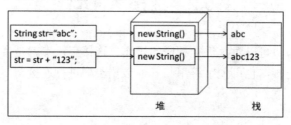

图 5.4　字符串更改后的内存示意图

🗁 多学两招：

String 自带的 concat()方法可以实现将指定字符串连接到此字符串结尾的功能。语法如下：

a.concat(str);

↘　　a：原字符串。

↘　　str：原字符串末尾拼接的字符串。

扫一扫，看视频

5.2.2　连接其他数据类型

字符串也可同其他基本数据类型进行连接。如果将字符串同这些数据类型进行连接，会将这些数据直接转换成字符串。

例 5.3　在项目中创建类 Link，在主方法中创建数值型变量，实现将字符串与整型、浮点型变量相连的结果输出。（**实例位置：资源包\code\05\03**）

```java
public class Link { // 创建类
    public static void main(String args[]) { // 主方法
        int booktime = 4; // 声明的 int 型变量 booktime
        float practice = 2.5f; // 声明的 float 型变量 practice
```

```
        // 将字符串与整型、浮点型变量相连，并将结果输出
        System.out.println("我每天花费" + booktime + "小时看书；" + practice +
"小时上机练习");
        }
}
```

运行结果如图 5.5 所示。

图 5.5 将字符串与整型、浮点型变量相连

本例实现的是将字符串常量与整型变量 booktime 和浮点型变量 practice 相连后的结果输出。在这里 booktime 和 practice 都不是字符串，当它们与字符串相连时会自动调用 toString()方法，将其转换成字符串形式，然后参与连接。

注意：

> 只要 "+" 运算符的一个操作数是字符串，编译器就会将另一个操作数转换成字符串形式，所以应谨慎地将其他数据类型与字符串相连，以免出现意想不到的结果。

如果将上例中的输出语句修改为：

```
System.out.println("我每天花费"+booktime+"小时看书；"+(practice+booktime)+
        "小时上机练习");
```

则修改后的运行结果如图 5.6 所示。

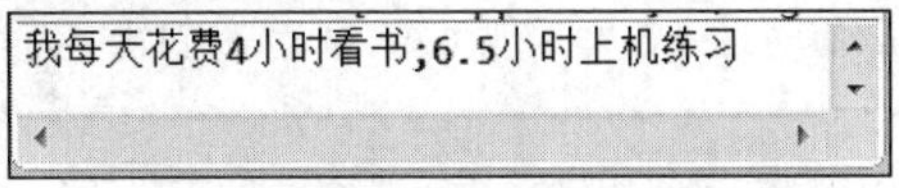

图 5.6 输出语句修改后的运行结果

为什么会这样呢？这是由于运算符是有优先级的，圆括号的优先级最高，所以先被执行，再将结果与字符串相连。

注意：

> 字符串在计算公式中的先后顺序会影响运算结果。
> ```
> String a= "1" +2+3+4 → "1234"        //碰到字符串后，直接输出后面内容
> String b = 1+2+3+"4" → "64"          //碰到字符串前，先做运算，后输出内容
> String c = "1"+(2+3+4) → "19"        //碰到字符串后，先运算括号中的值，后输出内容
> ```

5.3 提取字符串信息

字符串作为对象，可以通过相应的方法获取字符串的有效信息，如获取某字符串的长度、某个索引位置的字符等。本节将介绍几种获取字符串信息的方法。

5.3.1 获取字符串长度

length()方法返回采用 UTF-16 的编码表示字符的数量，也就是 char 的数量，语法如下：

扫一扫，看视频

```
str.length();
```

例如，定义一个字符串 num，使用 length()方法获取其长度。代码如下：

```
String num ="12345 67890";
int size = num.length();
```

将 size 输出，得出的结果就是：

```
11
```

这个结果是将字符串 num 的长度赋值给 int 型变量 size，此时变量 size 的值为 11，这表示 length()
方法返回的字符串长度包括字符串中的空格。

◀» **注意：**

字符串的 length()方法与数组的 length 虽然都是用来获取长度的，但两者却有些不同。String 的 length()是类的
成员方法，是有括号的；数组的 length 是一个属性，是没有括号的。

扫一扫，看视频

5.3.2 获取指定的字符

charAt(String index)方法可将指定索引处的字符返回。语法如下：

```
str.charAt(index);
```

➥ str：任意字符串对象。

➥ index：char 值的索引。

例 5.4 创建字符串对象，查看字符串中索引位置是 4 的字符。（**实例位置：资源包\code\05\04**）

```java
public class ChatAtTest {
    public static void main(String[] args) {
        String str = "床前明月光，疑是地上霜。";// 创建字符串对象 str
        char chr = str.charAt(4);                // 将字符串 str 中索引位置为 4 的字符赋值给 chr
        System.out.println("字符串中索引位置为 4 的字符是：" + chr); // 输出 chr
    }
}
```

从这个字符串中找到索引位置是 4 的字符，在内存查找的过程如图 5.7 所示。

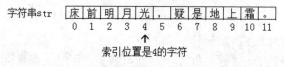

图 5.7 查找索引位置是 4 的字符

程序运行结果如图 5.8 所示。

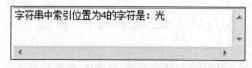

图 5.8 查看字符串中索引位置是 4 的字符

⮫ **试一试：**

查看任意长度大于 3 的字符串的倒数第 3 位的字符是什么。

5.3.3 获取子字符串索引位置

String 类提供了两种查找字符串的方法，即 indexOf()与 lastIndexOf()方法。indexOf()方法返回的是搜索的字符或字符串首次出现的位置，lastIndexOf()方法返回的是搜索的字符或字符串最后一次出现的位置。

1. indexOf(String str)

该方法用于返回参数字符串在指定字符串 str 中首次出现的索引位置。当调用字符串的 indexOf()方法时，会从当前字符串的开始位置搜索 str 的位置；如果没有检索到字符串 str，该方法的返回值是-1。

语法如下：

```
a.indexOf(substr);
```

➘ a：任意字符串对象。

➘ substr：要搜索的字符串。

查找字符 e 在字符串 str 中首次出现的索引位置。代码如下：

```
String str="We are the world";
int size=str.indexOf('e');          //size 的值为 1
```

理解字符串的索引位置，要对字符串的下标有所了解。在计算机中 String 对象是用数组表示的。字符串的下标是 0~length()-1，如图 5.9 所示。

图 5.9　字符串索引

✍ 技巧：

在日常开发工作中，经常会遇到判断一个字符串是否包含某个字符或者某个子字符串的情况，这时就用到了 indexOf()的方法。

例 5.5　创建字符串对象 str，判断 str 中是否包含子字符串"abc"。（实例位置：**资源包\code\05\05**）

```java
public class StringIndexOf {
    public static void main(String[] args) {
        String str = "12345abcde";// 创建字符串对象
        int charIndex = str.indexOf("abc");// 获取字符串 str 中"abc"首次出现的索引，赋
                                          值给 charIndex
        if (charIndex != -1) {// 判断：index 的值不等于-1
            // 如果 index 不等于-1，则执行此行代码，说明 str 中存在"abc"字符串
            System.out.println("str 中存在 abc 字符串");
        } else {// 如果 index 等于-1，则执行此行代码，说明 str 中没有"abc"字符串
            System.out.println("str 中没有 abc 字符串");
        }
    }
}
```

✍ **说明：**

如果参数是一个字符串，返回的结果是字符串第一个字母所在位置。
```
String str="abcdefg";
str.lastIndexOf("def");        //返回值是 3
```

↻ **试一试：**

查找一个字符串中是否存在换行符。

2. indexOf(String str, int fromIndex)

从指定的索引 fromIndex 开始至字符串最后，返回指定子字符串在此字符串中第一次出现处的索引。如果没有检索到字符串 str，该方法的返回值同样是-1。

语法如下：
```
a.indexOf(str, fromIndex);
```

↘ a：任意字符串对象。

↘ str：要搜索的子字符串。

↘ fromIndex：开始搜索的索引位置。

例 5.6 查找字符串"We are the world"中"r"第一、二、三次出现的索引位置。（**实例位置：资源包\code\05\06**）

```java
public class StringIndexOf2 {
    public static void main(String[] args) {
        String str = "We are the world";// 创建字符串
        int firstIndex = str.indexOf("r");// 获取字符串中"r"第一次出现的索引位置
        // 获取字符串中"r"第二次出现的索引位置，从第一次出现的索引位置之后开始查找
        int secondIndex = str.indexOf("r", firstIndex + 1);
        // 获取字符串中"r"第三次出现的索引位置，从第二次出现的索引位置之后开始查找
        int thirdIndex = str.indexOf("r", secondIndex + 1);
        // 输出三次获取的索引位置
        System.out.println("r 第一次出现的索引位置是: " + firstIndex);
        System.out.println("r 第二次出现的索引位置是: " + secondIndex);
        System.out.println("r 第三次出现的索引位置是: " + thirdIndex);
    }
}
```

运行结果如图 5.10 所示。

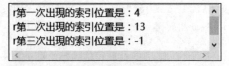

图 5.10　查找字符串

📖 **代码注解：**

从运行结果我们可以看出，由于字符串中只有两个"r"，所以程序输出了这两个"r"的索引位置，第三次搜索时已经找不到"r"了，就返回-1。

3．public int lastIndexOf(String str)

返回指定子字符串在此字符串中最右边出现处的索引。语法如下：

```
a.lastIndexOf(str);
```

↘　a：任意字符串。

↘　str：要搜索的字符串。

例 5.7　查找字符串"Let it go!Let it go！"中单词"go"最后出现的位置。（**实例位置：资源包\code\05\07**）

```java
public class StringLastIndexOf {
    public static void main(String[] args) {
        String str = "Let it go!Let it go!";    // 创建字符串对象
        int gIndex = str.lastIndexOf("g");      // 返回"g"最后一次出现的位置
        int goIndex = str.lastIndexOf("go");    // 返回"go"最后一次出现的位置
        int oIndex = str.lastIndexOf("o");      // 返回"o"最后一次出现的位置
        System.out.println("字符串\"Let it go!Let it go! 中:\n");
        System.out.println("\"g\"最后一次出现的位置是: " + gIndex);
        System.out.println("\"o\"最后一次出现的位置是: " + oIndex);
        System.out.println("\"go\"最后一次出现的位置是: " + goIndex);
    }
}
```

运行结果如图 5.11 所示。

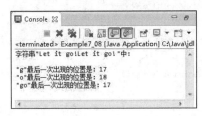

图 5.11　查找字符串"Let it go!Let it go！"中单词"go"最后出现的位置

⊃ **试一试：**

查看字符串"人过大佛寺，寺佛大过人"中的第一个字最后一次出现的位置。

4．lastIndexOf(String str, int fromIndex)

返回指定子字符串在此字符串中最后一次出现处的索引，从指定的索引开始反向搜索。

语法如下：

```
a.lastIndexOf(str, fromIndex);
```

↘　a：任意字符串。

↘　str：要搜索的子字符串。

↘　fromIndex：开始搜索的索引位置。

例 5.8　查询字符串"01a3a56a89"中字母"a"的位置。（**实例位置：资源包\code\05\08**）

```java
public class StringLastIndexOf2 {
    public static void main(String[] args) {
        String str = "01a3a56a89";
        int lastIndex = str.lastIndexOf("a");// 返回字母"a"最后一次出现的索引位置
        // 返回字母"a"的索引位置 otherIndex
        // 满足 0<=fiveBeforeIndex<=5 条件，在满足条件的结果集中，返回最大的数字
```

```
        int fiveBeforeIndex = str.lastIndexOf("a", 5);
        // 返回字母"a"的索引位置 otherIndex
        // 满足 0<=threeBeforeIndex<=3 条件，在满足条件的结果集中，返回最大的数字
        int threeBeforeIndex = str.lastIndexOf("a", 3);
        System.out.println("字符串\"01a3a56a89\"中：\n");
        System.out.println("字母\"a\"最后一次出现的位置是：" + lastIndex);
        System.out.println("从索引位置 5 开始往回搜索，字母\"a\"最后一次出现的位置：" +
fiveBeforeIndex);
        System.out.println("从索引位置 3 开始往回搜索，字母\"a\"最后一次出现的位置：" +
threeBeforeIndex);
    }
}
```

运行结果如图 5.12 所示。

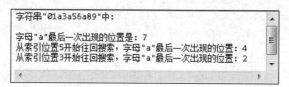

图 5.12　查询字符串"01a3a56a89"中字母"a"的位置

对于这个结果，在计算机中是这样进行判断的，如图 5.13 所示。

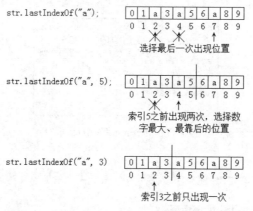

图 5.13　计算机判断逻辑

➲ 试一试：

查找任意字符串中字母"a"倒数第二次出现的位置。

5.3.4　判断字符串首尾内容

startsWith()方法和 endsWith()方法分别用于判断字符串是否以指定的内容开始或结束。这两个方法的返回值都是 boolean 类型。

1．startsWith(String prefix)

该方法用于判断字符串是否以指定的前缀开始。

语法如下：

```
str.startsWith(prefix);
```

❯ str：任意字符串。

❯ prefix：作为前缀的字符串。

例 5.9 查看一个字符串是否以"我有一个梦想"开始。（**实例位置：资源包\code\05\09**）

```java
public class StringStartWith {
    public static void main(String[] args) {
        String myDream1 = "我有一个梦想，幽谷上升，高山下降；";// 前半句
        String myDream2 = "坎坷曲折之路成坦途，圣光披露，满照人间。";// 后半句
        // 打印整句话
        System.out.println(myDream1 + myDream2 + "\n\t\t——马丁·路德金《我有一个梦想》\n");
        boolean firstBool = myDream1.startsWith("我有一个梦想");//判断前半句是否以
                                                      "我有一个梦想"为前缀
        // 判断后半句是否以"我有一个梦想"为前缀
        boolean secondBool = myDream2.startsWith("我有一个梦想");
        if (firstBool) {// 判断前半句的逻辑结果
            System.out.println("前半句是以\"我有一个梦想\"开始的。");
        } else if (secondBool) {// 判断后半句的逻辑结果
            System.out.println("后半句是以\"我有一个梦想\"开始的。");
        } else {// 如果没有符合条件的字符串
            System.out.println("没有以\"我有一个梦想\"开始的。");
        }
    }
}
```

运行结果如图 5.14 所示。

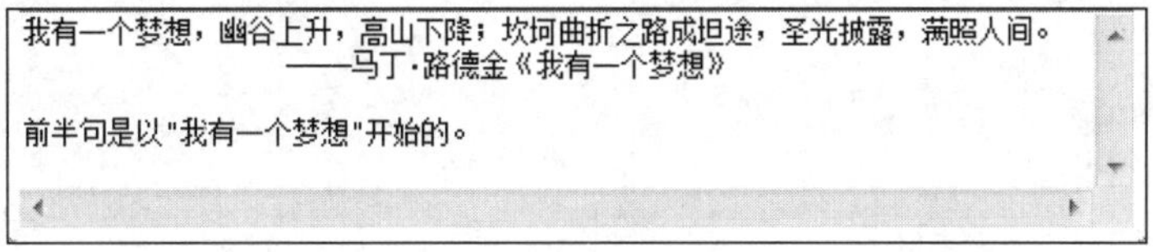

> 我有一个梦想，幽谷上升，高山下降；坎坷曲折之路成坦途，圣光披露，满照人间。
> ——马丁·路德金《我有一个梦想》
>
> 前半句是以"我有一个梦想"开始的。

图 5.14 查看一个字符串是否以"我有一个梦想"开始

➲ **试一试：**

查看一个字符串开头是否有空内容。

2．startsWith(String prefix,int toffset)

该方法用于判断从指定索引开始的子字符串是否以指定的前缀开始。

语法如下：

```
str.startsWith(prefix, index);
```

❯ str：任意字符串。

❯ prefix：作为前缀的字符串。

❯ index：开始查找的位置。

例 5.10 查询五言绝句《静夜思》的第二行是否以"举"字开头。（**实例位置：资源包\code\05\10**）

```java
public class StringStartWith2 {
    public static void main(String[] args) {
        String str = "床前明月光，疑是地上霜。\n举头望明月，低头思故乡。";// 创建字符串对象
        System.out.println("  《静夜思》\n" + str + "\n");// 打印古诗
        int enterIndex = str.indexOf("\n");// 返回换行符所在的位置
```

```
        // 返回从换行符之后开始的子字符串前缀是否为"举"。
        // 换行符在字符串中只占一个字符，所以 enterIndex + 1
        boolean flag = str.startsWith("举", enterIndex + 1);
        if (flag) {
            System.out.println("第二行是以\"举\"开始的");// 如果结果为真，则输出此句
        } else {// 如果结果为假，则输出第二行开头第一个字符
            System.out.println("第二行是以\"" + str.charAt(enterIndex + 1) + "\"开
始的");
        }
    }
}
```

运行结果如图 5.15 所示。

图 5.15　查询五言绝句《静夜思》的第二行是否以"举"字开头

● 试一试：

将例 5.10 中的古诗换成《春晓》再运行一下。

3．endsWith(String suffix)

该方法判断字符串是否以指定的后缀结束。

语法如下：

```
str.endsWith(suffix);
```

❯ str：任意字符串。

❯ suffix：指定的后缀字符串。

例 5.11　查看一个字符串是否以句号结尾。（实例位置：资源包\code\05\11）

```
public class StringEndsWith {
    public static void main(String[] args) {
        String str1 = "你说完了吗？";
        String str2 = "我说完了。";
        boolean flag1 = str1.endsWith("。");// 判断 str1 是否以"。"结尾
        boolean flag2 = str2.endsWith("。");// 判断 str2 是否以"。"结尾
        System.out.println("字符串 str1 是以句号结尾的吗？" + flag1);// 输出结果
        System.out.println("字符串 str2 是以句号结尾的吗？" + flag2);
    }
}
```

运行结果如图 5.16 所示。

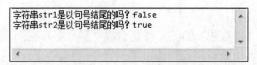

图 5.16　查看一个字符串是否以句号结尾

➲ 试一试：

判断一个文件名字符串是否是以 ".java" 后缀结尾的。

5.3.5 获取字符数组

toCharArray()方法可以将字符串转换为一个字符数组。语法如下：

```
str.toCharArray();
```

其中，str 表示任意字符串。

例5.12 创建一个字符串，将此字符串转换成一个字符数组，并分别输出字符数组中的每个元素。（**实例位置：资源包\code\05\12**）

```java
public class StringToArray {
    public static void main(String[] args) {
        String str = "这是一个字符串";//创建一个字符串
        char[] ch = str.toCharArray();//将字符串转换成字符数组
        for (int i = 0; i < ch.length; i++) {//遍历字符数组
            System.out.println("数组第" + i + "个元素为：" + ch[i]);//输出数组的元素
        }
    }
}
```

运行结果如图 5.17 所示。

```
数组第0个元素为：这
数组第1个元素为：是
数组第2个元素为：一
数组第3个元素为：个
数组第4个元素为：字
数组第5个元素为：符
数组第6个元素为：串
```

图 5.17 将字符串转换为字符数组

5.3.6 判断子字符串是否存在

contains()方法可以判断字符串中是否包含指定的内容。语法如下：

```
str. contains (string);
```

➥ str：任意字符串。

➥ string：查询的子字符串。

例5.13 创建字符串，输出相声中的《报菜名》，然后用 contains()方法查看是否有"腊肉"和"汉堡"这两道菜。（**实例位置：资源包\code\05\13**）

```java
public class StringContains {
    public static void main(String[] args) {
        String str = "今天的菜单有：蒸羊羔，蒸熊掌，蒸鹿尾。烧花鸭，烧雏鸡，烧子鹅，卤煮咸鸭，酱鸡，腊肉，松花小肚。";// 创建字符串
        System.out.println(str);// 输出字符串
        boolean request1 = str.contains("腊肉");// 判断字符串中是否有"腊肉"的字样
        System.out.println("今天有腊肉吗？" + request1);
```

```
boolean request2 = str.contains("汉堡");// 判断字符串中是否有"汉堡"的字样
System.out.println("今天有汉堡吗？" + request2);
    }
}
```

运行结果如图 5.18 所示。

```
今天的菜单有：蒸羊羔，蒸熊掌，蒸鹿尾。烧花鸭，烧雏鸡，烧子鹅，卤煮咸鸭，酱鸡，腊肉，松花小肚。
今天有腊肉吗？true
今天有汉堡吗？false
```

图 5.18　获取字符串中是否包含某内容

5.4　字符串的操作

扫一扫，看视频

5.4.1　截取字符串

1．substring(int beginIndex)

该方法返回一个新的字符串，它是此字符串的一个子字符串。该子字符串从指定索引处的字符开始，直到此字符串末尾。

语法如下：

```
str.substring(beginIndex);
```

➥ str：任意字符串。

➥ beginIndex：起始索引（包括）。

例 5.14　输出字符串"为革命保护视力，眼保健操开始！"的最后半句话。（**实例位置：资源包\code\05\14**）

```
public class StringSub {
    public static void main(String[] args) {
        String str = "为革命保护视力，眼保健操开始！";
        String substr = str.substring(8);         //从第 8 位开始截取字符串
        System.out.println("字符串 str 的后半句是：" + substr);
    }
}
```

运行结果如图 5.19 所示。

字符串str的后半句是：眼保健操开始！

图 5.19　截取字符串

2．substring(int beginIndex, int endIndex)

该方法返回一个新字符串，它是此字符串的一个子字符串。该子字符串从指定的 beginIndex 处开始，直到索引 endIndex - 1 处的字符。

语法如下：

```
str.substring(beginIndex, endIndex);
```

❑ str：任意字符串。

❑ beginIndex：起始索引（包括）。

❑ endIndex：结束索引（不包括）。

例 5.15 取字符串"闭门造车，出门合辙。"的前半句话。(**实例位置：资源包\code\05\15**)

```java
public class StringSub2 {
    public static void main(String[] args) {
        String str = "闭门造车，出门合辙。";
        // 从 0 开始（即从头开始）截取至 4-1 索引位置的子字符串
        String substr = str.substring(0, 4);
        System.out.println("字符串 str 的前半句是: " + substr);
    }
}
```

运行结果如图 5.20 所示。

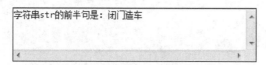

图 5.20 截取指定长度的字符串

⮕ 试一试：

"年年岁岁花相似，岁岁年年人不同"，截取两个"年年"之间的内容。

扫一扫，看视频

5.4.2 字符串替换

1. replace(CharSequence target, CharSequence replacement)

该方法可以实现将指定的字符序列替换成新的字符序列。CharSequence 是一个接口，代表一个可读的字符序列，String、StringBuffer、 StringBuilder 都实现了这个接口，所以可以直接将字符串当成参数。

语法如下：

```
str.replace(oldstr, newstr);
```

❑ str：任意字符串。

❑ oldstr：要被替换的字符序列。

❑ newstr：替换后的字符序列。

✎ 说明：

replace()方法返回的是一个新的字符串。如果字符串 str 中没有找到需要被替换的子字符序列 oldstr，则将原字符串返回。

例 5.16 字符串"明月几时有，把酒问青天"中的"月"替换成"日"。(**实例位置：资源包\code\05\16**)

```java
public class StringReplace {
    public static void main(String[] args) {
        String str="明月几时有，把酒问青天";
```

```
        String restr=str.replace("月", "日");  //将 str 中的"月"全部替换成"日"
        System.out.println("字符串 str 替换之后的效果: "+restr);
    }
}
```

运行结果如图 5.21 所示。

字符串str替换之后的效果：明日几时有，把酒问青天

图 5.21　字符串的替换

📢 **注意：**

如果要替换的字符 oldstr 在字符串中重复出现多次，replace()方法会将所有 oldstr 全部替换成 newstr。例如：
```
String str = "java project";
String str2 = str.replace("j","J");
```
此时，str2 的值为 Java proJect。
需要注意的是，要替换的字符 oldstr 的大小写要与原字符串中字符的大小写保持一致，否则不能成功地替换。
例如，上面的实例如果写成如下语句，则不能成功替换。
```
String str = "java project";
String str3 = str.replace("P","t");
```

2. replaceAll(String regex, String replacement)

该方法可以实现将指定的字符串替换成新的字符串，支持正则表达式。
语法如下：
```
str.replaceAll(regex, replacement);
```
➥ str：任意字符串。
➥ regex：被替换的字符串或正则表达式。
➥ replacement：替换后的字符串。

📂 **多学两招：**

正则表达式是含有一些具有特殊意义字符的字符串，这些特殊字符称为正则表达式的元字符。例如，"\\d"表
示数字 0~9 中的任何一个，"\\d"就是元字符。

例 5.17　分别使用 replace()方法和 replaceAll()方法，利用正则表达式将字符串中所有的数字替
换成"？"。（**实例位置：资源包\code\05\17**）
```
public class StringReplaceAll {
    public static void main(String[] args) {
        String str = "0123456789abc\\d";// 创建字符串，前十位是数字
        String restr = str.replace("\\d", "?");// 使用 replace()将符合"\\d"表达式的
                                                  字符串替换"?"
        String restrAll = str.replaceAll("\\d", "?");// 使用 replaceAll()将符合"\\d"
                                                       表达式的字符串替换"?"
        // 输出结果
        System.out.println("字符串 str: " + str);
        System.out.println("使用 replace()替换的结果: " + restr);
        System.out.println("使用 replaceAll()替换的结果: " + restrAll);
    }
}
```

运行结果如图 5.22 所示。

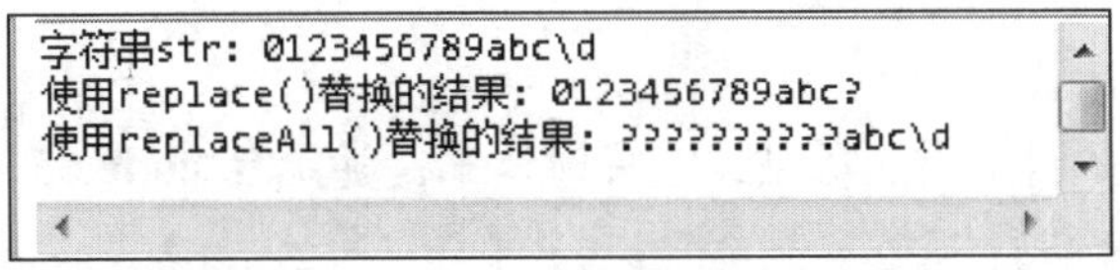

```
字符串str: 0123456789abc\d
使用replace()替换的结果: 0123456789abc?
使用replaceAll()替换的结果: ?????????abc\d
```

图 5.22 将字符串中所有的数字替换成"？"

📖 **代码注解：**

从这个运行结果可以直观地看出，replace()方法不知道"\\d"表达式代表的含义，只是将"\\d"当成一个子字符串在 str 中替换成了"?"；而 replaceAll()知道正则表达式的含义，将所有的数字替换成了"?"，但对于字符串中出现的子字符串"\\d"没有做任何操作。

3．replaceFirst(String regex, String replacement)

该方法可以实现将第一个指定的字符串替换成新的字符串，支持正则表达式。

```
str.replaceFirst(regex, replacement);
```

- ❯ str：任意字符串。
- ❯ regex：第一个被替换的字符串或正则表达式。
- ❯ replacement：替换后的字符串。

例 5.18 现有字符串"8I want to marry you, so I need you！"，去掉第一个数字，再把第一次出现的"you"替换成"her"。 **（实例位置：资源包\code\05\18）**

```java
public class StringReplaceFirst {
    public static void main(String[] args) {
        String str = "8I want to marry you, so I need you! ";// 创建字符串
        String noNumber = str.replaceFirst("\\d", "");// 将开头的数字替换成两个双引号" "
        String youToHer = noNumber.replaceFirst("you", "her");// 将第一次出现的"you"
                                                              替换成"her"
        System.out.println("替换之后的结果是: "+youToHer); // 输出结果
    }
}
```

运行结果如图 5.23 所示。

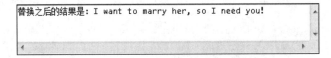

替换之后的结果是: I want to marry her, so I need you!

图 5.23 replaceFirst 方法的使用

➲ **试一试：**

将字符串中"Let it go!Let it go!Let it go!"前两个"go"换成"do"。

扫一扫，看视频

5.4.3 字符串分割

1．split(String regex)

该方法可根据给定的分隔符对字符串进行拆分，支持正则表达式，最后返回一个字符串数组。

语法如下：

```
str.split(regex);
```

↳ str：任意字符串。

↳ regex：分隔符表达式。

例 5.19 创建一个字符串，用","分割。（**实例位置：资源包\code\05\19**）

```
public class StringSplit {
    public static void main(String[] args) {
        String str = "从前有座山,山里有个庙,庙里有个小松鼠";// 创建一个字符串
        String[] strArray = str.split(",");// 让字符串按照","进行分割
        for (int i = 0; i < strArray.length; i++) {// 使用 for 循环，循环输出数字所有
                                                    元素
            System.out.println("数组第" + i + "索引的元素是: " + strArray[i]);
        }
    }
}
```

运行结果如图 5.24 所示。

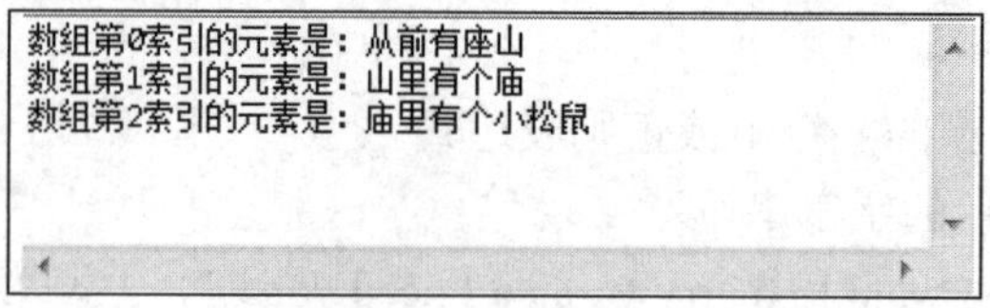

```
数组第0索引的元素是：从前有座山
数组第1索引的元素是：山里有个庙
数组第2索引的元素是：庙里有个小松鼠
```

图 5.24　分割字符串

如果想定义多个分隔符，可以使用符号"|"。如果用"|"分割字符串，需要使用转义字符"\\|"。

例 5.20　同时使用不同的分隔符，分割同一字符串。（**实例位置：资源包\code\05\20**）

```
public class StringSplit2 {
    public static void main(String[] args) {
        String str = "a1b2,c,d e f|gh";// 创建字符串，包含多种类型字符
        String[] a1 = str.split(",");// 使用"，"分割
        String[] a2 = str.split(" ");// 使用空格分割
        String[] a3 = str.split("\\|");// 使用"|"分割
        String[] a4 = str.split("\\d");// 使用正则表达式分割，本行用数字分割
        // 同时用"，"、空格、"|"、数字分割，用符号"|"连接所有分隔符
        String[] a5 = str.split(",| |\\||\\d");
        System.out.println("str 的原值: [" + str + "]");// 显示 str 的原值
        // 使用 for-each 循环展示"，"分割的结果
        System.out.print("使用\",\"分割: ");
        for (String b : a1) {
            System.out.print("[" + b + "]");
        }
        System.out.println();            // 换行
        // 使用 for-each 循环展示空格分割的结果
        System.out.print("使用空格分割: ");
        for (String b : a2) {
            System.out.print("[" + b + "]");
        }
        System.out.println();
        // 使用 for-each 循环 展示"|"分割的结果
```

```java
System.out.print("使用\"|\"分割: ");
for (String b : a3) {
    System.out.print("[" + b + "]");
}
System.out.println();
// 使用 for-each 循环展示数字分割的结果
System.out.print("使用数字分割: ");
for (String b : a4) {
    System.out.print("[" + b + "]");
}
System.out.println();
// 使用 for-each 循环展示所有分隔符同时分割的结果
System.out.print("同时使用所有分隔符: ");
for (String b : a5) {
    System.out.print("[" + b + "]");
}
System.out.println();
}
}
```

运行结果如图 5.25 所示。

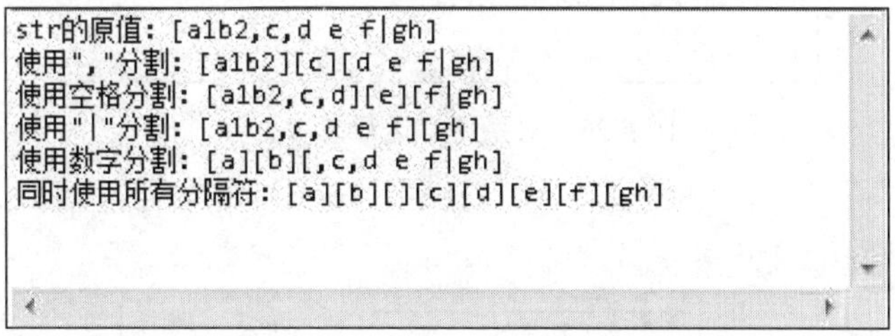

```
str的原值: [a1b2,c,d e f|gh]
使用","分割: [a1b2][c][d e f|gh]
使用空格分割: [a1b2,c,d][e][f|gh]
使用"|"分割: [a1b2,c,d e f][gh]
使用数字分割: [a][b][,c,d e f|gh]
同时使用所有分隔符: [a][b][][c][d][e][f][gh]
```

图 5.25　根据多个字符分割字符串

➲ **试一试:**

截取字符串"http\\:www.mingri.com:192.168.1.1:2025",输出如下内容:

网页地址: www.mingri.com

服务器地址: 192.168.1.1

2. split(String regex, int limit)

该方法可根据给定的分隔符对字符串进行拆分,并限定拆分的次数,支持正则表达式。

语法如下:

```
str.split(regex, limit)
```

➣ str: 任意字符串。

➣ regex: 分隔符表达式。

➣ limit: 限定的分割次数。

例 5.21　将字符串"192.168.0.1"按照"."拆分两次,第一次全部拆分,第二次拆分两次。(**实例位置: 资源包\code\05\21**)

```java
public class StringSplit3 {
    public static void main(String[] args) {
        String str = "192.168.0.1";// 创建字符串
```

```
        String[] firstArray = str.split("\\.");// 按照 "." 进行分割
        String[] secondArray = str.split("\\.", 2); // 按照 "." 进行两次分割
        System.out.println("str 的原值为: [" + str + "]");// 输出 str 原值
        // 输出全部分割的结果
        System.out.print("全部分割的结果: ");
        for (String a : firstArray) {
            System.out.print("[" + a + "]");
        }
        System.out.println();// 换行
        // 输出分割两次的结果
        System.out.print("分割两次的结果: ");
        for (String a : secondArray) {
            System.out.print("[" + a + "]");
        }
        System.out.println();
    }
}
```

运行结果如图 5.26 所示。

```
str的原值为: [192.168.0.1]
全部分割的结果: [192][168][0][1]
分割两次的结果: [192][168.0.1]
```

图 5.26　对字符串进行二次拆分

📖 **代码注解：**

第三行结果的拆分逻辑如图 5.27 所示。

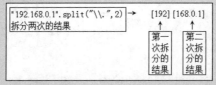

图 5.27　拆分两次的结果逻辑图

📢 **注意：**

截取"."需要使用转义字符"\\."。

➲ **试一试：**

对字符串"125a:562a:980"同时用"2"和":"分割，且只分割三次。

5.4.4　大小写转换

扫一扫，看视频

1．toLowerCase()

该方法将 String 转换为小写。如果字符串中没有应被转换的字符，则将原字符串返回；否则将返回一个新的字符串，将原字符串中每个可进行小写转换的字符都转换成等价的小写字符。字符长度与原字符长度相同。

语法如下：

```
str.toLowerCase();
```

➥ str：任意字符串。

2．toUpperCase()

该方法将 String 转换为大写。如果字符串中没有应被转换的字符，则将原字符串返回；否则返回一个新字符串，将原字符串中每个可进行大写转换的字符都转换成等价的大写字符。新字符长度与原字符长度相同。

语法如下：

```
str.toUpperCase();
```

其中，str 表示任意字符串。

例 5.22　将字符串"abc DEF"分别用大写、小写两种格式输出。（实例位置：资源包\code\05\22）

```java
public class StringTransform {
    public static void main(String[] args) {
        String str = "abc DEF"; // 创建字符串
        System.out.println(str.toLowerCase()); // 按照小写格式输出
        System.out.println(str.toUpperCase()); // 按照大写格式输出
    }
}
```

运行结果如图 5.28 所示。

```
abc def
ABC DEF
```

图 5.28　输出字符串的大小写

➲ 试一试：

将"good morning EVERY ONE"首字母大写，其他字母都小写。

5.4.5　去除空白内容

trim()方法可以返回字符串的副本，忽略首尾处空白。语法如下：

```
str.trim();
```

其中，str 表示任意字符串。

例 5.23　使用 trim()方法去掉字符串两边的空白内容。（实例位置：资源包\code\05\23）

```java
public class StringTrim {
    public static void main(String[] args) {
        String str = "     abc          ";
        String shortStr = str.trim();
        System.out.println("str 的原值是：[" + str + "]");
        System.out.println("去掉首尾空白的值：[" + shortStr + "]");
    }
}
```

运行结果如图 5.29 所示。

扫一扫，看视频

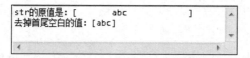

图 5.29　去掉字符串两边的空白内容

📂 多学两招：

去除字符串中所有的空白内容。

例 5.24　利用正则表达式"\\s"，将字符串中所有的空白内容替换成空字符。（实例位置：资源包\code\05\24）

```java
public class StringRemoveBlank {
    public static void main(String[] args) {
        String str = " a  b  cd e       f g        ";// 创建字符串
        // 利用正则表达式，将字符串中所有的空白内容都替换成""
        String shortstr = str.replaceAll("\\s", "");
        // 输出结果
        System.out.println("str 的原值是：[" + str + "]");
        System.out.println("删除空内容之后的值是：[" + shortstr + "]");
    }
}
```

运行结果如图 5.30 所示。

图 5.30　将字符串中所有的空白内容替换成空字符

5.4.6　比较字符串是否相等

扫一扫，看视频

对字符串对象进行比较不能简单地使用比较运算符"＝＝"，因为比较运算符比较的是两个字符串的内存地址是否相同。因为即使两个字符串的文本值相同，两个对象的内存地址也可能不同，所以使用比较运算符会返回 false。

例 5.25　使用比较运算符比较两个字符串。（实例位置：资源包\code\05\25）

```java
public class StringCompare {
    public static void main(String[] args) {
        String tom, jerry;
        // 直接引入字符串常量
        tom = "I am a student";
        jerry = "I am a student";
        System.out.println("直接引入字符串常量的比较结果：" + (tom == jerry));
        // 使用 new 创建新对象
        tom = new String("I am a student");
        jerry = new String("I am a student");
        System.out.println("使用 new 创建对象的比较结果：" + (tom == jerry));
    }
}
```

运行结果如图 5.31 所示。

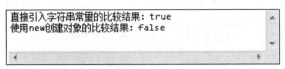

图 5.31 比较字符串

为什么第一个结果是 true，第二个结果是 false 呢？因为这两种赋值方法在计算机中处理的方式不同。像字符串常量这样的字面值，会直接放在栈中。例子 5.25 中 tom 和 jerry 直接用字符串常量赋值时，其字符串值保存的是一个指向栈中数据的引用。又因为两个对象引用的是同一个常量，用"=="比较发现两者指向了相同的地址，所以结果会返回 true，如图 5.32 所示。

如果 tom 和 jerry 创建了新对象，计算机处理方式就不一样了。当 tom 使用 new 方法时，会在堆中创建一个新的 String 对象，并为这个对象单独在栈中创建值，即使与栈中已有相同数据，也不会共享。用"=="比较发现两者指向不同的对象地址，结果会返回 false，如图 5.33 所示。

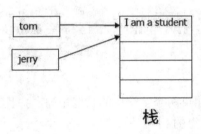

图 5.32 tom 和 jerry 同时引用栈中的数据

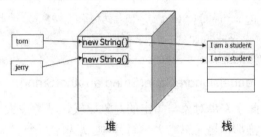

图 5.33 tom 和 jerry 同时在堆中创建新对象

想要比较两个字符串对象的内容是否相同，就需要用 equals() 和 equalsIgnoreCase() 方法。

1. equals(String str);

将此字符串与指定的对象比较。当且仅当该参数不为 null，并且是与此对象表示相同字符序列的 String 对象时，结果才为 true。

语法如下：

`a.equals(str);`

↘ a：任意字符串。

↘ str：进行比较的字符串。

例 5.26 创建 String 变量，分别用"=="和 equals() 方法判断两个字符串是否相等。（**实例位置：资源包\code\05\26**）

```java
public class StringEquals {
    public static void main(String[] args) {
        String str1 = "Hello";
        String str2 = new String("Hello");
        String str3 = new String("你好");
        String str4 = str2;
        System.out.println("str1 == str2 的结果: " + (str1 == str2));
        System.out.println("str1 == str3 的结果: " + (str1 == str3));
        System.out.println("str1 == str4 的结果: " + (str1 == str4));
```

```
        System.out.println("str2 == str4 的结果: " + (str2 == str4));
        System.out.println("str1.equals(str2) 的结果: " + str1.equals(str2));
        System.out.println("str1.equals(str3) 的结果: " + str1.equals(str3));
        System.out.println("str1.equals(str4) 的结果: " + str1.equals(str4));
    }
}
```

运行结果如图 5.34 所示。

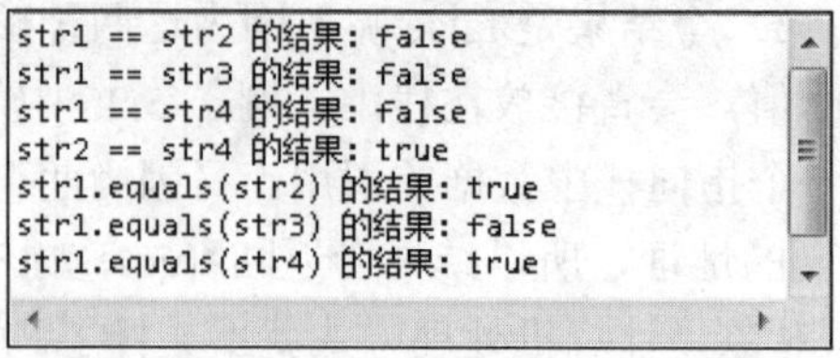

```
str1 == str2 的结果: false
str1 == str3 的结果: false
str1 == str4 的结果: false
str2 == str4 的结果: true
str1.equals(str2) 的结果: true
str1.equals(str3) 的结果: false
str1.equals(str4) 的结果: true
```

图 5.34　判断两个字符串是否相等

📢 注意：

String str=null;和 String str="";是两种不同的概念。前者是空对象，没有指向任何引用地址，调用 String 的 API 会抛出 NullPointerException 空指针异常；""是一个字符串，分配了内存空间，可以调用 String 的 API，只是没有显示出任何东西而已。

2．equalsIgnoreCase(String anotherString);

将此字符串对象与指定的对象比较，不考虑大小写。如果两个字符串的长度相同，并且其中相应的字符都相等（忽略大小写），则认为这两个字符串是相等的。

语法如下：

```
a.equalsIgnoreCase(anotherString);
```

↘ a：任意字符串。

↘ anotherString：进行比较的字符串。

例 5.27　使用 equals()和 equalsIgnoreCase()方法判断两个字符串是否相等。（**实例位置：资源包\code\05\27**）

```
public class StringEqualsIgnoreCase {
    public static void main(String[] args) {
        String str1 = "abc";// 创建字符串对象，内容全部小写
        String str2 = "ABC";// 创建字符串对象，内容全部大写
        System.out.println("区分大小写的结果: "+str1.equals(str2)); // 比较两个字符串
                                                              的内容是否相等
        // 比较两个字符串的内容是否相等，不区分大小写
        System.out.println("不区分大小写的结果: "+str1.equalsIgnoreCase(str2));
    }
}
```

运行结果如图 5.35 所示。

```
区分大小写的结果: false
不区分大小写的结果: true
```

图 5.35　使用 equals()和 equalsIgnoreCase()方法判断两个字符串是否相等

➡ 试一试：

> 编写一段代码，判断用户输入的账号是否存在，不区分大小写。

📂 多学两招：

> （1）字符串常量也可以使用 equals()和 equalsIgnoreCase()方法，例如：

boolean bool1 = "一闪一闪".equals("亮晶晶");
boolean bool2 = "功夫".equalsIgnoreCase("Java");

> （2）判断一个字符串 str 是否为空，需要分别判断 str 是否等于 null 或""。判断 null 用 "=="，判断""用 equals()
> 方法，两者不可混淆。str 应该作为 equals()参数，否则当 str 是空对象时，调用 equals()会抛出空指针异常。

String str = "123";
if (**null** == str || "".equals(str)) {
System.*out*.println("str 是空的");
}

5.4.7 格式化字符串

String 类的静态 format()方法用于创建格式化的字符串。format()方法有两种重载形式。

（1）format(String format,Object…args)

该方法使用指定的格式字符串和参数返回一个格式化字符串，格式化后的新字符串使用本地默认的语言环境。

语法如下：

str.format(String format,Object…args)

➥ format：格式字符串。

➥ args：格式字符串中由格式说明符引用的参数。如果还有格式说明符以外的参数，则忽略这些额外的参数。此参数的数目是可变的，可以为 0。

（2）format(Local l,String format,Object…args)

➥ l：格式化过程中要应用的语言环境。如果 l 为 null，则不进行本地化。

➥ format：格式字符串。

➥ args：格式字符串中由格式说明符引用的参数。如果还有格式说明符以外的参数，则忽略这些额外的参数。此参数的数目是可变的，可以为 0。

1. 日期和时间字符串格式化

在应用程序设计中，经常需要显示时间和日期。如果想输出满意的日期和时间格式，一般需要编写大量的代码经过各种算法才能实现。format()方法通过给定的特殊转换符作为参数来实现对日期和时间的格式化。

（1）日期格式化

先来看下面的例子，返回一个月中的天数。实例代码如下：

```
Date date = new Date();                    //创建 Date 对象 date
String s = String.format("%te", date);     //通过 format()方法对 date 进行格式化
```

上述代码中变量 s 的值是当前日期中的天数，如今天是 15 号，则 s 的值为 15；%te 是转换符，常用的日期格式化转换符如表 5.1 所示。

扫一扫，看视频

✍ 说明：

java.util.Date 是 Java 中的时间日期类，这个类表示特定的瞬间，精确到毫秒。默认获取当前的时间。

表5.1　常用的日期格式化转换符

转 换 符	说 明	示 例
%te	一个月中的某一天（1~31）	2
%tb	指定语言环境的月份简称	Feb（英文）、二月（中文）
%tB	指定语言环境的月份全称	February（英文）、二月（中文）
%tA	指定语言环境的星期几全称	Monday（英文）、星期一（中文）
%ta	指定语言环境的星期几简称	Mon（英文）、星期一（中文）
%tc	包括全部日期和时间信息	星期二 三月 25 13:37:22 CST 2008
%tY	4 位年份	2008
%tj	一年中的第几天（001~366）	085
%tm	月份	03
%td	一个月中的第几天（01~31）	02
%ty	2 位年份	08

例 5.28　在项目中创建类 Eval，实现将当前日期信息以 4 位年份、月份全称、2 位日期形式输出。（**实例位置：资源包\code\05\28**）

```
import java.util.Date;                              //导入 java.util.Date 类
public class Eval {                                 //新建类
    public static void main(String[] args) {        //主方法
        Date date = new Date();                     //创建 Date 对象 date
        String year = String.format("%tY", date);   //将 date 进行格式化
        String month = String.format("%tB", date);
        String day = String.format("%td", date);
        System.out.println("今年是: " + year + "年"); //输出信息
        System.out.println("现在是: " + month);
        System.out.println("今天是: " + day + "号");
    }
}
```

运行结果如图 5.36 所示。

（2）时间格式化

使用 format() 方法不仅可以完成日期的格式化，也可以实现时间的格式化。时间格式化转换符要比日期转换符更多、更精确，它可以将时间格式化为时、分、秒、毫秒。格式化时间的转换符如表 5.2 所示。

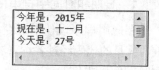

图 5.36　获取指定的日期信息

表5.2　时间格式化转换符

转 换 符	说 明	示 例
%tH	2 位数字的 24 时制的小时（00~23）	14
%tI	2 位数字的 12 时制的小时（01~12）	05
%tk	1~2 位数字的 24 时制的小时（0~23）	5

（续表）

转换符	说明	示例
%tl	1~2 位数字的 12 时制的小时（1~12）	10
%tM	2 位数字的分钟（00~59）	05
%tS	2 位数字的秒数（00~60）	12
%tL	3 位数字的毫秒数（000~999）	920
%tN	9 位数字的微秒数（000000000~999999999）	062000000
%tp	指定语言环境下上午或下午标记	下午（中文）、pm（英文）
%tz	相对于 GMT RFC 82 格式的数字时区偏移量	+0800
%tZ	时区缩写形式的字符串	CST
%ts	1970-01-01 00:00:00 至现在经过的秒数	1206426646
%tQ	1970-01-01 00:00:00 至现在经过的毫秒数	1206426737453

例 5.29 在项目中创建类 GetDate，实现将当前时间信息以 2 位小时数、2 位分钟数、2 位秒数形式输出。（**实例位置：资源包\code\05\29**）

```java
import java.util.Date;                              //导入 java.util.Date 类
public class GetDate {                              //新建类
    public static void main(String[] args) {        //主方法
        Date date = new Date();                     //创建 Date 对象 date
        String hour = String.format("%tH", date);   //将 date 进行格式化
        String minute = String.format("%tM", date);
        String second = String.format("%tS", date);
        //输出的信息
        System.out.println("现在是: " + hour + "时" + minute + "分"
                + second + "秒");
    }
}
```

运行结果如图 5.37 所示。

（3）格式化常见的日期时间组合

格式化日期与时间的转换符定义了各种日期时间组合的格式，其中最常用的日期和时间的组合格式如表 5.3 所示。

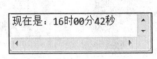

图 5.37 获取当前时间

表 5.3 常见的日期和时间组合的格式

转换符	说明	示例
%tF	"年-月-日"格式（4 位年份）	2008-03-25
%tD	"月/日/年"格式（2 位年份）	03/25/08
%tc	全部日期和时间信息	星期二 三月 25 15:20:00 CST 2008
%tr	"时：分：秒 PM（AM）"格式（12 时制）	03:22:06 下午
%tT	"时：分：秒"格式（24 时制）	15:23:50
%tR	"时：分"格式（24 时制）	15:25

例 5.30 在项目中创建类 DateAndTime，在主方法中实现将当前日期时间的全部信息以指定格

式的日期输出。（**实例位置：资源包\code\05\30**）

```java
import java.util.Date;                                    //导入 java.util.Date 类

public class DateAndTime {                                //创建类
    public static void main(String[] args) {              //主方法
        Date date = new Date();                           //创建 Date 对象 date
        String time = String.format("%tc", date);         //将 date 格式化
        String form = String.format("%tF", date);
        //将格式化后的日期时间输出
        System.out.println("全部的时间信息是: " + time);
        System.out.println("年-月-日格式: " + form);
    }
}
```

运行结果如图 5.38 所示。

```
全部的时间信息是: 星期五 十一月 27 16:02:01 CST 2015
年-月-日格式: 2015-11-27
```

图 5.38　将当前日期时间的全部信息以指定格式的日期输出

扫一扫，看视频

2.　常规类型格式化

常规类型的格式转化可应用于任何参数类型，可以通过表 5.4 所示的转换符来实现。

表 5.4　转换符

转 换 符	说　　　明	示　　　例
%b、%B	结果被格式化为布尔类型	true
%h、%H	结果被格式化为散列码	A05A5198
%s、%S	结果被格式化为字符串类型	"abcd"
%c、%C	结果被格式化为字符类型	'a'
%d	结果被格式化为十进制整数	40
%o	结果被格式化为八进制整数	11
%x、%X	结果被格式化为十六进制整数	4b1
%e	结果被格式化为用计算机科学记数法表示的十进制数	1.700000e+01
%a	结果被格式化为带有效位数和指数的十六进制浮点值	0X1.C000000000001P4
%n	结果为特定于平台的行分隔符	
%%	结果为字面值%	%

例 5.31　实现不同类型的格式转化。（**实例位置：资源包\code\05\31**）

```java
public class StringFormat {
    public static void main(String[] args) {
        String str1 = String.format("%c", 'X'); // 输出字符
        System.out.println("字母 x 大写: " + str1);
        String str2 = String.format("%d", 1251 + 3950); // 输出数字
        System.out.println("1251+3950 的结果是: " + str2);
        String str3 = String.format("%.2f", Math.PI); // 输出小数点后两位
        System.out.println("π 取两位小数点: " + str3);
```

```
String str4 = String.format("%b", 2 < 3); // 输出布尔值
System.out.println("2<3 的结果是: " + str4);
String str5 = String.format("%h", 3510); // 输出哈希散列码，等同 Integer.toHex
                                          String(3510);
System.out.println("3510 的 hashCode 值: " + str5);
String str6 = String.format("%o", 33); // 输出 8 进制
System.out.println("33 的 8 进制结果是: " + str6);
String str7 = String.format("%x", 33); // 输出 16 进制
System.out.println("33 的 16 进制结果是: " + str7);
String str8 = String.format("%e", 120000.1); // 输出科学计数法
System.out.println("120000.1 用科学计数法表示: " + str8);
String str9 = String.format("%a", 40.0); // 输出带有效位数和指数的 16 进制浮点值
System.out.println("40.0 的 16 进制浮点值: " + str9);
// 输出百分号和数字
System.out.println(String.format("天才是由%d%%的灵感,%d%%的汗水 。",1, 99));
  }
}
```

运行结果如图 5.39 所示。

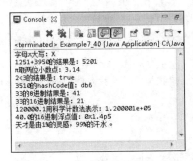

图 5.39　不同类型数字的格式化

使用转换符，还可以配合转换符标识来控制输出的格式，如表 5.5 所示。

表 5.5　转换符标识

标　　识	说　　明
'-'	在最小宽度内左对齐，不可以与'0'填充标识同时使用
'#'	用于 8 进制和 16 进制格式，在 8 进制前加一个 0，在 16 进制前加一个 0x
'+'	显示数字的正负号
' '	在正数前加空格，在负数前加负号
'0'	在不够最小位数的结果前用 0 填充
','	只适用于 10 进制，每三位数字用','分隔
'('	用括号把负数括起来

例 5.32　使用标识控制字符串的输出格式。（**实例位置：资源包\code\05\32**）

```
public class StringFormat2 {
    public static void main(String[] args) {
        String str1 = String.format("%5d", 123); // 让字符串输出的最大长度为 5，不足长
                                                  度在前端补空格
        System.out.println("输出长度为 5 的字符串|" + str1 + "|");
```

```
        String str2 = String.format("%-5d", 123); // 让字符串左对齐
        System.out.println("左对齐|" + str2 + "|");
        String str3 = String.format("%#o", 33); // 在 8 进制前加一个 0
        System.out.println("33 的 8 进制结果是: " + str3);
        String str4 = String.format("%#x", 33); // 在 16 进制前加一个 0x
        System.out.println("33 的 16 进制结果是: " + str4);
        String str5 = String.format("%+d", 1); // 显示数字正负号
        System.out.println("我是正数: " + str5);
        String str6 = String.format("%+d", -1); // 显示数字正负号
        System.out.println("我是负数: " + str6);
        String str7 = String.format("% d", 1); // 在正数前补一个空格
        System.out.println("我是正数，前面有空格" + str7);
        String str8 = String.format("% d", -1); // 在负数前补一个负号
        System.out.println("我是负数，前面有负号" + str8);
        String str9 = String.format("%05d", 12); // 让字符串输出的最大长度为 5，不足长
                                                   度在前端补 0
        System.out.println("前面不够的数用 0 填充: " + str9);
        String str10 = String.format("%,d", 123456789); // 用逗号分隔数字
        System.out.println("用逗号分隔: " + str10);
        String str11 = String.format("%(d", 13); // 正数无影响
        System.out.println("我是正数，我没有括号: " + str11);
        String str12 = String.format("%(d", -13); // 让负数用括号括起来
        System.out.println("我是负数，我有括号的: " + str12);
    }
}
```

运行结果如图 5.40 所示。

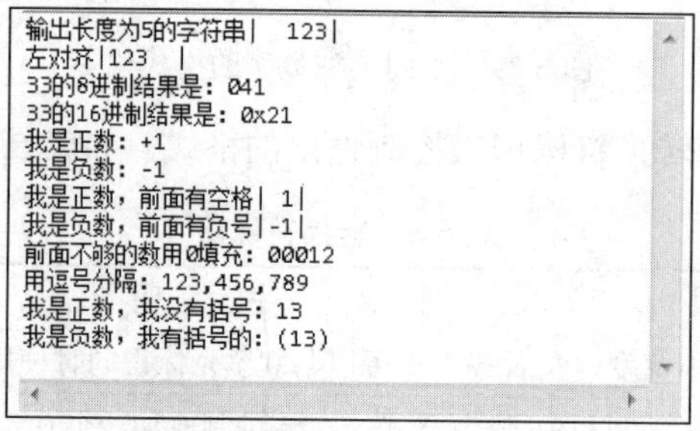

```
输出长度为5的字符串|    123|
左对齐|123  |
33的8进制结果是: 041
33的16进制结果是: 0x21
我是正数: +1
我是负数: -1
我是正数，前面有空格|  1|
我是负数，前面有负号|-1|
前面不够的数用0填充: 00012
用逗号分隔: 123,456,789
我是正数，我没有括号: 13
我是负数，我有括号的: (13)
```

图 5.40　使用标识控制字符串的输出格式

◯ 试一试：

王小二买了 3 本书花了 100 元，请问平均一本书多少元？用"12,345.00￥"的格式输出结果。

5.5　可变字符串

StringBuffer 是线程安全的可变字符序列，一个类似于 String 的字符串缓冲区。前面内容介绍过 String 创建的字符串对象是不可修改的，这一节介绍的 StringBuffer 类创造的字符串序列是可修改的，且实体容量会随着存放的字符串增加而自动增加。StringBuilder 与 StringBuffer 有完全相同的 API，只是为了提高效率而放弃了线程安全控制。

5.5.1 StringBuffer 类的常用方法

1. 创建 StringBuffer 类

创建一个新的 StringBuffer 对象必须用 new 方法，而不能像 String 对象那样直接引用字符串常量。

语法如下：

```
StringBuffer sbf = new StringBuffer();          // 创建一个对象，无初始值
StringBuffer sbf = new StringBuffer("abc");      // 创建一个对象，初始值为 "abc"
StringBuffer sbf = new StringBuffer(32);         // 创建一个对象，初始容量为 32 个字符
```

2. append()方法

将参数转换成字符串，将所得字符串中的字符追加到此序列中。

语法如下：

```
sbf.append(obj);
```

➤ sbf：任意 StringBuffer 对象。

➤ obj：任意数据类型的对象，例如 String、int、double、Boolean 等，都转变成字符串的表示形式。

例 5.33 创建 StringBuffer 对象，使用 append()追加字符序列。（**实例位置：资源包\code\05\33**）

```java
public class StringBufferAppend {
    public static void main(String[] args) {
        StringBuffer sbf = new StringBuffer("门前大桥下,"); // 创建 StringBuffer 对象
        sbf.append("游过一群鸭,"); // 追加字符串常量
        StringBuffer tmp = new StringBuffer("快来快来数一数,"); // 追加 StringBuffer 对象
        sbf.append(tmp);
        int x = 24678;
        sbf.append(x); // 追加整型变量
        System.out.println(sbf.toString());// 输出
    }
}
```

运行结果如图 5.41 所示。

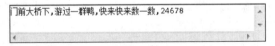

图 5.41 使用 append()追加字符序列

3. setCharAt(int index, char ch)方法

将给定索引处的字符修改为 ch。

语法如下：

```
sbf.setCharAt(index, ch);
```

➤ sbf：任意 StringBuffer 对象。

➤ index：被替换字符的索引。

➤ ch：替换后的字符。

例 5.34 创建一个 StringBuffer 对象，将索引为 3 的字符修改成'A'。（**实例位置：资源包**

code\05\34）

```java
public class StringBufferSetCharAt {
    public static void main(String[] args) {
        StringBuffer sbf = new StringBuffer("0123456");
        System.out.println("sbf 的原值是： " + sbf);
        sbf.setCharAt(3, 'A');                        // 将索引为 3 的字符改成 'A'
        System.out.println("修改后的值是： " + sbf);
    }
}
```

运行结果如图 5.42 所示。

4．insert(int offset, String str)方法

将字符串插入此字符序列中。

语法如下：

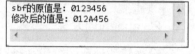

图 5.42　setCharAt 方法的使用

```java
sbf.insert(offset, str);
```

❯ sbf：任意 StringBuffer 对象。

❯ offset：插入的索引。

❯ str：插入的字符串。

例 5.35　创建一个 StringBuffer 对象，在索引为 5 的位置插入字符串"F"。（实例位置：资源包\code\05\35）

```java
public class StringBufferInsert {
    public static void main(String[] args) {
        StringBuffer sbf = new StringBuffer("0123456");
        System.out.println("sbf 的原值为："+sbf);
        sbf = sbf.insert(5, "F");    //在索引为 5 的位置插入"F"，将返回值赋给 sbf 自己
        System.out.println("修改之后的值为："+sbf);
    }
}
```

运行结果如图 5.43 所示。

5．reverse()方法

该方法可以将字符串反序输出。

语法如下：

图 5.43　在指定位置插入字符序列

```java
sbf.reverse();
```

其中，sbf 表示任意 StringBuffer 对象。

例 5.36　创建一个 StringBuffer 对象，将其字符序列反序输出。（实例位置：资源包\code\05\36）

```java
public class StringBufferReverse {
    public static void main(String[] args) {
        StringBuffer sbf = new StringBuffer("同一个世界，同一个梦想");
        System.out.println("sbf 的原值为： " + sbf);
        sbf = sbf.reverse();// 将字符序列 sbf 反转
        System.out.println("修改之后的值为： " + sbf);
    }
}
```

运行结果如图 5.44 所示。

6. delete(int start, int end)方法

移除此序列的子字符串中的字符。该子字符串是从指定的索引 start 处开始，一直到索引 end − 1 处，如果 end-1 超出最大索引范围，则一直到序列尾部。如果 start 等于 end，则不发生任何更改。

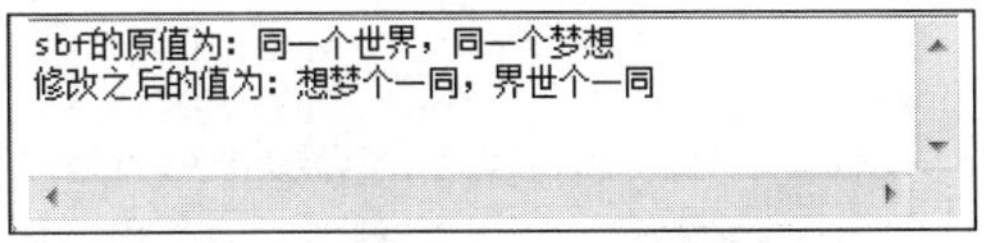

图 5.44 将字符序列反序输出

语法如下：

```
sbf.delete(start, end)
```

➢ sbf：任意 StringBuffer 对象。

➢ start：起始索引（包含）。

➢ end：结束索引（不包含）。

例 5.37 创建一个 StringBuffer 对象，删除从索引 4 开始至索引 7 之前的内容。（实例位置：资源包\code\05\37）

```
public class StringBufferDelete {
    public static void main(String[] args) {
        StringBuffer sbf = new StringBuffer("天行健，君子以自强不息");
        System.out.println("sbf 的原值为: "+sbf);
        sbf = sbf.delete(4, 7);//删除从索引 4 开始至索引 7 之前的内容
        System.out.println("删除之后的值为: "+sbf);
    }
}
```

运行结果如图 5.45 所示。

sbf的原值为: 天行健，君子以自强不息
删除之后的值为: 天行健，自强不息

图 5.45 删除字符序列中的指定内容

➲ 试一试：

使用 StringBuffer 将字符串"古诗春晓"修改成"春眠不觉晓"。

7. 其他方法

除了这几个常用方法以外，StringBuffer 还有类似 String 类的方法。

例 5.38 StringBuffer 类中类似 String 类的方法。（实例位置：资源包\code\05\38）

```
public class StringBufferTest {
    public static void main(String[] args) {
        StringBuffer sbf = new StringBuffer("ABCDEFG");// 创建字符串序列
        int lenght = sbf.length();// 获取字符串序列的长度
        char chr = sbf.charAt(5); // 获取索引为 5 的字符
        int index = sbf.indexOf("DEF");// 获取 DEF 字符串所在的索引位置
        String substr = sbf.substring(0, 2);// 截取从索引 0 开始至索引 2 之间的字符串
        StringBuffer tmp = sbf.replace(2, 5, "1234");// 将从索引 2 开始至索引 5 之间的
                                            字符序列替换成"1234"
        System.out.println("sbf 的原值为: " + sbf);
        System.out.println("sbf 的长度为: " + lenght);
        System.out.println("索引为 5 的字符为: " + chr);
```

```
        System.out.println("DEF 字符串的索引位置为: " + index);
        System.out.println("索引 0 开始至索引 2 之间的字符串: " + substr);
        System.out.println("替换后的字符串为: " + tmp);
    }
}
```

运行结果如图 5.46 所示。

```
sbf的原值为: AB1234FG
sbf的长度为: 7
索引为5的字符为: F
DEF字符串的索引位置为: 3
索引0开始至索引2之间的字符串: AB
替换后的字符串为: AB1234FG
```

图 5.46　StringBuffer 类中类似 String 类的方法的使用

扫一扫，看视频

5.5.2　StringBuilder 类的使用方法

StringBuilder 类与 StringBuffer 类具有兼容的 API，所以两者的使用方法也相同。

例 5.39　创建 StringBuilder 字符序列对象，对其做追加、插入、删除和反序输出操作。（**实例位置：资源包\code\05\39**）

```java
public class StringBuilderTest {
    public static void main(String[] args) {
        StringBuilder sbd = new StringBuilder();
        System.out.println("sbd 的原值为空");
        sbd.append("我是 StringBuilder 类");
        System.out.println("sbd 追加字符串: " + sbd);
        int length = sbd.length();
        System.out.println("sbd 的长度为: " + length);
        sbd = sbd.insert(length - 1, "123456");
        System.out.println("插入字符串: " + sbd);
        sbd = sbd.delete(sbd.length() - 1, sbd.length());
        System.out.println("删除最后一个字: " + sbd);
        sbd = sbd.reverse();
        System.out.println("反序输出: " + sbd);
    }
}
```

运行结果如图 5.47 所示。

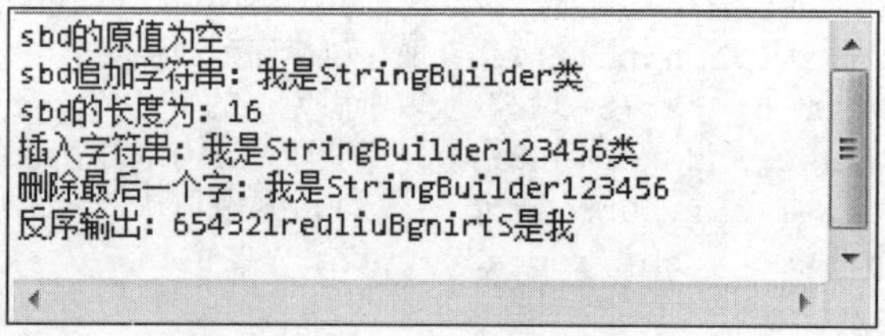

```
sbd的原值为空
sbd追加字符串: 我是StringBuilder类
sbd的长度为: 16
插入字符串: 我是StringBuilder123456类
删除最后一个字: 我是StringBuilder123456
反序输出: 654321redliuBgnirtS是我
```

图 5.47　StringBuilder 类的使用

5.5.3　StringBuffer、StringBuilder、String 之间的关系

1．StringBuffer、StringBuilder、String 互相转换

StringBuffer 类和 StringBuilder 类都有 toString()方法，可以返回字符序列的字符串表示形式。这两个类在初始化的时候，可以通过字符串作为参数，指定初始化的字符序列内容。

例 5.40　创建 StringBuffer 对象、StringBuilder 对象、String 对象，并将三者的内容互相转换。（实例位置：资源包\code\05\40）

```java
public class StringInterchange {
    public static void main(String[] args) {
        String str = "String";
        StringBuffer sbf = new StringBuffer(str); // String 转换成 StringBuffer
        StringBuilder sbd = new StringBuilder(str); // String 转换成 StringBuilder
        str = sbf.toString();// StringBuffer 转换成 String
        str = sbd.toString();// StringBuilder 转换成 String
        StringBuilder bufferToBuilder = new StringBuilder(sbf.toString());
                                        //String Buffer 转换成 StringBuilder
        StringBuffer builderToBuffer = new StringBuffer(sbd.toString());
                                        //String Builder 转换成 StringBuffer
    }
}
```

2．StringBuffer、StringBuilder、String 的不同之处

String 只能赋值一次，每一次内容发生改变都生成了一个新的对象，然后原有的对象引用新的对象，所以说 String 本身是不可改变。每一次改变 String 的字符串内容，都会在内存创建新的对象，而每一次生成新对象都会对系统性能产生影响，如图 5.48 所示，这会降低 Java 虚拟机的工作效率。

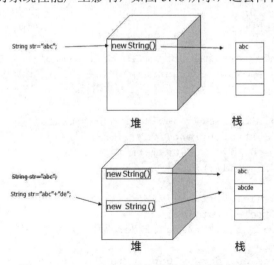

图 5.48　String 对象内容修改后引用了新的对象

而 StringBuffer 和 StringBuilder 不同，每次操作都是对自身对象做操作，而不是生成新的对象，如图 5.49 所示，其所占空间会随着字符内容增加而扩充，做大量的修改操作时，不会因生成大量匿名对象而影响系统性能。

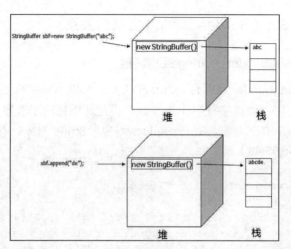

图 5.49　StringBuffer 对象内容修改后，还是引用原来的对象

StringBuffer 和 StringBuilder 也存在不同之处。StringBuffer 的方法都使用"synchronized"关键字进行修饰，这样保证了同时最多只有一个线程可以运行这些方法，也就是保证了线程安全。StringBuilder 则不具备这样的特点。反过来说，正因为 StringBuilder 没有线程安全机制，运行起来就不用考虑给线程加锁，所以运行效率会比 StringBuffer 要高。

例 5.41　在项目中创建类 Jerque，在主方法中编写如下代码，验证字符串操作和字符串生成器操作的效率。（**实例位置：资源包\code\05\41**）

```java
public class Jerque {                                    //新建类
    public static void main(String[] args) {             //主方法
        String str = "";                                 //创建空字符串
        long starTime = System.currentTimeMillis();//定义对字符串执行操作的起始时间
        for (int i = 0; i < 10000; i++) {                //利用 for 循环执行 10000 次操作
            str = str + i;                               //循环追加字符串
        }
        long endTime = System.currentTimeMillis();       //定义对字符串操作后的时间
        long time = endTime - starTime;                  //计算对字符串执行操作的时间
        System.out.println("String 循环 1 万次消耗时间：" + time);    //将执行的
                                                                    //时间输出

        StringBuilder builder = new StringBuilder("");   //创建字符串生成器
        starTime = System.currentTimeMillis();           //定义操作执行前的时间
        for (int j = 0; j < 10000; j++) {                //利用 for 循环进行操作
            builder.append(j);                           //循环追加字符
        }
        endTime = System.currentTimeMillis();            //定义操作后的时间
        time = endTime - starTime;                       //追加操作执行的时间
        System.out.println("StringBuilder 循环 1 万次消耗时间：" + time);  //将操作时
                                                                        //间输出

        StringBuilder builder2 = new StringBuilder("");  //创建字符串生成器
        starTime = System.currentTimeMillis();           //定义操作执行前的时间
        for (int j = 0; j < 50000; j++) {                //利用 for 循环进行操作
            builder2.append(j);                          //循环追加字符
        }
        endTime = System.currentTimeMillis();            //定义操作后的时间
```

```
        time = endTime - starTime;                        //追加操作执行的时间
        System.out.println("StringBuilder 循环 5 万次消耗时间: " + time);   //将操作时
                                                                           间输出
    }
}
```

运行结果如图 5.50 所示。

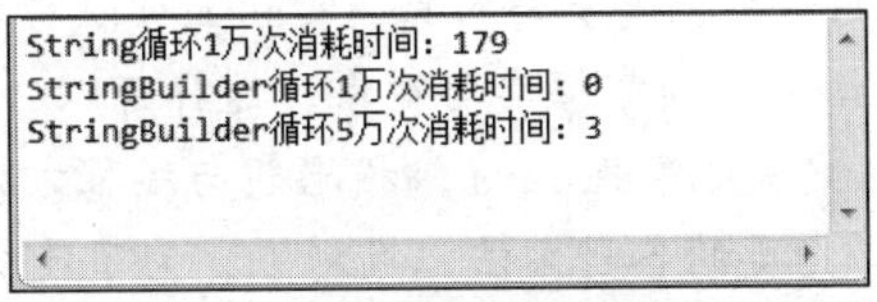

```
String循环1万次消耗时间: 179
StringBuilder循环1万次消耗时间: 0
StringBuilder循环5万次消耗时间: 3
```

图 5.50 验证字符串操作和字符串生成器操作的效率

📢 **注意:**

根据不同的电脑配置,计算的时间可能会有差异。

根据上述知识点,可以总结出表 5.6 中内容。

表 5.6 StringBuffer、StringBuilder、String 的区别

类　名	String	StringBuilder	StringBuffer
对象类型	字符串常量	字符串变量	字符串变量
线程安全性	不安全	不安全	安全
执行效率（大部分情况下）	低	高	中

根据表中内容,还可以总结这些类的适用场景:

（1）操作少、数据少,用 String。

（2）单线程,操作多,数据多,用 StringBuilder。

（3）多线程,操作多,数据多,用 StringBuffer。

✍ **说明:**

在做简单的字符串修改时,系统的完成时间非常快,完全看不出来三者的区别,只有在大量的字符串修改的情况下,才会显示出 StringBuffer 和 StringBuilder 的优势。所以操作简单的字符串时,可以根据程序员的使用习惯选择类的使用。

5.6　小　结

因为在日常开发工作中,处理字符串的代码在程序中占据很大比例,所以对理解、学习和操作字符序列打下基础,可谓是学习编程的重中之重。本章学习了很多字符串操作:如何获取字符串的内容和长度;如何查找某个位置的字符内容;还有如何将字符串改成读者想要的内容。针对不同的需求,还要懂得如何将已有的字符串用最简洁的方式变成我们需要的结果。

另外,从栈堆的角度,描述了字符串是如何在内存中操作的,这使读者可以更好地了解不同类在不同场景下的优势与劣势,今后不管是开发小程序,还是大型项目,都能够找到合适的解决方案,让编写的程序更加健壮、稳定。

扫一扫，看视频

第6章 面向对象编程基础

在 Java 语言中经常被提到的两个词是类与对象，实际上可以将类看作是对象的载体，它定义了对象所具有的功能。学习 Java 语言必须掌握类与对象，这样可以从深层次去理解 Java 这种面向对象语言的开发理念，从而更好、更快地掌握 Java 编程思想与编程方式，因此，掌握类与对象是学习 Java 语言的基础。本章将详细介绍类的各种方法以及对象，为了使初学者更容易入门，在讲解过程中列举了大量实例。

通过阅读本章，您可以：

- ⬦ 了解面向对象编程思想
- ⬦ 掌握如何定义类
- ⬦ 掌握类的成员变量、成员方法
- ⬦ 掌握构造方法以及通过构造方法创建对象
- ⬦ 掌握局部变量以及作用范围
- ⬦ 掌握对象的创建、比较和销毁
- ⬦ 掌握使用对象获取对象的属性和行为
- ⬦ 掌握 this、static 关键字
- ⬦ 掌握类中的主方法以及如何运行带参数的 Java 程序

6.1 面向对象概述

扫一扫，看视频

在程序开发初期人们使用结构化开发语言，但随着软件的规模越来越庞大，结构化语言的弊端也逐渐暴露出来，开发周期被无休止地拖延，产品的质量也不尽如人意，结构化语言已经不再适合当前的软件开发。这时人们开始将另一种开发思想引入程序中，即面向对象的开发思想。面向对象思想是人类最自然的一种思考方式，它将所有预处理的问题抽象为对象，同时了解这些对象具有哪些相应的属性以及行为，以解决这些对象面临的一些实际问题，这样就在程序开发中引入了面向对象设计的概念，面向对象设计实质上就是对现实世界的对象进行建模操作。

6.1.1 对象

在现实世界中，随处可见的一种事物就是对象，对象是事物存在的实体，如人类、书桌、计算机、高楼大厦等。人类解决问题的方式总是将复杂的事物简单化，于是就会思考这些对象都是由哪些部分组成的。通常都会将对象划分为两个部分，即静态部分与动态部分。静态部分，顾名思义，就是不能动的部分，这个部分被称为"属性"，任何对象都具备其自身属性，如一个人，其属性包括高矮、胖瘦、性别、年龄等。然而具有这些属性的人会执行哪些动作也是一个值得探讨的部分，这个人可以哭泣、微笑、说话、行走，这些是这个人具备的行为（动态部分），人类通过探讨对象的属性和观察对象的行为了解对象。

在计算机的世界中，面向对象程序设计的思想要以对象来思考问题，首先要将现实世界的实体抽象为对象，然后考虑这个对象具备的属性和行为。例如，现在面临一只大雁要从北方飞往南方这样一个实际问题，试着以面向对象的思想来解决这一实际问题。步骤如下：

（1）首先可以从这一问题中抽象出对象，这里抽象出的对象为大雁。

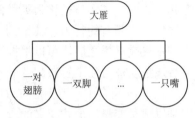

图 6.1 识别对象的属性

（2）然后识别这个对象的属性。对象具备的属性都是静态属性，如大雁有一对翅膀、黑色的羽毛等。这些属性如图 6.1 所示。

（3）接着识别这个对象的动态行为，即这只大雁可以进行的动作，如飞行、觅食等，这些行为都是这个对象基于其属性而具有的动作。这些行为如图 6.2 所示。

（4）识别出这个对象的属性和行为后，这个对象就被定义完成了，然后可以根据这只大雁具有的特性制定这只大雁要从北方飞向南方的具体方案以解决问题。

究其本质，所有的大雁都具有以上的属性和行为，可以将这些属性和行为封装起来以描述大雁这类动物。由此可见，类实质上就是封装对象属性和行为的载体，而对象则是类抽象出来的一个实例，两者之间的关系如图 6.3 所示。

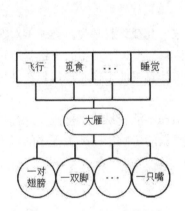

图 6.2 识别对象具有的行为

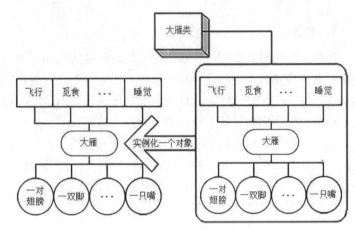

图 6.3 描述对象与类之间的关系

6.1.2 类

不能将所谓的一个事物描述成一类事物，如一只鸟不能称为鸟类。如果需要对同一类事物统称，就不得不说明类这个概念。

类就是同一类事物的统称，如果将现实世界中的一个事物抽象成对象，类就是这类对象的统称，如鸟类、家禽类、人类等。类是构造对象时所依赖的规范，如一只鸟具有一对翅膀，它可以用这对翅膀飞行，而基本上所有的鸟都具有翅膀这个特性和飞行的技能，这样具有相同特性和行为的一类事物就称为类，类的思想就是这样产生的。在图 6.3 中经描述过类与对象之间的关系，对象就是符合某个类的定义所产生出来的实例。更为恰当的描述是，类是世间事物的抽象称呼，而对象则是这个事物相对应的实体。如果面临实际问题，通常需要实例化类对象来解决。例如，解决大雁南飞的问题，这里只能拿这只大雁来处理这个问题，而不能拿大雁类或鸟类来解决。

类是封装对象的属性和行为的载体，反过来说具有相同属性和行为的一类实体被称为类。例如，鸟类封装了所有鸟的共同属性和应具有的行为，其结构如图 6.4 所示。

定义完鸟类之后，可以根据这个类抽象出一个实体对象，最后通过实体对象来解决相关的实际问题。

在 Java 语言中，类包括对象的属性和方法。类中对象的属性是以成员变量的形式定义的，对象的行为是以方法的形式定义的，有关类的具体实现会在后续章节中进行介绍。

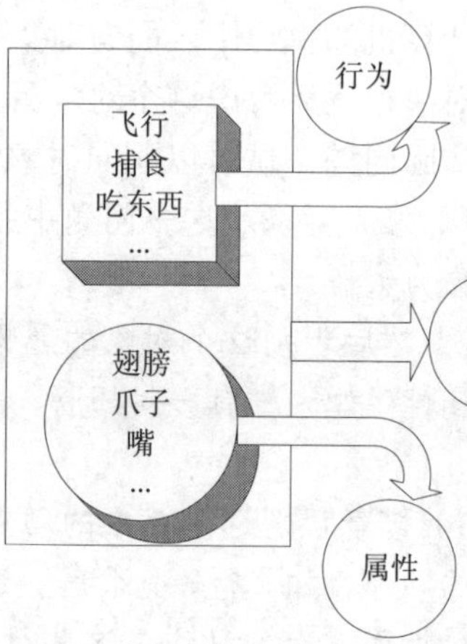

6.1.3　面向对象程序设计的特点

图 6.4　鸟类结构

面向对象程序设计具有以下特点：
- ➥ 封装性。
- ➥ 继承性。
- ➥ 多态性。

1. 封装

封装是面向对象编程的核心思想。将对象的属性和行为封装起来，其载体就是类，类通常对客户隐藏其实现细节，这就是封装的思想。例如，用户使用计算机时，只需要使用手指敲击键盘就可以实现一些功能，无须知道计算机内部是如何工作的，即使可能知道计算机的工作原理，但在使用计算机时也并不完全依赖于计算机工作原理这些细节。

采用封装的思想保证了类内部数据结构的完整性，应用该类的用户不能轻易地直接操作此数据结构，只能执行类允许公开的数据。这样就避免了外部操作对内部数据的影响，提高了程序的可维护性。

使用类实现封装特性如图 6.5 所示。

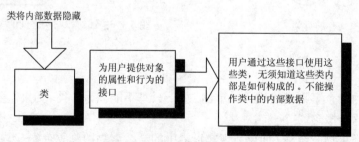

图 6.5　封装特性示意图

2. 继承

类与类之间同样具有关系，如一个百货公司类与销售员类相联系，类之间的这种关系被称为关联。关联主要描述两个类之间的一般二元关系，例如，一个百货公司类与销售员类就是一个关联，学生类与教师类也是一个关联。两个类之间的关系有很多种，继承是关联中的一种。

继承性主要利用特定对象之间的共有属性。例如，平行四边形是四边形，正方形、矩形也是四边形，平行四边形与四边形具有共同特性，就是拥有4条边，可以将平行四边形类看作四边形的延伸，平行四边形复用了四边形的属性和行为，同时添加了平行四边形独有的属性和行为，如平行四边形的对边平行且相等。这里可以将平行四边形类看作是从四边形类中继承的。在Java语言中将类似于平行四边形的类称为子类，将类似于四边形的类称为父类或超类。值得注意的是，可以说平行四边形是特殊的四边形，但不能说四边形是平行四边形，也就是说子类的实例都是父类的实例，但不能说父类的实例是子类的实例。图6.6阐明了图形类之间的继承关系。

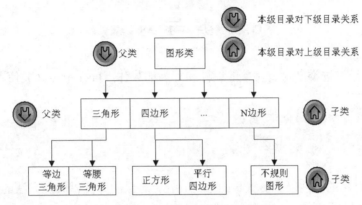

图6.6 图形类层次结构示意图

从图6.6中可以看出，继承关系可以使用树形关系来表示，父类与子类存在一种层次关系。一个类处于继承体系中，它既可以是其他类的父类，为其他类提供属性和行为，也可以是其他类的子类，继承父类的属性和方法，如三角形既是图形类的子类也是等边三角形的父类。

3. 多态

上面介绍了继承，了解了父类和子类，其实将父类对象应用于子类的特征就是多态，多态的实现并不依赖具体类，而是依赖于抽象类和接口。下面以图形类来说明多态。

图形类作为所有图形的父类，具有绘制图形的能力，这个方法可称为"绘制图形"，但如果要执行这个"绘制图形"的命令，没有人知道应该画什么样的图形，并且如果要在图形类中抽象出一个图形对象，没有人能说清这个图形究竟是什么图形，所以使用"抽象"这个词来描述图形类比较恰当。在Java语言中称这样的类为抽象类，抽象类不能实例化对象。在多态的机制中，父类通常会被定义为抽象类，在抽象类中给出一个方法的标准，而不给出实现的具体流程。实质上这个方法也是抽象的，如图形类中的"绘制图形"方法只提供一个可以绘制图形的标准，并没有提供具体绘制图形的流程，因为没有人知道究竟需要绘制什么形状的图形。

每个图形都拥有绘制自己的能力，这个能力可看作是该类具有的行为，如果将子类的对象统一看作是父类的实例对象，这样当绘制图形时，简单地调用父类也就是图形类绘制图形的方法即可绘制任何图形，这就是多态最基本的思想。图6.7的图形类中绘制图形的方法很好地体现了面向对象的多态思想。

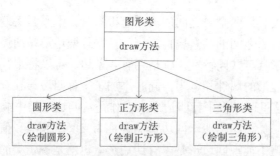

图 6.7　图形类层次结构示意图

6.2　类 与 对 象

在 6.1.2 节中已经讲过类是封装对象的属性和行为的载体，Java 中定义类使用 class 关键字，其语法如下：

```
class 类名称{
    //类的成员变量
    //类的成员方法
}
```

在 Java 语言中对象的属性以成员变量的形式存在，对象的方法以成员方法的形式存在。本节将对类与对象进行详细讲解。

6.2.1　成员变量

扫一扫，看视频

在 Java 中对象的属性也称为成员变量，成员变量的定义与普通变量的定义一样，语法如下：

```
数据类型 变量名称 [ = 值] ;
```

其中，[= 值]表示可选内容，即定义变量时可以为其赋值，也可以不为其赋值。

为了了解成员变量，首先定义一个鸟类，成员变量对应于类对象的属性，在 Bird 类中设置 4 个成员变量，分别为 wing、claw、beak 和 feather，分别对应于鸟类的翅膀、爪子、喙和羽毛。

例如，在项目中创建鸟类 Bird，在该类中定义成员变量。

```java
public class Bird {
    String wing;          // 翅膀
    String claw;          // 爪子
    String beak;          // 喙
    String feather;       // 羽毛
}
```

根据以上代码，读者可以看到在 Java 中使用 class 关键字来定义类，Bird 是类的名称。同时在 Bird 类中定义了 4 个成员变量，成员变量的类型可以设置为 Java 中合法的数据类型，其实成员变量就是普通的变量，可以为它设置初始值，也可以不设置初始值。如果不设置初始值，则会有默认值。Java 中常见类型的默认值如表 6.1 所示。

表6.1 Java中常见类型的默认值

数 据 类 型	默 认 值	说 明
byte、short、int、long	0	整型零
float、double	0.0	浮点零
char	' '	空格字符
boolean	false	逻辑假
引用类型，例如 String	null	空值

扫一扫，看视频

6.2.2 成员方法

在 Java 语言中，成员方法对应于类对象的行为，它主要用来定义类可执行的操作，它是包含一系列语句的代码块，本节将对成员方法进行详细讲解。

1. 成员方法的定义

定义成员方法的语法格式如下：

```
[权限修饰符] [返回值类型] 方法名( [参数类型 参数名] ) [throws 异常类型] {
…//方法体
return 返回值;
}
```

其中，"权限修饰符"可以是 private、public、protected 中的任一个，也可以不写，主要用来控制方法的访问权限，关于权限修饰符将在下一章中详细讲解；"返回值类型"指定方法返回数据的类型，可以是任何类型，如果方法不需要返回值，则使用 void 关键字；一个成员方法既可以有参数，也可以没有参数，参数可以是对象也可以是基本数据类型的变量。

例如，定义一个 showGoods 方法，用来输出库存商品信息，代码如下：

```
public void showGoods() {
    System.out.println("库存商品名称：");
    System.out.println(FullName);
}
```

✍ 说明：

方法的定义必须在某个类中，定义方法时如果没有指定权限修饰符，方法的访问权限为默认（即只能在本类及同一个包的类中进行访问）。

如果定义的方法有返回值，则必须使用 return 关键字返回一个指定类型的数据，并且返回值类型要与方法返回的值类型一致，例如，定义一个返回值类型为 int 的方法，就必须使用 return 返回一个 int 类型的值，代码如下：

```
public int showGoods() {
    System.out.println("库存商品名称：");
    return 1;
}
```

上面代码中，如果将 return 1;删除，将会出现如图 6.8 所示的错误提示。

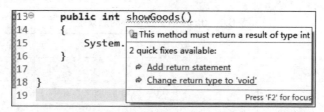

图 6.8　方法无返回值的错误提示

2. 成员方法的参数

调用方法时可以给该方法传递一个或多个值，传给方法的值叫做实参，在方法内部，接收实参的变量叫做形参，形参的声明语法与变量的声明语法一样。形参只在方法内部有效。Java 中方法的参数主要有 3 种，分别为值参数、引用参数和不定长参数，下面分别进行讲解。

（1）值参数

值参数表明实参与形参之间按值传递，当使用值参数的方法被调用时，编译器为形参分配存储单元，然后将对应的实参的值复制到形参中，由于是值类型的传递方式，所以，在方法中对值类型的形参的修改并不会影响实参。

例 6.1　定义一个 add 方法，用来计算两个数的和，该方法中有两个形参，但在方法体中，对其中的一个形参 x 执行加 y 操作，并返回 x；在 main 方法中调用该方法，为该方法传入定义好的实参；最后分别显示调用 add 方法计算之后的 x 值和实参 x 的值。代码如下：（**实例位置：资源包\code\06\01**）

```java
public class Book {
    public static void main(String[] args) {
        Book book = new Book();//创建 Book 对象
        int x = 30;//定义实参变量 x
        int y = 40;//定义实参变量 y
        System.out.println("运算结果: " + book.add(x, y));//输出运算结果
        System.out.println("实参 x 的值: "+x);//输出实参 x 的值
    }
    private int add(int x, int y)//计算两个数的和
    {
        x = x + y;//对 x 进行加 y 操作
        return x;//返回 x
    }
}
```

程序运行结果如图 6.9 所示。

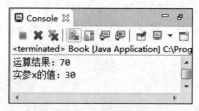

图 6.9　值参数的使用

从图 6.9 可以看出，在该方法中对形参 x 值的修改并没有改变实参 x 的值。

（2）引用参数

如果在给方法传递参数时，参数的类型是数组或者其他引用类型，那么，在方法中对参数的修改会反映到原有的数组或者其他引用类型上，这种类型的方法参数，我们称之为引用参数。

例 6.2　定义一个 change 方法，该方法中有一个形参，类型为数组类型，在方法体中，改变数组的索引 0、1、2 这 3 处的值；在 main 方法中定义一个一维数组并初始化，然后将该数组作为参数传递给 change 方法，最后输出一维数组的元素。代码如下：（**实例位置：资源包\code\06\02**）

```java
public class RefTest {
    public static void main(String[] args) {
        RefTest refTest = new RefTest();//创建 RefTest 对象
          int[] i = { 0, 1, 2 }; //定义一维数组，作为方法的实参
          //输出一维数组的原始元素值
        System.out.print("原始数据：");
        for (int j = 0; j < i.length; j++)
        {
            System.out.print(i[j]+" ");
        }
        refTest.change(i);//调用方法改变数组元素的值
        System.out.print("\n 修改后的数据：");
        for (int j = 0; j < i.length; j++)
        {
            System.out.print(i[j]+" ");
        }
    }
    //定义一个方法，方法的参数为一维数组（形参）
    public void change(int [] i)
    {
        i[0] = 100;
        i[1] = 200;
        i[2] = 300;
    }
}
```

程序运行结果如图 6.10 所示。

图 6.10　引用参数的使用

⊃ 试一试：

定义一个 Book 类，其中有 Name、ISBN、Price 这 3 个属性，然后定义一个方法，对 Book 类中的 3 个属性值进行修改，分别输出修改前和修改后的数据。

（3）不定长参数

声明方法时，如果有若干个相同类型的参数，可以定义为不定长参数，该类型的参数声明如下：

权限修饰符 返回值类型 方法名(参数类型... 参数名)

📢 **注意：**

参数类型和参数名之间是三个点，而不是其他数量或省略号。

例6.3 定义一个 add 方法，用来计算多个 int 类型数据的和，在具体定义时，将参数定义为 int 类型的不定长参数；在 main 方法中调用该方法，为该方法传入多个 int 类型的数据，并输出计算结果。代码如下：（**实例位置：资源包\code\06\03**）

```java
public class MultiTest {
    public static void main(String[] args) {
        MultiTest multi = new MultiTest();//创建 MultiTest 对象
        System.out.print("运算结果: " + multi.add(20, 30, 40, 50, 60));
    }
    int add(int... x)//定义 add 方法，并指定不定长参数的类型为 int
    {
        int result = 0;//记录运算结果
        for (int i = 0; i < x.length; i++)//遍历参数
        {
            result += x[i];//执行相加操作
        }
        return result;//返回运算结果
    }
}
```

程序运行结果如下：
运算结果: 200

📢 **注意：**

不定长参数必须是方法中的最后一个参数，任何其他常规参数必须在它前面。

3. 成员方法的使用

本节通过一个具体的实例讲解成员方法的定义及使用。

例6.4 创建猎豹类，用成员方法实现猎豹的行为。（**实例位置：资源包\code\06\04**）

```java
public class Leopard {
    public void gaze(String target) {// 凝视。目标是参数 target
        System.out.println("猎豹凝视: " + target);
    }
    public void run() {// 奔跑
        System.out.println("猎豹开始奔跑");
    }
    public boolean catchPrey(String prey) {// 捕捉猎物，返回捕捉是否成功
        System.out.println("猎豹开始捕捉" + prey);
        return true;// 返回成功
    }
    public void eat(String meat) {// 吃肉，参数是肉
        System.out.println("猎豹吃" + meat);
    }
    public void sleep() {// 睡觉
        System.out.println("猎豹睡觉");
    }
}
```

```
public static void main(String[] args) {
    Leopard liebao = new Leopard();
    liebao.gaze("羚羊");
    liebao.run();
    liebao.catchPrey("羚羊");
    liebao.eat("羚羊肉");
    liebao.sleep();
}
}
```

运行结果如图 6.11 所示。

图 6.11　用成员方法实现猎豹的行为

➲ 试一试:

创建公共汽车类,用成员方法实现公共汽车的行为。

6.2.3　构造方法

扫一扫,看视频

在类中除了成员方法之外,还存在一种特殊类型的方法,那就是构造方法。构造方法是一个与类同名的方法,对象的创建就是通过构造方法完成的。每当类实例化一个对象时,类都会自动调用构造方法。

构造方法的特点如下:

(1)构造方法没有返回类型,也不能定义为 void。

(2)构造方法的名称要与本类的名称相同。

(3)构造方法的主要作用是完成对象的初始化工作,它能把定义对象的参数传给对象成员。

✑ 说明:

在定义构造方法时,构造方法没有返回值,但这与普通没有返回值的方法不同,普通没有返回值的方法使用 public void methodEx()这种形式进行定义,但构造方法并不需要使用 void 关键字进行修饰。

构造方法的定义语法如下:

```
class Book {
    public Book() {                // 构造方法
    }
}
```

➥　Public:构造方法修饰符。

➥　Book:构造方法的名称。

在构造方法中可以为成员变量赋值，这样当实例化一个本类的对象时，相应的成员变量也将被初始化。如果类中没有明确定义构造方法，则编译器会自动创建一个不带参数的默认构造方法。

除此之外，在类中定义构造方法时，还可以为其添加一个或者多个参数，即有参数构造方法，语法如下：

```
class Book {
public Book(int args) {        // 有参数构造方法
    //对成员变量进行初始化
}
}
```

> ➥ public：构造方法修饰符。
> ➥ Book：构造方法的名称。
> ➥ args：构造方法的参数，可以是多个参数。

🔊 注意：

如果在类中定义的构造方法都是有参构造方法，则编译器不会为类自动生成一个默认的无参构造方法，当试图调用无参构造方法实例化一个对象时，编译器会报错。所以只有在类中没有定义任何构造方法时，编译器才会在该类中自动创建一个不带参数的构造方法。

构造方法除了可以用 public 修饰以外，还可以用 private 修饰，即私有的构造方法，私有构造方法无法使用 new 创建对象，这时需要使用静态方法生成类的对象。

例 6.5　创建一个图书类，将构造方法设为私有，这时如果需要创建图书类的对象，只能通过定义一个 static 方法，并调用该静态方法生成图书类的对象。（**实例位置：资源包\code\06\05**）

```
public class BookTest {
    private BookTest() {// 私有构造方法
    }
    // 静态公开方法，向图书馆借书
    static public BookTest libraryBorrow() { // 创建静态方法，返回本类实例对象
        System.out.println("通过调用静态方法创建对象");
        return new BookTest();
    }
    public static void main(String[] args) {
        // 创建一个书的对象，不是 new 实例化的，而是通过方法从图书馆借来的
        BookTest book = BookTest.libraryBorrow();
    }
}
```

程序运行结果如图 6.12 所示。

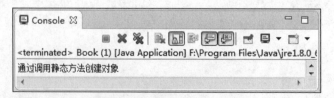

图 6.12　私有构造方法的使用

✍ 技巧：

利用私有构造方法实现了一种常见的设计模式：单例模式，即同一类创建的所有对象都是同一个实例。在本书

"设计模式"这章将为大家详细介绍单例模式。

6.2.4　局部变量

如果在成员方法内定义一个变量，那么这个变量被称为局部变量。

局部变量在方法被执行时创建，在方法执行结束时被销毁。局部变量在使用时必须进行赋值操作或被初始化，否则会出现编译错误。

例如，在项目中创建一个类文件，在该类中定义 getName()方法并进行调用。

```java
public String getName(){          //定义一个 getName()方法
int id=0;                         //局部变量
setName("Java");                  //调用类中其他方法
return id+this.name;              //设置方法返回值
}
```

如果将 id 这个局部变量的初始值去掉，编译器将出现错误。

✍ 说明：

类成员变量和成员方法可以统称为类成员。如果一个方法中含有与成员变量同名的局部变量，则方法中对这个变量的访问以局部变量进行。例如，变量 id 在 getName()方法中值为 0，而不是成员变量中 id 的值。

6.2.5　局部变量的有效范围

可以将局部变量的有效范围称为变量的作用域，局部变量的有效范围从该变量的声明开始到该变量的结束为止。图 6.13 描述了局部变量的作用范围。

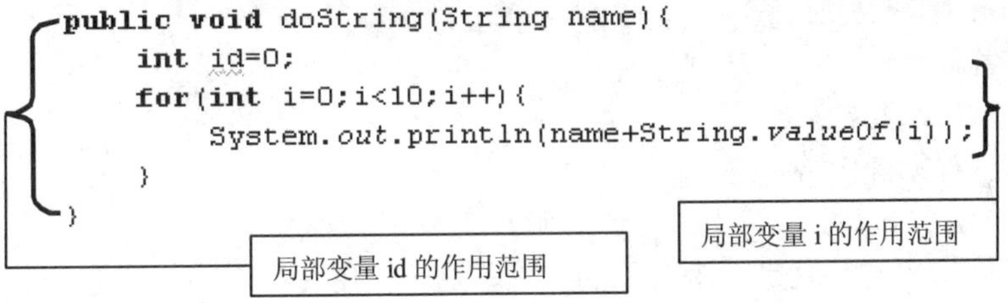

图 6.13　局部变量的作用范围

在相互不嵌套的作用域中可以同时声明两个名称和类型相同的局部变量，如图 6.14 所示。

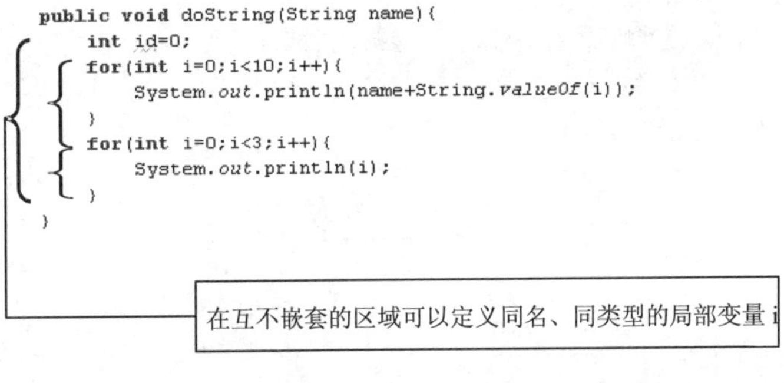

```java
public void doString(String name){
    int id=0;
    for(int i=0;i<10;i++){
        System.out.println(name+String.valueOf(i));
    }
    for(int i=0;i<3;i++){
        System.out.println(i);
    }
}
```

在互不嵌套的区域可以定义同名、同类型的局部变量 i

图 6.14　在不同嵌套区域可以定义相同名称和类型的局部变量

但是在相互嵌套的区域中不可以这样声明，如果将局部变量 id 在方法体的 for 循环中再次定义，编译器会报错，如图 6.15 所示。

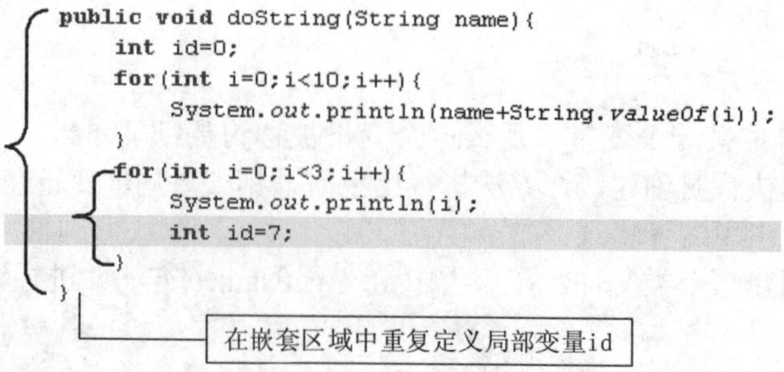

public void doString(String name){
int id=0;
for(int i=0;i<10;i++){
System.out.println(name+String.valueOf(i));
}
for(int i=0;i<3;i++){
System.out.println(i);
int id=7;
}
}
在嵌套区域中重复定义局部变量id

图 6.15　在嵌套区域中不可以定义相同名称和类型的局部变量

注意：

在作用范围外使用局部变量是一个常见的错误，因为在作用范围外没有声明局部变量的代码。

扫一扫，看视频

6.2.6　对象的创建

在 6.1 节中曾经介绍过对象，对象可以认为是在一类事物中抽象出某一个特例，可以通过这个特例来处理这类事物出现的问题。在 Java 语言中通过 new 操作符来创建对象。前文在讲解构造方法时介绍过，每实例化一个对象就会自动调用一次构造方法，实质上这个过程就是创建对象的过程。准确地说，可以在 Java 语言中使用 new 操作符调用构造方法创建对象。

语法如下：

```
Test test=new Test();
Test test=new Test("a");
```

- Test：类名。
- test：创建 Test 类对象。
- new：创建对象操作符。
- a：构造方法的参数。

test 对象被创建出来时，就是一个对象的引用，这个引用在内存中为对象分配了存储空间，6.2.3 节中介绍过，可以在构造方法中初始化成员变量，当创建对象时，自动调用构造方法，也就是说在 Java 语言中初始化与创建是被捆绑在一起的。

注意：

引用只是存放一个对象的内存地址，并非存放一个对象，严格地说引用和对象是不同的，但是可以将这种区别忽略，如可以简单地说 test 是 Test 类的一个对象，而事实上应该是 test 包含 Test 对象的一个引用。类、对象与引用之间的关系如图 6.16 所示。

类
声明
创建
引用变量
引用
对象

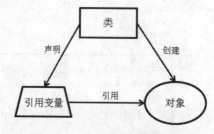

图 6.16　类、对象与引用之间的关系

每个对象都是相互独立的，在内存中占据独立的内存地址，并且每个对象都具有自己的生命周期，当一个对象的生命周期结束时，对象就变成垃圾，由 Java 虚拟机自带的垃圾回收机制处理，不能再被使用（对于垃圾回收机制的知识将在 6.2.8 小节中进行介绍）。

📢 注意：

在 Java 语言中对象和实例事实上可以通用。

下面来看一个创建对象的实例。

例 6.6　在项目中创建 CreateObject 类，在该类中创建对象并在主方法中创建对象。（**实例位置：资源包\code\06\06**）

```java
public class CreateObject {
    public CreateObject() {                    //构造方法
        System.out.println("创建对象");
    }
    public static void main(String args[]) {   //主方法
        new CreateObject();                    //创建对象
    }
}
```

在 Eclipse 中运行上述代码，结果如图 6.17 所示。

图 6.17　创建对象运行结果

在上述实例的主方法中使用 new 操作符创建对象，创建对象的同时，将自动调用构造方法中的代码。

6.2.7　访问对象的属性和行为

用户使用 new 操作符创建一个对象后，可以使用"对象.类成员"来获取对象的属性和行为。前文已经提到过，对象的属性和行为在类中是通过类成员变量和成员方法的形式来表示的，所以当对象获取类成员时，也相应地获取了对象的属性和行为。

例 6.7　在项目中创建 TransferProperty 类，在该类中说明对象是如何调用类成员的。（**实例位置：资源包\code\06\07**）

```java
public class TransferProperty {
    int i = 47;                                //定义成员变量
    public void call() {                       //定义成员方法
        System.out.println("调用 call()方法");
        for (i = 0; i < 3; i++) {
            System.out.print(i + " ");
            if (i == 2) {
                System.out.println("\n");
            }
        }
```

```
    }
    public TransferProperty() {                              //定义构造方法
    }
    public static void main(String[] args) {
        TransferProperty t1 = new TransferProperty();  //创建一个对象
        TransferProperty t2 = new TransferProperty();  //创建另一个对象
        t2.i = 60;                                      //将类成员变量赋值为60
        //使用第一个对象调用类成员变量
        System.out.println("第一个实例对象调用变量i的结果: " + t1.i);
        t1.call();                  //使用第一个对象调用类成员方法
        //使用第二个对象调用类成员变量
        System.out.println("第二个实例对象调用变量i的结果: " + t2.i);
        t2.call();                  //使用第二个对象调用类成员方法
    }
}
```

在 Eclipse 中运行上述代码，结果如图 6.18 所示。

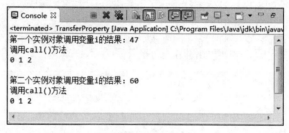

图 6.18　使用对象调用类成员运行结果

在上述代码的主方法中首先实例化一个对象，然后使用 "." 操作符调用类的成员变量和成员方法。但是在运行结果中可以看到，虽然使用两个对象调用同一个成员变量，结果却不相同，因为在打印这个成员变量的值之前将该值重新赋值为 60，但在赋值时使用的是第二个对象 t2 调用成员变量，所以在第一个对象 t1 调用成员变量打印该值时仍然是成员变量的初始值。由此可见，两个对象的产生是相互独立的，改变了 t2 的 i 值，不会影响到 t1 的 i 值。在内存中这两个对象的布局如图 6.19 所示。

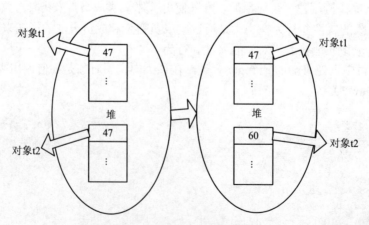

图 6.19　内存中 t1、t2 两个对象的布局

6.2.8 对象的销毁

每个对象都有生命周期，当对象的生命周期结束时，分配给该对象的内存地址会被回收。在其他语言中需要手动回收废弃的对象，但是 Java 拥有一套完整的垃圾回收机制，用户不必担心废弃的对象占用内存，垃圾回收器将回收无用的但占用内存的资源。

在谈到垃圾回收机制之前，首先需要了解何种对象会被 Java 虚拟机视为垃圾。主要包括以下两种情况：

（1）对象引用超过其作用范围，这个对象将被视为垃圾，如图 6.20 所示。

（2）将对象赋值为 null，如图 6.21 所示。

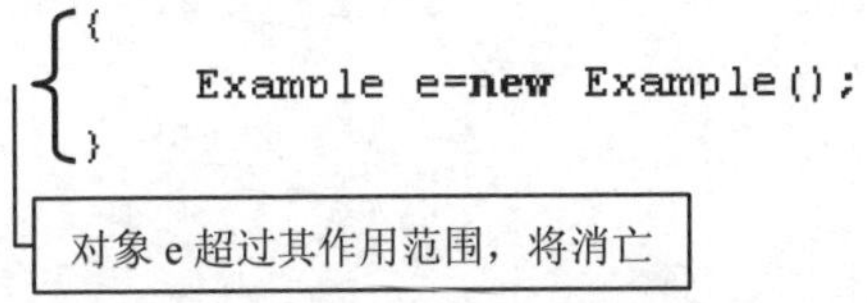

```
{                                            {
      Example e=new Example();                     Example e=new Example();
}                                                  e=null;
                                             }
```

对象 e 超过其作用范围，将消亡   当对象被置为 null 值时，将消亡

图 6.20　对象超过作用范围将消亡 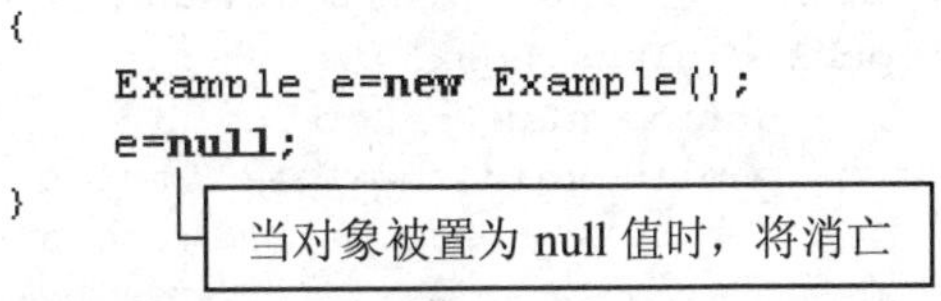　　　　图 6.21　对象被置为 null 值时将消亡

虽然垃圾回收机制已经很完善，但垃圾回收器只能回收那些由 new 操作符创建的对象，如果某些对象不是通过 new 操作符在内存中获取一块内存区域，这种对象可能不能被垃圾回收机制所识别，所以在 Java 中提供了一个 finalize() 方法。这个方法是 Object 类的方法，它被声明为 protected，用户可以在自己的类中定义这个方法。如果用户在类中定义了 finalize() 方法，在垃圾回收时会首先调用该方法，在下一次垃圾回收动作发生时，才能真正回收被对象占用的内存。

✍ 说明：

有一点需要明确的是，垃圾回收或 finalize() 方法不保证一定会发生，如 Java 虚拟机内存损耗殆尽时，它是不会执行垃圾回收的。

由于垃圾回收不受人为控制，具体执行时间也不确定，所以 finalize() 方法也就无法执行，为此，Java 提供了 System.gc() 方法强制启动垃圾回收器，这与给 120 打电话通知医院来救护病人的道理一样，告知垃圾回收器进行清理。

6.2.9　this 关键字

当类中的成员变量与成员方法中的参数重名时，方法中如何使用成员变量呢？下面先来看一下重名的情况下会发生什么问题。

例 6.8　创建 Book2 类，定义一个成员变量 name 并赋初值，再定义一个成员方法 showName（String name），输出方法中 name 的值。（**实例位置：资源包\code\06\08**）

```java
public class Book2 {
    String name="abc";
    public void showName(String name) {
        System.out.println(name);
    }
    public static void main(String[] args) {
        Book2 book = new Book2();
```

```
        book.showName("123");
    }
}
```

运行结果如图 6.22 所示。

从这个结果可以看出，输出的值不是成员变量的值，也就是说如果方法中出现了与局部变量同名的参数，会导致方法无法直接使用该成员变量。

在上述代码中可以看到，成员变量与在 showName()方法中的形式参数的名称相同，都为 name，那么该如何在类中区分使用的是哪一个变量呢？在 Java 语言中规定使用 this 关键字来代表本类对象的引用，this 关键字被隐式地用于引用对象的成员变量和方法。

我们再来看一下这个例子。

例 6.9　在 Book3 类的 showName()方法中，使用 this 关键字。（**实例位置：资源包\code\06\09**）

```java
public class Book3 {
    String name = "abc";
    public void showName(String name) {
        System.out.println(this.name);
    }
    public static void main(String[] args) {
        Book3 book = new Book3();
        book.showName("123");
    }
}
```

运行结果如图 6.23 所示。

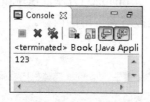

图 6.22　输出成员变量　　　　图 6.23　使用 this 调用同名的成员变量

在这里读者明白了 this 可以调用成员变量和成员方法，但 Java 语言中最常规的调用方式是使用“对象.成员变量”或“对象.成员方法”进行调用（关于使用对象调用成员变量和方法的问题，将在后续章节中进行讲述）。

既然 this 关键字和对象都可以调用成员变量和成员方法，那么 this 关键字与对象之间具有怎样的关系呢？

事实上，this 引用的就是本类的一个对象，在局部变量或方法参数覆盖了成员变量时，如上面代码的情况，就要添加 this 关键字明确引用的是类成员还是局部变量或方法参数。

如果省略 this 关键字直接写成 name = name，那只是把参数 name 赋值给参数变量本身而已，成员变量 name 的值没有改变，因为参数 name 在方法的作用域中覆盖了成员变量 name。

其实，this 除了可以调用成员变量或成员方法之外，还可以作为方法的返回值。

例如，在项目中创建一个类文件，在该类中定义 Book 类型的方法，并通过 this 关键字进行返回。

```java
public class Book {
    public Book getBook() {
        return this; // 返回 Book 类引用
```

```
    }
}
```

在 getBook()方法中，方法的返回值为 Book 类，所以方法体中使用 return this 这种形式将 Book 类的对象进行返回。

介绍过 this 关键字，了解了 this 可以调用类的成员变量和成员方法，事实上 this 还可以调用类中的构造方法。

例 6.10 我去买鸡蛋灌饼，我要求加几个蛋时，烙饼大妈就给饼加几个蛋，不要求的时候就只加一个蛋。创建鸡蛋灌饼 EggCake 类，创建有参数和无参数构造方法，无参数构造方法调用有参数实现初始化。(**实例位置：资源包\code\06\10**)

```java
public class EggCake {
 int eggCount;// 鸡蛋灌饼里有几个蛋
    // 有参数构造方法，参数是给饼加蛋的个数
    public EggCake(int eggCount) {
        this.eggCount = eggCount;
        System.out.println("这个鸡蛋灌饼里有" + eggCount + "个蛋。");
    }
    // 无参数构造方法，默认给饼加一个蛋
    public EggCake() {
        this(1);
    }
    public static void main(String[] args) {
        EggCake cake1 = new EggCake();
        EggCake cake2 = new EggCake(5);
    }
}
```

运行结果如图 6.24 所示。

图 6.24 模拟购买鸡蛋灌饼

在例 6.10 中可以看到定义了两个构造方法，在无参构造方法中可以使用 this 关键字调用有参的构造方法。但是要注意，this()语句之前不可以有其他代码。

◯ 试一试：

创建一个士兵类，部队发出指令让他什么时间开始站岗他就什么时间开始站岗，如果部队没发出指令，士兵就会 20:00 开始站岗。

6.3 static 关键字

扫一扫，看视频

由 static 修饰的变量、常量和方法被称作静态变量、静态常量和静态方法，也被称为类的静态成员。静态成员是属于类所有的，区别于个别对象。

6.3.1 静态变量

很多时候，不同的类之间需要对同一个变量进行操作，比如一个水池，同时打开入水口和出水口，进水和出水这两个动作会同时影响到池中的水量，此时池中的水量就可以认为是一个共享的变量。在 Java 程序中，把共享的变量用 static 修饰，该变量就是静态变量。

可以在本类或其他类使用类名和 "." 运算符调用静态变量。

语法如下：

类名.静态类成员

例 6.11 创建一个水池类，创建注水方法和放水方法，同时控制水池中的水量。（**实例位置：资源包\code\06\11**）

```java
public class Pool {
    static public int water = 0;
    public void outlet() {// 放水，一次放出 2 个单位
        if (water >= 2) {
            water = water - 2;
        } else {
            water = 0;
        }
    }
    public void inlet() {// 注水，一次注入 3 个单位
        water = water + 3;
    }
    public static void main(String[] args) {
        Pool out = new Pool();
        Pool in = new Pool();
        System.out.println("水池的水量: " + Pool.water);
        System.out.println("水池注水两次。");
        in.inlet();
        in.inlet();
        System.out.println("水池的水量: " + Pool.water);
        System.out.println("水池放水一次。");
        out.outlet();
        System.out.println("水池的水量: " + Pool.water);
    }
}
```

运行结果如图 6.25 所示。

图 6.25 通过静态变量控制水池水量

☞ **常见错误：**

同一个类的不同实例对象，共用同一静态变量，如果一个类将其更改，另一个类静态变量也会更改。

　　例 6.12　建 StaticVariable 类，包含一个静态成员变量和普通成员变量，在构造方法中给两个变量赋初值，然后分别实例化两个不同的对象。（**实例位置：资源包\code\06\12**）

```java
public class StaticVariable {
    static int x;// 静态变量
    int y;// 普通成员变量
    public StaticVariable(int x, int y) {// 构造函数
        this.x = x;
        this.y = y;
    }
    public static void main(String[] args) {
        StaticVariable a = new StaticVariable(1, 2);
        StaticVariable b = new StaticVariable(13, 17);
        System.out.println("a.x 的值是 = " + a.x);
        System.out.println("a.y 的值是 = " + a.y);
        System.out.println("b.x 的值是 = " + b.x);
        System.out.println("b.y 的值是 = " + b.y);
    }
}
```

运行结果如图 6.26 所示。

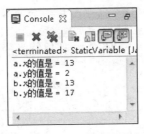

图 6.26　静态成员变量和普通成员变量的比较

📖 **代码注解：**

从结果中我们发现，a.x 的值并不是我们赋予的初值，而是和 b.x 的值一样。这是因为 StaticVariable 类的静态变量 x 是被本类共享的，当对象 a 给 x 赋值之后，b 又给 x 赋了一次值，最后 x 就变成 b.x 的字面值了。在内存中的状态如图 6.27 所示，其实 a.x 和 b.x 都是同一个值，即 StaticVariable.x。

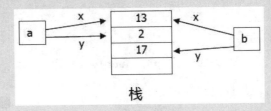

图 6.27　对象 a 和对象 b 在内存中共用同一静态变量

✍ **说明：**

当类首次被加载时，静态变量就被分配到内存中，直到程序结束才会释放。

⊃ 试一试：

创建一个计数器，用来统计网页的点击率。

6.3.2 静态常量

有时，在处理问题时会需要两个类共享一个数据常量。例如，在球类中使用 PI 这个常量，可能除了本类需要这个常量之外，在另外一个圆类中也需要使用这个常量。这时没有必要在两个类中同时创建 PI 这个常量，因为这样系统会将这两个不在同一个类中的常量分配到不同的内存空间中，浪费了系统资源。为了解决这个问题，可以将这个常量设置为静态的。PI 常量在内存中被共享的布局如图 6.28 所示。

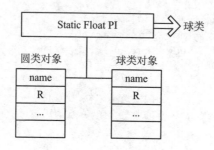

图 6.28　PI 常量在内存中被共享情况

用 final static 修饰一个成员变量，这个成员变量就会变成一个静态常量。例如：

final static double *PI* = 3.1415926;

例 6.13　将 π 的值赋给静态常量 PI，使用 PI 计算圆类的面积和球类的体积。（**实例位置：资源包\code\06\13**）

```java
public class Graphical {
    final static double PI = 3.1415926;// 创建静态常量π
    public static void main(String[] args) {
        double radius = 3.0;// 半径
        double area = Graphical.PI * radius * radius;// 计算面积
        double volume = 4 / 3 * Graphical.PI * radius * radius * radius;// 计算体积
        Circular yuan = new Circular(radius, area);
        Spherical qiu = new Spherical(radius, volume);
    }
}
class Circular {
    double radius;// 半径
    double area;// 面积
    public Circular(double radius, double area) {
        this.radius = radius;
        this.area = area;
        System.out.println("圆的半径是: " + radius + ",圆的面积是: " + area);
    }
}
class Spherical {
    double radius;// 半径
```

```
    double volume;// 体积
    public Spherical(double radius, double volume) {
        this.radius = radius;
        this.volume = volume;
        System.out.println("球的半径是: " + radius + ",球的体积是: " + volume);
    }
}
```

运行结果如图 6.29 所示。

图 6.29　计算圆类的面积和球类的体积

📢 注意：

给静态常量命名时所有字母都应该大写。

➲ 试一试：

将银行定期存款的年利率设置为静态常量，计算一定金额在一定年限的本金、利息、以及本金和利息的总和。

扫一扫，看视频

6.3.3　静态方法

如果想要使用类中的成员方法，需要先将这个类进行实例化，但有些时候不想或者无法创建类的对象时，还要调用类中的方法才能够完成业务逻辑，此时就可以使用静态方法。调用类的静态方法，无需创建类的对象。

语法如下：

```
类名.静态方法();
```

例 6.14　不创建类对象，直接使用静态方法。（**实例位置：资源包\code\06\14**）

```
public class StaticMethod {
    static public void show() {//定义静态方法
        System.out.println("静态方法无需实例化就可以调用");
    }
    public static void main(String[] args) {
        StaticMethod.show();//使用类名调用静态方法
    }
}
```

运行结果如图 6.30 所示。

图 6.30　静态方法的调用

◯ 试一试：

创建一个静态方法，输出两个数中较大的数。

6.3.4 静态代码块

在类中除成员方法之外，用 static 修饰代码区域可以称之为静态代码块。定义一块静态代码块，可以完成类的初始化操作，在类声明时就会运行。

语法如下：

```java
public class StaticTest {
static {
    // 此处编辑执行语句
}
}
```

例 6.15 创建静态代码块、非静态代码块、构造方法、成员方法，查看这几处代码的调用顺序。（**实例位置：资源包\code\06\15**）

```java
public class StaticTest {
    static String name;
    //静态代码块
    static {
        System.out.println(name + "静态代码块");
    }
    //非静态代码块
    {
        System.out.println(name+"非静态代码块");
    }
    public StaticTest(String a) {
        name = a;
        System.out.println(name + "构造方法");
    }
    public void method() {
        System.out.println(name + "成员方法");
    }
    public static void main(String[] args) {
        StaticTest s1;// 声明的时候就已经运行静态代码块了
        StaticTest s2 = new StaticTest("s2");// new 的时候才会运行构造方法
        StaticTest s3 = new StaticTest("s3");
        s3.method();//只有调用的时候才会运行
    }
}
```

运行结果如图 6.31 所示。

图 6.31　静态代码块的使用

📖 **代码注解：**

从图 6.31 的运行结果可以看出：

（1）静态代码块由始至终只运行了一次。

（2）非静态代码块，每次创建对象的时候，会在构造方法之前运行。所以读取成员变量 name 时，只能获取到 String 类型的默认值 null。

（3）构造方法只有在使用 new 创建对象的时候才会运行。

（4）成员方法只有在使用对象调用的时候才会运行。

（5）因为 name 是 static 修饰的静态成员变量，在创建 s2 对象时将字符串 "s2" 赋给了 name，所以创建 s3 对象时，重新调用了类的非静态代码块，此时 name 的值还没有被 s3 对象改变，于是就会输出 "s2 非静态代码块"。

扫一扫，看视频

6.4 类的主方法

主方法是类的入口点，它定义了程序从何处开始；主方法提供对程序流向的控制，Java 编译器通过主方法来执行程序。主方法的语法如下：

```
public static void main(String[] args){
    //方法体
}
```

在主方法的定义中可以看到主方法具有以下特性。

（1）主方法是静态的，所以如要直接在主方法中调用其他方法，则该方法必须也是静态的。

（2）主方法没有返回值。

（3）主方法的形参为数组。其中 args[0]~args[n] 分别代表程序的第一个参数到第 n+1 个参数，可以使用 args.length 获取参数的个数。

例 6.16 在项目中创建 TestMain 类，在主方法中编写以下代码，并在 Eclipse 中设置程序参数。
（**实例位置：资源包\code\06\16**）

```
public class TestMain {
    public static void main(String[] args) {              //定义主方法
        for (int i = 0; i < args.length; i++) {           //根据参数个数做循环操作
            System.out.println(args[i]);                  //循环打印参数内容
        }
    }
}
```

程序运行结果如图 6.32 所示。

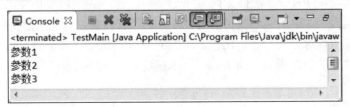

图 6.32 带参数程序的运行结果

在 Eclipse 中设置程序参数的步骤如下：

（1）在 Eclipse 中，在包资源管理器的项目名称节点上单击鼠标右键，在弹出的快捷菜单中选择"Run As"→"Run Configurations"命令，弹出 Run Configurations 对话框。

（2）在 Run Configurations 对话框中选择 Arguments 选项卡，在 Program arguments 文本框中输入相应的参数，每个参数间按<Enter>键隔开。具体设置如图 6.33 所示。

图 6.33　Eclipse 中的 Run Configurations 对话框

6.5　小　　结

本章学习了面向对象的概念、类的定义、成员方法、类的构造方法、主方法以及对象的应用等。

通过对本章的学习，读者应该掌握面向对象的编程思想，这对 Java 的学习十分有帮助，同时在此基础上读者可以编写类，定义类成员、构造方法、主方法以解决一些实际问题。由于在 Java 中通过对象来处理问题，所以对象的创建、比较、销毁的应用就显得非常重要。初学者应该反复揣摩这些基本概念和面向对象的编程思想，为 Java 语言的学习打下坚实的基础。

第7章 面向对象核心技术

通过前面章节的学习我们知道了面向对象编程有3大基本特性：封装、继承和多态，通过应用面向对象思想，整个程序的架构将变得非常有弹性，同时可以减少代码的冗余性。那么面向对象的这 3 大基本特性具体是如何实现的呢？本章将详细讲解如何实现并应用面向对象的 3 大基本特性，并且对面向对象编程的其他核心知识点：抽象类、接口、访问控制和内部类也会进行详细的讲解。

通过阅读本章，您可以：

- ➥ 掌握面向对象3大特性的具体使用
- ➥ 掌握方法重写技术的应用
- ➥ 掌握重载方法的使用
- ➥ 掌握类的上下转型
- ➥ 熟悉 Object 类
- ➥ 掌握抽象类与接口的使用
- ➥ 掌握 Java 中的访问控制
- ➥ 熟悉内部类的使用

7.1 类 的 封 装

封装是面向对象编程的核心思想，将对象的属性和行为封装起来，其载体就是类。本节将详细介绍如何将类封装。

举一个简单的例子：我到一个餐馆去吃饭，点了一盘香辣肉丝，感觉很好吃，我就想知道厨师的名字，希望让厨师再为我多做点事情。

如果这个场景用 Java 代码毫无封装地实现，就是这样的：

例 7.1 创建 Restaurant1 这个类，实现餐馆点菜的场景。（**实例位置：资源包\code\07\01**）

```java
public class Restaurant1 {
    public static void main(String[] args) {
        String cookName="Tom Cruise";//厨师的名字叫Tom Cruise
        System.out.println("**请让厨师为我做一份香辣肉丝。***");
        System.out.println(cookName + "切葱花");
        System.out.println(cookName + "洗蔬菜");
        System.out.println(cookName + "开始烹饪" + "香辣肉丝");
        System.out.println("**请问厨师叫什么名字？***");
        System.out.println(cookName);
        System.out.println("**请让厨师给我切一点葱花。***");
        System.out.println(cookName + "切葱花");
    }
}
```

运行结果如图 7.1 所示。

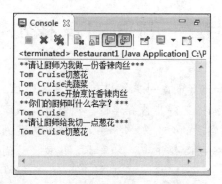

图 7.1 使用类实现餐馆点菜的场景

在这个例子里面，所有的逻辑代码全是在 main 方法中实现的，代码完全暴露，我可以任意删改。如果能随便修改代码，餐馆可能就无法正常运作了，比如：我可以知道厨师的任何信息；我让厨师切葱花，厨师却搅鸡蛋；我让厨师做一份清蒸鱼，厨师却给我唱首歌……

```java
System.out.println("**请让厨师给我切一点葱花。***");
System.out.println(cookName + "搅鸡蛋");                    //被乱改之后
System.out.println("**请让厨师为我做一份清蒸鱼。***");
System.out.println(cookName + "你是我的小呀小苹果~");         //被乱改之后
```

如何防止其他人修改厨师的行为呢？就是将厨师打包成类。

例 7.2 将厨师封装成 Cook 类，实现餐馆点菜的场景。（**实例位置：资源包\code\07\02**）

```java
public class Restaurant2 {
    public static void main(String[] args) {
        Cook1 cook = new Cook1();// 创建厨师类的对象
        System.out.println("**请让厨师为我做一份香辣肉丝。***");
        cook.cooking("香辣肉丝");// 厨师烹饪香辣肉丝
        System.out.println("**你们的厨师叫什么名字？***");
        System.out.println(cook.name);// 厨师回答自己的名字
        System.out.println("**请让厨师给我切一点葱花。***");
        cook.cutOnion();// 厨师去切葱花
    }
}
class Cook1 {
    String name;// 厨师的名字
    public Cook1() {
        this.name = "Tom Cruise";// 厨师的名字叫 Tom Cruise
    }
    void cutOnion() {// 厨师切葱花
        System.out.println(name + "切葱花");
    }
    void washVegetables() {// 厨师洗蔬菜
        System.out.println(name + "洗蔬菜");
    }
    void cooking(String dish) {// 厨师烹饪顾客点的菜
        washVegetables();
        cutOnion();
```

```
        System.out.println(name + "开始烹饪" + dish);
    }
}
```

运行结果如图 7.2 所示。

图 7.2　将厨师封装成 Cook 类

　　将厨师单独封装成一个类，将厨师的工作定义成厨师类的行为，当我们想让厨师做菜，只能通过调用对象成员方法的方式实现，而我们却不知道这个方法到底是怎么写的，所以就无法随意修改了。餐馆没有义务告诉我们厨师的任何信息，并且厨师也不会随意受我们差遣，所以说厨师有些属性和行为是不予公开的。

例 7.3　将厨师的属性和部分方法用 private 修饰。（**实例位置：资源包\code\07\03**）

```java
public class Restaurant3 {
    public static void main(String[] args) {
        Cook2 cook = new Cook2();// 创建厨师类的对象
        System.out.println("**请让厨师为我做一份香辣肉丝。***");
        cook.cooking("香辣肉丝");// 厨师烹饪香辣肉丝
        System.out.println("**你们的厨师叫什么名字？***");
        System.out.println(cook.name);// 厨师回答自己的名字
        System.out.println("**请让厨师给我切一点葱花。***");
        cook.cutOnion();// 厨师去切葱花
    }
}
class Cook2 {
    private String name;//厨师的名字
    public Cook2() {
        this.name = "Tom Cruise";//厨师的名字叫 Tom Cruise
    }
    private void cutOnion() {//厨师切葱花
        System.out.println(name + "切葱花");
    }
    private void washVegetables() {//厨师洗蔬菜
        System.out.println(name + "洗蔬菜");
    }
    void cooking(String dish) {//厨师烹饪顾客点的菜
        washVegetables();
        cutOnion();
        System.out.println(name + "开始烹饪" + dish);
    }
}
```

此时再运行餐馆的主方法，就会抛出异常，如图 7.3 所示，提示 Cook2 的 name 和 cutOnion() 不可以直接调用。

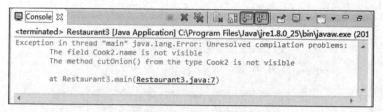

图 7.3　调用私有属性方法时的错误提示

其实按照日常生活场景来讲，顾客去餐馆吃饭，下单的是服务员，上菜的也是服务员，顾客跟本没有接触厨师的机会，所以厨师这个角色是对顾客隐藏起来的，被封装在餐馆的类当中。

例 7.4　将厨师对象封装在餐馆类中，顾客无法接触到厨师的任何信息。（**实例位置：资源包\ code\07\04**）

```java
public class Restaurant4 {
    private Cook2 cook = new Cook2();// 餐厅封装的厨师类
    public void takeOrder(String dish) {// 下单
        cook.cooking(dish);// 通知厨师做菜
        System.out.println("您的菜好了，请慢用。");
    }
    public String saySorry() {// 拒绝顾客请求
        return "抱歉，餐厅不提供此项服务。";
    }
    public static void main(String[] args) {
        Restaurant4 water = new Restaurant4();// 创建餐厅对象，为顾客提供服务
        System.out.println("**请让厨师为我做一份香辣肉丝。***");
        water.takeOrder("香辣肉丝");// 服务员给顾客下单
        System.out.println("**你们的厨师叫什么名字？***");
        System.out.println(water.saySorry());// 服务员给顾客善意的答复
        System.out.println("**请让厨师给我切一点葱花。***");
        System.out.println(water.saySorry());// /服务员给顾客善意的答复
    }
}
```

运行效果如图 7.4 所示。

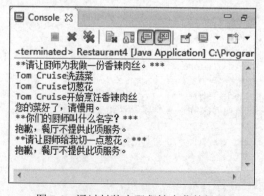

图 7.4　通过封装实现餐馆点菜的场景

从这个例子我们就能看出，作为顾客，我始终是和服务员进行交流，再由服务员与厨师进行交流，整个过程中，顾客与厨师是完全没有交集的。作为顾客，我不知道我品尝的美食是由哪位厨师用何种方法烹饪出来的，这种编程模式，就是封装。

将对象的属性和行为封装起来的载体就是类，类通常对客户隐藏其实现细节，这就是封装的思想。

扫一扫，看视频

7.2　类 的 继 承

继承在面向对象开发思想中是一个非常重要的概念，它使整个程序架构具有一定的弹性，在程序中复用已经定义完善的类不仅可以减少软件开发周期，还可以提高软件的可维护性和可扩展性。本节将详细讲解类的继承。

在第 6 章中曾简要介绍过继承，其基本思想是基于某个父类的扩展，制定出一个新的子类，子类可以继承父类原有的属性和方法，也可以增加原来父类所不具备的属性和方法，或者直接重写父类中的某些方法。例如，平行四边形是特殊的四边形，可以说平行四边形类继承了四边形类，这时平行四边形类将所有四边形具有的属性和方法都保留下来，并基于四边形类扩展了一些新的平行四边形类特有的属性和方法。

下面演示一下继承性。创建一个新类 Test，同时创建另一个新类 Test2 继承 Test 类，其中包括重写的父类成员方法（重写的概念将在下文中详细介绍）以及新增成员方法等。在图 7.5 中描述了类 Test 与 Test2 的结构以及两者之间的关系。

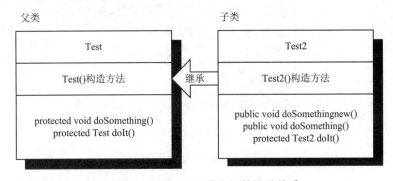

图 7.5　Test 与 Test2 类之间的继承关系

7.2.1　extends 关键字

在 Java 中，让一个类继承另一个类，用 extends 关键字，语法如下：

```
child extends parents
```

这里 child 这个类作为子类继承了 parents 这个类，并继承 parents 中的属性和方法。

举一个简单的例子：每个人都用过计算机，最常见的计算机就是台式机。后来随着科技的发展，计算机变得越来越小，台式机改良成了可移动的笔记本电脑，笔记本电脑又改良成了更轻薄的平板电脑。我们可以把普通计算机看成一个类，那么笔记本电脑和平板电脑都是这个类衍生出的子类。

◀》注意：

> Java 中的类只支持单继承，即一个子类只能继承自一个父类，类似下面的代码是错误的：
> ```
> child extends parents1 , parents2 {  //  错误的继承语法
> }
> ```

例 7.5 创建 Pad 类，继承 Computer 类。（**实例位置：资源包\code\07\05**）

```java
class Computer {// 父类：电脑
    String screen = "液晶显示屏";
    void startup() {
        System.out.println("电脑正在开机，请等待...");
    }
}
public class Pad extends Computer {
    String battery = "5000 毫安电池";// 子类独有的属性
    public static void main(String[] args) {
        Computer pc = new Computer();// 电脑类
        System.out.println("computer 的屏幕是: " + pc.screen);
        pc.startup();
        Pad ipad = new Pad();// 平板电脑类
        System.out.println("pad 的屏幕是: " + ipad.screen);// 子类可以直接使用父类属性
        System.out.println("pad 的电池是: " + ipad.battery);// 子类独有的属性
        ipad.startup();// 子类可以直接使用父类方法
    }
}
```

运行结果如图 7.6 所示。

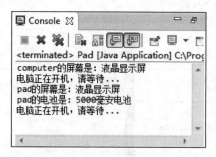

图 7.6 extends 关键字的使用

从这个结果可以看出，Pad 类继承了 Computer 类之后，虽然没有定义任何成员方法，但仍可以调用父类的方法。这个方法就是从父类那里继承过来的。

7.2.2 方法的重写

扫一扫，看视频

1. 重写的实现

继承并不只是扩展父类的功能，还可以重写父类的成员方法。重写（还可以称为覆盖）就是在子类中将父类的成员方法的名称保留，重新编写成员方法的实现内容，更改成员方法的存储权限，或是修改成员方法的返回值类型（重写父类成员方法的返回值类型是基于 J2SE 5.0 版本以上编译器提供的新功能）。

在继承中还有一种特殊的重写方式，子类与父类的成员方法返回值、方法名称、参数类型及个数完全相同，唯一不同的是方法实现内容，这种特殊重写方式被称为重构。

🔊 **注意：**

当重写父类方法时，修改方法的修饰权限只能从小的范围到大的范围改变，例如，父类中的 doSomething() 方法的修饰权限为 protected，继承后子类中的方法 doSomething() 的修饰权限只能修改为 public，不能修改为 private。如图 7.7 所示的重写关系就是错误的。我们会在 7.5 节详细地介绍访问修饰符。

图 7.7　重写时不能降低方法的修饰权限范围

子类重写父类的方法还可以修改方法的返回值类型，但这只是在 J2SE 5.0 以上的版本中支持的新功能，但这种重写方式需要遵循一个原则，即重写的返回值类型必须是父类中同一方法返回值类型的子类。

例 7.6　创建 Pad2 类，继承 Computer2 类，并重写父类的 showPicture() 方法。（**实例位置：资源包\code\07\06**）

```java
class Computer2 {// 父类：电脑
    void showPicture() {
        System.out.println("鼠标单击");
    }
}
public class Pad2 extends Computer2 {// 子类：平板电脑
    void showPicture() {
        System.out.println("手指点击触摸屏");
    }
    public static void main(String[] args) {
        Computer2 pc = new Computer2();// 电脑类
        System.out.print("pc 打开图片: ");
        pc.showPicture();// 调用方法
        Pad2 ipad = new Pad2();// 平板电脑类
        System.out.print("ipad 打开图片: ");
        ipad.showPicture();// 重写父类方法
        Computer2 computerpad = new Pad2();// 父类声明，子类实现
        System.out.print("computerpad 打开图片: ");
        computerpad.showPicture();// 调用父类方法，实现子类重写的逻辑
    }
}
```

运行结果如图 7.8 所示。

图 7.8　方法的重写

从这个结果我们可以看出，虽然子类调用了父类的方法，但实现的是子类重写后的逻辑，而不是父类原有的逻辑。如果父类声明的对象是由子类实例化的，那么这个对象所调用的方法也是被子类重写过的。

📢 注意：

在 Java 语言中，一个类只可以有一个父类！

扫一扫，看视频

扫一扫，看视频

2．super 关键字

如果子类重写了父类的方法，就再也无法调用到父类的方法了吗？如果想在子类的方法中实现父类原有的方法怎么办？为了解决这种需求，Java 提供了 super 关键字。

super 关键字的使用方法与 this 关键字类似。this 关键字代表本类对象，super 关键字代表父类对象，使用方法如下：

```
super.property;    //调用父类的属性
super.method();    //调用父类的方法
```

例 7.7　创建 Pad3 类，继承 Computer3 类，重写父类方法，并用使用 super 关键字调用父类方法。（**实例位置：资源包\code\07\07**）

```java
class Computer3 {// 父类：电脑
    String sayHello(){
        return "欢迎使用";
    }
}
public class Pad3 extends Computer3 {// 子类：平板电脑
    String sayHello() {// 子类重写父类方法
        return super.sayHello() + "平板电脑";// 调用父类方法，在其结果后添加字符串
    }
    public static void main(String[] args) {
        Computer3 pc = new Computer3();// 电脑类
        System.out.println(pc.sayHello());
        Pad3 ipad = new Pad3();// 平板电脑类
        System.out.println(ipad.sayHello());
    }
}
```

运行结果如图 7.9 所示。

图 7.9 使用 super 关键字调用父类方法

扫一扫，看视频

注意:

如果在子类构造方法中使用类似 super() 的构造方法，其他初始化代码只能写在 super() 之后，不能写在前面，否则会报错。

说明:

在继承的机制中，创建一个子类对象，将包含一个父类子对象，这个对象与父类创建的对象是一样的。两者的区别在于后者来自外部，而前者来自子类对象的内部。当实例化子类对象时，父类对象也相应被实例化，换句话说，在实例化子类对象时，Java 编译器会在子类的构造方法中自动调用父类的无参构造方法，但有参构造方法并不能被自动调用，只能依赖于 super 关键字显式地调用父类的构造方法。

技巧:

如果使用 finalize() 方法对对象进行清理，需要确保子类的 finalize() 方法的最后一个动作是调用父类的 finalize() 方法，以保证当垃圾回收对象占用内存时，对象的所有部分都能被正常终止。

7.2.3 所有类的父类——Object 类

在开始学习使用 class 关键字定义类时，就应用了继承原理，因为在 Java 中，所有的类都直接或间接继承了 java.lang.Object 类。Object 类是比较特殊的类，它是所有类的父类，是 Java 类层中的最高层类。当创建一个类时，总是在继承，除非某个类已经指定要从其他类继承，否则它就是从 java.lang.Object 类继承而来的，可见 Java 中的每个类都源于 java.lang.Object 类，如 String、Integer 等类都是继承于 Object 类；除此之外自定义的类也都继承于 Object 类。由于所有类都是 Object 子类，所以在定义类时，省略了 extends Object 关键字，如图 7.10 所示便描述了这一原则。

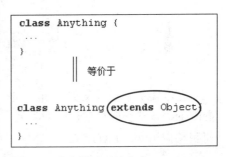

图 7.10 定义类时可以省略 extends Object 关键字

在 Object 类中主要包括 clone()、finalize()、equals()、toString() 等方法，其中常用的两个方法为 equals() 和 toString() 方法。由于所有的类都是 Object 类的子类，所以任何类都可以重写 Object 类中的方法。

注意:

Object 类中的 getClass()、notify()、notifyAll()、wait() 等方法不能被重写，因为这些方法被定义为 final 类型。

下面详细讲述 Object 类中的几个重要方法。

1. getClass()方法

getClass()方法是 Object 类定义的方法，它会返回对象执行时的 Class 实例，然后使用此实例调用 getName()方法可以取得类的名称。

语法如下：

```
getClass().getName();
```

可以将 getClass()方法与 toString()方法联合使用。

2. toString()方法

toString()方法的功能是将一个对象返回为字符串形式，它会返回一个 String 实例。在实际的应用中通常重写 toString()方法，为对象提供一个特定的输出模式。当这个类转换为字符串或与字符串连接时，将自动调用重写的 toString()方法。

例 7.8 在项目中创建 ObjectInstance 类，在类中重写 Object 类的 toString()方法，并在主方法中输出该类的实例对象。（**实例位置：资源包\code\07\08**）

```java
public class ObjectInstance {
    public String toString() {                          //重写 toString()方法
        return "在" + getClass().getName() + "类中重写 toString()方法";
    }
    public static void main(String[] args) {
        System.out.println(new ObjectInstance());  //打印本类对象
    }
}
```

在 Eclipse 中运行本实例，运行结果如图 7.11 所示。

图 7.11　在 ObjectInstance 类中重写 toString()方法

在本实例中重写父类 Object 的 toString()方法，在子类的 toString()方法中使用 Object 类中的 getClass()方法获取当前运行的类名，定义一段输出字符串，当用户打印 ObjectInstance 类对象时，将自动调用 toString()方法。

3. equals()方法

前面章节曾讲解过 equals()方法，当时是比较"=="运算符与 equals()方法，说明"=="比较的是两个对象的引用是否相等，而 equals()方法比较的是两个对象的实际内容。带着这样一个理论来看下面的实例。

例 7.9 在项目中创建 OverWriteEquals 类，在类的主方法中定义两个字符串对象，调用 equals()方法判断两个字符串对象是否相等。（**实例位置：资源包\code\07\09**）

```java
class V {                                          //自定义类 V
}
```

```java
public class OverWriteEquals {
    public static void main(String[] args) {
        String s1 = "123";                              //实例化两个对象，内容相同
        String s2 = "123";
        System.out.println(s1.equals(s2));              //使用 equals()方法调用
        V v1 = new V();                                 //实例化两个 V 类对象
        V v2 = new V();
        System.out.println(v1.equals(v2));              //使用 equals()方法比较 v1 与 v2 对象
    }
}
```

在 Eclipse 中运行本实例，运行结果如图 7.12 所示。

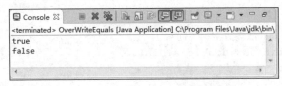

图 7.12　使用 equals()方法比较两个对象

从本实例的结果中可以看出，在自定义的类中使用 equals()方法进行比较时，将返回 false，因为 equals()方法的默认实现是使用 "==" 运算符比较两个对象的引用地址，而不是比较对象的内容，所以要想真正做到比较两个对象的内容，需要在自定义类中重写 equals()方法。

7.3　类 的 多 态

多态意为一个名字可具有多种语义，在程序设计语言中，多态性是指"一种定义，多种实现"，例如，运算符 "+" 作用于两个整型量时是求和，而作用于两个字符型量时则是将其连接在一起。利用多态可以使程序具有良好的扩展性，并可以对所有类对象进行通用的处理。类的多态性可以从两方面体现：一是方法的重载，二是类的上下转型，本节将分别对它们进行详细讲解。

7.3.1　方法的重载

扫一扫，看视频

在第 6 章中曾学习过构造方法，知道构造方法的名称由类名决定，所以构造方法只有一个名称，但如果希望以不同的方式来实例化对象，就需要使用多个构造方法来完成。由于这些构造方法都需要根据类名进行命名，为了让方法名相同而形参不同的构造方法同时存在，必须用到"方法重载"。虽然方法重载起源于构造方法，但是它也可以应用到其他方法中。本节将讲述方法的重载。

方法的重载就是在同一个类中允许同时存在一个以上的同名方法，只要这些方法的参数个数或类型不同即可。为了更好地解释重载，来看下面的实例。

例 7.10　在项目中创建 OverLoadTest 类，在类中编写 add()方法的多个重载形式，然后在主方法中分别输出这些方法的返回值。（**实例位置：资源包\code\07\10**）

```java
public class OverLoadTest {
    // 定义一个方法
    public static int add(int a) {
        return a;
```

```
    // 定义与第一个方法参数个数不同的方法
    public static int add(int a, int b) {
        return a + b;
    }
    // 定义与第一个方法相同名称、参数类型不同的方法
    public static double add(double a, double b) {
        return a + b;
    }
    // 定义一个成员方法
    public static int add(int a, double b) {
        return (int) (a + b);
    }
    // 这个方法与前一个方法参数次序不同
    public static int add(double a, int b) {
        return (int) (a + b);
    }
    // 定义不定长参数
    public static int add(int... a) {
        int s = 0;
        // 根据参数个数循环操作
        for (int i = 0; i < a.length; i++) {
            s += a[i];// 将每个参数的值相加
        }
        return s;// 将计算结果返回
    }
    public static void main(String args[]) {
        System.out.println("调用 add(int)方法：" + add(1));
        System.out.println("调用 add(int,int)方法：" + add(1, 2));
        System.out.println("调用 add(double,double)方法：" + add(2.1, 3.3));
        System.out.println("调用 add(int a, double b)方法：" + add(1, 3.3));
        System.out.println("调用 add(double a, int b) 方法：" + add(2.1, 3));
        System.out.println("调用 add(int... a)不定长参数方法："+ add(1, 2, 3, 4, 5, 6, 7, 8, 9));
        System.out.println("调用 add(int... a)不定长参数方法：" + add(2, 3, 4));
    }
}
```

运行结果如图 7.13 所示。

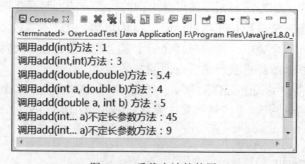

图 7.13　重载方法的使用

📖 **代码注解：**

在本实例中分别定义了 6 个方法，在这 6 个方法中，前两个方法的参数个数不同，所以构成了重载关系；前两个方法与第 3 个方法比较时，方法的参数类型不同，并且方法的返回值类型也不同，所以这 3 个方法也构成了重载关系；比较第 4、第 5 两个方法时，发现除了参数出现的顺序不同之外，其他都相同，这样同样可以根据这个区别将两个方法构成重载关系；而最后一个使用不定长参数的方法，实质上与参数数量不同是一个概念，也构成了重载。

图 7.14 表明了所有可以构成重载的条件。

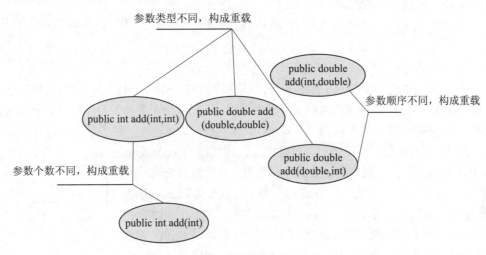

图 7.14　构成方法重载的条件

🔊 **注意：**

虽然在方法重载中可以使两个方法的返回类型不同，但只有返回类型不同并不足以区分两个方法的重载，还需要通过参数的个数以及参数的类型来设置。

根据图 7.14 所示的构成方法重载的条件，可以总结出编译器是利用方法名、方法各参数类型、参数的个数以及参数的顺序来确定类中的方法是否唯一。方法的重载使得方法以统一的名称被管理，使程序代码有条理。

📂 **多学两招：**

重载和重写都体现了面向对象的多态性，但重载与重写是两个完全不同的概念，重载主要用于一个类内实现若干重载的方法，这些方法的名称相同而参数形势不同；而重写主要用于子类继承父类时，重新实现父类中的非私有方法。

7.3.2　向上转型

对象类型的转换在 Java 编程中经常遇到，主要包括向上转型与向下转型操作。本节将首先介绍向上转型。

因为平行四边形是特殊的四边形，也就是说平行四边形是四边形的一种，那么就可以将平行四边形对象看作是一个四边形对象。例如，鸡是家禽的一种，而家禽是动物中的一类，那么也可以将鸡对象看作是一个动物对象。可以使用例 7.11 所示的代码表示平行四边形与四边形的关系。

扫一扫，看视频

例 7.11 在项目中创建 Quadrangle 父类，再创建 Parallelogram 子类，并使 Parallelogram 子类继承 Quadrangle 父类，然后在主方法中调用父类的 draw()方法。（**实例位置：资源包\code\07\11**）

```
class Quadrangle {                              //四边形类
    public static void draw(Quadrangle q) {     //四边形类中的方法
        //SomeSentence
    }
}

public class Parallelogram extends Quadrangle { //平行四边形类，继承了四边形类
    public static void main(String args[]) {
        Parallelogram p = new Parallelogram();  //实例化平行四边形类对象引用
        draw(p);                                //调用父类方法
    }
}
```

在例 7.11 中，平行四边形类继承了四边形类，四边形类存在一个 draw()方法，它的参数是 Quadrangle（四边形类）类型，而在平行四边形类的主方法中调用 draw()时给予的参数类型却是 Parallelogram（平行四边形类）类型的。这里一直在强调一个问题，就是平行四边形也是一种类型的四边形，所以可以将平行四边形类的对象看作是一个四边形类的对象，这就相当于"Quadrangle obj = new Parallelogram();"，就是把子类对象赋值给父类类型的变量，这种技术被称为"向上转型"。试想一下正方形类对象可以作为 draw()方法的参数，梯形类对象同样也可以作为 draw()方法的参数，如果在四边形类的 draw()方法中根据不同的图形对象设置不同的处理，就可以做到在父类中定义一个方法完成各个子类的功能，这样可以使同一份代码毫无差别地运用到不同类型之上，这就是多态机制的基本思想。

图 7.15 中演示了平行四边形类继承四边形类的关系。

从图 7.15 中可以看出，平行四边形类继承了四边形类，常规的继承图都是将顶级类设置在页面的顶部，然后逐渐向下，所以将子类对象看作是父类对象被称为"向上转型"。由于向上转型是从一个较具体的类到较抽象的类的转换，所以它总是安全的，如可以说平行四边形是特殊的四边形，但不能说四边形是平行四边形。

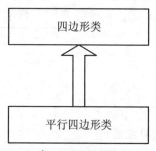

图 7.15 平行四边形类与四边形类的关系

🔊 注意：

在执行向上转型操作时，父类的对象无法调用子类独有的属性或者方法，例如，在上面代码的 Parallelogram 子类中定义一个 edges 变量，然后在 main 方法中使用 Parallelogram 子类创建 Quadrangle 父类的对象，并使用该父类对象调用子类中定义的变量，代码修改如下：

```
public class Parallelogram extends Quadrangle {  //平行四边形类，继承了四边形类
    int edges=4;
    public static void main(String args[]) {
        Quadrangle p = new Parallelogram();      //创建父类对象
        p.edges=6;                               //调用子类的变量
    }
}
```

运行上面的代码，出现如图 7.16 所示的错误提示。

扫一扫，看视频

图 7.16　父类调用子类独有的属性会抛出异常

7.3.3　向下转型

通过向上转型可以推理出向下转型是将较抽象类转换为较具体的类。这样的转型通常会出现问题，例如，不能说四边形是平行四边形的一种、所有的鸟都是鸽子，因为这非常不合乎逻辑。可以说子类对象总是父类的一个实例，但父类对象不一定是子类的实例。如果修改例 7.11，将四边形类对象赋予平行四边形类对象，来看一下在程序中如何处理这种情况。

例 7.12　修改例 7.11，在 Parallelogram 子类的主方法中将父类 Quadrangle 的对象赋值给子类 Parallelogram 的对象的引用变量将使程序产生错误。（**实例位置：资源包\code\07\12**）

```java
class Quadrangle {
    public static void draw(Quadrangle q) {
        //SomeSentence
    }
}
public class Parallelogram extends Quadrangle {
    public static void main(String args[]) {
        draw(new Parallelogram());
        //将平行四边形类对象看作是四边形对象，称为向上转型操作
        Quadrangle q = new Parallelogram();
        Parallelogram p=q;    //将父类对象赋予子类对象
    }
}
```

运行此程序会直接抛出异常，如图 7.17 所示。

Console ☒
<terminated> Parallelogram [Java Application] F:\Program Files\Java\jre1.8.0_60\bin\javaw.exe (2016年1月26日 下午4:37:3
Exception in thread "main" java.lang.Error: Unresolved compilation problem:
　　　　Type mismatch: cannot convert from Quadrangle to Parallelogram

　　　　at Parallelogram.main(Parallelogram.java:11)

图 7.17　例 7.11 运行直接抛出异常

在例 7.11 中可以看到，如果将父类对象直接赋予子类，会发生编译器错误，因为父类对象不一定是子类的实例。例如，一个四边形不一定就是指平行四边形，它也许是梯形，也许是正方形，也许是其他带有四条边的不规则图形，图 7.18 表明了这些图形的关系。

从图 7.18 中可以看出，越是具体的对象具有的特性越多，越抽象的对象具有的特性越少。在做向下转型操作时，将特性范围小的对象转换为特性范围大的对象肯定会出现问题，所以这时需要告知编译器这个四边形就是平行四边形。将父类对象强制转换为某个子类对象，这种方式称为显式类型转换。

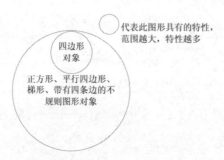

图 7.18 四边形与具体的四边形的关系

例如，将例 7.12 的代码修改如下：

```java
class Quadrangle {
    public static void draw(Quadrangle q) {
        //SomeSentence
    }
}
public class Parallelogram extends Quadrangle {
    public static void main(String args[]) {
        draw(new Parallelogram());
        //将平行四边形类对象看作是四边形对象，称为向上转型操作
        Quadrangle q = new Parallelogram();
        //将父类对象赋予子类对象，并强制转换为子类型
        Parallelogram p = (Parallelogram) q;
    }
}
```

这样程序即可正常运行，通过这个例子可以说明，父类对象要变成子类的对象，必须通过显式转换才能实现，这种模式与我们之前讲过的基本类型转换一样。

✍ 说明：

当在程序中使用向下转型技术时，必须使用显式类型转换，向编译器指明将父类对象转换为哪一种类型的子类对象。

7.3.4 instanceof 关键字

当在程序中执行向下转型操作时，如果父类对象不是子类对象的实例，就会发生 Class CastException 异常，所以在执行向下转型之前需要养成一个良好的习惯，就是判断父类对象是否为子类对象的实例。这个判断通常使用 instanceof 操作符来完成。可以使用 instanceof 操作符判断是否一个类实现了某个接口（接口会在 7.4 节中进行介绍），也可以用它来判断一个实例对象是否属于一个类。

instanceof 的语法格式如下：

```
myobject instanceof ExampleClass
```

➥ myobject：某类的对象引用。

➥ ExampleClass：某个类。

使用 instanceof 操作符的表达式返回值为布尔值。如果返回值为 true，说明 myobject 对象为

ExampleClass 的实例对象；如果返回值为 false，说明 myobject 对象不是 ExampleClass 的实例对象。

🔊 注意：

> instanceof 是 Java 语言的关键字，在 Java 语言中的关键字都为小写。

下面来看一个向下转型与 instanceof 操作符结合的例子。

例 7.13 在项目中创建 Parallelogram 类和另外 3 个类 Quadrangle、Square、Anything。其中 Parallelogram 类和 Square 类继承 Quadrangle 类，在 Parallelogram 类的主方法中分别创建这些类的对象，然后使用 instanceof 操作符判断它们的类型并输出结果。（**实例位置：资源包\code\07\13**）

```java
class Quadrangle {
    public static void draw(Quadrangle q) {
        //SomeSentence
    }
}
class Square extends Quadrangle {
    //SomeSentence
}
class Anything {
    //SomeSentence
}
public class Parallelogram extends Quadrangle {
    public static void main(String args[]) {
        Quadrangle q = new Quadrangle();            //实例化父类对象
        //判断父类对象是否为 Parallelogram 子类的一个实例
        if (q instanceof Parallelogram) {
            Parallelogram p = (Parallelogram) q;    //进行向下转型操作
        }
        //判断父类对象是否为 Parallelogram 子类的一个实例
        if (q instanceof Square) {
            Square s = (Square) q;                  //进行向下转型操作
        }
        //由于 q 对象不为 Anything 类的对象，所以这条语句是错误的
        // System.out.println(q instanceof Anything);
    }
}
```

在本实例中将 instanceof 操作符与向下转型操作结合使用。在程序中定义了两个子类，即平行四边形类和正方形类，这两个类分别继承四边形类。在主方法中首先创建四边形类对象，然后使用 instanceof 操作符判断四边形类对象是否为平行四边形类的一个实例，是否为正方形类的一个实例，如果判断结果为 true，将进行向下转型操作。

7.4 抽象类与接口

通常可以说四边形具有 4 条边，或者更具体一点，平行四边形是具有对边平行且相等特性的特殊四边形，等腰三角形是其中两条边相等的三角形，这些描述都是合乎情理的，但对于图形对象却不能使用具体的语言进行描述，它有几条边，究竟是什么图形，没有人能说清楚，这种类在 Java

中被定义为抽象类。

7.4.1　抽象类与抽象方法

在解决实际问题时，一般将父类定义为抽象类，需要使用这个父类进行继承与多态处理。回想继承和多态原理，继承树中越是在上方的类越抽象，如鸽子类继承鸟类、鸟类继承动物类等。在多态机制中，并不需要将父类初始化对象，我们需要的只是子类对象，所以在 Java 语言中设置抽象类不可以实例化对象，因为图形类不能抽象出任何一种具体图形，但它的子类却可以。

Java 中定义抽象类时，需要使用 abstract 关键字，其语法如下：

```
[权限修饰符] abstract class 类名 {
    类体
}
```

使用 abstract 关键字定义的类称为抽象类，而使用 abstract 关键字定义的方法称为抽象方法，抽象方法的定义语法如下：

```
[权限修饰符] abstract 方法返回值类型 方法名(参数列表);
```

从上面的语法可以看出，抽象方法是直接以分号结尾的，它没有方法体，抽象方法本身没有任何意义，除非它被重写，而承载这个抽象方法的抽象类必须被继承，实际上，抽象类除了被继承之外没有任何意义。图 7.19 说明了抽象类的继承关系。

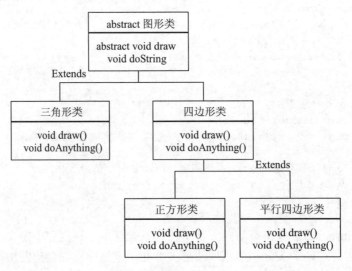

图 7.19　抽象类继承关系

从图 7.19 中可以看出，继承抽象类的所有子类都需要将抽象类中的抽象方法进行覆盖，这样在多态机制中，就可以将父类修改为抽象类，将 draw() 方法设置为抽象方法，然后每个子类都重写这个方法来处理。

📢 注意：

构造方法不能定义为抽象方法。

例 7.14　使用抽象类模拟"去商场买衣服"场景。去商场买衣服，这句话描述的是一个抽象的行为：到底去哪个商场买衣服，是实体店还是网店，买什么样的衣服，是短衫、裙子，还是其他的什么衣服？在"去商场买衣服"这句话中，并没有对"买衣服"这个抽象行为指明一个确定的信息。因此，我们可以封装一个商场的抽象类，并在其中定义个买东西的抽象方法，具体是什么商场、买什么东西，交给子类去实现即可。代码如下：（**实例位置：资源包\code\07\14**）

```java
public abstract class Market {
    public String name;                 //商场名称
    public String goods;                //商品名称
    public abstract void shop();        //抽象方法，用来输出信息
}
```

定义一个 TaobaoMarket 类，继承自 Market 抽象类，实现其中的 shop 抽象方法，代码如下：

```java
public class TaobaoMarket extends Market {
    @Override
    public void shop() {
        // TODO Auto-generated method stub
        System.out.println(name+"网购"+goods);
    }
}
```

定义一个 WallMarket 类，继承自 Market 抽象类，实现其中的 shop 抽象方法，代码如下：

```java
public class WallMarket extends Market {
    @Override
    public void shop() {
        // TODO Auto-generated method stub
        System.out.println(name+"实体店购买"+goods);
    }
}
```

定义一个 GoShopping 类，该类中分别使用实现的 WallMarket 子类和 TaobaoMarket 子类创建抽象类的对象，并分别给抽象类中的成员变量赋不同的值，使用 shop 方法分别输出结果，代码如下：

```java
public class GoShopping
{
    public static void main(String[] args)
    {
        Market market = new WallMarket();//使用派生类对象创建抽象类对象
        market.name = "沃尔玛";
        market.goods = "七匹狼西服";
        market.shop();
        market = new TaobaoMarket();//使用派生类对象创建抽象类对象
        market.name = "淘宝";
        market.goods = "韩都衣舍花裙";
        market.shop();
    }
}
```

在 Eclipse 中运行 GoShopping 类，运行结果如图 7.20 所示。

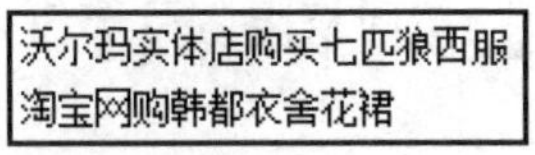

沃尔玛实体店购买七匹狼西服
淘宝网购韩都衣舍花裙

图 7.20　使用抽象类模拟"去商场买衣服"场景

综上所述，使用抽象类和抽象方法时，需要遵循以下原则：

（1）在抽象类中，可以包含抽象方法，也可以不包含抽象方法，但是包含了抽象方法的类必须被定义为抽象类。

（2）抽象类不能直接实例化，即使抽象类中没有声明抽象方法，也不能实例化。

（3）抽象类被继承后，子类需要实现其中所有的抽象方法。

（4）如果继承抽象类的子类也被声明为抽象类，则可以不用实现父类中所有的抽象方法。

使用抽象类时，可能会出现这样的问题：程序中会有太多冗余的代码，同时这样的父类局限性很大，例如，上面的例子中，也许某个不需要 shop() 方法的子类也必须重写 shop() 方法。如果将这个 shop() 方法从父类中拿出，放在别的类里，又会出现新问题，就是某些类想要实现"买衣服"的场景，竟然需要继承两个父类。Java 中规定，类不能同时继承多个父类，面临这种问题时，接口的概念便出现了。

7.4.2 接口的声明及实现

接口是抽象类的延伸，可以将它看作是纯粹的抽象类，接口中的所有方法都没有方法体。对于 7.4.1 小节中遗留的问题，可以将 draw() 方法封装到一个接口中，这样可以让一个类既能继承图形类，又能实现 draw() 方法接口，这就是接口存在的必要性。在图 7.21 中描述了各个子类继承图形类后使用接口的关系。

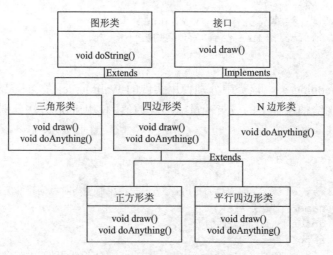

图 7.21　使用接口继承关系

接口使用 interface 关键字进行定义，其语法如下：

```
[修饰符] interface 接口名 [extends 父接口名列表]{
    [public] [static] [final] 常量;
    [public] [abstract] 方法;
}
```

➥ 修饰符：可选，用于指定接口的访问权限，可选值为 public。如果省略则使用默认的访问权限。

➥ 接口名：必选参数，用于指定接口的名称，接口名必须是合法的 Java 标识符。一般情况下，要求首字母大写。

➡ extends 父接口名列表：可选参数，用于指定要定义的接口继承于哪个父接口。当使用 extends 关键字时，父接口名为必选参数。

➡ 方法：接口中的方法只有定义而没有被实现。

一个类实现一个接口可以使用 implements 关键字，代码如下：

```
public class Parallelogram extends Quadrangle implements drawTest{
    …//
}
```

✍ 说明：

> 在接口中定义的任何变量都自动是 static 和 final 的，因此，在接口中定义变量时，必须进行初始化，而且，实现接口的子类不能对接口中的变量重新赋值。

下面将多态技术与接口相结合，如实例 7.15 所示。

例 7.15　在项目中创建 QuadrangleUseInterface 类，该类中，首先创建一个 drawTest 接口，该接口中定义一个公有的 draw() 方法；然后创建两个类 ParallelogramgleUseInterface 和 SquareUseInterface，使它们分别实现 drawTest 接口，并分别实现接口中的 draw() 方法；然后在主方法中分别调用这两个子类的 draw() 方法。（**实例位置：资源包\code\07\15**）

```
interface drawTest { // 定义接口
    public void draw(); // 定义方法
}
// 定义平行四边形类，该类实现了 drawTest 接口
class ParallelogramgleUseInterface implements drawTest {
    public void draw() { // 由于该类实现了接口，所以需要覆盖 draw() 方法
        System.out.println("平行四边形.draw()");
    }
}
// 定义正方形类，该类实现了 drawTest 接口
class SquareUseInterface implements drawTest {
    public void draw() {
        System.out.println("正方形.draw()");
    }
}
public class QuadrangleUseInterface { // 定义四边形类
    public static void main(String[] args) {
        drawTest[] d = { // 接口也可以进行向上转型操作
                new SquareUseInterface(), new ParallelogramgleUseInterface() };
        for (int i = 0; i < d.length; i++) {
            d[i].draw(); // 调用 draw() 方法
        }
    }
}
```

在 Eclipse 中运行 QuadrangleUseInterface 类，运行结果如图 7.22 所示。

图 7.22　多态与接口结合

在本实例中，正方形类与平行四边形类分别实现了 drawTest 接口，所以需要覆盖接口中的方法。在调用 draw()方法时，首先将平行四边形类对象与正方形类对象向上转型为 drawTest 接口形式。这里也许很多读者会有疑问，接口是否可以向上转型？其实在 Java 中无论是将一个类向上转型为父类对象，还是向上转型为抽象父类对象，或者向上转型为该类实现接口，都是没有问题的。然后使用 d[i]数组中的每一个对象调用 draw()，由于向上转型，所以 d[i]数组中的每一个对象分别代表正方形类对象与平行四边形类对象，最后结果分别调用正方形类与平行四边形类中覆盖的 draw()方法。

✍ 说明：

由于接口中的方法都是抽象的，因此，当子类实现接口时，必须实现接口中的所有方法。

扫一扫，看视频

7.4.3　多重继承

在 Java 中类不允许多重继承，但使用接口就可以实现多重继承，因为一个类可以同时实现多个接口，这样可以将所有需要实现的接口放置在 implements 关键字后并使用逗号","隔开，但这可能会在一个类中产生庞大的代码量，因为继承一个接口时需要实现接口中所有的方法。

通过接口实现多重继承的语法如下：

```
class 类名 implements 接口1,接口2,…,接口n
```

例 7.16　通过类实现多个接口模拟家庭成员的继承关系，比如，爸爸喜欢抽烟和钓鱼，妈妈喜欢看电视和做饭，儿子完全继承了爸爸妈妈的爱好。定义一个 IFather 接口，并在其中定义两个方法 smoking 和 goFishing，代码如下：（**实例位置：资源包\code\07\16**）

```java
public interface IFather {              // 定义一个接口
    void smoking();                     // 抽烟的方法
    void goFishing();                   // 钓鱼的方法
}
```

定义一个 IMother 接口，并在其中定义两个方法 watchTV 和 cooking，代码如下：

```java
public interface IMother {              // 定义一个接口
    void watchTV();                     // 看电视的方法
    void cooking();                     // 做饭的方法
}
```

创建一个名称为 Me 的类，继承 IFather 和 IMother 两个接口，并实现接口中定义的方法；然后在 main 方法中使用 Me 子类对象分别创建 IFather 和 IMother 两个接口的对象，并通过这两个接口对象调用相应的方法执行，代码如下：

```java
public class Me implements IFather, IMother {   // 继承 IFather 接口和 IMother 接口
    public void watchTV() {             // 重写 watchTV()方法
        System.out.println("我喜欢看电视");
    }
    public void cooking() {             // 重写 cooking()方法
        System.out.println("我喜欢做饭");
    }
    public void smoking() {             // 重写 smoking()方法
        System.out.println("我喜欢抽烟");
    }
    public void goFishing() {           // 重写 goFishing()方法
        System.out.println("我喜欢钓鱼");
```

```
    }
    public static void main(String[] args) {
        IFather father = new Me();                    // 通过子类创建 IFather 接口对象
        System.out.println("爸爸的爱好：");
father.smoking();// 使用接口对象调用子类中实现的方法
        father.goFishing();
        IMother mather = new Me();                    // 通过子类创建 IMother 接口对象
        System.out.println("\n 妈妈的爱好：");
        mather.cooking();// 使用接口对象调用子类中实现的方法
        mather.watchTV();
    }
}
```

📢 **注意：**

使用多重继承时，可能出现变量或方法名冲突的情况，解决该问题时，如果变量冲突，则需要明确指定变量的接口，即通过 "接口名.变量" 实现；而如果出现方法冲突时，则只要实现一个方法即可。

✒ **说明：**

如果是接口继承接口，使用 extends 关键字，而不是 implements 关键字，例如：

interface intf1 {
}
interface intf2 **extends** intf1 {
}

另外，如果遇到接口继承接口，则子类在实现子接口时，需要同时实现父接口和子接口中定义的所有方法，例如：

```
interface Father {                                 // 定义父接口
    void fatherMethod();                           // 父接口方法
}
interface Child extends Father {                   // 定义子接口，继承父接口
    void childMethod();                            // 子接口方法
}
public class InterfaceExtends implements Child {   // 实现子接口，但必须重写所有方法
    public void fatherMethod() {
        System.out.println("实现父接口方法");
    }
    public void childMethod() {
        System.out.println("实现子接口方法");
    }
}
```

7.4.4　区分抽象类与接口

扫一扫，看视频

　　抽象类和接口都包含可以由子类继承实现的成员，但抽象类是对根源的抽象，而接口是对动作的抽象。抽象类的功能要远超过接口，那为什么还要使用接口呢？这主要是由于定义抽象类的代价高（因为每个类只能继承一个类，在这个类中，必须继承或编写出其子类的所有共性，因此，虽然接口在功能上会弱化许多，但它只是针对一个动作的描述，而且可以在一个类中同时实现多个接口，这样会降低设计阶段的难度。

抽象类和接口的区别主要有以下几点。

（1）子类只能继承一个抽象类，但可以实现任意多个接口。

（2）一个类要实现一个接口必须实现接口中的所有方法，而抽象类不必。

（3）抽象类中的成员变量可以是各种类型，而接口中的成员变量只能是 public static final 的。

（4）接口中只能定义抽象方法，而抽象类中可以定义非抽象方法。

（5）抽象类中可以有静态方法和静态代码块等，接口中不可以。

（6）接口不能被实例化，没有构造方法，但抽象类可以有构造方法。

综上所述，抽象类和接口在主要成员及继承关系上的不同如表 7.1 所示。

表 7.1　抽象类与接口的不同

比 较 项	抽 象 类	接 口
方法	可以有非抽象方法	所有方法都是抽象方法
属性	属性中可以有非静态常量	所有的属性都是静态常量
构造方法	有构造方法	没有构造方法
继承	一个类只能继承一个父类	一个类可以同时实现多个接口
被继承	一个类只能继承一个父类	一个接口可以同时继承多个接口

扫一扫，看视频

7.5　访 问 控 制

前面多次提到了 public、private、包等关键字或者概念，这些都是用来控制类、方法或者变量的访问范围的，Java 中主要通过访问控制符、类包和 final 关键字对类、方法或者变量的访问范围进行控制，本节将对 Java 中访问控制知识进行详细讲解。

7.5.1　访问控制符

前面介绍了面向对象的几个基本特性，其中包括封装性，封装实际上有两方面的含义：把该隐藏的隐藏起来、把该暴露的暴露出来，这两个方面都需要通过使用 Java 提供的"访问控制符"来实现，本节将对 Java 中的访问控制符进行详细讲解。

Java 中的访问控制符主要包括 public、protected、private 和 default（缺省）等 4 种，这些控制符控制着类和类的成员变量以及成员方法的访问权限。

表 7.2 中描述了 public、protected、private 和 default（缺省）这 4 种访问控制符的访问权限。

表 7.2　Java 语言中的访问控制符权限

	public	protected	default（缺省）	private
本类	可见	可见	可见	可见
本类所在包	可见	可见	可见	不可见
其他包中的子类	可见	可见	不可见	不可见
其他包中的非子类	可见	不可见	不可见	不可见

🔊 注意：

声明类时，如果不使用 public 修饰符设置类的权限，则这个类默认为 default（缺省）修饰。

📂 多学两招：

Java 语言中，类的权限设定会约束类成员上的权限设定，例如，定义一个类 AnyClass，采用默认权限，该类中定义一个 public 的 doString 方法，那么，doString 方法加不加 public 修饰符，它的访问权限都是 default（缺省）。下面两段代码是等效的：

```
//第一段代码
class AnyClass {
    public void doString(){
        System.out.println("Hello");
    }
}
//第二段代码
class AnyClass {
    void doString(){
    System.out.println("Hello");
    }
}
```

使用访问控制符时，需要遵循以下原则。

（1）大部分顶级类都使用 public 修饰；

（2）如果某个类主要用作其他类的父类，该类中包含的大部分方法只是希望被其子类重写，而不想被外界直接调用，则应该使用 protected 修饰；

（3）类中的绝大部分属性都应该使用 private 修饰，除非一些 static 或者类似全局变量的属性，才考虑使用 public 修饰；

（4）当定义的方法只是用于辅助实现该类的其他方法（即工具方法），应该使用 private 修饰；

（5）希望允许其他类自由调用的方法应该使用 public 修饰。

扫一扫，看视频

7.5.2　Java 类包

在 Java 中每定义好一个类，通过 Java 编译器进行编译之后，都会生成一个扩展名为.class 的文件，当这个程序的规模逐渐庞大时，就很容易发生类名称冲突的现象。那么 JDK API 中提供了成千上万具有各种功能的类，又是如何管理的呢？Java 中提供了一种管理类文件的机制，就是类包。

Java 中每个接口或类都来自不同的类包，无论是 Java API 中的类与接口还是自定义的类与接口都需要隶属于某一个类包，这个类包包含了一些类和接口。如果没有包的存在，管理程序中的类名称将是一件非常麻烦的事情，如果程序只由一个类定义组成，并不会给程序带来什么影响，但是随着程序代码的增多，难免会出现类同名的问题。例如，在程序中定义一个 Login 类，因业务需要，还要定义一个名称为 Login 的类，但是这两个类所实现的功能完全不同，于是问题就产生了，编译器不会允许存在同名的类文件。解决这类问题的办法是将这两个类放置在不同的类包中，实际上，Java 中类的完整名称是包名与类名的组合，如图 7.23 所示。

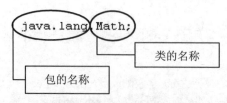

图 7.23　完整的类名

在 Java 中采用类包机制非常重要，类包不仅可以解决类名冲突问题，还可以在开发庞大的应用程序时，帮助开发人员管理庞大的应用程序组件，方便软件复用。下面来看一下在 Java 中如何创建类包（以下简称包）。

✍ 说明：

同一个包中的类相互访问时，可以不指定包名。

在 Eclipse 中创建包的步骤如下：

（1）在项目的 src 节点上单击鼠标右键，选择"New→Package"命令。

（2）弹出 New Java Package 对话框，在 Name 文本框中输入新建的包名，如 com.mingrisoft，然后单击"Finish"按钮，如图 7.24 所示。

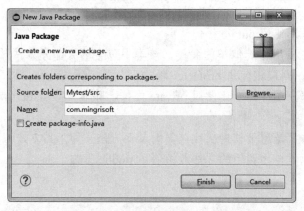

图 7.24　New Java Package 对话框

（3）在 Eclipse 中创建类时，可以在新建立的包上单击鼠标右键，选择"New"命令，这样新建的类会默认保存在该包中。另外也可以在 New Java Class 对话框中指定新建类所在的包。

在 Java 中包名设计应与文件系统结构相对应，如一个包名为 com.mingrisoft，那么该包中的类位于 com 文件夹下的 mingrisoft 子文件夹下。没有定义包的类会被归纳在预设包（默认包）中。在实际开发中，应该为所有类设置包名，这是良好的编程习惯。

在类中定义包名的语法如下：

```
package 包名 1[.包名 2[.包名 3...]];
```

在上面的语法中，包名可以设置多个，包名和包名之间使用.分割，包名的个数没有限制，其中前面的包名包含后面的包名。

在类中指定包名时需要将 package 放置在程序的第一行，它必须是文件中的第一行非注释代码，当使用 package 关键字为类指定包名之后，包名会成为类名中的一部分，预示着这个类必须指定全名。例如，在使用位于 com.mingrisoft 包下的 Dog.java 类时，需要使用形如 com.mingrisoft.Dog 这样的格式。

📢 注意：

> Java 包的命名规则是全部使用小写字母，另外，由于包名将转换为文件的名称，所以包名中不能包含特殊字符。

定义完包之后，如果要使用包中的类，可以使用 Java 中的 import 关键字指定，其语法如下：

import 包名 1[.包名 2[.包名 3...]].类名;

在使用 import 关键字时，可以指定类的完整描述，但如果为了使用包中更多的类，则可以在包名后面加.*，这表示可以在程序中使用包中的所有类。例如：

```
import com.lzw.*;          //指定 com.lzw 包中的所有类在程序中都可以使用
import com.lzw.Math        //指定 com.lzw 包中的 Math 类在程序中可以使用
```

📢 注意：

> 如果类定义中已经导入 com.lzw.Math 类，在类体中还想使用其他包中的 Math 类时，则必须使用完整的带有包格式的类名，比如，这种情况再使用 java.lang 包的 Math 类时就要使用全名格式 java. lang.Math。
> 在程序中添加 import 关键字时，当使用 import 指定了一个包中的所有类，并不会指定这个包的子包中的类，如果用到这个包中的子类，则需要再次对子包单独引用。

7.5.3　final 关键字

1. final 类

定义为 final 的类不能被继承。

如果希望一个类不允许任何类继承，并且不允许其他人对这个类进行任何改动，可以将这个类设置为 final 形式。

final 类的语法如下：

final class 类名{}

如果将某个类设置为 final 形式，则类中的所有方法都被隐式地设置为 final 形式，但是 final 类中的成员变量可以被定义为 final 或非 final 形式。

例 7.17　在项目中创建 FinalClass 类，在类中定义 doit() 方法和变量 a，实现在主方法中操作变量 a 自增。（**实例位置：资源包\code\07\17**）

```java
final class FinalClass {
    int a = 3;
    void doit() {
    }
    public static void main(String args[]) {
        FinalClass f = new FinalClass();
        f.a++;
        System.out.println(f.a);
    }
}
```

2. final 方法

首先，读者应该了解定义为 final 的方法不能被重写。

将方法定义为 final 类型可以防止子类修改该类的定义与实现方式，同时定义 final 的方法的执行效率要高于非 final 方法。在修饰权限中曾经提到过 private 修饰符，如果一个父类的某个方法被设置为 private 修饰符，子类将无法访问该方法，自然无法覆盖该方法，所以一个定义为 private 的方法隐式被指定为 final 类型，这样无需将一个定义为 private 的方法再定义为 final 类型。例如下面的语句：

```
private final void test(){
    …//省略一些程序代码
}
```

但是在父类中被定义为 private final 的方法似乎可以被子类覆盖，来看下面的实例。

例 7.18 在项目中创建 FinalMethod 类，在该类中创建 Parents 类和继承该类的 Sub 类，在主方法中分别调用这两个类中的方法，并查看 final 类型方法能否被覆盖。（**实例位置：资源包\code\07\18**）

```
class Parents {
    private final void doit() {
        System.out.println("父类.doit()");
    }
    final void doit2() {
        System.out.println("父类.doit2()");
    }
    public void doit3() {
        System.out.println("父类.doit3()");
    }
}
class Sub extends Parents {
    public final void doit() {        //在子类中定义一个doit()方法
        System.out.println("子类.doit()");
    }
//    final void doit2(){              //final方法不能覆盖
//        System.out.println("子类.doit2()");
//    }
    public void doit3() {
        System.out.println("子类.doit3()");
    }
}
public class FinalMethod {
    public static void main(String[] args) {
        Sub s = new Sub();            //实例化
        s.doit();                     //调用doit()方法
        Parents p = s;                //执行向上转型操作
        //p.doit();                   //不能调用private方法
        p.doit2();
        p.doit3();
    }
}
```

在 Eclipse 中运行本实例，结果如图 7.25 所示。

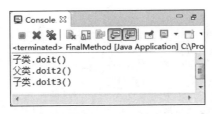

图 7.25 验证是否可以覆盖 private final 方法

从本实例中可以看出，final 方法不能被覆盖，例如，doit2()方法不能在子类中被重写，但是在父类中定义了一个 private final 的 doit()方法，同时在子类中也定义了一个 doit()方法，从表面来看，子类中的 doit()方法覆盖了父类的 doit()方法，但是覆盖必须满足一个对象向上转型为它的基本类型并调用相同方法这样一个条件。例如，在主方法中使用 "Parents p=s;" 语句执行向上转型操作，对象 p 只能调用正常覆盖的 doit3()方法，却不能调用 doit()方法，可见子类中的 doit()方法并不是正常覆盖，而是生成一个新的方法。

3. final 变量

final 关键字可用于变量声明，一旦该变量被设定，就不可以再改变该变量的值。通常，由 final 定义的变量为常量。例如，在类中定义 PI 值，可以使用如下语句：

```
final double PI=3.14;
```

当在程序中使用 PI 这个常量时，它的值就是 3.14，如果在程序中再次对定义为 final 的常量赋值，编译器将不会接受。

final 关键字定义的变量必须在声明时对其进行赋值操作。final 除了可以修饰基本数据类型的常量，还可以修饰对象引用。由于数组也可以被看作一个对象来引用，所以 final 可以修饰数组。一旦一个对象引用被修饰为 final 后，它只能恒定指向一个对象，无法将其改变以指向另一个对象。一个既是 static 又是 final 的字段只占据一段不能改变的存储空间。为了深入了解 final 关键字，来看下面的实例。

例 7.19 在项目的 com.lzw 包中创建 FinalData 类，在该类中创建 Test 内部类，并定义各种类型的 final 变量。（**实例位置：资源包\code\07\19**）

```java
import static java.lang.System.out;
import java.util.Random;
class Test {
    int i = 0;
}
public class FinalData {
    static Random rand = new Random();
    private final int VALUE_1 = 9;                    //声明一个 final 常量
    private static final int VALUE_2 = 10;            //声明一个 final、static 常量
    private final Test test = new Test();             //声明一个 final 引用
    private Test test2 = new Test();                  //声明一个不是 final 的引用
    private final int[] a = {1,2,3,4,5,6 };           //声明一个定义为 final 的数组
    private final int i4 = rand.nextInt(20);
    private static final int i5 = rand.nextInt(20);
    public String toString() {
        return i4 + " " + i5 + " ";
    }
}
```

```
public static void main(String[] args) {
        FinalData data = new FinalData();
        data.test=new Test();
        //可以对指定为 final 的引用中的成员变量赋值
        //但不能将定义为 final 的引用指向其他引用
        data.VALUE_2;
        //不能改变定义为 final 的常量值
        data.test2 = new Test();                //可以将没有定义为 final 的引用指向其他引用
        for (int i = 0; i < data.a.length; i++) {
            //a[i]=9;
            //不能对定义为 final 的数组赋值
        }
        out.println(data);
        out.println("data2");
        out.println(new FinalData());
        out.println(data);
    }
}
```

在本实例中，被定义为 final 的常量定义时需要使用大写字母命名，并且中间使用下划线进行连接，这是 Java 中的编码规则。同时，定义为 **final** 的数据无论是常量、对象引用还是数组，在主函数中都不可以被改变。

我们知道一个被定义为 final 的对象引用只能指向唯一一个对象，不可以将它再指向其他对象，但是一个对象本身的值却是可以改变的，那么为了使一个常量真正做到不可更改，可以将常量声明为 static final。为了验证这个理论，来看下面的实例。

例 7.20 在项目的 com.lzw 包中创建 FinalStaticData 类，在该类中创建 Random 类的对象，在主方法中分别输出类中定义的 final 变量 a1 与 a2。（**实例位置：资源包\code\07\20**）

```
import java.util.Random;
import static java.lang.System.out;
public class FinalStaticData {
    private static Random rand = new Random(); //实例化一个 Random 类对象
    //随机产生 0~10 之间的随机数赋予定义为 final 的 a1
    private final int a1 = rand.nextInt(10);
    //随机产生 0~10 之间的随机数赋予定义为 static final 的 a2
    private static final int a2 = rand.nextInt(10);
    public static void main(String[] args) {
        FinalStaticData fdata = new FinalStaticData(); //实例化一个对象
        //调用定义为 final 的 a1
        out.println("重新实例化对象调用 a1 的值: " + fdata.a1);
        //调用定义为 static final 的 a2
        out.println("重新实例化对象调用 a1 的值: " + fdata.a2);
        //实例化另外一个对象
        FinalStaticData fdata2 = new FinalStaticData();
        out.println("重新实例化对象调用 a1 的值: " + fdata2.a1);
        out.println("重新实例化对象调用 a2 的值: " + fdata2.a2);
    }
}
```

在 Eclipse 中运行上述实例，运行结果如图 7.26 所示。

图 7.26　比较 static final 与 final 定义数据的区别

从本实例的运行结果中可以看出，定义为 final 的常量不是恒定不变的，将随机数赋予定义为 final 的常量，可以做到每次运行程序时改变 a1 的值。但是 a2 与 a1 不同，由于它被声明为 static final 形式，所以在内存中为 a2 开辟了一个恒定不变的区域，当再次实例化一个 FinalStaticData 对象时，仍然指向 a2 这块内存区域，所以 a2 的值保持不变。a2 是在装载时被初始化，并不是每次创建新对象时都被初始化，而 a1 会在重新实例化对象时被更改。

✍ 技巧：

在 Java 中定义全局常量，通常使用 public static final 修饰，这样的常量只能在定义时被赋值。

可以将方法的参数定义为 final 类型，这预示着无法在方法中更改参数引用所指向的对象。

最后总结一下在程序中 final 数据可以出现的位置。图 7.27 清晰地表明了在程序中哪些位置可以定义 final 数据。

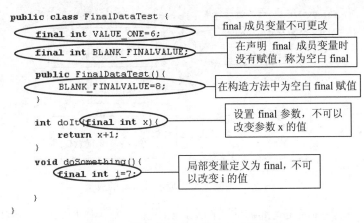

图 7.27　程序中可以定义为 final 的数据

7.6　内　部　类

扫一扫，看视频

前面曾经学习过在一个文件中定义两个类，但其中任何一个类都不在另一个类的内部，而如果在类中再定义一个类，则将在类中再定义的那个类称为内部类，这里可以想像一下汽车和发动机的关系，很显然，此处不能单独用属性或者方法表示一个发动机，发动机是一个类，而发动机又在汽车之中，汽车也是一个类，正如同内部类在外部类之中，这里的发动机类就好比是一个内部类。内部类可分为成员内部类、局部内部类以及匿名类。本节将对内部类的使用进行讲解。

✍ 说明：

> 使用内部类可以节省编译后产生的字节码，.class 文件的大小，而且在实现事件监听时，采用内部类很容易实现；但是，使用内部类的最大问题会使结构不清晰，所以在程序开发时，不需要刻意使用内部类。

7.6.1 成员内部类

1. 成员内部类简介

在一个类中使用内部类，可以在内部类中直接存取其所在类的私有成员变量。本节首先介绍成员内部类。

成员内部类的语法如下：

```
public class OuterClass {          //外部类
    private class InnerClass {  //内部类
        //…
    }
}
```

在内部类中可以随意使用外部类的成员方法以及成员变量，尽管这些类成员被修饰为 private。图 7.28 充分说明了内部类的使用，尽管成员变量 i 以及成员方法 g() 都在外部类中被修饰为 private，但在内部类中可以直接使用外部类中的类成员。

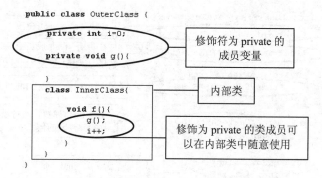

图 7.28　内部类可以使用外部类的成员

内部类的实例一定要绑定在外部类的实例上，如果从外部类中初始化一个内部类对象，那么内部类对象就会绑定在外部类对象上。内部类初始化方式与其他类初始化方式相同，都是使用 new 关键字。下面来看一个实例。

例 7.21　在项目中创建 OuterClass 类，在类中定义 innerClass 内部类和 doit() 方法，在主方法中创建 OuterClass 类的实例对象和 doit() 方法。（**实例位置：资源包\code\07\21**）

```
public class OuterClass {
    innerClass in = new innerClass();   //在外部类实例化内部类对象引用
    public void ouf() {
        in.inf();                        //在外部类方法中调用内部类方法
    }
    class innerClass {
        innerClass() {                   //内部类构造方法
        }
```

```
    public void inf() {                          //内部类成员方法
    }
    int y = 0;                                   //定义内部类成员变量
}
public innerClass doit() {                       //外部类方法，返回值为内部类引用
    //y=4;                                       //外部类不可以直接访问内部类成员变量
    in.y = 4;
    return new innerClass();                     //返回内部类引用
}
public static void main(String args[]) {
    OuterClass out = new OuterClass();
    //内部类的对象实例化操作必须在外部类或外部类的非静态方法中实现
    OuterClass.innerClass in = out.doit();
    OuterClass.innerClass in2 = out.new innerClass();
    }
}
```

例 7.21 中的外部类创建内部类实例与其他类创建对象引用时相同。内部类可以访问它的外部类成员，但内部类的成员只有在内部类的范围之内是可知的，不能被外部类使用。图 7.29 说明了内部类 InnerClass 对象与外部类 OuterClass 对象的关系。

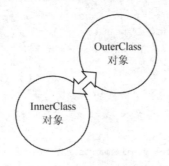

图 7.29　内部类对象与外部类对象的关系

从图 7.29 中可以看出，内部类对象与外部类对象关系非常紧密，内外可以交互使用彼此类中定义的变量。

📢 注意：

> 如果在外部类和非静态方法之外实例化内部类对象，需要使用外部类。内部类的形式指定该对象的类型。

在例 7.21 的主方法中如果不使用 doit()方法返回内部类对象引用，可以直接使用内部类实例化内部类对象，但由于是在主方法中实例化内部类对象，必须在 new 操作符之前提供一个外部类的引用。

例如，在主方法中实例化一个内部类对象。

```
public static void main(String args[]){
    OuterClass out=new OuterClass();
    OuterClass.innerClass in=out.doit();
    OuterClass.innerClass in2=out.new innerClass();          //实例化内部类对象
}
```

从上面代码可以看出，在实例化内部类对象时，不能在 new 操作符之前使用外部类名称实例化

内部类对象，而应该使用外部类的对象来创建其内部类的对象。

🔊 注意：

> 内部类对象会依赖于外部类对象，除非已经存在一个外部类对象，否则类中不会出现内部类对象。

2．内部类向上转型为接口

如果将一个权限修饰符为 private 的内部类向上转型为其父类对象，或者直接向上转型为一个接口，在程序中就可以完全隐藏内部类的具体实现过程。可以在外部提供一个接口，在接口中声明一个方法。如果在实现该接口的内部类中实现该接口的方法，就可以定义多个内部类以不同的方式实现接口中的同一个方法，而在一般的类中是不能多次实现接口中同一个方法的，这种技巧经常被用在 Swing 编程中，可以在一个类中做出多个不同的响应事件（Swing 编程技术会在后文中详细介绍）。

例 7.22　下面修改例 7.21，在项目中创建 InterfaceInner 类，并定义接口 OutInterface，使内部类 InnerClass 实现这个接口，最后使 doit()方法返回值类型为该接口。代码如下：（**实例位置：资源包\code\07\22**）

```java
interface OutInterface {                          //定义一个接口
    public void f();
}
public class InterfaceInner {
    public static void main(String args[]) {
        OuterClass2 out = new OuterClass2();      //实例化一个 OuterClass2 对象
        //调用 doit()方法，返回一个 OutInterface 接口
        OutInterface outinter = out.doit();
        outinter.f();                             //调用 f()方法
    }
}
class OuterClass2 {
    //定义一个内部类实现 OutInterface 接口
    private class InnerClass implements OutInterface {
        InnerClass(String s) {                    //内部类构造方法
            System.out.println(s);
        }
        public void f() {                         //实现接口中的 f()方法
            System.out.println("访问内部类中的 f()方法");
        }
    }
    public OutInterface doit() {                   //定义一个方法，返回值类型 OutInterface
                                                   //接口
        return new InnerClass("访问内部类构造方法");
    }
}
```

在 Eclipse 中运行上述实例，运行结果如图 7.30 所示。

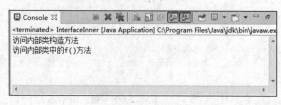

图 7.30　内部类向上转型为接口

从上述实例中可以看出，OuterClass2 类中定义了一个修饰权限为 private 的内部类，这个内部类实现了 OutInterface 接口，然后修改 doit()方法，使该方法返回一个 OutInterface 接口。由于内部类 InnerClass 修饰权限为 private，所以除了 OuterClass2 类可以访问该内部类之外，其他类都不能访问，而可以访问 doit()方法。由于该方法返回一个外部接口类型，这个接口可以作为外部使用的接口。它包含一个 f()方法，在继承此接口的内部类中实现了该方法，如果某个类继承了外部类，由于内部的权限不可以向下转型为内部类 InnerClass，同时也不能访问 f()方法，但是却可以访问接口中的 f()方法。例如，InterfaceInner 类中最后一条语句，接口引用调用 f()方法，从执行结果可以看出，这条语句执行的是内部类中的 f()方法，很好地对继承该类的子类隐藏了实现细节，仅为编写子类的人留下一个接口和一个外部类，同时也可以调用 f()方法，但是 f()方法的具体实现过程却被很好地隐藏了，这就是内部类最基本的用途。

📢 注意：

> 非内部类不能被声明为 private 或 protected 访问类型。

3. 使用 this 关键字获取内部类与外部类的引用

如果在外部类中定义的成员变量与内部类的成员变量名称相同，可以使用 this 关键字。

例 7.23　在项目中创建 TheSameName 类，在类中定义成员变量 x，再定义一个内部类 Inner，在内部类中也创建 x 变量，并在内部类的 doit()方法中分别操作两个 x 变量。关键代码如下：（**实例位置：资源包\code\07\23**）

```java
public class TheSameName {
    private int x;
    private class Inner {
        private int x = 9;
        public void doit(int x) {
            x++;                        //调用的是形参 x
            this.x++;                   //调用内部类的变量 x
            TheSameName.this.x++;       //调用外部类的变量 x
        }
    }
}
```

在类中，如果遇到内部类与外部类的成员变量重名的情况，可以使用 this 关键字进行处理。例如，在内部类中使用 this.x 语句可以调用内部类的成员变量 x，而使用 TheSameName.this.x 语句可以调用外部类的成员变量 x，即使用外部类名称后跟一个点操作符和 this 关键字便可获取外部类的一个引用。

图 7.31 给出了例 7.23 在内存中变量的布局情况。

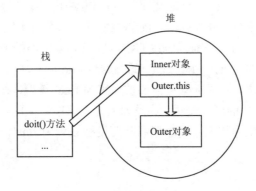

图 7.31　内部类对象与外部类对象在内存中的分布情况

读者应该明确一点，在内存中所有对象均被放置在堆中，方法以及方法中的形参或局部变量放置在栈中。在图 7.31 中，栈中的 doit()方法指向内部类的对象，而内部类的对象与外部类的对象是相互依赖的，Outer.this 对象指向外部类对象。

综上所述，使用成员内部类时，应该遵循以下原则：

（1）可以有各种修饰符，可以用 private、public、protected、static、final、abstract 等修饰；

（2）如果内部类有 static 限定，就是类级别的，否则为对象级别。类级别可以通过外部类直接访问，对象级别需要先生成外部的对象后才能访问；

（3）内外部类不能同名；

（4）非静态内部类中不能声明任何 static 成员；

（5）内部类可以互相调用。

7.6.2 局部内部类

扫一扫，看视频

内部类不仅可以在类中进行定义，也可以在类的局部位置定义，如在类的方法或任意的作用域中均可以定义内部类。

例 7.24　修改例 7.22，将 InnerClass 类放在 doit()方法的内部。关键代码如下：（**实例位置：资源包\code\07\24**）

```java
interface OutInterface2 {                      //定义一个接口
}
class OuterClass3 {
    public OutInterface2 doit(final String x) {      //doit()方法参数为 final 类型
        //在 doit()方法中定义一个内部类
        class InnerClass2 implements OutInterface2 {
            InnerClass2(String s) {
                s = x;
                System.out.println(s);
            }
        }
        return new InnerClass2("doit");
    }
}
```

从上述代码中可以看出，内部类被定义在了 doit()方法内部。但是有一点值得注意，内部类 InnerClass2 是 doit()方法的一部分，并非 OuterClass3 类中的一部分，所以在 doit()方法的外部不能访问该内部类，但是该内部类可以访问当前代码块的常量以及此外部类的所有成员。

有的读者会注意到例 7.24 中的一个修改细节，就是将 doit()方法的参数设置为 final 类型。如果需要在方法体中使用局部变量，该局部变量需要被设置为 final 类型，换句话说，在方法中定义的内部类只能访问方法中 final 类型的局部变量，这是因为在方法中定义的局部变量相当于一个常量，它的生命周期超出方法运行的生命周期，由于该局部变量被设置为 final，所以不能在内部类中改变该局部变量的值。

7.6.3　匿名内部类

下面将例 7.24 中定义的内部类再次进行修改，在 doit()方法中将 return 语句和内部类定义语句合并在一起，下面通过一个实例说明。

例 7.25　在 return 语句中编写返回值为一个匿名内部类。（**实例位置：资源包\code\07\25**）

```java
interface OutInterface2 {                 //定义一个接口
}
class OuterClass4 {
    public OutInterface2 doit() {         //定义 doit()方法
        return new OutInterface2() {      //声明匿名内部类
            private int i = 0;
            public int getValue() {
                return i;
            }
        };
    }
}
```

从例 7.25 中可以看出，笔者将 doit()方法修改得有一些莫名其妙，但这种写法确实被 Java 编译器认可，在 doit()方法内部首先返回一个 OutInterface2 的引用，然后在 return 语句中插入一个定义内部类的代码，由于这个类没有名称，所以这里将该内部类称为匿名内部类。实质上这种内部类的作用就是创建一个实现于 OutInterface2 接口的匿名类的对象。

匿名类的所有实现代码都需要在大括号之间进行编写。语法如下：

```java
return new A(){
    …//内部类体
};
```

其中，A 指类名。

由于匿名内部类没有名称，所以匿名内部类使用默认构造方法来生成 OutInterface2 对象。在匿名内部类定义结束后，需要加分号标识，这个分号并不是代表定义内部类结束的标识，而是代表创建 OutInterface2 引用表达式的标识。

✍ **说明：**

> 匿名内部类编译以后，会产生以"外部类名$序号"为名称的.class 文件，序号以 1~n 排列，分别代表 1~n 个匿名内部类。

使用匿名内部类时应该遵循以下原则：

（1）匿名类没有构造方法；

（2）匿名类不能定义静态的成员；

（3）匿名类不能用 private、public、protected、static、final、abstract 等修饰；

（4）只可以创建一个匿名类实例。

7.6.4　静态内部类

在内部类前添加修饰符static，这个内部类就变为静态内部类了。一个静态内部类中可以声明静态成员，但是在非静态内部类中不可以声明静态成员。静态内部类有一个最大的特点，就是不能使用外部类的非静态成员，所以静态内部类在程序开发中比较少见。

可以这样认为，普通的内部类对象隐式地在外部保存了一个引用，指向创建它的外部类对象，但如果内部类被定义为 static，就会有更多的限制。静态内部类具有以下两个特点：

（1）如果创建静态内部类的对象，不需要创建其外部类的对象；

（2）不能从静态内部类的对象中访问非静态外部类的对象。

例如，定义一个静态内部类 StaticInnerClass，可以使用如下代码：

```java
public class StaticInnerClass {
    int x = 100;
    static class Inner {
        void doitInner() {
            // System.out.println("外部类"+x); // 不能调用外部类的成员变量 x
        }
    }
}
```

上面代码中，在内部类的 doitInner()方法中调用成员变量 x，由于 Inner 被修饰为 static 形式，而成员变量 x 却是非 static 类型的，所以在 doitInner()方法中不能调用 x 变量。

进行程序测试时，如果在每一个 Java 文件中都设置一个主方法，将出现很多额外代码，而程序本身并不需要这些主方法，为了解决这个问题，可以将主方法写入静态内部类中。

例 7.26　在静态内部类中定义主方法。（**实例位置：资源包\code\07\26**）

```java
public class StaticInnerClass {
    int x = 100;
    static class Inner {
        void doitInner() {
            // System.out.println("外部类"+x);
        }
        public static void main(String args[]) {
            System.out.println();
        }
    }
}
```

如果编译例 7.26 中的类，将生成一个名称为 StaticInnerClass$Inner 的独立类和一个 StaticInnerClass 类，只要使用 java StaticInnerClass$Inner，就可以运行主方法中的内容，这样当完成测试，需要将所有.class 文件打包时，只要删除 StaticInnerClass$Inner 独立类即可。

7.6.5　内部类的继承

扫一扫，看视频

内部类和其他普通类一样可以被继承，但是继承内部类比继承普通类复杂，需要设置专门的语法来完成。

例 7.27　在项目中创建 OutputInnerClass 类，使 OutputInnerClass 类继承 ClassA 类中的内部类 ClassB。（**实例位置：资源包\code\07\27**）

```java
public class OutputInnerClass extends ClassA.ClassB {        //继承内部类 ClassB
    public OutputInnerClass(ClassA a) {
        a.super();
```

```
    }
}
class ClassA {
    class ClassB {
    }
}
```

在某个类继承内部类时，必须硬性给予这个类一个带参数的构造方法，并且该构造方法的参数必须是该内部类的外部类引用，就像例子中的 ClassA a，同时在构造方法体中使用 a.super()语句。

7.7 小　　结

通过对本章的学习，读者可以了解继承与多态的机制，掌握重载、类型转换等技术，学会使用接口与抽象类，从而对继承和多态有一个比较深入的了解。另外，本章还介绍了 Java 语言中的包、final 关键字的用法以及内部类，尽管读者已经了解过本章所讲的部分知识点，但还是建议初学者仔细揣摩继承与多态机制，因为继承和多态本身是比较抽象的概念，深入理解需要一段时间，使用多态机制必须扩展自己的编程视野，将编程的着眼点放在类与类之间的共同特性以及关系上，使软件开发具有更快的速度、更完善的代码组织架构，以及更好的扩展性和维护性。

第 8 章 异 常 处 理

在程序设计和运行的过程中，发生错误是不可避免的。尽管 Java 语言的设计从根本上提供了便于写出整洁、安全的代码的方法，并且程序员也尽量地减少错误的产生，但使程序被迫停止的错误仍然不可避免。为此，Java 提供了异常处理机制来帮助程序员检查可能出现的错误，保证了程序的可读性和可维护性。Java 中将异常封装到一个类中，出现错误时，就会抛出异常。本章将介绍异常处理的概念以及如何创建、激活自定义异常等知识。

通过阅读本章，您可以：

- ❯ 了解异常的概念
- ❯ 熟悉异常的两种分类
- ❯ 掌握如何捕捉并处理异常
- ❯ 掌握 throws 和 throw 关键字的使用
- ❯ 熟悉自定义异常
- ❯ 熟悉异常处理的使用原则

8.1 异 常 概 述

在程序中，错误可能产生于程序员没有预料到的各种情况，或者是超出了程序员可控范围的环境因素，如试图打开一个根本不存在的文件等，在 Java 中，这种在程序运行时可能出现的一些错误称为异常。Java 语言的异常处理机制优势之一就是可以将异常情况在方法调用中进行传递，通过传递可以将异常情况传递到合适的位置再进行处理，这种机制类似于现实中发现了火灾，一个人是无法扑灭大火的，那么可以将这种异常情况传递给 119，119 再将这个情况传递给附近的消防队，消防队及时赶到并进行灭火。使用这种处理机制，使得 Java 语言的异常处理更加灵活，Java 语言编写的项目更加稳定。当然，异常处理机制也存在一些弊端，例如，使用异常处理可能会降低程序的执行效率，增加语法复杂度等。接下来通过一个案例认识一下什么是异常。

例 8.1　在项目中创建类 Baulk，在主方法中定义 int 型变量，将 0 作为除数赋值给该变量。（实例位置：资源包\code\08\01）

```java
public class Baulk {                              //创建类 Baulk
    public static void main(String[] args) {      //主方法
        int result = 3 / 0;                       //定义 int 型变量并赋值
        System.out.println(result);               //将变量输出
    }
}
```

运行结果如图 8.1 所示。

程序运行的结果报告发生了算术异常 ArithmeticException（根据给出的错误提示可知发生错误是因为在算术表达式"3/0"中，0 作为除数出现），系统不再执行下去，提前结束。这种情况就是所说的异常。

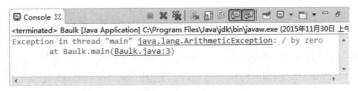

图 8.1 异常效果

有许多异常的例子，如空指针、数组溢出等。由于 Java 语言是一门面向对象的编程语言，因此，异常在 Java 语言中也是作为类的实例的形式出现的。当某一方法中发生错误时，这个方法会创建一个对象，并且把它传递给正在运行的系统。这个对象就是异常对象。通过异常处理机制，可以将非正常情况下的处理代码与程序的主逻辑分离，即在编写代码主流程的同时在其他地方处理异常。

8.2 异常的分类

Java 类库的每个包中都定义了异常类，所有这些类都是 Throwable 类的子类。Throwable 类派生了两个子类，分别是 Error 类和 Exception 类，其中，Error 类及其子类用来描述 Java 运行系统中的内部错误以及资源耗尽的错误，这类错误比较严重。Exception 类称为非致命性类，可以通过捕捉处理使程序继续执行。Exception 类又可以根据错误发生的原因分为运行时异常和非运行时异常。Java 中的异常类继承体系如图 8.2 所示。

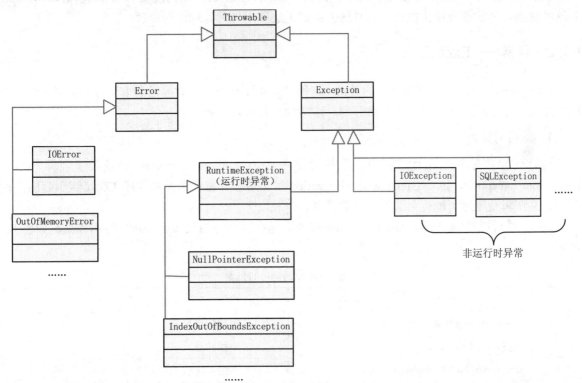

图 8.2 Java 中的异常类继承体系

8.2.1 系统错误——Error

Error 类及其子类通常用来描述 Java 运行系统中的内部错误，该类定义了常规环境下不希望由程序捕获的异常，比如 OutOfMemoryError、ThreadDeath 等，这些错误发生时，Java 虚拟机（JVM）一般会选择线程终止。

例如，下面的代码在控制台中输出"梦想照亮现实"这句话，代码如下：

```
public static void main(String[] args) {
        System.out.println("梦想照亮现实！！！")  //此处缺少必要的分号
    }
```

运行上面代码，出现如图 8.3 所示的错误提示。

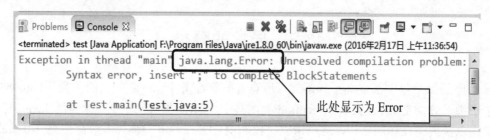

图 8.3　Error 错误

从图 8.3 的提示可以看到显示的异常信息为"java.lang.Error"，说明这是一个系统错误，程序遇到这种错误，通常都会停止执行，而且这类错误无法使用异常处理语句处理。

8.2.2 异常——Exception

Exception 是程序本身可以处理的异常，这种异常主要分为运行时异常和非运行时异常，程序中应当尽可能去处理这些异常，本节将分别对这两种异常进行讲解。

1．运行时异常

运行时异常是程序运行过程中产生的异常，它是 RuntimeException 类及其子类异常，如 NullPointerException、IndexOutOfBoundsException 等，这些异常一般是由程序逻辑错误引起的，程序应该从逻辑角度尽可能避免这类异常的发生。

Java 中提供了常见的 RuntimeException 异常，这些异常可通过 try…catch 语句捕获，如表 8.1 所示。

表 8.1　常见的运行时异常

异 常 类	说 明
ClassCastException	类型转换异常
NullPointerException	空指针异常
ArrayIndexOutOfBoundsException	数组下标越界异常
ArithmeticException	算术异常
ArrayStoreException	数组中包含不兼容的值抛出的异常

（续表）

异 常 类	说 明
NumberFormatException	字符串转换为数字抛出的异常
IllegalArgumentException	非法参数异常
FileSystemNotFoundException	文件系统未找到异常
SecurityException	安全性异常
StringIndexOutOfBoundsException	字符串索引超出范围抛出的异常
NegativeArraySizeException	数组长度为负异常

例如，将一个字符串转换为整型，可以通过 Integer 类的 parseInt()方法来实现。如果该字符串不是数字形式，parseInt()方法就会显示异常，程序将在出现异常的位置终止，不再执行下面的语句。

例 8.2 在项目中创建类 Thundering，在主方法中实现将字符串转换为 int 型。运行程序，系统会报出异常提示。（**实例位置：资源包\code\08\02**）

```java
public class Thundering {                           //创建类
    public static void main(String[] args) {        //主方法
        String str = "lili";                        //定义字符串
        System.out.println(str + "年龄是: ");        //输出的提示信息
        int age = Integer.parseInt("20L");          //数据类型的转换
        System.out.println(age);                    //输出信息
    }
}
```

运行结果如图 8.4 所示。

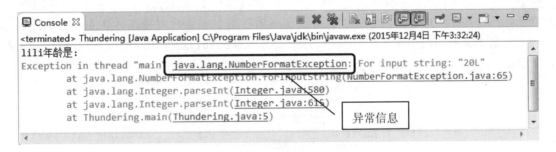

图 8.4 运行时异常

从图 8.4 中可以看出，本实例报出的是 NumberFormatException（字符串转换为数字）异常，该异常实质上是由于开发人员的逻辑错误造成的。

2．非运行时异常

非运行时异常是 RuntimeException 类及其子类异常以外的异常。从程序语法角度讲，这类异常是必须进行处理的异常，如果不处理，程序就不能编译通过，如 IOException、SQLException 以及用户自定义的异常等。

Java 中常见的非运行时异常类如表 8.2 所示。

表8.2　常见的非运行时异常

异　常　类	说　　明
ClassNotFoundException	未找到相应类异常
SQLException	操作数据库异常类
IOException	输入/输出流异常
TimeoutException	操作超时异常
FileNotFoundException	文件未找到异常

例8.3　有一个名为"com.mrsoft"的足球队，现有队员为19名，现在要通过Class.forName（"com.mrsoft.Coach"）这条语句在Coach类中寻找球队的教练，代码如下：（**实例位置：资源包\code\08\03**）

```java
public class FootballTeam {
    private int playerNum;                      // 定义"球员数量"
    private String teamName;                    // 定义"球队名称"
    public FootballTeam()                       // 构造方法 FootballTeam()
    {
        // 寻找"教练"类
        Class.forName("com.mrsoft.Coach");
    }
    public static void main(String[] args) {
        FootballTeam team = new FootballTeam();// 创建对象 team
        team.teamName = "com.mrsoft";           // 初始化 teamName
        team.playerNum = 19;                    // 初始化 playerNum
        System.out.println("\n 球队名称: " + team.teamName + "\n" + "球员数量: " +
team.playerNum + "名");
    }
}
```

在Eclipse中编写完上面代码后，会直接在编辑器中显示错误，将光标移动到显示错误的行上，显示如图8.5所示的提示，这里显示的是ClassNotFoundException异常，并且自动给出两种解决方案。

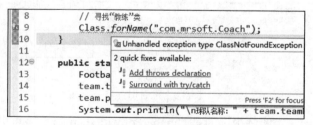

图8.5　非运行时异常

单击编辑器给出的两种方案，代码会自动更正，比如，单击第二种方案，代码会自动修改如下：

```java
public class FootballTeam {
    private int playerNum;                      // 定义"球员数量"
    private String teamName;                    // 定义"球队名称"
    public FootballTeam()                       // 构造方法 FootballTeam()
    {
        // 寻找"教练"类
        try {
```

```
        Class.forName("com.mrsoft.Coach");
    } catch (ClassNotFoundException e) {
        // TODO Auto-generated catch block
        e.printStackTrace();
    }
}
public static void main(String[] args) {
    FootballTeam team = new FootballTeam();        // 创建对象 team
    team.teamName = "com.mrsoft";                   // 初始化 teamName
    team.playerNum = 19;                            // 初始化 playerNum
    System.out.println("\n球队名称: " + team.teamName + "\n" + "球员数量: " +
team.playerNum + "名");
}
}
```

从这里可以看出，对于非运行时异常，必须使用 try…catch 代码块进行处理，或者使用 throws 关键字抛出。

8.3 捕捉处理异常

前面讲解非运行时异常时，提到了系统会自动为非运行时异常提供两种解决方案，一种是使用 throws 关键字，一种是使用 try…catch 代码块，这两种方法都是用来对异常进行处理的，本节首先对 try…catch 代码块进行讲解。

try…catch 代码块主要用来对异常进行捕捉并处理。在实际使用时，该代码块还有一个可选的 finally 代码块，其标准语法如下：

```
try{
    //程序代码块
}
catch(Exceptiontype e){
    //对 Exceptiontype 的处理
}
finally{
    //代码块
}
```

其中，try 代码块中是可能发生异常的 Java 代码；catch 代码块在 try 代码块之后，用来激发被捕获的异常；finally 代码块是异常处理结构的最后执行部分，无论程序是否发生异常，finally 代码块中的代码都将执行，因此，在 finally 代码块中通常放置一些释放资源、关闭对象的代码。

通过 try…catch 代码块的语法可知，捕获处理异常分为 try…catch 代码块和 finally 代码块两部分，下面分别进行讲解。

8.3.1 try…catch 代码块

下面将例 8.2 中的代码进行修改。

例 8.4 在项目中创建类 Take，在主方法中使用 try…catch 代码块将可能出现的异常语句进行

扫一扫，看视频

异常处理。（实例位置：资源包\code\08\04）

```java
public class Take {                                     //创建类
    public static void main(String[] args) {
        try {                                           //try 语句中包含可能出现异常的程序代码
            String str = "lili";                        //定义字符串变量
            System.out.println(str + "年龄是：");        //输出的信息
            int age = Integer.parseInt("20L");          //数据类型转换
            System.out.println(age);
        } catch (Exception e) {                         //catch 代码块用来获取异常信息
            e.printStackTrace();                        //输出异常性质
        }
        System.out.println("program over");             //输出信息
    }
}
```

📢 注意：

Exception 是 try 代码块传递给 catch 代码块的类型，e 是对象名。

运行结果如图 8.6 所示。

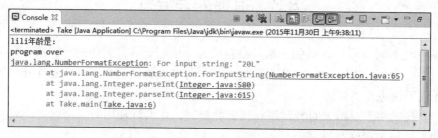

图 8.6　应用 try…catch 代码块对可能出现的异常语句进行处理

从图 8.6 中可以看出，程序仍然输出最后的提示信息，没有因为异常而终止。在例 8.4 中将可能出现异常的代码用 try…catch 代码块进行处理，当 try 代码块中的语句发生异常时，程序就会跳转到 catch 代码块中执行，执行完 catch 代码块中的程序代码后，将继续执行 catch 代码块后的其他代码，而不会执行 try 代码块中发生异常语句后面的代码。由此可知，Java 的异常处理是结构化的，不会因为一个异常影响整个程序的执行。

上面代码中，在 catch 代码块中使用了 Exception 对象的 printStackTrace()方法输出了异常的栈日志，除此之外，Exception 对象还提供了其他的方法用于获取异常的相关信息，其最常用的 3 个方法如下。

（1）getMessage()方法：获取有关异常事件的信息。

（2）toString()方法：获取异常的类型与性质。

（3）printStackTrace()方法：获取异常事件发生时执行堆栈的内容。

📢 注意：

有时为了编程简单会忽略 catch 代码块后的代码，这样 try…catch 语句就成了一种摆设，一旦程序在运行过程中出现了异常，就会导致最终运行结果与期望的不一致，而错误发生的原因很难查找。因此要养成良好的编程习惯，最好在 catch 代码块中写入处理异常的代码。

在例 8.4 中，虽然 try 代码块后面用了一个 catch 代码块来捕捉异常，但是遇到需要处理多种异常信息的情况时，可以在一个 try 代码块后面跟多个 catch 代码块。这里需要注意的是，如果使用了多个 catch 代码块，则 catch 代码块中的异常类顺序是先子类后父类，因为父类的引用可以引用子类的对象，例如，修改例 8.4，使其能够分别捕捉 NumberFormatException 异常和除 NumberFormat Exception 以外的所有异常，即可将代码修改如下：

```java
public class FootballTeam {
    public static void main(String[] args) {
        try {                                   // try 语句中包含可能出现异常的程序代码
            String str = "lili";                // 定义字符串变量
            System.out.println(str + "年龄是: ");// 输出的信息
            int age = Integer.parseInt("20L");  // 数据类型转换
            System.out.println(age);
        } catch (NumberFormatException nfx) {   //捕捉 NumberFormatException 异常
            nfx.printStackTrace();
        } catch (Exception e) {                 // Exception 异常
            e.printStackTrace();
        }
        System.out.println("program over");
    }
}
```

这时如果将两个 catch 代码块的位置互换，即将捕捉 Exception 异常的 catch 代码块放到捕捉 NumberFormatException 异常的 catch 代码块前面，代码如下：

```java
public class FootballTeam {
    public static void main(String[] args) {
        try {                                   // try 语句中包含可能出现异常的程序代码
            String str = "lili";                // 定义字符串变量
            System.out.println(str + "年龄是: ");// 输出的信息
            int age = Integer.parseInt("20L");  // 数据类型转换
            System.out.println(age);
        } catch (Exception e) {                 // Exception 异常
            e.printStackTrace();
        }catch (NumberFormatException nfx) {    // 捕捉 NumberFormatException 异常
            nfx.printStackTrace();
        }
        System.out.println("program over");
    }
}
```

这时 Eclipse 编辑器会出现如图 8.7 所示的错误提示，该错误就是由于使用多个 catch 代码块时，父异常类放在了子异常类前面所引起的。因为 Exception 是所有异常类的父类，如果将 catch (Exception e)代码块放在 catch (NumberFormatException nfx)的前面，后面的代码块将永远得不到执行，也就没有什么意义了，所以 catch 代码块的顺序不可调换。

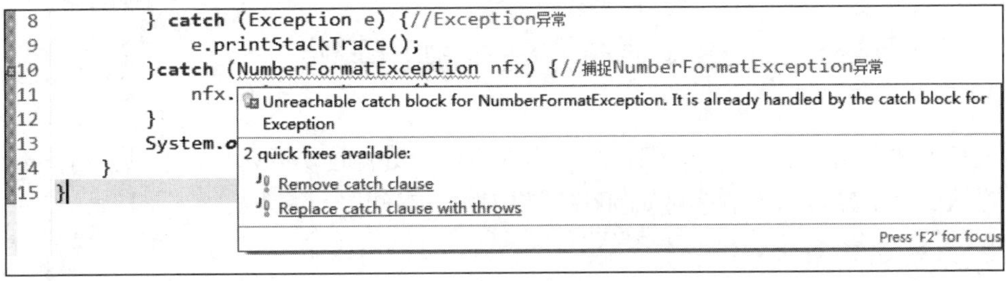

图 8.7　多个 catch 代码块放置顺序不正确的错误提示

8.3.2　finally 代码块

完整的异常处理语句应该包含 finally 代码块，通常情况下，无论程序中有无异常发生，finally 代码块中的代码都可以正常执行。

例 8.5　修改例 8.4，将程序结束的提示信息放到 finally 代码块中，代码如下：（**实例位置：资源包\code\08\05**）

```java
public class Take {                                    //创建类
    public static void main(String[] args) {
        try {                                          //try 语句中包含可能出现异常的程序代码
            String str = "lili";                       //定义字符串变量
            System.out.println(str + "年龄是：");        //输出的信息
            int age = Integer.parseInt("20L");         //数据类型转换
            System.out.println(age);
        } catch (Exception e) {                        //catch 代码块用来获取异常信息
            e.printStackTrace();                       //输出异常性质
        } finally {
            System.out.println("program over");        //输出信息
        }
    }
}
```

运行结果如图 8.8 所示。

```
🔲 Problems  🔲 Console ⌷                  ▣ ✖ 🎇 | 🔏 🔝 🔝 | 🔁 🔁 | 🖃 🕶 ▾ 🗂 ▾ ▭ ▭
<terminated> Take [Java Application] F:\Program Files\Java\jre1.8.0_60\bin\javaw.exe (2016年2月17日 下午3:43:49)
lili年龄是：
java.lang.NumberFormatException: For input string: "20L"
        at java.lang.NumberFormatException.forInputString(Unknown Source)
        at java.lang.Integer.parseInt(Unknown Source)
        at java.lang.Integer.parseInt(Unknown Source)
        at Take.main(Take.java:6)
program over
```

图 8.8　finally 代码块中的代码始终执行

从图 8.8 中可以看出，程序在捕捉完异常信息之后，会执行 finally 代码中的代码。另外，在以下 3 种特殊情况下，finally 块不会被执行。

（1）在 finally 代码块中发生了异常。

（2）在前面的代码中使用了 System.exit() 退出程序。

（3）程序所在的线程死亡。

8.4　在方法中抛出异常

如果某个方法可能会发生异常，但不想在当前方法中处理这个异常，则可以使用 throws、throw 关键字在方法中抛出异常，本节将对如何在方法中抛出异常进行讲解。

8.4.1 使用 throws 关键字抛出异常

throws 关键字通常被应用在声明方法时，用来指定方法可能抛出的异常，多个异常可使用逗号分隔。使用 throws 关键字抛出异常的语法格式为：

```
返回值类型名 方法名（参数表） throws 异常类型名{
    方法体
}
```

例 8.6 在项目中创建类 Shoot，在该类中创建方法 pop()，在该方法中抛出 NegativeArraySize-Exception（试图创建大小为负的数组）异常，在主方法中调用该方法，并实现异常处理。（**实例位置：资源包\code\08\06**）

```java
public class Shoot {                                        //创建类
    static void pop() throws NegativeArraySizeException {
        //定义方法并抛出 NegativeArraySizeException 异常
        int[] arr = new int[-3];                           //创建数组
    }
    public static void main(String[] args) {               //主方法
        try {                                              //try 语句处理异常信息
            pop();                                         //调用 pop()方法
        } catch (NegativeArraySizeException e) {
            System.out.println("pop()方法抛出的异常");      //输出异常信息
        }
    }
}
```

运行结果如图 8.9 所示。

图 8.9 使用 throws 关键字抛出异常

📢 **注意：**

使用 throws 为方法抛出异常时，如果子类继承父类，子类重写方法抛出的异常也要和原父类方法抛出的异常相同或是其异常的子类，除非 throws 异常是 RuntimeException。

✍ **说明：**

如果方法抛出了异常，在调用该方法时，必须为捕捉的方法处理异常，当然，如果使用 throws 关键字将异常抛给上一级后，不想处理该异常，可以继续向上抛出，但最终要有能够处理该异常的代码。例如，例 8.6 的代码中，如果在调用 pop()方法时，没有处理 NegativeArraySizeException 异常，而是处理了其他的异常，比如 NullPointerException 异常，代码修改如下：

```java
try {                                                      // try 语句处理异常信息
    pop();                                                 // 调用 pop()方法
} catch (NullPointerException e) {
    System.out.println("pop()方法抛出的异常");              // 输出异常信息
}
```

运行程序，将会出现如图 8.10 所示的异常提示。

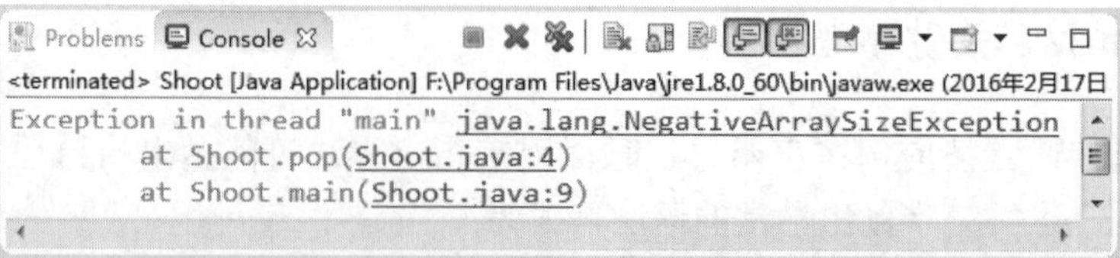

图 8.10　没有为方法抛出相应异常时的提示

而如果将代码修改如下，异常提示即可消失，因为 Exception 类是 NegativeArraySizeException 类的父类，这里相当于将异常交给了 Exception 处理。

```
try {                                              // try 语句处理异常信息
    pop();                                         // 调用 pop()方法
} catch (Exception e) {
    System.out.println("pop()方法抛出的异常");      // 输出异常信息
}
```

8.4.2　使用 throw 关键字抛出异常

扫一扫，看视频

throw 关键字通常用于在方法体中"制造"一个异常，程序在执行到 throw 语句时立即终止，它后面的语句都不执行。使用 throw 关键字抛出异常的语法格式为：

```
throw new 异常类型名(异常信息)
```

throw 通常用于在程序出现某种逻辑错误时，由开发者主动抛出某种特定类型的异常，下面通过一个实例介绍 throw 的用法。

例 8.7　使用 throw 关键字抛出除数为 0 的异常，代码如下：（**实例位置：资源包\code\08\07**）

```
public class ThrowTest {
    public static void main(String[] args) {// 主方法
        int num1 = 25;
        int num2 = 0;
        int result;
        if (num2 == 0)                          // 判断 num2 是否等于 0，如果等于 0，抛出异常
        {
            // 抛出 ArithmeticException 异常
            throw new ArithmeticException("这都不会，小学生都知道：除数不能是 0！！！");
        }
        result = num1 / num2;                    // 计算 int1 除以 int2 的值
        System.out.println("两个数的商为：" + result);
    }
}
```

运行结果如图 8.11 所示。

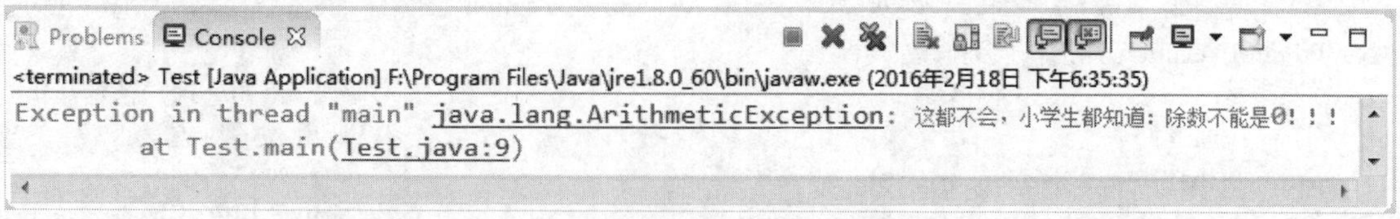

Exception in thread "main" java.lang.ArithmeticException: 这都不会，小学生都知道：除数不能是0！！！
        at Test.main(Test.java:9)

图 8.11　使用 throw 关键字抛出异常

✍ **说明**：

> throw 通常用来抛出用户自定义异常，通过 throw 关键字抛出异常后，如果想在上一级代码中捕获并处理异常，最好在抛出异常的方法声明中使用 throws 关键字指明要抛出的异常；如果要捕捉 throw 抛出的异常，则需要使用 try...catch 代码块。

📁 **多学两招**：

> throws 关键字和 throw 关键字的区别如下。
>
> （1）throws 用在方法声明后面，表示抛出异常，由方法的调用者处理，而 throw 用在方法体内，用来制造一个异常，由方法体内的语句处理。
>
> （2）throws 是声明这个方法会抛出这种类型的异常，以便使它的调用者知道要捕获这个异常，而 throw 是直接抛出一个异常实例。
>
> （3）throws 表示出现异常的一种可能性，并不一定会发生这些异常，如果使用 throw，就一定会产生某种异常。

扫一扫，看视频

8.5 自定义异常

使用 Java 内置的异常类可以描述在编程时出现的大部分异常情况，但是有些情况是通过内置异常类无法识别的，例如，下面的一段代码：

```
int age = -50;
System.out.println("王师傅今年  "+age+" 岁了! ");
```

上面代码运行时没有任何问题，但是大家想一想：人的年龄可能是负数吗？这类问题编译器是无法识别的，但很明显不符合常理，那么，对于这类问题即可通过自定义异常对它们进行处理。Java 中可以通过继承 Exception 类自定义异常类。

在程序中使用自定义异常类，大体可分为以下几个步骤。

（1）创建自定义异常类。

（2）在方法中通过 throw 关键字抛出异常对象。

（3）如果在当前抛出异常的方法中处理异常，可以使用 try...catch 代码块捕获并处理，否则，在方法的声明处通过 throws 关键字指明要抛给方法调用者的异常，继续进行下一步操作。

（4）在出现异常方法的调用者中捕获并处理异常。

有了自定义异常，再来解决年龄为负数的异常问题。

例 8.8 首先在项目中创建一个自定义异常类 Exception，该类继承 Exception，代码如下：（**实例位置：资源包\code\08\08**）

```
public class MyException extends Exception {    //创建自定义异常，继承 Exception 类
    public MyException(String ErrorMessage) {    //构造方法
        super(ErrorMessage);                      //父类构造方法
    }
}
```

在项目中创建类 Tran，该类中创建一个带有 int 型参数的方法 avg()，该方法用来检查年龄是否小于 0，如果小于 0，则使用 throw 关键字抛出一个自定义的 MyException 异常对象，并在 main() 方法中捕捉该异常。代码如下：

```
public class Tran {
```

```
// 定义方法，抛出自定义的异常
static void avg(int age) throws MyException {
    if (age < 0) {                                    // 判断方法中参数是否满足指定
                                                         条件
        throw new MyException("年龄不可以使用负数");  // 错误信息
    } else {
        System.out.println("王师傅今年  " + age + " 岁了！");
    }
}
public static void main(String[] args) {              // 主方法
    try {                                             // try 代码块处理可能出现异常
                                                         的代码
        avg(-50);
    } catch (MyException e) {
        e.printStackTrace();
    }
}
}
```

运行程序，如果年龄小于 0，则显示自定义的异常信息，结果如图 8.12 所示。

图 8.12　显示自定义异常信息

自定义异常主要用在以下场合。

（1）使异常信息更加具体，比如跟别人合作开发时，程序出现了空指针异常，但别人可能不清楚这个空指针是如何产生的，这时即可自定义一个显示具体信息的异常，比如自定义一个用户信息为空时抛出的异常：NullOfUserInfoException，当这个异常发生就代表用户填写的信息不完整。

（2）程序中有些错误是符合 Java 语法的，但不符合业务逻辑或者实际情况，比如程序中出现了一个人的年龄是负数、人员个数为小数等。

（3）在分层的软件架构中，通常在表现层统一对系统其他层次的异常进行捕获处理。

8.6　异常的使用原则

Java 异常强制用户去考虑程序的强健性和安全性。异常处理不应该用来控制程序的正常流程，其主要作用是捕获程序在运行时发生的异常并进行相应的处理。编写代码处理某个方法可能出现的异常时，可遵循以下原则。

（1）不要过度使用异常。虽然通过异常可以增强程序的健壮性，但如果使用过多不必要的异常处理，可能会影响程序的执行效率。

（2）不要使用过于庞大的 try…catch 块。在一个 try 块中放置大量的代码，这种写法看上去"很简单"，但是由于 try 块中的代码过于庞大，业务过于复杂，会造成 try 块中出现异常的可能性大大增加，从而导致分析异常原因的难度也大大增加。

（3）避免使用 catch(Exception e)。因为如果所有异常都采用相同的处理方式，将导致无法对不同异常分情况处理；另外，这种捕获方式可能将程序中的全部错误、异常捕获到，这时如果出现一些"关键"异常，可能会被"悄悄地"忽略掉。

（4）不要忽略捕捉到的异常，遇到异常一定要及时处理。

（5）如果父类抛出多个异常，则覆盖方法必须抛出相同的异常或其异常的子类，不能抛出新异常。

8.7 小 结

本章向读者介绍的是 Java 中的异常处理机制。通过本章的学习读者应了解异常的概念，几种常见的异常类，掌握异常处理技术，以及如何创建、激活用户自定义的异常处理器。Java 中的异常处理是通过 try…catch 语句来实现的，也可以使用 throws 语句向上抛出。建议读者不要随意将异常抛出，凡是由自身引起的异常，都要积极处理；若不是自身引起的异常，则及时交给上层代码来处理。对于异常处理的使用原则，读者也应该理解。

扫一扫，看视频

第 9 章　Java 常用类

为了方便 Java 程序的开发，Java 的类包中提供了一些常用类供开发人员使用，比如将基本数据类型封装起来的包装类、解决常见数学问题的 Math 类、生成随机数的 Random 类，以及处理日期时间的相关类，本章将对这些 Java 中常用的类进行讲解。

通过阅读本章，您可以：

- 掌握 Integer 对象的创建以及 Integer 类提供的各种方法
- 掌握 Double 对象的创建以及 Double 类提供的各种方法
- 掌握 Boolean 对象的创建以及 Boolean 类提供的各种方法
- 掌握 Character 对象的创建以及 Character 类提供的各种方法
- 了解所有数字类的父类 Number
- 掌握 Math 类中的各种数学运算方法
- 掌握如何在程序中生成任意范围内的随机数
- 熟悉日期时间类的使用方法

9.1 包 装 类

扫一扫，看视频

Java 是一种面向对象的语言，但在 Java 中不能定义基本数据类型的对象，为了能将基本数据类型视为对象进行处理，Java 提出了包装类的概念，它主要是将基本数据类型封装在包装类中，如 int 型数值的包装类 Integer，boolean 型的包装类 Boolean 等，这样便可以把这些基本数据类型转换为对象进行处理。Java 中的包装类及其对应的基本数据类型如表 9.1 所示。

表 9.1　包装类及其对应的基本数据类型

包　装　类	对应基本数据类型	包　装　类	对应基本数据类型
Byte	byte	Short	short
Integer	int	Long	long
Float	float	Double	double
Character	char	Boolean	boolean

✍ 说明：

Java 是可以直接处理基本数据类型的，但在有些情况下需要将其作为对象来处理，这时就需要将其转换为包装类了，这里的包装类相当于基本数据类型与对象类型之间的一个桥梁。由于包装类和基本数据类型间的转换，引入了装箱和拆箱的概念：装箱就是将基本数据类型转换为包装类，而拆箱就是将包装类转换为基本数据类型，这里只需要简单了解这两个概念即可。

9.1.1 Integer 类

java.lang 包中的 Integer 类、Byte 类、Short 类和 Long 类，分别将基本数据类型 int、byte、short 和 long 封装成一个类，由于这些类都是 Number 的子类，区别就是封装不同的数据类型，其包含的方法基本相同，所以本节以 Integer 类为例介绍整数包装类。

Integer 类在对象中包装了一个基本数据类型 int 的值，该类的对象包含一个 int 类型的字段，此外，该类提供了多个方法，能在 int 类型和 String 类型之间互相转换，同时还提供了其他一些处理 int 类型时非常有用的常量和方法。

1．构造方法

Integer 类有以下两种构造方法。

（1）Integer（int number）

该方法以一个 int 型变量作为参数来获取 Integer 对象。

例如，以 int 型变量作为参数创建 Integer 对象，代码如下：

```
Integer number = new Integer(7);
```

（2）Integer（String str）

该方法以一个 String 型变量作为参数来获取 Integer 对象。

例如，以 String 型变量作为参数创建 Integer 对象，代码如下：

```
Integer number = new Integer("45");
```

📢 注意：

如果要使用字符串变量创建 Integer 对象，字符串变量的值一定要是数值型的，如"123"，否则将会抛出 NumberFormatException 异常。

2．常用方法

Integer 类的常用方法如表 9.2 所示。

表 9.2　Integer 类的常用方法

方　　法	返　回　值	功　能　描　述
valueOf(String str)	Integer	返回保存指定的 String 值的 Integer 对象
parseInt(String str)	int	返回包含在由 str 指定的字符串中的数字的等价整数值
toString()	String	返回一个表示该 Integer 值的 String 对象（可以指定进制基数）
toBinaryString(int i)	String	以二进制无符号整数形式返回一个整数参数的字符串表示形式
toHexString(int i)	String	以十六进制无符号整数形式返回一个整数参数的字符串表示形式
toOctalString(int i)	String	以八进制无符号整数形式返回一个整数参数的字符串表示形式
equals(Object IntegerObj)	boolean	比较此对象与指定的对象是否相等
intValue()	int	以 int 型返回此 Integer 对象
shortValue()	short	以 short 型返回此 Integer 对象
byteValue()	byte	以 byte 类型返回此 Integer 的值
compareTo(Integeranother Integer)	int	在数字上比较两个 Integer 对象。如果这两个值相等，则返回 0；如果调用对象的数值小于 anotherInteger 的数值，则返回负值；如果调用对象的数值大于 anotherInteger 的数值，则返回正值

下面通过一个实例演示 Integer 类的常用方法的使用。

例 9.1 创建一个 Demo 类，其中首先使用 Integer 类的 parseInt 方法将一个字符串转换为 int 数据；然后创建一个 Integer 对象，并调用其 equals 方法与转换的 int 数据进行比较；最后演示使用 Integer 类的 toBinaryString 方法、toHexString 方法、toOctalString 方法和 toString 方法将 int 数据转换为二进制、十六进制、八进制和不常使用的十五进制表示形式。代码如下：（**实例位置：资源包\ code\09\01**）

```java
public class Demo {
    public static void main(String[] args) {
        int num = Integer.parseInt("456");              // 将字符串转换为 int 类型
        Integer iNum = Integer.valueOf("456");          // 通过构造函数创建一个
Integer 对象
        System.out.println("int 数据与 Integer 对象的比较: " + iNum.equals(num));
        String str2 = Integer.toBinaryString(num);      // 获取数字的二进制表示
        String str3 = Integer.toHexString(num);         // 获取数字的十六进制表示
        String str4 = Integer.toOctalString(num);       // 获取数字的八进制表示
        String str5 = Integer.toString(num, 15);        // 获取数字的十五进制表示
        System.out.println("456 的二进制表示为: " + str2);
        System.out.println("456 的十六进制表示为: " + str3);
        System.out.println("456 的八进制表示为: " + str4);
        System.out.println("456 的十五进制表示为: " + str5);
    }
}
```

运行结果如图 9.1 所示。

3. 常量

Integer 类提供了以下 4 个常量：

- ➔ MAX_VALUE：表示 int 类型可取的最大值，即 $2^{31}-1$。
- ➔ MIN_VALUE：表示 int 类型可取的最小值，即 -2^{31}。
- ➔ SIZE：用来以二进制补码形式表示 int 值的位数。
- ➔ TYPE：表示基本类型 int 的 Class 实例。

例 9.2 在项目中创建类 GetCon，在主方法中实现将 Integer 类的常量值输出。（**实例位置：资源包\code\09\02**）

图 9.1　Integer 类的使用

```java
public class GetCon {                                      //创建类 GetCon
    public static void main(String args[]) {               //主方法
        int maxint = Integer.MAX_VALUE;                    //获取 Integer 类的常量值
        int minint = Integer.MIN_VALUE;
        int intsize = Integer.SIZE;
        System.out.println("int 类型可取的最大值是: " + maxint);  //将常量值输出
        System.out.println("int 类型可取的最小值是: " + minint);
        System.out.println("int 类型的二进制位数是: " + intsize);
    }
}
```

运行结果如图 9.2 所示。

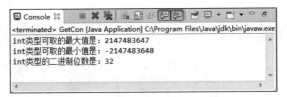

图 9.2　获取 Integer 类的常量值

扫一扫，看视频

9.1.2　Double 类

Double 类和 Float 类是对 double、float 基本类型的封装，它们都是 Number 类的子类，都是对小数进行操作，所以常用方法基本相同，本节将对 Double 类进行介绍。对于 Float 类可以参考 Double 类的相关介绍。

Double 类在对象中包装一个基本类型为 double 的值，每个 Double 类的对象都包含一个 double 类型的字段。此外，该类还提供多个方法，可以将 double 转换为 String，将 String 转换为 double，也提供了其他一些处理 double 时有用的常量和方法。

1. 构造方法

Double 类提供了以下两种构造方法来获得 Double 类对象。

（1）Double(double value)

基于 double 参数创建 Double 类对象。

例如，以 double 型变量作为参数创建 Double 对象，代码如下：

```
Double number = new Double(3.14);
```

（2）Double(String str)

该方法以一个 String 型变量作为参数来获取 Double 对象。

例如，以 String 型变量作为参数创建 Double 对象，代码如下：

```
Double number = new Double("3.14");
```

2. 常用方法

Double 类的常用方法如表 9.3 所示。

表 9.3　Double 类的常用方法

方　　法	返　回　值	功　能　描　述
valueOf(String str)	Double	返回保存用参数字符串 str 表示的 double 值的 Double 对象
parseDouble(String s)	double	返回一个新的 double 值，该值被初始化为用指定 String 表示的值，这与 Double 类的 valueOf 方法一样
doubleValue()	double	以 double 形式返回此 Double 对象
isNaN()	boolean	如果此 double 值是非数字（NaN）值，则返回 true；否则返回 false
intValue()	int	以 int 形式返回 double 值
byteValue()	byte	以 byte 形式返回 Double 对象值（通过强制转换）
longValue()	long	以 long 形式返回此 double 的值（通过强制转换为 long 类型）

（续表）

方　　法	返　回　值	功　能　描　述
compareTo(Double d)	int	对两个 Double 对象进行数值比较。如果两个值相等，则返回 0；如果调用对象的数值小于 d 的数值，则返回负值；如果调用对象的数值大于 d 的值，则返回正值
equals(Object obj)	boolean	将此对象与指定的对象相比较
toString()	String	返回此 Double 对象的字符串表示形式
toHexString(double d)	String	返回 double 参数的十六进制字符串表示形式

下面通过一个实例演示 Double 类的常用方法的使用。

例 9.3　创建一个 useDouble 类，其中首先使用 Double 类的 valueOf 方法创建一个 Double 对象，然后使用 Double 类的常用方法对该对象进行操作，并查看它们的显示结果。代码如下：（**实例位置：资源包\code\09\03**）

```java
public class useDouble {
    public static void main(String[] args) {
        Double dNum = Double.valueOf("3.14"); // 通过构造函数创建一个 Double 对象
        System.out.println("3.14 是否为非数字值: " + Double.isNaN(dNum.doubleValue()));
// 判断是否为非数字值
        System.out.println("3.14 转换为 int 值为: " + dNum.intValue());// 转换为 int 类型
        System.out.println("值为 3.14 的 Double 对象与 3.14 的比较结果:" + dNum.equals(3.14));
// 判断大小
        System.out.println("3.14 的十六进制表示为: " + Double.toHexString(dNum));
// 转换为十六进制
    }
}
```

运行结果如图 9.3 所示。

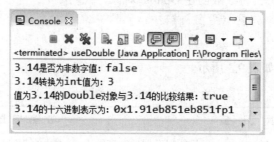

图 9.3　Double 类的使用

3. 常量

Double 类主要提供了以下常量：

（1）MAX_EXPONENT：返回 int 值，表示有限 double 变量可能具有的最大指数。

（2）MIN_EXPONENT：返回 int 值，表示标准化 double 变量可能具有的最小指数。

（3）NEGATIVE_INFINITY：返回 double 值，表示保存 double 类型的负无穷大值的常量。

（4）POSITIVE_INFINITY：返回 double 值，表示保存 double 类型的正无穷大值的常量。

扫一扫，看视频

9.1.3 Boolean 类

Boolean 类将基本类型为 boolean 的值包装在一个对象中。一个 Boolean 类型的对象只包含一个类型为 boolean 的字段。此外，此类还为 boolean 和 String 的相互转换提供了许多方法，并提供了处理 boolean 时非常有用的其他一些常量和方法。

1．构造方法

Boolean 类提供了以下两种构造方法来获得 Boolean 类对象。

（1）Boolean(boolean value)

该方法创建一个表示 value 参数的 Boolean 对象。

例如，创建一个表示 value 参数的 Boolean 对象，代码如下：

```
Boolean b = new Boolean(true);
```

（2）Boolean(String str)

该方法以 String 变量作为参数创建 Boolean 对象。如果 String 参数不为 null 且在忽略大小写时等于 true，则分配一个表示 true 值的 Boolean 对象，否则获得一个 false 值的 Boolean 对象。

例如，以 String 变量作为参数，创建 Boolean 对象。代码如下：

```
Boolean bool = new Boolean("ok");
```

2．常用方法

Boolean 类的常用方法如表 9.4 所示。

表 9.4 Boolean 类的常用方法

方　　法	返　回　值	功　能　描　述
booleanValue()	boolean	将 Boolean 对象的值以对应的 boolean 值返回
equals(Object obj)	boolean	判断调用该方法的对象与 obj 是否相等。当且仅当参数不是 null，而且与调用该方法的对象一样都表示同一个 boolean 值的 Boolean 对象时，才返回 true
parseBoolean(String s)	boolean	将字符串参数解析为 boolean 值
toString()	String	返回表示该 boolean 值的 String 对象
valueOf(String s)	boolean	返回一个用指定的字符串表示值的 boolean 值

例 9.4　在项目中创建类 GetBoolean，在主方法中以不同的构造方法创建 Boolean 对象，并调用 booleanValue()方法将创建的对象重新转换为 boolean 数据输出。（**实例位置：资源包\code\09\04**）

```
public class GetBoolean {                          //创建类 GetBoolean
    public static void main(String args[]) {       //主方法
        Boolean b1 = new Boolean(true);            //创建 Boolean 对象
        Boolean b2 = new Boolean("ok");            //创建 Boolean 对象
        System.out.println("b1: " + b1.booleanValue());
        System.out.println("b2: " + b2.booleanValue());
    }
}
```

运行结果如图 9.4 所示。

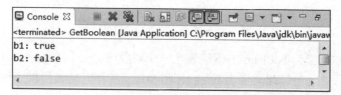

图 9.4　Boolean 类的使用

3. 常量

Boolean 提供了以下 3 个常量：

（1）TRUE：对应基值 true 的 Boolean 对象。

（2）FALSE：对应基值 false 的 Boolean 对象。

（3）TYPE：基本类型 boolean 的 Class 对象。

扫一扫，看视频

9.1.4　Character 类

Character 类在对象中包装一个基本类型为 char 的值，该类提供了多种方法，以确定字符的类别（小写字母、数字等），并可以很方便地将字符从大写转换成小写，反之亦然。

1. 构造方法

Character 类的构造方法语法如下：

```
Character(char value)
```

该类的构造方法的参数必须是一个 char 类型的数据。通过该构造方法将一个 char 类型数据包装成一个 Character 类对象。一旦 Character 类被创建，它包含的数值就不能改变了。

例如，以 char 型变量作为参数，创建 Character 对象。代码如下：

```
Character mychar = new Character('s');
```

2. 常用方法

Character 类提供了很多方法来完成对字符的操作，常用的方法如表 9.5 所示。

表 9.5　Character 类的常用方法

方　　法	返　回　值	功　能　描　述
compareTo(Character anotherCharacter)	int	根据数字比较两个 Character 对象，若这两个对象相等则返回 0
equals(Object obj)	Boolean	将调用该方法的对象与指定的对象相比较
toUpperCase(char ch)	char	将字符参数转换为大写
toLowerCase(char ch)	char	将字符参数转换为小写
toString()	String	返回一个表示指定 char 值的 String 对象
charValue()	char	返回此 Character 对象的值
isUpperCase(char ch)	boolean	判断指定字符是否是大写字符
isLowerCase(char ch)	boolean	判断指定字符是否是小写字符
isLetter(char ch)	boolean	判断指定字符是否为字母
isDigit(char ch)	boolean	判断指定字符是否为数字

下面通过实例来介绍 Character 类的大小写转换方法的使用，其他方法的使用与其类似。

例 9.5 在项目中创建类 UpperOrLower，在主方法中创建 Character 类的对象，通过判断字符的大小写状态确认将其转换为大写还是小写。代码如下：（**实例位置：资源包\code\09\05**）

```java
public class UpperOrLower {
    public static void main(String args[]) {                  // 主方法
        Character mychar1 = new Character('A');               // 声明 Character 对象
        Character mychar2 = new Character('a');               // 声明 Character 对象
        if (Character.isUpperCase(mychar1)) {                 // 判断是否为大写字母
            System.out.println(mychar1 + "是大写字母 ");
            System.out.println("转换为小写字母的结果: " + Character.toLowerCase(mychar1));
                                                              // 转换为小写
        }
        if (Character.isLowerCase(mychar2)) {                 // 判断是否为小写字母
            System.out.println(mychar2 + "是小写字母");
            System.out.println("转换为大写字母的结果: " + Character.toUpperCase(mychar2));
                                                              // 转换为大写
        }
    }
}
```

运行结果如图 9.5 所示。

3. 常量

Character 类提供了大量表示特定字符的常量，例如：

（1）CONNECTOR_PUNCTUATION：返回 byte 型值，表示 Unicode 规范中的常规类别"Pc"。

（2）UNASSIGNED：返回 byte 型值，表示 Unicode 规范中的常规类别"Cn"。

（3）TITLECASE_LETTER：返回 byte 型值，表示 Unicode 规范中的常规类别"Lt"。

图 9.5 通过 Character 类对字符串进行大小写转换

✍ **说明：**

Character 类提供的常量有很多，详细列表可查看 Java API 文档。

扫一扫，看视频

9.1.5 Number 类

前面介绍了 Java 中的包装类，对于数值型的包装类，它们有一个共同的父类——Number 类，该类是一个抽象类，它是 Byte、Integer、Short、Long、Float 和 Double 类的父类，其子类必须提供将表示的数值转换为 byte、int、short、long、float 和 double 的方法。例如，doubleValue()方法返回双精度值，floatValue()方法返回浮点值，这些方法如表 9.6 所示。

Number 类的方法分别被 Number 的各子类所实现，也就是说，在 Number 类的所有子类中都包含以上这几种方法。

表 9.6　数值型包装类的共有方法

方　　法	返　回　值	功　能　描　述
byteValue()	byte	以 byte 形式返回指定的数值
intValue()	int	以 int 形式返回指定的数值
floatValue()	float	以 float 形式返回指定的数值
shortValue()	short	以 short 形式返回指定的数值
longValue()	long	以 long 形式返回指定的数值
doubleValue()	double	以 double 形式返回指定的数值

扫一扫，看视频

9.2　Math 类

前面的章节我们学习过+、−、*、/、%等基本的算术运算符，使用它们可以进行基本的数学运算，但是，如果我们碰到一些复杂的数学运算，该怎么办呢？Java 中提供了一个执行数学基本运算的 Math 类，该类包括常用的数学运算方法，如三角函数方法、指数函数方法、对数函数方法、平方根函数方法等一些常用数学函数，除此之外还提供了一些常用的数学常量，如 PI、E 等。本节将介绍 Math 类以及其中的一些常用方法。

9.2.1　Math 类概述

Math 类表示数学类，它位于 java.lang 包中，由系统默认调用，该类中提供了众多数学函数方法，主要包括三角函数方法，指数函数方法，取整函数方法，取最大值、最小值以及绝对值函数方法，这些方法都被定义为 static 形式，因此在程序中可以直接通过类名进行调用。使用形式如下：

```
Math.数学方法
```

在 Math 类中除了函数方法之外还存在一些常用的数学常量，如 PI、E 等，这些数学常量作为 Math 类的成员变量出现，调用起来也很简单。可以使用如下形式调用：

```
Math.PI                 //表示圆周率 PI 的值
Math.E                  //表示自然对数底数 e 的值
```

例如，下面代码用来分别输出 PI 和 E 的值。代码如下：

```
System.out.println("圆周率 π 的值为：" + Math.PI);
System.out.println("自然对数底数 e 的值为：" + Math.E);
```

上面代码的输出结果为：

```
圆周率 π 的值为：3.141592653589793
自然对数底数 e 的值为：2.718281828459045
```

9.2.2　常用数学运算方法

Math 类中的常用数学运算方法较多，大致可以将其分为 4 大类别，分别为三角函数方法，指数函数方法，取整函数方法以及取最大值、最小值和绝对值函数方法，下面分别进行介绍。

1．三角函数方法

Math 类中包含的三角函数方法如表 9.7 所示。

表 9.7　Math 类中的三角函数方法

方　　法	返　回　值	功　能　描　述
sin(double a)	double	返回角的三角正弦
cos(double a)	double	返回角的三角余弦
tan(double a)	double	返回角的三角正切
asin(double a)	double	返回一个值的反正弦
acos(double a)	double	返回一个值的反余弦
atan(double a)	double	返回一个值的反正切
toRadians(double angdeg)	double	将角度转换为弧度
toDegrees(double angrad)	double	将弧度转换为角度

以上每个方法的参数和返回值都是 double 型的，将这些方法的参数的值设置为 double 型是有一定道理的，参数以弧度代替角度来实现，其中 1° 等于 $\pi/180$ 弧度，所以 180° 可以使用 π 弧度来表示。除了可以获取角的正弦、余弦、正切、反正弦、反余弦、反正切之外，Math 类还提供了角度和弧度相互转换的方法 toRadians() 和 toDegrees()。但需要注意的是，角度与弧度的转换通常是不精确的。

例 9.6　在项目中创建 TrigonometricFunction 类，在类的主方法中调用 Math 类提供的各种三角函数运算方法，并输出运算结果。（**实例位置：资源包\code\09\06**）

```java
public class TrigonometricFunction {
    public static void main(String[] args) {
        //取 90° 的正弦
        System.out.println("90 度的正弦值: " + Math.sin(Math.PI / 2));
        System.out.println("0 度的余弦值: " + Math.cos(0));   //取 0° 的余弦
        //取 60° 的正切
        System.out.println("60 度的正切值: " + Math.tan(Math.PI / 3));
        //取 2 的平方根与 2 商的反正弦
        System.out.println("2 的平方根与 2 商的反弦值: "
                + Math.asin(Math.sqrt(2) / 2));
        //取 2 的平方根与 2 商的反余弦
        System.out.println("2 的平方根与 2 商的反余弦值: "
                + Math.acos(Math.sqrt(2) / 2));
        System.out.println("1 的反正切值: " + Math.atan(1)); //取 1 的反正切
        //取 120° 的弧度值
        System.out.println("120 度的弧度值: " + Math.toRadians(120.0));
        //取 π/2 的角度
        System.out.println("π/2 的角度值: " + Math.toDegrees(Math.PI / 2));
    }
}
```

在 Eclipse 中运行上述代码，运行结果如图 9.6 所示。

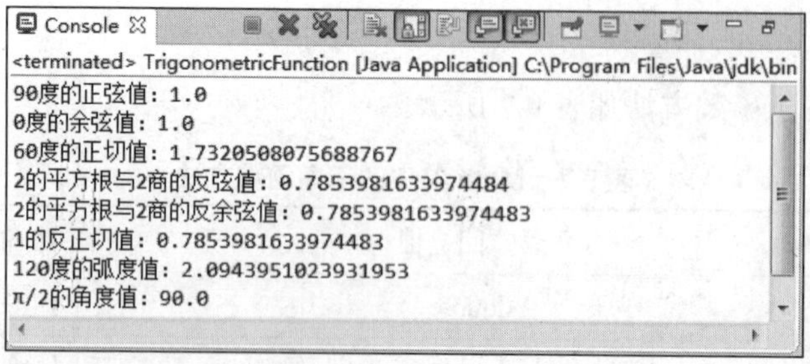

图 9.6　在程序中使用三角函数方法

通过运行结果可以看出，90°的正弦值为 1，0°的余弦值为 1，60°的正切与 Math.sqrt(3)的值应该是一致的，也就是取 3 的平方根。在结果中可以看到第 4~6 行的值是基本相同的，这个值换算后正是 45°，也就是获取的 Math.sqrt(2)/2 反正弦、反余弦值与 1 的反正切值都是 45°。最后两行打印语句实现的是角度和弧度的转换，其中 Math.toRadians(120.0)语句是获取 120°的弧度值，而Math. toDegrees(Math.PI/2)语句是获取 π/2 的角度。读者可以将这些具体的值使用 π 的形式表示出来，与上述结果应该是基本一致的，这些结果不能做到十分精确，因为 π 本身也是一个近似值。

2. 指数函数方法

Math 类中与指数相关的函数方法如表 9.8 所示。

表 9.8　Math 类中的与指数相关的函数方法

方　　法	返　回　值	功　能　描　述
exp(double a)	double	用于获取 e 的 a 次方，即取 e^a
double log(double a)	double	用于取自然对数，即取 lna 的值
double log10(double a)	double	用于取底数为 10 的对数
sqrt(double a)	double	用于取 a 的平方根，其中 a 的值不能为负值
cbrt(double a)	double	用于取 a 的立方根
pow(double a,double b)	double	用于取 a 的 b 次方

指数运算包括求方根、取对数以及求 n 次方的运算。为了使读者更好地理解这些指数函数方法的用法，下面举例说明。

例9.7　在项目中创建 ExponentFunction 类，在类的主方法中调用 Math 类中的方法实现指数函数的运算，并输出运算结果。（**实例位置：资源包\code\09\07**）

```java
public class ExponentFunction {
    public static void main(String[] args) {
        System.out.println("e 的平方值：" + Math.exp(2));         //取 e 的 2 次方
        //取以 e 为底 2 的对数
        System.out.println("以 e 为底 2 的对数值：" + Math.log(2));
        //取以 10 为底 2 的对数
        System.out.println("以 10 为底 2 的对数值：" + Math.log10(2));
        System.out.println("4 的平方根值：" + Math.sqrt(4));       //取 4 的平方根
        System.out.println("8 的立方根值：" + Math.cbrt(8));       //取 8 的立方根
        System.out.println("2 的 2 次方值：" + Math.pow(2, 2));    //取 2 的 2 次方
    }
}
```

在 Eclipse 中运行本实例，运行结果如图 9.7 所示。

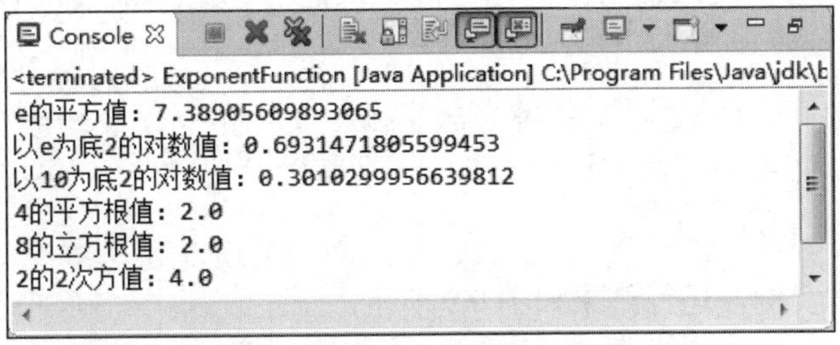

Console
<terminated> ExponentFunction [Java Application] C:\Program Files\Java\jdk\
e的平方值：7.38905609893065
以e为底2的对数值：0.6931471805599453
以10为底2的对数值：0.3010299956639812
4的平方根值：2.0
8的立方根值：2.0
2的2次方值：4.0

图 9.7 在程序中使用指数函数方法

3．取整函数方法

在具体的问题中，取整操作使用也很普遍，所以 Java 在 Math 类中添加了数字取整方法。Math 类中常用的取整方法如表 9.9 所示。

表 9.9 Math 类中常用的取整方法

方　法	返　回　值	功 能 描 述
ceil(double a)	double	返回大于等于参数的最小整数
floor(double a)	double	返回小于等于参数的最大整数
rint(double a)	double	返回与参数最接近的整数，如果两个同为整数且同样接近，则结果取偶数
round(float a)	double	将参数加上 0.5 后返回与参数最近的整数
round(double a)	double	将参数加上 0.5 后返回与参数最近的整数，然后强制转换为长整型

下面以 1.5 作为参数，演示使用取整方法后的返回值，在坐标轴上表示如图 9.8 所示。

Math.rint(1.5)
1.0
1.5
2.0
Math.floor(1.5)
Math.ceil(1.5)

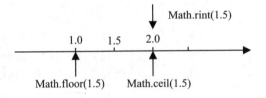

图 9.8 取整函数的返回值

注意：

由于数 1.0 和数 2.0 距离数 1.5 都是 0.5 个单位长度，因此 Math.rint 返回偶数 2.0。

下面举例说明 Math 类中取整方法的使用。

例 9.8 在项目中创建 IntFunction 类，在类的主方法中调用 Math 类中的方法实现取整函数的运算，并输出运算结果。（**实例位置：资源包\code\09\08**）

```
public class IntFunction {
    public static void main(String[] args) {
        //返回第一个大于等于参数的整数
        System.out.println("使用 ceil()方法取整：" + Math.ceil(5.2));
        //返回第一个小于等于参数的整数
        System.out.println("使用 floor()方法取整：" + Math.floor(2.5));
        //返回与参数最接近的整数
        System.out.println("使用 rint()方法取整：" + Math.rint(2.7));
```

```
    //返回与参数最接近的整数
    System.out.println("使用 rint()方法取整：" + Math.rint(2.5));
    //将参数加上 0.5 后返回最接近的整数
    System.out.println("使用 round()方法取整：" + Math.round(3.4f));
    //将参数加上 0.5 后返回最接近的整数，并将结果强制转换为长整型
    System.out.println("使用 round()方法取整：" + Math.round(2.5));
    }
}
```

在 Eclipse 中运行本实例，运行结果如图 9.9 所示。

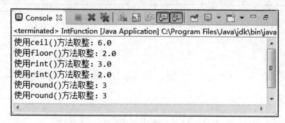

图 9.9　在程序中使用取整函数方法

4．取最大值、最小值、绝对值函数方法

Math 类还有一些常用的数据操作方法，比如取最大值、最小值、绝对值等，它们的说明如表 9.10
所示。

表 9.10　Math 类中其他的常用数据操作方法

方　　法	返　回　值	功　能　描　述
max(double a,double b)	double	取 a 与 b 之间的最大值
min(int a,int b)	int	取 a 与 b 之间的最小值，参数为整型
min(long a,long b)	long	取 a 与 b 之间的最小值，参数为长整型
min(float a,float b)	float	取 a 与 b 之间的最小值，参数为浮点型
min(double a,double b)	double	取 a 与 b 之间的最小值，参数为双精度型
abs(int a)	int	返回整型参数的绝对值
abs(long a)	long	返回长整型参数的绝对值
abs(f loat a)	float	返回浮点型参数的绝对值
abs(double a)	double	返回双精度型参数的绝对值

下面举例说明上述方法的使用。

例 9.9　在项目中创建 AnyFunction 类，在类的主方法中调用 Math 类中的方法实现求两数的最
大值、最小值和取绝对值运算，并输出运算结果。（**实例位置：资源包\code\09\09**）

```
public class AnyFunction {
    public static void main(String[] args) {
        System.out.println("4 和 8 较大者:" + Math.max(4, 8));
        //取两个参数的最小值
        System.out.println("4.4 和 4 较小者: " + Math.min(4.4, 4));
        System.out.println("-7 的绝对值: " + Math.abs(-7)); //取参数的绝对值
    }
}
```

在 Eclipse 中运行本实例，运行结果如图 9.10 所示。

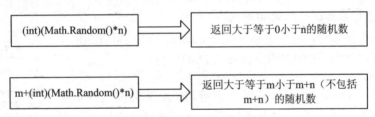

图 9.10　在程序中使用 Math 类取最大值、最小值和绝对值的方法

9.3 随 机 数

在实际开发中生成随机数的使用是很普遍的，所以在程序中生成随机数的操作很重要。在 Java 中主要提供了两种方式生成随机数，分别为调用 Math 类的 random()方法和 Random 类提供的生成各种数据类型随机数的方法，下面分别进行讲解。

扫一扫，看视频

9.3.1　Math.random()方法

在 Math 类中存在一个 random()方法，用于生成随机数字，该方法默认生成大于等于 0.0 小于 1.0 的 double 型随机数，即 0<=Math.random()<1.0，虽然 Math.random()方法只可以生成 0~1 之间的 double 型数字，但只要在 Math.random()语句上稍加处理，就可以使用这个方法生成任意范围的随机数，如图 9.11 所示。

(int)(Math.Random()*n)	→	返回大于等于0小于n的随机数
m+(int)(Math.Random()*n)	→	返回大于等于m小于m+n（不包括m+n）的随机数

图 9.11　使用 random()方法示意图

为了更好地解释这种生成随机数的方式，下面举例说明。

例 9.10　使用 Math.random()方法实现一个简单的猜数字小游戏，要求：使用 Math.random()方法生成一个 0~100 之间的随机数字，然后用户输入猜测的数字，判断输入的数字是否与随机生成的数字匹配，如果不匹配，提示相应的信息，如果匹配，则表示猜中，游戏结束。代码如下：（**实例位置：资源包\code\09\10**）

```java
public class NumGame {
    public static void main(String[] args) {
        System.out.println("————————猜数字游戏————————\n");
        int iNum;
        int iGuess;
        Scanner in = new Scanner(System.in);          // 创建扫描器对象，用于输入
        iNum = (int) (Math.random() * 100);           // 生成 0 到 100 之间的随机数
        System.out.print("请输入你猜的数字：");
        iGuess = in.nextInt();                        // 输入首次猜测的数字
```

```
        while ((iGuess != -1) && (iGuess != iNum)) // 判断输入的数字不是-1 或者基准数
        {
            if (iGuess < iNum)  // 若猜测的数字小于基准数，则提示用户输入的数太小，并让用
                                // 户重新输入
            {
                System.out.print("太小，请重新输入：");
                iGuess = in.nextInt();
            } else              // 若猜测的数字大于基准数，则提示用户输入的数太大，并让用
                                // 户重新输入
            {
                System.out.print("太大，请重新输入：");
                iGuess = in.nextInt();
            }
        }
        if (iGuess == -1)       // 若最后一次输入的数字是-1，循环结束的原因是用户选择退出
                                // 游戏
        {
            System.out.println("退出游戏！");
        } else                  // 若最后一次输入的数字不是-1，用户猜对数字，获得成功，游
                                // 戏结束
        {
            System.out.println("恭喜你，你赢了，猜中的数字是：" + iNum);
        }
        System.out.println("\n————————游戏结束————————");
    }
}
```

在 Eclipse 中运行本实例，结果如图 9.12 所示。

除了随机生成数字以外，使用 Math 类的 random()方法还可以随机生成字符，例如，可以使用下面代码生成 a~z 之间的字符：

```
(char)('a'+Math.random()*('z'-'a'+1));
```

通过上述表达式可以求出更多的随机字符，如 A~Z 之间的随机字符，进而推理出求任意两个字符之间的随机字符，可以使用以下语句表示：

```
(char)(cha1+Math.random()*(cha2-cha1+1));
```

在这里可以将这个表达式设计为一个方法，参数设置为随机生成字符的上限与下限。下面举例说明。

例 9.11 在项目中创建 MathRandomChar 类，在类中编写 GetRandomChar()方法生成随机字符，并在主方法中输出该字符。（**实例位置：资源包\code\09\11**）

图 9.12 猜数字游戏

```
public class MathRandomChar {
    //定义获取任意字符之间的随机字符
    public static char GetRandomChar(char cha1, char cha2) {
        return (char) (cha1 + Math.random() * (cha2 - cha1 + 1));
    }
    public static void main(String[] args) {
        //获取 a~z 之间的随机字符
```

```
        System.out.println("任意小写字符" + GetRandomChar('a', 'z'));
        //获取 A~Z 之间的随机字符
        System.out.println("任意大写字符" + GetRandomChar('A', 'Z'));
        //获取 0~9 之间的随机字符
        System.out.println("0 到 9 任意数字字符" + GetRandomChar('0', '9'));
    }
}
```

在 Eclipse 中运行本实例，运行结果如图 9.13 所示。

图 9.13　获取任意区间的随机字符

🔊 注意:

Math.random()方法返回的值实际上是伪随机数，它通过复杂的运算而得到一系列的数，该方法是通过当前时间作为随机数生成器的参数，所以每次执行程序都会产生不同的随机数。

扫一扫，看视频

9.3.2　Random 类

除了 Math 类中的 random()方法可以获取随机数之外，Java 中还提供了一种可以获取随机数的方式，那就是 java.util.Random 类，该类表示一个随机数生成器，可以通过实例化一个 Random 对象创建一个随机数生成器。语法如下：

```
Random r=new Random();
```

其中，r 是指 Random 对象。

以这种方式实例化对象时，Java 编译器以系统当前时间作为随机数生成器的种子，因为每时每刻的时间不可能相同，所以生成的随机数将不同，但是如果运行速度太快，也会生成两次运行结果相同的随机数。

同时也可以在实例化 Random 类对象时，设置随机数生成器的种子。

语法如下：

```
Random r=new Random(seedValue);
```

➘ r：Random 类对象。

➘ seedValue：随机数生成器的种子。

在 Random 类中提供了获取各种数据类型随机数的方法，其常用方法及说明如表 9.11 所示。

表 9.11　Random 类中常用的获取随机数方法

方　　法	返　回　值	功　能　描　述
nextInt()	int	返回一个随机整数
nextInt(int n)	int	返回大于等于 0 小于 n 的随机整数
nextLong()	long	返回一个随机长整型值
nextBoolean()	boolean	返回一个随机布尔型值

（续表）

方　法	返　回　值	功　能　描　述
nextFloat()	float	返回一个随机浮点型值
nextDouble()	double	返回一个随机双精度型值
nextGaussian()	double	返回一个概率密度为高斯分布的双精度值

例 9.12　使用 Random 类模拟微信的抢红包功能，具体实现时，在项目中创建 RedBags 类，然后根据用户输入的红包额度和个数随机生成每个红包的金额。代码如下：（**实例位置：资源包\code\09\12**）

```java
import java.util.Random;
import java.util.Scanner;
public class RedBags { // 创建一个 RedBags 类
    public static void main(String[] args) {
        System.out.println("—————模拟微信抢红包—————\n");
        Scanner sc = new Scanner(System.in); // 控制台输入
        System.out.print("请输入要装入红包的总金额（元）: ");

        double total = sc.nextDouble(); // 输入"红包的总金额"
        System.out.print("请输入红包的个数（个）: ");
        int bagsnum = sc.nextInt(); // 输入"红包的个数"
        double min = 0.01; // 初始化"红包的最小金额"

        Random random = new Random(); // 创建随机数对象 random
        for (int i = 1; i < bagsnum; i++) { // 设置"循环"
            /*
             * 通过公式模拟数学中的离散模型计算一个红包可以放的最大金额
             * 本次红包可用最大金额 = 可分配金额 - (红包总数 - 已发出的红包数) * 红包的最小金额
             */
            double max = total - (bagsnum - i) * min;

            double bound = max - min;// 设置随机金额的取值范围
            /*
             * 据随机金额的取值范围，随机生成红包金额。
             * 由于nextInt(int bound)只能用整型做参数，所以先将 bound 乘 100（小数点向右挪两位）
             * 获取到一个整数后，将这个整数除 100（小数点向左挪两位）并转换成与金额相同的浮点类型
             */
            double safe = (double) random.nextInt((int) (bound * 100)) / 100;
            double money = safe + min;// 最后加上红包的最小金额，以防 safe 出现 0 值

            total = total - money; // 替换 total 的值

            System.out.println("第" + i + "个红包: " + String.format("%.2f", money)
+ "元");
        }
        System.out.println("第" + bagsnum + "个红包: " + String.format("%.2f", total)
+ "元");
        sc.close(); // 关闭控制台输入
    }
}
```

在 Eclipse 中运行本实例，运行结果如图 9.14 所示。

图 9.14　模拟微信抢红包功能

9.4　日期时间类

在程序开发中，经常需要处理日期时间，Java 中提供了专门的日期时间类来处理相应的操作，本节将对 Java 中的日期时间类进行详细讲解。

扫一扫，看视频

9.4.1　Date 类

Date 类用于表示日期时间，它位于 java.util 包中，程序中使用该类表示时间时，需要使用其构造方法创建 Date 类的对象，其构造方法及说明如表 9.12 所示。

表 9.12　Date 类的构造方法及说明

构 造 方 法	功 能 描 述
Date()	分配 Date 对象并初始化此对象，以表示分配它的时间（精确到毫秒）
Date(long date)	分配 Date 对象并初始化此对象，以表示自从标准基准时间（即 1970 年 1 月 1 日 00:00:00 GMT）以来的指定毫秒数
Date(int year, int month, int date)	已过时
Date(int year, int month, int date, int hrs, int min)	已过时
Date(int year, int month, int date, int hrs, int min, int sec)	已过时
Date(String s)	已过时

 说明：

从表 9.12 中可以看出，Date 类的后 4 种构造方法已经显示过时，它们已经被 Calendar 的相应方法或者 DateFormat 类的相应方法取代了，后面将介绍这两个类。

例如，使用 Date 类的第 2 种方法创建一个 Date 类的对象，代码如下：

```
long timeMillis = System.currentTimeMillis();
Date date=new Date(timeMillis);
```

上面代码中的 System 类的 currentTimeMillis()方法主要用来获取系统当前时间距标准基准时间的毫秒数，另外，这里需要注意的是，创建 Date 对象时使用的是 long 型整数，而不是 double 型，这主要是因为 double 类型可能会损失精度。

使用 Date 类创建的对象表示日期和时间，它涉及最多的操作就是比较，例如两个人的生日，哪个较早，哪个又晚一些，或者两人的生日完全相等，其常用的方法如表 9.13 所示。

表 9.13　Date 类的常用方法及说明

方　　法	返　回　值	功　能　描　述
after(Date when)	boolean	测试当前日期是否在指定的日期之后
before(Date when)	boolean	测试当前日期是否在指定的日期之前
getTime()	long	获得自 1970 年 1 月 1 日 00:00:00 GMT 开始到现在所表示的毫秒数
setTime(long time)	void	设置当前 Date 对象所表示的日期时间值，该值用以表示 1970 年 1 月 1 日 00:00:00 GMT 以后 time 毫秒的时间点

例 9.13　在项目中创建类，使用 Date 类的 getTime 方法获得自 1970 年 1 月 1 日 00:00:00 GMT 开始到现在所表示的毫秒数，并输出。代码如下：（**实例位置：资源包\code\09\13**）

```java
import java.util.Date;
public class DateTest {
    public static void main(String[] args) {
        Date date = new Date();                  // 创建现在的日期
        long value = date.getTime();             // 获得毫秒数
        System.out.println("日期: " + date);
        System.out.println("到现在所经历的毫秒数为: " + value);
    }
}
```

运行本示例，将在控制台输出日期及自 1970 年 1 月 1 日 00:00:00 GMT 开始所表示的该日期的毫秒数，程序运行如图 9.15 所示。

图 9.15　获得日期表示的毫秒数

✍ 说明：

由于 Date 类所创建对象的时间是变化的，所以每次运行程序在控制台所输出的结果都是不一样的。

从例 9.13 可以看到，如果在程序中直接输出 Date 对象，显示的是 "Mon Feb 29 17:39:50 CST 2016" 这种形势的日期时间，那么如何将其显示为 "2016-02-29" 或者 "17:39:50" 这样的日期时间形势呢？Java 中提供了 DateFormat 类来实现类似的功能。

DateFormat 类是日期/时间格式化子类的抽象类，它位于 java.text 包中，可以按照指定的格式对日期或时间进行格式化。DateFormat 提供了很多类方法，以获得基于默认或给定语言环境和多种格式化风格的默认日期/时间 Formatter，格式化风格包括 SHORT、MEDIUM、LONG 和 FULL 等 4 种，分别如下：

- SHORT：完全为数字，如 12.13.52 或 3:30pm。
- MEDIUM：较长，如 Jan 12, 1952。
- LONG：更长，如 January 12, 1952 或 3:30:32pm。
- FULL：完全指定，如 Tuesday、April 12、1952 AD 或 3:30:42pm PST。

另外，使用 DateFormat 还可以自定义日期时间的格式。要格式化一个当前语言环境下的日期，首先需要创建 DateFormat 类的一个对象，由于它是抽象类，因此可以使用其静态工厂方法 getDateInstance 进行创建。语法如下：

```
DateFormat df = DateFormat.getDateInstance();
```

使用 getDateInstance 获取的是该国家/地区的标准日期格式，另外，DateFormat 类还提供了一些其他静态工厂方法，例如，使用 getTimeInstance 可获取该国家/地区的时间格式，使用 getDateTimeInstance 可获取日期和时间格式。

DateFormat 类的常用方法及说明如表 9.14 所示。

表 9.14　DateFormat 类的常用方法及说明

方　　法	返　回　值	功 能 描 述
format(Date date)	String	将一个 Date 格式化为日期/时间字符串
getCalendar()	Calendar	获取与此日期/时间格式器关联的日历
getDateInstance()	static DateFormat	获取日期格式器，该格式器具有默认语言环境的默认格式化风格
getDateTimeInstance()	static DateFormat	获取日期/时间格式器，该格式器具有默认语言环境的默认格式化风格
getInstance()	static DateFormat	获取为日期和时间使用 SHORT 风格的默认日期/时间格式器
getTimeInstance()	static DateFormat	获取时间格式器，该格式器具有默认语言环境的默认格式化风格
parse(String source)	Date	将字符串解析成一个日期，并返回这个日期的 Date 对象

由于 DateFormat 类是一个抽象类，不能用 new 创建实例对象，因此，除了使用 getXXXInstance 方法创建其对象外，还可以使用其子类，例如 SimpleDateFormat 类，该类是一个以与语言环境相关的方式来格式化和分析日期的具体类，它允许进行格式化（日期 -> 文本）、分析（文本 -> 日期）和规范化。

例 9.14　创建一个 Java 类，在其中首先创建 Date 类的对象；然后使用 DateFormat 类的 getInstance 方法和 SimpleDateFormat 类的构造方法创建不同的 DateFormat 对象，并指定不同的日期时间格式，并对当前日期时间进行格式化，并输出。代码如下：**（实例位置：资源包\code\09\14）**

```
import java.text.DateFormat;
import java.text.SimpleDateFormat;
import java.util.Date;
import java.util.Locale;
```

```java
public class DateFormatTest {
    public static void main(String[] args) {
        // 创建日期
        Date date = new Date();
        // 创建不同的日期格式
        DateFormat df1 = DateFormat.getInstance();
        DateFormat df2 = new SimpleDateFormat("yyyy-MM-dd hh:mm:ss EE");
        DateFormat df3 = new SimpleDateFormat("yyyy年MM月dd日 hh时mm分ss秒 EE",
Locale.CHINA);
        DateFormat df4 = new SimpleDateFormat("yyyy-MM-dd hh:mm:ss EE", Locale.US);
        DateFormat df5 = new SimpleDateFormat("yyyy-MM-dd");
        DateFormat df6 = new SimpleDateFormat("yyyy年MM月dd日");
        // 将日期按照不同格式进行输出
        System.out.println("-------将日期时间按照不同格式进行输出------");
        System.out.println("按照Java默认的日期格式: " + df1.format(date));
        System.out.println("按照指定格式 yyyy-MM-dd hh:mm:ss，系统默认区域:" +
df2.format(date));
        System.out.println("按照指定格式 yyyy年MM月dd日 hh时mm分ss秒，区域为中文：" +
df3.format(date));
        System.out.println("按照指定格式 yyyy-MM-dd hh:mm:ss，区域为美国: " +
df4.format(date));
        System.out.println("按照指定格式 yyyy-MM-dd: " + df5.format(date));
        System.out.println("按照指定格式 yyyy年MM月dd日: " + df6.format(date));
    }
}
```

程序运行结果如图 9.16 所示。

图 9.16　输出不同格式的日期时间

9.4.2　Calendar 类

在 9.4.1 节中讲解 Date 中的构造方法时，我们发现有好几种方法都是过时的，这些过时的构造方法其实是被 Calendar 类的方法代替了，这里提到了 Calendar 类，为什么要使用该类呢？因为 Date 类在设计之初没有考虑到国际化，它的很多方法都被标记为过时状态，而且其方法不能满足用户需求，比如需要获取指定时间的年月日时分秒信息，或者想要对日期时间进行加减运算等复杂的操作，Date 类已经不能胜任。下面对 Calendar 类进行详细讲解。

Calendar 类是一个抽象类，它为特定瞬间与一组诸如 YEAR、MONTH、DAY_OF_MONTH、HOUR 等日历字段之间的转换提供了一些方法，并为操作日历字段（例如获得下星期的日期）提供了一些方法。另外，该类还为实现包范围外的具体日历系统提供了其他字段和方法，这些字段和方法被定义为 protected。

Calendar 提供了一个类方法 getInstance，以获得此类型的一个通用的对象。Calendar 的 getInstance 方法返回一个 Calendar 对象，其日历字段已由当前日期和时间初始化。使用方法如下：

```
Calendar rightNow = Calendar.getInstance();
```

✍ 说明：

由于 Calendar 类是一个抽象类，不能用 new 创建实例对象，因此除了使用 getInstance 方法创建其对象外，还可以使用其子类创建对象，例如 GregorianCalendar 类。

Calendar 类提供的常用字段及说明如表 9.15 所示。

表 9.15 Calendar 类提供的常用字段及说明

字 段 名	说　明
DATE	get 和 set 的字段数字，指示一个月中的某天
DAY_OF_MONTH	get 和 set 的字段数字，指示一个月中的某天
DAY_OF_WEEK	get 和 set 的字段数字，指示一个星期中的某天
DAY_OF_WEEK_IN_MONTH	get 和 set 的字段数字，指示当前月中的第几个星期
DAY_OF_YEAR	get 和 set 的字段数字，指示当前年中的天数
HOUR	get 和 set 的字段数字，指示上午或下午的小时
HOUR_OF_DAY	get 和 set 的字段数字，指示一天中的小时
MILLISECOND	get 和 set 的字段数字，指示一秒中的毫秒
MINUTE	get 和 set 的字段数字，指示一小时中的分钟
MONTH	指示月份的 get 和 set 的字段数字
SECOND	get 和 set 的字段数字，指示一分钟中的秒
time	日历的当前设置时间，以毫秒为单位，表示自格林威治标准时间 1970 年 1 月 1 日 0:00:00 后经过的时间
WEEK_OF_MONTH	get 和 set 的字段数字，指示当前月中的星期数
WEEK_OF_YEAR	get 和 set 的字段数字，指示当前年中的星期数
YEAR	指示年的 get 和 set 的字段数字

Calendar 类提供的常用方法及说明如表 9.16 所示。

表 9.16 Calendar 类提供的常用方法及说明

方　法	返 回 值	功能描述
add(int field, int amount)	void	根据日历的规则，为给定的日历字段添加或减去指定的时间量
after(Object when)	boolean	判断此 Calendar 表示的时间是否在指定 Object 表示的时间之后，返回判断结果

（续表）

方　　法	返　回　值	功　能　描　述
before(Object when)	boolean	判断此 Calendar 表示的时间是否在指定 Object 表示的时间之前，返回判断结果
get(int field)	int	返回给定日历字段的值
getInstance()	static Calendar	使用默认时区和语言环境获得一个日历
getTime()	Date	返回一个表示此 Calendar 时间值（从历元至现在的毫秒偏移量）的 Date 对象
getTimeInMillis()	long	返回此 Calendar 的时间值，以毫秒为单位
roll(int field, boolean up)	abstract void	在给定的时间字段上添加或减去（上/下）单个时间单元，不更改更大的字段
set(int field, int value)	void	将给定的日历字段设置为给定值
set(int year, int month, int date)	void	设置日历字段 YEAR、MONTH 和 DAY_OF_MONTH 的值
set(int year, int month, int date, int hourOfDay, int minute)	void	设置日历字段 YEAR、MONTH、DAY_OF_MONTH、HOUR_OF_DAY 和 MINUTE 的值
set(int year, int month, int date, int hourOfDay, int minute, int second)	void	设置字段 YEAR、MONTH、DAY_OF_MONTH、HOUR、MINUTE 和 SECOND 的值
setTime(Date date)	void	使用给定的 Date 设置此 Calendar 的时间
setTimeInMillis(long millis)	void	用给定的 long 值设置此 Calendar 的当前时间值

✍ 说明：

> 从上面的表格中可以看到，**add** 方法和 roll 方法都用来为给定的日历字段添加或减去指定的时间量，它们的主要区别在于：使用 add 方法时会影响大的字段，像数学里加法的进位或错位，而使用 roll 方法设置的日期字段只是进行增加或减少，不会改变更大的字段。

例 9.15　创建一个 Java 程序，在其中通过使用 Calendar 类的相关方法输出 2022 年"北京—张家口"冬奥会的倒计时、代码如下：（**实例位置：资源包\code\09\15**）

```java
import java.text.SimpleDateFormat;
import java.util.Calendar;
import java.util.Date;
public class OlympicWinterGames { // 创建 OlympicWinterGames 类
    public static void main(String[] args) {
        System.out.println("——————冬奥会倒计时——————");
        Date date = new Date(); // 实例化 Date
        // 创建 SimpleDateFormat 对象，指定目标格式
        SimpleDateFormat simpleDateFormat = new SimpleDateFormat("yyyy-MM-dd");
        String today = simpleDateFormat.format(date); // 调用 format 方法，格式化时间，
                                                       转换为指定方法
        System.out.println("今天是" + today); // 输出当前日期
        long time1 = date.getTime();// 计算自 1970 年 1 月 1 日 00:00:00 至当前时间所
                                      经过的毫秒数
```

```
Calendar calendar = Calendar.getInstance(); // 使用默认时区和语言环境获得一个
                                                         日历 calendar
// 设置日历 calendar 中的 年、月 和日的值。因为月份是从 0 开始计算的，所以这里要减 1
calendar.set(2022, 2 - 1, 4);
// 计算自 1970 年 1 月 1 日 00:00:00 至 2022 年 2 月 4 日所经过的毫秒数
long time2 = calendar.getTimeInMillis();
// 计算 2022 年 2 月 4 日距离当前时间相差的天数
long day = (time2 - time1) / (1000 * 60 * 60 * 24);
System.out.println("距离 2022 年"北京—张家口"冬奥会还有 " + day + " 天！");
    }
}
```

程序运行结果如图 9.17 所示。

图 9.17 输出冬奥会倒计时

9.5 小　　结

　　本章主要讲解了 Java 中常用类的使用方法，包括封装基本数据类型的包装类、Math 数学运算类、Random 随机数类、Date 类以及 Calendar 类，在实际开发中，这些类经常会用到，希望通过本章的学习，读者能够熟练掌握 Java 中常用类的使用方法，并能够在实际开发中灵活应用。

第 10 章 集 合 类

集合可以看作是一个容器，如红色的衣服可以看作是一个集合，所有 Java 类的书也可以看作是一个集合。对于集合中的各个对象很容易将其存放到集合中，也很容易将其从集合中取出来，还可以将其按照一定的顺序进行摆放。Java 中提供了不同的集合类，这些类具有不同的存储对象的方式，并提供了相应的方法以方便用户对集合进行遍历、添加、删除以及查找指定的对象。学习 Java 语言一定要学会使用集合。本章将介绍 Java 中的各种集合类。

通过阅读本章，您可以：

- ❧ 了解集合类的概念
- ❧ 掌握 Collection 接口
- ❧ 掌握 List 集合
- ❧ 掌握 Set 集合
- ❧ 掌握 Map 集合

10.1 集合类概述

java.util 包中提供了一些集合类，这些集合类又被称为容器。提到容器不难想到数组，集合类与数组的不同之处是，数组的长度是固定的，集合的长度是可变的；数组用来存放基本类型的数据，集合用来存放对象的引用。常用的集合有 List 集合、Set 集合和 Map 集合，其中 List 与 Set 继承了 Collection 接口，各接口还提供了不同的实现类。上述集合类的继承关系如图 10.1 所示。

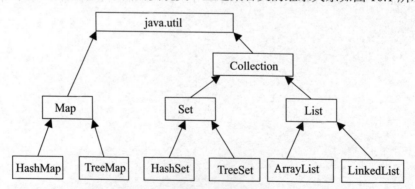

图 10.1　常用集合类的继承关系

10.2 Collection 接口

Collection 接口是层次结构中的根接口。构成 Collection 的单位称为元素。Collection 接口通常不能直接使用，但该接口提供了添加元素、删除元素和管理数据的方法。由于 List 接口与 Set

接口都继承了 Collection 接口，因此这些方法对 List 集合与 Set 集合是通用的。Collection 接口的常用方法如表 10.1 所示。

表 10.1　Collection 接口的常用方法

方　　法	功　能　描　述
add(Object e)	将指定的对象添加到该集合中
remove(Object o)	将指定的对象从该集合中移除
isEmpty()	返回 boolean 值，用于判断当前集合是否为空
iterator()	返回在此 Collection 的元素上进行迭代的迭代器。用于遍历集合中的对象
size()	返回 int 型值，获取该集合中元素的个数

10.3　List 集合

扫一扫，看视频

List 集合包括 List 接口以及 List 接口的所有实现类。List 集合中的元素允许重复，各元素的顺序就是对象插入的顺序。类似 Java 数组，用户可通过使用索引（元素在集合中的位置）来访问集合中的元素。

10.3.1　List 接口

List 接口继承了 Collection 接口，因此包含 Collection 中的所有方法，此外，List 接口还定义了以下两个非常重要的方法，如表 10.2 所示。

表 10.2　List 接口的常用方法

方　　法	功　能　描　述
get(int index)	获得指定索引位置的元素
set(int index, Object obj)	将集合中指定索引位置的对象修改为指定的对象

✍ 说明：

由于 Collection 接口是 List 集合和 Set 集合的父接口，因此表 10.1 中的方法对于 List 集合和 Set 集合都是通用的，下面讲解各种集合的方法时，对表 10.1 中的公用方法将不再单独说明。

10.3.2　List 接口的实现类

List 接口由于不能直接实例化，因此，在 JDK 中提供了其实现子类，最常用的实现子类有 ArrayList 类与 LinkedList 类，分别如下。

（1）ArrayList 类的优点是实现了可变的数组，允许保存所有元素，包括 null，并可以根据索引位置对集合进行快速的随机访问；缺点是向指定的索引位置插入对象或删除对象的速度较慢，因为 ArrayList 实质上是使用数组来保存集合中的元素的，在增加和删除指定位置的元素时，虚拟机会创建新的数组，效率低，所以在对元素做大量的增删操作时不适合使用 ArrayList 集合。

（2）LinkedList 类采用链表结构保存对象，这种结构的优点是便于向集合中插入和删除对象，需要向集合中插入、删除对象时，使用 LinkedList 类实现的 List 集合的效率较高；但对于随机访问集合中的对象，使用 LinkedList 类实现 List 集合的效率较低。

✎ 技巧：

> 实例化 List 接口对象时，建议优先使用 ArrayList，只有在插入和删除操作特别频繁时，才使用 LinkedList。

使用 List 集合时通常声明为 List 类型，可通过不同的实现类来实例化集合。

例如，分别通过 ArrayList、LinkedList 类实例化 List 集合。代码如下：

```
List<E> list = new ArrayList<>();
List<E> list2 = new LinkedList<>();
```

在上面的代码中，E 代表 Java 中的泛型。例如，如果集合中的元素为字符串类型，那么 E 可以修改为 String。

例 10.1 在项目中创建 ListTest 类，在主方法中创建 List 集合对象，并使用 add 方法向集合中添加元素；然后随机生成一个集合长度范围内的索引，并使用 get 方法获取该索引对应的值；最后再使用 remove 方法移除集合中索引位置 2 处的值，并使用 for 循环遍历集合，输出所有的集合元素值。代码如下：（**实例位置：资源包\code\10\01**）

```java
import java.util.*;
public class ListTest {
    public static void main(String[] args) {       //主方法
        List<String> list = new ArrayList<>();      //创建集合对象
        list.add("a");                              //向集合添加元素
        list.add("b");
        list.add("c");
        int i = (int) (Math.random()*list.size());  //获得 0~2 之间的随机数
        System.out.println("随机获取数组中的元素: " + list.get(i));
        list.remove(2);                             //将指定索引位置的元素从集合中移除
        System.out.println("将索引是'2'的元素从数组移除后，数组中的元素是: ");
        for (int j = 0; j < list.size(); j++) {     //循环遍历集合
            System.out.println(list.get(j));        //获取指定索引处的值
        }
    }
}
```

运行结果如图 10.2 所示。

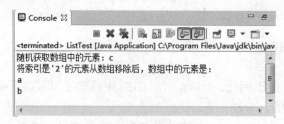

图 10.2　List 接口的使用

✎ 说明：

> 与数组相同，集合的索引也是从 0 开始。

10.3.3　Iterator 迭代器

在例 10.1 中使用了 for 循环遍历 List 集合中的元素，那么有没有其他更加快捷有效的遍历集合中元素的方法呢？答案是肯定的，在 java.util 包中提供了一个 Iterator 接口，该接口是一个专门对 Collection 进行迭代的迭代器，其常用方法如表 10.3 所示。

表 10.3　Iterator 迭代器的常用方法

方　　法	功　能　描　述
hasNext()	如果仍有元素可以迭代，则返回 true
next()	返回迭代的下一个元素
remove()	从迭代器指向的 Collection 中移除迭代器返回的最后一个元素（可选操作）

📢 注意：

Iterator 的 next()方法返回的是 Object。

程序中使用 Iterator 迭代器时，可以使用 Collection 接口中的 iterator()方法返回一个 Iterator 对象。下面演示如何使用 Iterator 迭代器遍历集合。

例 10.2　在项目中创建 IteratorTest 类，在主方法中实例化集合对象，并向集合中添加元素，最后通过 Iterator 迭代器遍历集合，将集合中的对象以 String 形式输出。代码如下：（**实例位置：资源包\code\10\02**）

```java
import java.util.*;                                    //导入 java.util 包，其他实例
                                                       //  都要添加该语句
public class IteratorTest{                             //创建类 IteratorTest
    public static void main(String args[]) {
        Collection<String> list = new ArrayList<>();   //实例化集合类对象
        list.add("a");                                 //向集合添加数据
        list.add("b");
        list.add("c");
        Iterator<String> it = list.iterator();         //创建迭代器
        while (it.hasNext()) {                          //判断是否有下一个元素
            String str = (String) it.next();           //获取集合中元素
            System.out.println(str);
        }
    }
}
```

运行结果如下：

```
a
b
c
```

10.4　Set 集合

Set 集合中的对象不按特定的方式排序，只是简单地把对象加入集合中，但 Set 集合中不能包含

重复对象。Set 集合由 Set 接口和 Set 接口的实现类组成。

10.4.1　Set 接口

Set 接口是一个不包含重复元素的集合，由于其继承了 Collection 接口，因此包含 Collection 接口的所有方法。

📢 注意：

> Set 的构造有一个约束条件，传入的 Collection 对象不能有重复值，必须小心操作可变对象（Mutable Object）。如果一个 Set 中的可变元素改变了自身状态导致 Object.equals(Object)=true，则会出现一些问题。

由于 Set 集合中不允许有重复元素出现，因此，在向 Set 集合中添加元素时，需要先判断元素是否已经存在，再确定是否执行添加操作，例如 HashSet 的流程如图 10.3 所示。

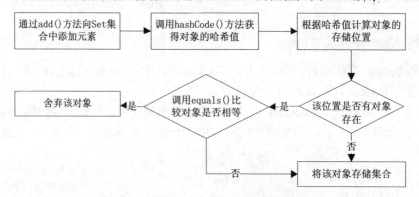

图 10.3　向 HashSet 集合添加元素的流程

10.4.2　Set 接口的实现类

Set 接口常用的实现类有 HashSet 类与 TreeSet 类，分别如下。

（1）HashSet 是 Set 接口的一个实现类，它不允许有重复元素。HashSet 主要依据哈希算法直接将元素指定到一个地址上。当向 HashSet 集合中添加一个元素时，会调用 equals 方法来判断该位置是否有重复元素。判断是通过比较它们的 HashCode 来进行比较的。HashSet 集合的常用方法都是重写了 Set 接口中的方法。此集合允许保存 null。

（2）TreeSet 类不仅实现了 Set 接口，还实现了 java.util.SortedSet 接口，因此，TreeSet 类实现的 Set 集合在遍历集合时按照自然顺序递增排序，也可以制定排序规则，让集合按照我们想要的方式进行排序。TreeSet 类新增的方法如表 10.4 所示。此集合不能保存 null。

表 10.4　TreeSet 类增加的方法

方　　法	功　能　描　述
first()	返回此 Set 中当前第一个（最低）元素
last()	返回此 Set 中当前最后一个（最高）元素
comparator()	返回对此 Set 中的元素进行排序的比较器。如果此 Set 使用自然顺序，则返回 null

（续表）

方 法	功 能 描 述
headSet(E toElement)	返回一个新的 Set 集合，新集合是 toElement（不包含）之前的所有对象
subSet(E fromElement, E toElement)	返回一个新的 Set 集合，是 fromElement（包含）对象与 toElement（不包含）对象之间的所有对象
tailSet(E fromElement)	返回一个新的 Set 集合，新集合包含对象 fromElement（包含）之后的所有对象

✍ 说明：

比较器，即 Comparator 接口，它提供一个抽象方法 compare(T o1, T o2)，这个方法指定了两个对象的比较规则，如果 o1 大于 o2，方法返回正数（通常为+1）；如果 o1 等于 o2，方法返回 0；如果 o1 小于 o2，方法返回负数（通常为-1）。

还有另一个接口也能实现比较规则：Comparable。它提供一个抽象方法 compareTo(T o)，将调用方法的对象与参数对象进行比较，返回值的规则与上面的 Comparator. compare( )方法相同。

如果想制定 TreeSet 的排序规则，可以在实例化 TreeSet 对象时，将一个已写好的比较器作为构造参数传入，或者让 TreeSet 中的所有元素都实现 Comparable 接口。

✍ 技巧：

HashSet 类和 TreeSet 类都是 Set 接口的实现类，它们当中都不允许有重复元素，但 HashSet 类不关心元素之间的顺序，而 TreeSet 类则在希望按照元素的自然顺序进行排序时使用（自然顺序的意思是与插入顺序无关，而是和元素本身的内容和特质有关，例如：abc 排在 abd 前面）。

下面通过一个实例演示 Set 集合的使用。

例 10.3 在项目中创建类 HashSetTest，首先使用 HashSet 类创建一个 Set 集合对象，并使用 add()方法向其中添加 4 个元素，然后通过 Iterator 迭代器遍历该集合，并输出其中的元素。代码如下：（**实例位置：资源包\code\10\03**）

```java
import java.util.*;
public class HashSetTest{
    public static void main(String[] args) {
        Set set = new HashSet();                    // 创建 Set 集合
        set.add("c");                               // 向集合中添加数据
        set.add("c");
        set.add("a");
        set.add("b");
        Iterator<String> it = set.iterator();       // 创建迭代器
        while (it.hasNext()) {                       // 遍历 HashSet 集合
            String str = (String) it.next();        // 获取集合中的元素
            System.out.println(str);
        }
    }
}
```

运行结果如下：

```
a
b
c
```

从上面的运行结果可以看出，遍历出的 Set 集合中只有 3 个元素，而代码中通过 add 方法添加了 c、c、a 和 b 4 个元素，造成这种结果的原因是 Set 集合中不允许有重复元素，而添加的 4 个元素中有两个相同的 c，所以编译器默认只添加了一个 c 元素，另外一个并没有执行添加操作。

扫一扫，看视频

10.5　Map 集合

在现实生活中，每辆车都有唯一的车牌号，通过车牌号可以查询到这辆车的详细信息，这两者是一对一的关系，在应用程序中，如果想存储这种具有对应关系的数据，则需要使用 JDK 中提供的 Map 接口。Map 接口没有继承 Collection 接口，其提供的是 key 到 value 的映射。Map 中不能包含相同的 key，每个 key 只能映射一个 value，另外，key 还决定了存储对象在映射中的存储位置，但不是由 key 对象本身决定的，而是通过一种"散列技术"进行处理，产生一个散列码的整数值来确定存储对象在映射中的存储位置。Map 集合包括 Map 接口以及 Map 接口的所有实现类。

10.5.1　Map 接口

Map 接口提供了将 key 映射到值的对象。一个映射不能包含重复的 key，每个 key 最多只能映射一个值。Map 接口的常用方法及说明如表 10.5 所示。

表 10.5　Map 接口中的常用方法

方　　法	功　能　描　述
put(Object key, Object value)	向集合中添加指定的 key 与 value 的映射关系
containsKey(Object key)	如果此映射包含指定 key 的映射关系，则返回 true
containsValue(Object value)	如果此映射将一个或多个 key 映射到指定值，则返回 true
get(Object key)	如果存在指定的 key 对象，则返回该对象对应的值，否则返回 null
keySet()	返回该集合中的所有 key 对象形成的 Set 集合
values()	返回该集合中所有值对象形成的 Collection 集合

10.5.2　Map 接口的实现类

Map 接口常用的实现类有 HashMap 和 TreeMap 两种，分别如下。

（1）HashMap 类是基于哈希表的 Map 接口的实现，此实现提供所有可选的映射操作，并允许使用 null 值和 null 键，但必须保证键的唯一性。HashMap 通过哈希表对其内部的映射关系进行快速查找。此类不保证映射的顺序，特别是它不保证该顺序恒久不变。

（2）TreeMap 类不仅实现了 Map 接口，还实现了 java.util.SortedMap 接口，因此，集合中的映射关系具有一定的顺序。但在添加、删除和定位映射关系时，TreeMap 类比 HashMap 类性能稍差。由于 TreeMap 类实现的 Map 集合中的映射关系是根据键对象按照一定的顺序排列的，因此不允许键对象是 null。

✍ 技巧：

> 建议使用 HashMap 类实现 Map 集合，因为由 HashMap 类实现的 Map 集合添加和删除映射关系效率更高；而如果希望 Map 集合中的对象存在一定的顺序，应该使用 TreeMap 类实现 Map 集合。

例 10.4 在项目中创建类 HashMapTest，在主方法中创建 Map 集合，并向 Map 集合中添加键值对；然后分别获取 Map 集合中的所有 key 对象集合和所有 values 值集合，并输出。代码如下：（**实例位置：资源包\code\10\04**）

```java
import java.util.*;
public class HashMapTest{
    public static void main(String[] args) {
        Map<String, String> map = new HashMap<>(); // 创建 Map 实例
        map.put("ISBN-978654", "Java 从入门到精通");   // 向集合中添加对象
        map.put("ISBN-978361", "Android 从入门到精通");
        map.put("ISBN-978893", "21 天学 Android");
        map.put("ISBN-978756", "21 天学 Java");
        Set<String> set = map.keySet();                 // 构建 Map 集合中所有 key 对象的集合
        Iterator<String> it = set.iterator();           // 创建集合迭代器
        System.out.println("key 值: ");
        while (it.hasNext()) {                          // 遍历集合
            System.out.print(it.next()+"\t");
        }
        Collection<String> coll = map.values();         // 构建 Map 集合中所有 values 值集合
        it = coll.iterator();
        System.out.println("\nvalues 值: ");
        while (it.hasNext()) {                          // 遍历集合
            System.out.print(it.next()+"\t");
        }
    }
}
```

运行结果如图 10.4 所示。

图 10.4 Map 集合的使用

✍ 说明：

> Map 集合中允许值对象是 null，而且没有个数限制。例如，可通过 map.put("05",null);语句向集合中添加对象。

✍ 技巧：

> 从图 10.4 可以看出，使用 HashMap 输出的 Map 集合元素是无序的（与原始填充顺序也不一致），如果想要按照指定顺序输出 Map 集合中的元素，可以通过创建一个 TreeMap 集合实现。关键代码如下：
> TreeMap<String,String> treemap = new TreeMap<>();   //创建 TreeMap 集合对象

```
treemap.putAll(map);                                //向集合添加对象
Iterator <String> iter = treemap.keySet().iterator();
while (iter.hasNext()) {                             //遍历 TreeMap 集合对象
    String str = (String) iter.next();              //获取集合中的所有 key 对象
    String name = (String) treemap.get(str);        //获取集合中的所有 values 值
    System.out.println(str + " " + name);
}
```

扫一扫，看视频

10.6　集合的使用场合

前面介绍了 Java 中最常见的 3 种集合：List 集合、Set 集合和 Map 集合，那么在实际开发中，具体何时应该选择哪种集合呢？这里我们总结了以下原则。

（1）List 集合关注的是索引，其元素是顺序存放的，例如一个班的学生成绩，成绩可以重复，就可以使用 List 集合存取。

（2）Set 集合关注唯一性，它的值不允许重复，例如每个班的学生的学号，每个学生的学号是不能重复的。

（3）Map 集合关注的是唯一的标识符（KEY），它将唯一的键映射到某个元素，例如每个班学生的学号与姓名的映射，每个学号对应一个学生的姓名，学号是不能重复的，但是学生的姓名有可能重复。

10.7　小　　结

本章主要讲解了 Java 中常见的集合，包括集合的父接口 Collection、List 集合、Set 集合和 Map 集合。学习本章内容时，对于每种集合的特点应该有所了解，重点掌握遍历集合、添加对象、删除对象的方法。本章在介绍每种集合时都给出了典型的例子，以帮助读者掌握集合类的常用方法。集合是 Java 语言中很重要的部分，通过本章的学习，读者应该学会使用集合类。

第 11 章 枚举与泛型

扫一扫，看视频

JDK 1.5 中新增了枚举类型与泛型。枚举类型可以取代以往常量的定义方式，即将常量封装在类或接口中，此外，它还提供了安全检查功能。泛型的出现不仅可以让程序员少写某些代码，主要的作用是解决类型安全问题，它提供编译时的安全检查，不会因为将对象置于某个容器中而失去其类型。本章将着重讲解枚举类型与泛型。

通过阅读本章，您可以：

- ❯ 掌握枚举类型
- ❯ 掌握泛型

11.1 枚 举

扫一扫，看视频

JDK 1.5 中新增了枚举，枚举是一种数据类型，它是一系列具有名称的常量的集合。比如在数学中所学的集合：A={1,2,3}，当使用这个集合时，只能使用集合中的 1、2、3 这 3 个元素，不是这 3 个元素的值就无法使用。Java 中的枚举是同样的道理，比如在程序中定义了一个性别枚举，里面只有两个值：男、女，那么在使用该枚举时，只能使用男和女这两个值，其他的任何值都是无法使用的。本节将详细介绍枚举类型。

11.1.1 使用枚举类型设置常量

以往设置常量，通常将常量放置在接口中，这样在程序中就可以直接使用，并且该常量不能被修改，因为在接口中定义常量时，该常量的修饰符为 final 与 static。

例如，在项目中创建 Constants 接口，在接口中定义常量的常规方式。

```java
public interface Constants {
    public static final int Constants_A=1;
    public static final int Constants_B=12;
}
```

在 JDK 1.5 版本中新增枚举类型后就逐渐取代了这种常量定义方式，因为通过使用枚举类型，可以赋予程序在编译时进行检查的功能。使用枚举类型定义常量的语法如下：

```java
public enum Constants{
    Constants_A,
    Constants_B,
    Constants_C
}
```

其中，enum 是定义枚举类型的关键字。当需要在程序中使用该常量时，可以使用 Constants. Constants_A 来表示。

下面举例介绍枚举类型定义常量的方式。

例 11.1 在项目中创建 Constants 接口，在该接口中定义两个整型变量，其修饰符都是 static 和

final；之后定义名称为 Constants2 的枚举类，将 Constants 接口的常量放置在该枚举类中；最后，创建名称为 Constants 的类文件。在该类中先通过 doit() 和 doit2() 进行不同方式的调用，再通过主方法进行调用，体现枚举类型定义常量的方式。（**实例位置：资源包\code\11\01**）

```java
interface Constants {                                        //将常量放置在接口中
    public static final int Constants_A = 1;
    public static final int Constants_B = 12;
}
public class ConstantsTest {
    enum Constants2 {                                        //将常量放置在枚举类型中
        Constants_A, Constants_B
    }
    //使用接口定义常量
    public static void doit(int c) {                         //定义一个方法，这里的参数为 int 型
        switch (c) {                                         //根据常量的值做不同操作
            case Constants.Constants_A:
                System.out.println("doit() Constants_A");
                break;
            case Constants.Constants_B:
                System.out.println("doit() Constants_B");
                break;
        }
    }
    public static void doit2(Constants2 c) {                 //定义一个参数对象是枚举类型的方法
        switch (c) {                                         //根据枚举类型对象做不同操作
            case Constants_A:
                System.out.println("doit2() Constants_A");
                break;
            case Constants_B:
                System.out.println("doit2() Constants_B");
                break;
        }
    }
    public static void main(String[] args) {
        ConstantsTest.doit(Constants.Constants_A);           //使用接口中定义的常量
        ConstantsTest.doit2(Constants2.Constants_A);         //使用枚举类型中的常量
        ConstantsTest.doit2(Constants2.Constants_B);         //使用枚举类型中的常量
        ConstantsTest.doit(3);
        //ConstantsTest.doit2(3);
    }
}
```

在 Eclipse 中运行本实例，运行结果如图 11.1 所示。

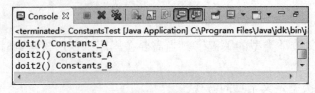

图 11.1　使用枚举类型定义常量

在上述代码中，当用户调用 doit()方法时，即使编译器不接受在接口中定义的常量参数，也不会报错；但调用 doit2()方法，任意传递参数，编译器就会报错，因为这个方法只接受枚举类型的常量作为其参数。

✍ 说明：

11.1.2 深入了解枚举类型

1．操作枚举类型成员的方法

枚举类型较传统定义常量的方式，除了具有参数类型检测的优势之外，还具有其他方面的优势。

用户可以将一个枚举类型看作是一个类，它继承于 java.lang.Enum 类，当定义一个枚举类型时，每一个枚举类型成员都可以看作是枚举类型的一个实例，这些枚举类型成员都默认被 final、public、static 修饰，所以当使用枚举类型成员时直接使用枚举类型名称调用枚举类型成员即可。

由于枚举类型对象继承于 java.lang.Enum 类，所以该类中一些操作枚举类型的方法都可以应用到枚举类型中。表 11.1 中列举了枚举类型中的常用方法。

表 11.1　枚举类型的常用方法

方 法 名 称	具 体 含 义	使 用 方 法
values()	该方法可以将枚举类型成员以数组的形式返回	枚举类型名称.values()
valueOf()	该方法可以实现将普通字符串转换为枚举实例	枚举类型名称.valueOf("abc")
compareTo()	该方法用于比较两个枚举对象在定义时的顺序	枚举对象.compareTo()
ordinal()	该方法用于得到枚举成员的位置索引	枚举对象.ordinal()

（1）values()

枚举类型实例包含一个 values()方法，该方法可以将枚举类型成员以数组的形式返回。

例 11.2　在项目中创建 ShowEnum 类，在该类中使用枚举类型中的 values()方法获取枚举类型中的成员变量。（实例位置：资源包\code\11\02）

```java
public class ShowEnum {
    enum Constants { // 将常量放置在枚举类型中
        Constants_A, Constants_B, Constants_C, Constants_D
    }

    public static void main(String[] args) {
        Constants enumArray[] = Constants.values();// values()方法返回枚举数组
        for (int i = 0; i < enumArray.length; i++) {
            // 将枚举成员变量打印
            System.out.println("枚举类型成员变量: " + enumArray[i]);
        }
    }
}
```

在 Eclipse 中运行本实例，结果如图 11.2 所示。

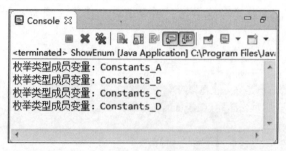

图 11.2 使用枚举类型中的 values()方法获取枚举类型中的成员变量

在例 11.2 中，由于 values()方法将枚举类型的成员以数组的形式返回，所以根据该数组的长度进行循环操作，然后将该数组中的值返回。

（2）valueOf()与 compareTo()

枚举类型中静态方法 valueOf()可以将普通字符串转换为枚举类型，而 compareTo()方法用于比较两个枚举类型成员定义时的顺序。调用 compareTo()方法时，如果方法中参数在调用该方法的枚举对象位置之前，则返回正整数；如果两个互相比较的枚举成员的位置相同，则返回 0；如果方法中参数在调用该方法的枚举对象位置之后，则返回负整数。

例 11.3 在项目中创建 EnumMethodTest 类，在该类中使用枚举类型中的 valueOf()与 compareTo()方法。（**实例位置：资源包\code\11\03**）

```java
enum Constants { // 将常量放置在枚举类型中
    Constants_A, Constants_B, Constants_C, Constants_D
}

public class EnumMethodTest {
    // 定义比较枚举类型方法，参数类型为枚举类型
    public static void compare(Constants c) {
        // 根据 values()方法返回的数组
        Constants array[] = Constants.values();
        for (int i = 0; i < array.length; i++) {
            // 将比较结果返回
            System.out.println(c + "与" + array[i] + "的比较结果为: " + c.compareTo
(array[i]));
        }
    }
    // 在主方法中调用 compare()方法
    public static void main(String[] args) {
        compare(Constants.valueOf("Constants_B"));
    }
}
```

在 Eclipse 中运行本实例，结果如图 11.3 所示。

图 11.3　使用 compareTo()方法比较两个枚举类型成员定义的顺序

（3）ordinal()

枚举类型中的 ordinal()方法用于获取某个枚举对象的位置索引值。

例 11.4　在项目中创建 EnumIndexTest 类，在该类中使用枚举类型中的 ordinal()方法获取枚举类型成员的位置索引。（**实例位置：资源包\code\11\04**）

```java
public class EnumIndexTest {
    enum Constants2 { //将常量放置在枚举类型中
        Constants_A, Constants_B, Constants_C
    }
    public static void main(String[] args) {
        for (int i = 0; i < Constants2.values().length; i++) {
            //在循环中获取枚举类型成员的索引位置
            System.out.println(Constants2.values()[i] + "在枚举类型中位置索引值"
                    + Constants2.values()[i].ordinal());
        }
    }
}
```

在 Eclipse 中运行本实例，结果如图 11.4 所示。

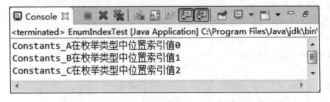

图 11.4　获取枚举类型成员的位置索引

在例 11.4 中，当循环中获取每个枚举对象时，调用 ordinal()方法即可相应获取该枚举类型成员的索引位置。

2．枚举类型中的构造方法

在枚举类型中，可以添加构造方法，但是规定这个构造方法必须为 private 修饰符或者默认修饰符所修饰。枚举类型定义的构造方法语法如下：

```java
public enum Constants2{
    Constants_A("我是枚举成员 A"),
    Constants_B("我是枚举成员 B"),
    Constants_C("我是枚举成员 C"),
    Constants_D(3);
    String description;
    int i;
```

扫一扫，看视频

```
    private Constants2(){          //定义默认构造方法
    }
    //定义带参数的构造方法，参数类型为字符串型
    private Constants2(String description) {
        this.description=description;
    }
    private Constants2(int i){ //定义带参数的构造方法，参数类型为整型
        this.i=this.i+i;
    }
}
```

从枚举类型构造方法的语法中可以看出，无论是无参构造方法还是有参构造方法，修饰权限都为 private。定义一个有参构造方法后，需要对枚举类型成员相应地使用该构造方法，如 Constants_A("我是枚举成员 A")和 Constants_D(3)语句，相应地使用了参数为 String 型和参数为 int 型的构造方法。然后可以在枚举类型中定义两个成员变量，在构造方法中为这两个成员变量赋值，这样就可以在枚举类型中定义该成员变量的 getXXX()方法了。

下面是在枚举类型中定义构造方法的实例。

例 11.5 在项目中创建 EnumConTest 类，在该类中定义枚举类型的构造方法。（**实例位置：资源包\code\11\05**）

```
public class EnumConTest {
    enum Constants2 { // 将常量放置在枚举类型中
        Constants_A("我是枚举成员 A"), // 定义带参数的枚举类型成员
        Constants_B("我是枚举成员 B"),
        Constants_C("我是枚举成员 C"),
        Constants_D(3);
        private String description;
        private int i = 4;
        // 定义参数为 String 型的构造方法
        private Constants2(String description) {
            this.description = description;
        }
        private Constants2(int i) { // 定义参数为 int 型的构造方法
            this.i = this.i + i;
        }
        public String getDescription() { // 获取 description 的值
            return description;
        }
        public int getI() { // 获取 i 的值
            return i;
        }
    }

    public static void main(String[] args) {
        Constants2 array[] = Constants2.values();// 获取枚举成员数组
        for (int i = 0; i < array.length; i++) {
            System.out.println(array[i] + "调用 getDescription()方法为: " + array[i].
getDescription());
        }
```

```
        Constants2 c2 = Constants2.valueOf("Constants_D"); // 将字符串转换成枚举对象
        System.out.println(c2 + "调用getI()方法为: " + c2.getI());
    }
}
```

在 Eclipse 中运行本实例, 结果如图 11.5 所示。

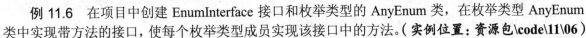

图 11.5　在枚举类型中定义构造方法

在本实例中, 调用 getDescription()和 getI()方法, 返回在枚举类型定义的构造方法中设置的操作。这里将枚举类型中的构造方法设置为 private 修饰, 以防止实例化一个枚举对象。

除了可以使用例 11.5 中所示的方法定义 getDescription()方法获取枚举类型成员定义时的描述之外, 还可以将这个 getDescription()方法放置在接口中, 使枚举类型实现该接口, 然后使每个枚举类型实现接口中的方法。

扫一扫, 看视频

例 11.6　在项目中创建 EnumInterface 接口和枚举类型的 AnyEnum 类, 在枚举类型 AnyEnum 类中实现带方法的接口, 使每个枚举类型成员实现该接口中的方法。(**实例位置: 资源包\code\11\06**)

```java
interface EnumInterface {
    public String getDescription();
    public int getI();
}
public enum AnyEnum implements EnumInterface {
    Constants_A { // 可以在枚举类型成员内部设置方法
        public String getDescription() {
            return ("我是枚举成员 A");
        }
        public int getI() {
            return i;
        }
    },
    Constants_B {
        public String getDescription() {
            return ("我是枚举成员 B");
        }
        public int getI() {
            return i;
        }
    },
    Constants_C {
        public String getDescription() {
            return ("我是枚举成员 C");
        }
        public int getI() {
```

```
            return i;
        }
    },
    Constants_D {
        public String getDescription() {
            return ("我是枚举成员 D");
        }
        public int getI() {
            return i;
        }
    };
    private static int i = 5;

    public static void main(String[] args) {
        AnyEnum array[] = AnyEnum.values();
        for (int i = 0; i < array.length; i++) {
            System.out.println(array[i] + "调用 getDescription()方法为：" + array[i].
getDescription());
            System.out.println(array[i] + "调用 getI()方法为：" + array[i].getI());
        }
    }
}
```

在 Eclipse 中运行本实例，结果如图 11.6 所示。

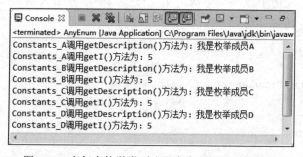

图 11.6　在每个枚举类型成员中实现接口中的方法

📢 注意：

（1）从上面代码中可以看出，枚举类型可以实现一个或者多个接口，但是它不能继承类。因为编译器会默认将枚举类型继承自 java.lang.Enum 类，这一过程由编译器完成。

（2）枚举类型中的常量成员必须在其他成员之前定义，否则这个枚举类型不会产生对象。

11.1.3　使用枚举类型的优势

枚举类型声明提供了一种用户友好的变量定义方法，枚举了某种数据类型所有可能出现的值。总结枚举类型，它具有以下特点：

（1）类型安全。

（2）紧凑有效的数据定义。

（3）可以和程序其他部分完美交互。

（4）运行效率高。

11.2 泛 型

在 JDK 1.5 版本中提供了泛型概念，泛型实质上就是使程序员定义安全的类型。在没有出现泛型之前，Java 也提供了对 Object 的引用"任意化"操作，这种任意化操作就是对 Object 引用进行"向下转型"及"向上转型"操作，但某些强制类型转换的错误也许不会被编译器捕捉，而在运行后出现异常，可见强制类型转换存在安全隐患，所以提供了泛型机制。本节就来探讨泛型机制。

11.2.1 回顾"向上转型"与"向下转型"

在介绍泛型之前，先来看一个例子。

例 11.7 在项目中创建 Test 类，在该类中使基本类型向上转型为 Object 类型。（**实例位置：资源包\code\11\07**）

```java
public class Test {
    private Object b;                      //定义 Object 类型成员变量
    public Object getB() {                 //设置相应的 getXXX()方法
        return b;
    }
    public void setB(Object b) {           //设置相应的 setXXX()方法
        this.b = b;
    }
    public static void main(String[] args) {
        Test t = new Test();
        t.setB(new Boolean(true));         //向上转型操作
        System.out.println(t.getB());
        t.setB(new Float(12.3));
        Float f = (Float) (t.getB());      //向下转型操作
        System.out.println(f);
    }
}
```

运行本实例，结果如图 11.7 所示。

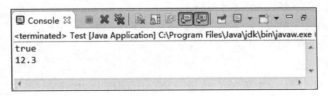

图 11.7 使基本类型向上转型为 Object 类型

在本实例中，Test 类中定义了私有的成员变量 b，它的类型为 Object 类型，同时为其定义了相应的 setXXX()与 getXXX()方法。在类主方法中，将 new Boolean(true)对象作为 setB()方法的参数，由于 setB()方法的参数类型为 Object，这样就实现了"向上转型"操作。同时在调用 getB()方法时，将 getB()方法返回的 Object 对象以相应的类型返回，这个就是"向下转型"操作，问题通常就会出现在这里。

因为"向上转型"是安全的，而如果进行"向下转型"操作时用错了类型，或者并没有执行该操作，就会出现异常,例如以下代码：

```
t.setB(new Float(12.3));
Integer f=(Integer)(t.getB());
System.out.println(f);
```

上面代码并不存在语法错误，可以被编译器接受，但在执行时会出现 ClassCastException 异常。这样看来，"向下转型"操作通常会出现问题，而泛型机制有效地解决了这一问题。

11.2.2 定义泛型类

Object 类为最上层的父类，很多程序员为了使程序更为通用，设计程序时通常使传入的值与返回的值都以 Object 类型为主。当需要使用这些实例时，必须正确地将该实例转换为原来的类型，否则在运行时将会发生 ClassCastException 异常。

在 JDK 1.5 版本以后，提出了泛型机制。其语法如下：

```
类名<T>
```

其中，T 代表一个类型的名称。

将例 11.7 改写为定义类时使用泛型的形式。关键代码如下：

```
public class OverClass<T> {                    //定义泛型类
    private T over;                            //定义泛型成员变量
    public T getOver() {                       //设置 getXXX()方法
        return over;
    }
    public void setOver(T over) {              //设置 setXXX()方法
        this.over = over;
    }
    public static void main(String[] args) {
        //实例化一个 Boolean 型的对象
        OverClass<Boolean> over1 = new OverClass<Boolean>();
        //实例化一个 Float 型的对象
        OverClass<Float> over2 = new OverClass<Float>();
        over1.setOver(true);                   //不需要进行类型转换
        over2.setOver(12.3f);
        Boolean b = over1.getOver();           //不需要进行类型转换
        Float f = over2.getOver();
        System.out.println(b);
        System.out.println(f);
    }
}
```

运行上述代码，结果与图 11.7 所示的结果一致。上面代码中定义类时,在类名后添加了一个<T>语句，这里便使用了泛型机制。可以将 OverClass 类称为泛型类，同时返回和接受的参数使用 T 这个类型。最后在主方法中可以使用 Over<Boolean>形式返回一个 Boolean 型的对象，使用 OverClass<Float>形式返回一个 Float 型的对象，使这两个对象分别调用 setOver()方法不需要进行显式"向上转型"操作，setOver()方法直接接受相应类型的参数，而调用 getOver()方法时，不需要进行"向下转型"操作，直接将 getOver()方法返回的值赋予相应的类型变量即可。

从上面代码可以看出，使用泛型定义的类在声明该类对象时可以根据不同的需求指定<T>真正的类型，而在使用类中的方法传递或返回数据类型时将不再进行类型转换操作，而是使用在声明泛型类对象时"<>"符号中设置的数据类型。

使用泛型这种形式将不会发生 ClassCastException 异常，因为在编译器中就可以检查类型匹配是否正确。

例如，在项目中定义泛型类。

```
OverClass<Float> over2=new OverClass<Float>();
over2.setOver(12.3f);
//Integer i=over2.getOver(); //不能将 Float 型的值赋予 Integer 变量
```

在上面的代码中，由于 over2 对象在实例化时已经指定类型为 Float，而最后一条语句却将该对象获取出的 Float 类型值赋予 Integer 类型，所以编译器会报错。而如果使用"向下转型"操作就会在运行上述代码时发生异常。

✍ 说明：

在定义泛型类时，一般类型名称使用 T 来表达，而容器的元素使用 E 来表达，具体的设置读者可以参看 JDK 5.0 以上版本的 API。

11.2.3 泛型的常规用法

1. 定义泛型类时声明多个类型

在定义泛型类时，可以声明多个类型。语法如下：

```
MutiOverClass<T1,T2>
MutiOverClass: 泛型类名称
```

其中，T1 和 T2 为可能被定义的类型。这样在实例化指定类型的对象时就可以指定多个类型。例如：

```
MutiOverClass<Boolean,Float>=new MutiOverClass<Boolean,Float>();
```

2. 定义泛型类时声明数组类型

定义泛型类时也可以声明数组类型，下面的实例中定义泛型时便声明了数组类型。

例 11.8 在项目中创建 ArrayClass 类，在该类中定义泛型类声明数组类型。(**实例位置：资源包\code\11\08**)

```java
public class ArrayClass<T> {
    private T[] array; // 定义泛型数组

    public T[] getArray() {// 获取成员数组
        return array;
    }

    public void setArray(T[] array) {// 设置 set 方法为成员数组赋值
        this.array = array;
    }

    public static void main(String[] args) {
        ArrayClass<String> a = new ArrayClass<String>();
```

```
        String[] array = { "成员 1", "成员 2", "成员 3", "成员 4", "成员 5" };
        a.setArray(array); // 调用 set 方法
        for (int i = 0; i < a.getArray().length; i++) {
            System.out.println(a.getArray()[i]); // 调用 getArray ()方法返回数组中的值
        }
    }
}
```

在 Eclipse 中运行本实例，结果如图 11.8 所示。

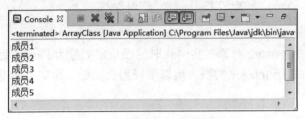

图 11.8　定义泛型类时声明数组类型

本实例在定义泛型类时声明一个成员数组，数组的类型为泛型，然后在泛型类中相应设置 setXXX()与 getXXX()方法。

由此可见，可以在使用泛型机制时声明一个数组，但是不可以使用泛型来建立数组的实例。例如，下面的代码就是错误的：

```
public class ArrayClass <T>{
    //private T[] array=new T[10]; //不能使用泛型来建立数组的实例
    ...
}
```

✍ 说明：

JDK1.7 版本中添加了一个新特性：自动推断实例化类型的泛型。所以这样的语法：
ArrayClass<String> a = new ArrayClass< >(); // 实现类的泛型为空
会自动转换为：
ArrayClass<String> a = new ArrayClass<String>();

3. 集合类声明容器的元素

在第 10 章中学习了集合类，实际应用中，通过在集合类中应用泛型可以使集合类中的元素类型保证唯一性，这样在运行时就不会产生 ClassCastException 异常，提高了代码的安全性和可维护性。可以使用 K 和 V 两个字符代表容器中的键值和与键值相对应的具体值。

例 11.9　在项目中创建 MutiOverClass 类，在该类中使用集合类声明容器的元素。（**实例位置：资源包\code\11\09**）

```
import java.util.HashMap;
import java.util.Map;
public class MutiOverClass<K, V> {
    public Map<K, V> m = new HashMap<K, V>();                //定义一个集合 HashMap 实例
        //设置 put ()方法，将对应的键值与键名存入集合对象中
    public void put(K k, V v) {
        m.put(k, v);
    }
```

```
public V get(K k) {                                    //根据键名获取键值
    return m.get(k);
}
public static void main(String[] args) {
    //实例化泛型类对象
    MutiOverClass<Integer, String> mu    = new MutiOverClass<Integer, String>();
    for (int i = 0; i < 5; i++) {
        //根据集合的长度循环将键名与具体值放入集合中
        mu.put(i, "我是集合成员" + i);
    }
    for (int i = 0; i < mu.m.size(); i++) {
        //调用 get()方法获取集合中的值
        System.out.println(mu.get(i));
    }
}
}
```

在 Eclipse 中运行本实例，结果如图 11.9 所示。

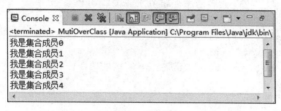

图 11.9　集合类声明容器的元素

其实在例 11.9 中定义的泛型类 MutiOverClass 纯属多余，因为在 Java 中这些集合框架已经都被泛型化了，可以在主方法中直接使用 public Map<K,V> m=new HashMap<K,V>();语句创建实例，然后相应调用 Map 接口中的 put()与 get()方法完成填充容器或根据键名获取集合中具体值的功能。集合中除了 HashMap 这种集合类型之外，还包括 ArrayList、Vector 等。表 11.2 列举了几个常用的被泛型化的集合类。

表 11.2　常用的被泛型化的集合类

集　合　类	泛　型　定　义
ArrayList	ArrayList<E>
HashMap	HashMap<K,V>
HashSet	HashSet<E>
Vector	Vector<E>

下面的实例演示了这些集合的使用方式。

例 11.10　在项目中创建 ListClass 类，在该类中使用泛型实例化常用集合类。（**实例位置：资源包\code\11\10**）

```
import java.util.*;
public class ListClass {
    public static void main(String[] args) {
        // 定义 List 容器，设置容器内的值类型为 Integer
```

```java
List<Integer> a = new ArrayList<Integer>();
a.add(1); // 为容器添加新值
for (int i = 0; i < a.size(); i++) {
    // 根据容器的长度循环显示容器内的值
    System.out.println("获取 ArrayList 容器的值: " + a.get(i));
}
// 定义 Map 容器，设置容器的键名与键值类型分别为 Integer 与 String 型
Map<Integer, String> m = new HashMap<Integer, String>();
for (int i = 0; i < 5; i++) {
    m.put(i, "成员" + i); // 为容器填充键名与键值
}
for (int i = 0; i < m.size(); i++) {
    // 根据键名获取键值
    System.out.println("获取 Map 容器的值: " + m.get(i));
}
// 定义 Set 容器，设置容器内的值类型为 Character
Set<Character> set = new HashSet<>();
set.add('一'); // 为容器添加新值
set.add('二');
// 使用 foreach 循环，将 set 中元素按照 Character 类型进行循环遍历
for (Character c : set) {
    System.out.println("获取 Set 容器的值: " + c);
}
    }
}
```

在 Eclipse 中运行本实例，结果如图 11.10 所示。

图 11.10　使用泛型实例化常用集合类

📢 注意：

在定义集合对象时，如果没有指定具体的类型，泛型参数<T>的类型默认为<Object>，这时运行程序不会报错，但是会有警告信息。

11.2.4　泛型的高级用法

泛型的高级用法主要包括通过类型参数 T 的继承和通过类型通配符的继承来限制泛型类型，另外，开发人员还可以继承泛型类或者实现泛型接口，本节将对泛型的一些高级用法进行讲解。

1. 通过类型参数 T 的继承限制泛型类型

默认可以使用任何类型来实例化一个泛型类对象，但 Java 中也对泛型类实例的类型作了限制，这主要通过对类型参数 T 实现继承来体现，语法如下：

```
class 类名称<T extends anyClass>
```

其中，anyClass 指某个接口或类。

使用泛型限制后，泛型类的类型必须实现或继承了 anyClass 这个接口或类。无论 anyClass 是接口还是类，在进行泛型限制时都必须使用 extends 关键字。

例如，在项目中创建 LimitClass 类，在该类中限制泛型类型。

```java
import java.util.ArrayList;
import java.util.LinkedList;
import java.util.List;
public class LimitClass<T extends List> { //限制泛型的类型
    public static void main(String[] args) {
        //可以实例化已经实现 List 接口的类
        LimitClass<ArrayList> l1 = new LimitClass<ArrayList>();
        LimitClass<LinkedList> l2 = new LimitClass<LinkedList>();
        //这句是错误的，因为 HashMap 没有实现 List() 接口
        //LimitClass<HashMap> l3=new LimitClass<HashMap>();
    }
}
```

上面代码中，将泛型作了限制，设置泛型类型必须实现 List 接口。例如，ArrayList 和 LinkedList 都实现了 List 接口，而 HashMap 没有实现 List 接口，所以在这里不能实例化 HashMap 类型的泛型对象。

当没有使用 extends 关键字限制泛型类型时，默认 Object 类下的所有子类都可以实例化泛型类对象。如图 11.11 所示的两个语句是等价的。

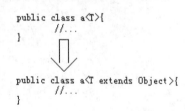

图 11.11 两个等价的泛型类

扫一扫，看视频

2. 通过类型通配符的继承限制泛型类型

在泛型机制中，提供了类型通配符，其主要作用是在创建一个泛型类对象时，限制这个泛型类的类型，或者限制这个泛型类型必须继承某个接口或某个类（或其子类）。要声明这样一个对象可以使用 "?" 通配符，同时使用 extends 关键字来对泛型加以限制。

📝 **说明：**

> 通过对类型参数 T 实现继承限制泛型类型时，在声明时就进行了限制，而通过对类型通配符实现继承限制泛型类型时，则在实例化时才进行限制。

使用泛型类型通配符的语法如下：

```
泛型类名称<? extends List> a=null;
```

其中，<? extends List>表示类型未知，当需要使用该泛型对象时，可以单独实例化。

例如，在项目中创建一个类文件，在该类中限制泛型类型。

```java
A<? extends List> a=null;
a=new A<ArrayList>();
a=new A<LinkedList>();
```

如果实例化没有实现 List 接口的泛型对象，编译器将会报错。例如，实例化 HashMap 对象时，编译器将会报错，因为 HashMap 类没有实现 List 接口。

除了可以实例化一个限制泛型类型的实例之外，还可以将该实例放置在方法的参数中。

例如，在项目中创建一个类文件，在该类的方法参数中使用匹配字符串。

```java
public void doSomething(A<? extends List> a){
}
```

在上述代码中，定义方式有效地限制了传入 doSomething()方法的参数类型。

如果使用 A<?>这种形式实例化泛型类对象，则默认表示可以将 A 指定为实例化 Object 及以下的子类类型。读者可能对这种编码类型有些疑惑，下面的代码将直观地介绍 A<?>泛型机制。

例 11.11 在项目中创建 WildClass 类，演示在泛型中使用通配符形式。（**实例位置：资源包\code\11\11**）

```java
import java.util.*;
public class WildClass {
    public static void main(String[] args) {
        List<String> l1 = new ArrayList<String>(); // 创建一个 ArrayList 对象
        l1.add("成员"); // 在集合中添加内容
        List<?> l2 = l1; // 使用通配符
        List<?> l3 = new LinkedList<Integer>();
        System.out.println("l1:" + l1.get(0)); // 获取 l1 集合中第一个值
        System.out.println("l2:" + l2.get(0)); // 获取 l2 集合中第一个值
        l1.set(0, "成员改变"); // 没有使用通配符的对象调用 set()方法
        // l2.add("添加");// 使用通配符的对象不能调用 add 方法
        // l2.set(0, "成员改变"); // 使用通配符的对象不能调用 set 方法
        // l3.add(1);
        // l3.set(0, 1);
        System.out.println("l1:" + l1.get(0)); // 可以使用 l1 的实例获取集合中的值
    }
}
```

程序运行结果如图 11.12 所示。

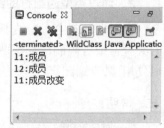

图 11.12 在泛型中使用
通配符

上面代码中，由于对象 l1 是没有使用 A<?>这种形式初始化出来的对象，所以它可以调用 set()方法改变集合中的值，但 l2 与 l3 则是通过使用通配符的方式创建出来的，所以不能改变集合中的值，所以无法调用 set()方法；另外，List<?>类型的对象可以接受 String 类型的 ArrayList 集合，也可以接受 Integer 类型的 LinkedList 集合，也许有的读者会有疑问，List<?> l2=l1 语句与 List l2=l1 存在何种本质区别？使用通配符声明的名称实例化的对象不能对其加入新的信息，只能获取或删除。

✍ 技巧：

泛型类型限制除了可以向下限制之外，还可以向上限制，只要在定义时使用 super 关键字即可。例如，"A<? super List> a=null;" 这样定义后，对象 a 只接受 List 接口或上层父类类型，如 a=new A<Object>();。

3．继承泛型类与实现泛型接口

定义为泛型的类和接口也可以被继承与实现。

扫一扫，看视频

例如，在项目中创建一个类文件，在该类中继承泛型类。

```
public class ExtendClass<T1> {
}

class SubClass<T1, T2, T3> extends ExtendClass<T1> {// 泛型可以比父类多，但不可以比父
                                                      类少
}
```

如果在 SubClass 类继承 ExtendClass 类时保留父类的泛型类型，需要在继承时指明，如果没有指明，直接使用 extends ExtendsClass 语句进行继承操作，则 SubClass 类中的 T1、T2 和 T3 都会自动变为 Object，所以在一般情况下都将父类的泛型类型保留。

定义的泛型接口也可以被实现。

例如，在项目中创建一个类文件，在该类中实现泛型接口。

```
interface TestInterface<T1> {
}

class SubClass2<T1, T2, T3> implements TestInterface<T1> {
}
```

11.2.5　泛型总结

使用泛型需遵循以下原则。

（1）泛型的类型参数只能是类类型，不可以是简单类型，如 A<int>这种泛型定义就是错误的。

（2）泛型的类型个数可以是多个。

（3）可以使用 extends 关键字限制泛型的类型。

（4）可以使用通配符限制泛型的类型。

11.3　小　　结

本章主要讲述了枚举类型以及泛型的用法。枚举类型与泛型都为 JDK 1.5 版本新增的内容。虽然枚举类型与泛型的语法比较简单，但是展开后的写法比较复杂，所以初学者应该仔细揣摩，并且对这两种机制做到简单掌握。此外，读者应该积极了解每个 JDK 版本新增的内容，而查看相应版本的 API 便是一种极为有效的手段。

第 12 章　Swing 程序设计

Swing 较早期版本中的 AWT 更为强大、性能更加优良，Swing 中除了保留 AWT 中几个重要的重量级组件之外，其他组件都为轻量级，这样使用 Swing 开发出的窗体风格会与当前运行平台上的窗体风格保持一致，开发人员也可以在跨平台时指定窗体统一的风格与外观。Swing 的使用很复杂，本章主要讲解 Swing 中的基本要素，包括窗体的布局、容器、常用的组件、事件和监听器等。

通过阅读本章，您可以：

- 了解 Swing 组件
- 掌握 JFrame 窗体的使用
- 掌握常用的几种布局管理器
- 掌握常用面板
- 掌握标签使用及如何在标签上设置图标
- 掌握文本组件的使用
- 掌握按钮组件的使用
- 掌握列表组件的使用
- 熟练掌握常用的事件监听器

12.1　Swing 概述

Swing 主要用来开发 GUI 程序，GUI（Graphical User Interface）即图形用户界面，它是应用程序提供给用户操作的图形界面，包括窗口、菜单、按钮等图形界面元素，比如我们经常使用的 QQ 软件、360 安全卫士等都是 GUI 程序。Java 中针对 GUI 设计提供了丰富的类库，这些类分别位于 java.awt 和 javax.swing 包中，简称为 AWT 和 Swing，其中，AWT（Abstract Window Toolkit）是抽象窗口工具包，它是 Java 平台独立的窗口系统、图形和用户界面器件的工具包，其组件种类有限，无法实现目前 GUI 设计所需的所有功能。于是 Swing 出现了，Swing 是 AWT 组件的增强组件，不仅实现了 AWT 的所有功能，而且提供了更加丰富的组件和功能，在实际开发 Java 图形界面程序时，很少使用 AWT 组件，大多数时候都使用 Swing 组件。本节将首先对 Swing 进行简单概述。

12.1.1　Swing 特点

原来的 AWT 组件来自 java.awt 包，当含有 AWT 组件的 Java 应用程序在不同的平台上执行时，每个平台的 GUI 组件的显示会有所不同，但是在不同平台上运行使用 Swing 开发的应用程序时，就可以统一 GUI 组件的显示风格，因为 Swing 组件允许开发人员在跨平台时指定统一的外观和风格。

Swing 组件是完全由 Java 语言编写的，由于 Java 是不依赖于操作系统的语言，因此 Swing 组件可以运行在任何平台上，基于这些特性，通常将 Swing 组件称为"轻量级组件"；相反，依赖于本地平台的组件被称为"重量级组件"，如 AWT 组件就是依赖本地平台的窗口系统来决定组件的功能、外观和风格。

12.1.2　Swing 包

为了有效地使用 Swing 组件，必须了解 Swing 包的层次结构和继承关系，其中比较重要的类是 Component 类（组件类）、Container 类（容器类）和 JComponent 类（Swing 组件父类）。图 12.1 描述了这些类的层次和继承关系。

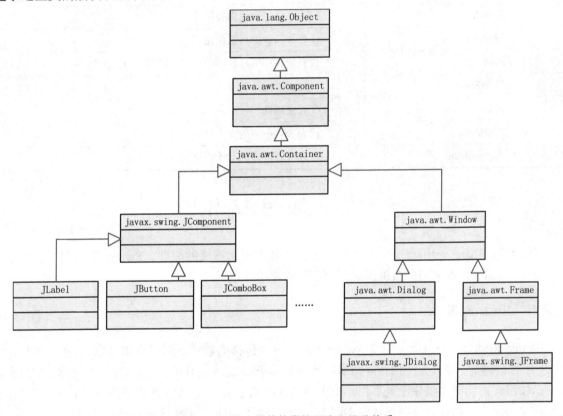

图 12.1　Swing 组件的类的层次和继承关系

在 Swing 组件中，大多数 GUI 组件都是 Component 类的直接子类或间接子类，而 JComponent 类是 Swing 组件各种特性的存放位置，这些组件的特性包括设定组件边界、GUI 组件自动滚动等。另外，从图 12.1 中可以发现，Swing 组件的顶层父类是 Component 类与 Container 类（Object 类是所有类的父类），所以 Java 关于窗口组件的编写，都与组件以及容器的概念相关联。

12.1.3　常用 Swing 组件概述

下面给出基本 Swing 组件的概述，有关这些组件的内容将在后面详细讲解。表 12.1 列举了常用的 Swing 组件及其含义。

表 12.1　常用的 Swing 组件

组 件 名 称	定　　义
JButton	代表 Swing 按钮，按钮可以带一些图片或文字
JCheckBox	代表 Swing 中的复选框组件
JComBox	代表下拉列表框，可以在下拉显示区域显示多个选项
JFrame	代表 Swing 的框架类
JDialog	代表 Swing 版本的对话框
JLabel	代表 Swing 中的标签组件
JRadioButton	代表 Swing 的单选按钮
JList	代表能够在用户界面中显示一系列条目的组件
JTextField	代表文本框
JPasswordField	代表密码框
JTextArea	代表 Swing 中的文本区域
JOptionPane	代表 Swing 中的一些对话框

12.2　常用窗体

窗体作为 Swing 应用程序中组件的承载体，处于非常重要的位置。Swing 中常用的窗体包括 JFrame 和 JDialog，本节将着重讲解这两个窗体的使用方法。

12.2.1　JFrame 窗体

JFrame 窗体是一个容器，它是 Swing 程序中各个组件的载体，可以将 JFrame 看作是承载这些 Swing 组件的容器。在开发应用程序时可以通过继承 javax.swing.JFrame 类创建一个窗体，在这个窗体中添加组件，同时为组件设置事件。由于该窗体继承了 JFrame 类，所以它拥有"最大化""最小化"和"关闭"等按钮。下面将详细讲解 JFrame 窗体在 Java 应用程序中的使用方法。

JFrame 类的常用构造方法包括以下两种形式：

（1）public JFrame()：创建一个初始不可见、没有标题的新窗体。

（2）public JFrame(String title)：创建一个不可见但具有标题的窗体。

例如，创建一个 JFrame 窗体对象。代码如下：

```
JFrame jf=new JFrame(title);
Container container=jf.getContentPane();
```

上面代码中创建完 JFrame 对象后，又使用 getContentPane()方法创建了一个 Container 对象，这是因为 Swing 组件的窗体通常与组件和容器相关，所以在 JFrame 对象创建完成后，需要调用 getContentPane()方法将窗体转换为容器，然后在容器中添加组件或设置布局管理器。通常，这个容器用来包含和显示组件。如果需要将组件添加至容器，可以使用来自 Container 类的 add()方法进行设置。例如：

```
container.add(new JButton("按钮"));                          //JButton 按钮组件
```

在容器中添加组件后，也可以使用 Container 类的 remove()方法将这些组件从容器中删除。例如：

```
container.remove(new JButton("按钮"));
```

创建完 JFrame 窗体之后，需要对窗体进行设置，比如设置窗体的位置、大小、是否可见等，这些设置操作通过 JFrame 类提供的相应方法实现，下面对 JFrame 类的常用方法进行讲解。

（1）setBounds(int x，int y，int width，int leight): 设置组件左上角的顶点的坐标为(x,y)，宽度为 width，高度为 height。

（2）setLocation(int x，int y): 设置组件的左上角坐标为(x，y)。

（3）setSize(int width，int height): 设置组件的宽度为 width，高度为 height。

（4）setVisible(boolean b): 设置组件是否可见，参数为 true 表示可见，参数为 false 表示不可见。

（5）setDefaultCloseOperation(int operation): 设置以什么方式关闭 JFrame 窗体，默认值为 DISPOSE_ON_CLOSE。Java 为 JFrame 窗体关闭提供了多种方式，常用的有 4 种，如表 12.2 所示。

表 12.2　JFrame 窗体关闭的几种方式

窗体关闭方式	实 现 功 能
DO_NOTHING_ON_CLOSE	表示单击"关闭"按钮时无任何操作
DISPOSE_ON_CLOSE	表示单击"关闭"按钮时隐藏并释放窗口
HIDE_ON_CLOSE	表示单击"关闭"按钮时将当前窗口隐藏
EXIT_ON_CLOSE	表示单击"关闭"按钮时退出当前窗口并关闭程序

✍ 说明：

表 12.2 中的几种关闭窗体的方式实质上是 int 类型的常量，其中 EXIT_ON_CLOSE 封装在 JFrame 类中，而其他 3 种封装在 WindowConstants 接口中。

下面的实例中实现了 JFrame 对象创建一个窗体，并在其中添加一个组件。

例 12.1　在项目中创建 JFreamTest 类，该类继承 JFrame 类，在该类中创建标签组件，并添加到窗体界面中。（实例位置：资源包\code\12\01）

```
import java.awt.*;                                   //导入 AWT 包
import javax.swing.*;                                //导入 Swing 包
public class JFreamTest extends JFrame {             //定义一个类继承 JFrame 类
    public void CreateJFrame(String title) {         //定义一个 CreateJFrame()方法
        JFrame jf = new JFrame(title);               //创建一个 JFrame 对象
        Container container = jf.getContentPane();   //获取一个容器
        JLabel jl = new JLabel("这是一个 JFrame 窗体"); //创建一个 JLabel 标签
        //使标签上的文字居中
        jl.setHorizontalAlignment(SwingConstants.CENTER);
        container.add(jl);                           //将标签添加到容器中
        container.setBackground(Color.white);        //设置容器的背景颜色
        jf.setVisible(true);                         //使窗体可视
        jf.setSize(200, 150);                        //设置窗体大小
        //设置窗体关闭方式
        jf.setDefaultCloseOperation(WindowConstants.EXIT_ON_CLOSE);
```

```
    }
    public static void main(String args[]){        //在主方法中调用CreateJFrame()方法
        new JFreamTest().CreateJFrame("创建一个 JFrame 窗体");
    }
}
```

📝 说明：

上面代码中使用 import 关键字导入了 java.awt.*和 javax.swing.*这两个包，在开发 Swing 程序时，通常需要使用这两个包，但由于篇幅限制，后面的实例代码中将省略导入包的相应代码。

运行本实例程序，结果如图 12.2 所示。

扫一扫，看视频

12.2.2　JDialog 对话框窗体

JDialog 窗体是 Swing 组件中的对话框，它继承了 AWT 组件中 java.awt.Dialog 类。

JDialog 窗体的功能是从一个窗体中弹出另一个窗体，就像是在使用 IE 浏览器时弹出的确定对话框一样。JDialog 窗体实质上就是另一种类型的窗体，它与 JFrame 窗体类似，在使用时也需要调用 getContentPane()方法将窗体转换为容器，然后在容器中设置窗体的特性。

在应用程序中创建 JDialog 窗体需要实例化 JDialog 类，通常使用以下几个 JDialog 类的构造方法。

图 12.2　创建 JFrame 窗体

（1）public JDialog(): 创建一个没有标题和父窗体的对话框。

（2）public JDialog(Frame f): 创建一个指定父窗体的对话框，但该窗体没有标题。

（3）public JDialog(Frame f,boolean model): 创建一个指定类型的对话框，并指定父窗体，但该窗体没有指定标题。如果 model 为 true，则弹出对话框之后，用户无法操作父窗体。

（4）public JDialog(Frame f,String title): 创建一个指定标题和父窗体的对话框。

（5）public JDialog(Frame f,String title,boolean model): 创建一个指定标题、窗体和模式的对话框。

下面来看一个实例，该实例主要实现单击 JFrame 窗体中的按钮后，弹出一个对话框窗体。

例 12.2　在项目中创建 MyJDialog 类，该类继承 JDialog 窗体，并在窗口中添加按钮，当用户单击该按钮后，将弹出一个对话框窗体。关键代码如下：（**实例位置：资源包\code\12\02**）

```
class MyJDialog extends JDialog { // 创建自定义对话框类，并继承 JDialog 类
    public MyJDialog(MyFrame frame) {
        // 实例化一个 JDialog 类对象，指定对话框的父窗体、窗体标题和类型
        super(frame, "第一个 JDialog 窗体", true);
        Container container = getContentPane(); // 创建一个容器
        container.add(new JLabel("这是一个对话框")); // 在容器中添加标签
        setBounds(120, 120, 100, 100); // 设置对话框窗体在桌面显示的坐标和大小
    }
}
public class MyFrame extends JFrame { // 创建父窗体类
    public MyFrame() {
```

```
Container container = getContentPane(); // 获得窗体容器
container.setLayout(null);// 容器使用 null 布局
JButton bl = new JButton("弹出对话框"); // 定义一个按钮
bl.setBounds(10, 10, 100, 21);// 定义按钮在容器中的坐标和大小
bl.addActionListener(new ActionListener() { // 为按钮添加点击事件
    public void actionPerformed(ActionEvent e) {
        // 创建 MyJDialog 对话框
        MyJDialog dialog = new MyJDialog(MyFrame.this);
        dialog.setVisible(true);// 使 MyJDialog 窗体可见
    }
});
container.add(bl); // 将按钮添加到容器中
container.setBackground(Color.WHITE);// 容器背景色为白色
setSize(200, 200);// 窗口大小
// 窗口关闭后结束程序
setDefaultCloseOperation(WindowConstants.EXIT_ON_CLOSE);
setVisible(true);// 使窗口可见
}
public static void main(String args[]) {
    new MyFrame(); // 实例化 MyFrame 类对象
}
}
```

运行本实例，结果如图 12.3 所示。

在本实例中，为了使对话框在父窗体中弹出，定义了一个 JFrame 窗体。首先在该窗体中定义一个按钮，然后为此按钮添加一个鼠标单击监听事件，这里使用 new MyJDialog(MyFrame. this).setVisible(true)语句使对话框窗体可见，这样就实现了用户单击该按钮后弹出对话框的功能。

图 12.3　弹出 JDialog 窗体

在 MyJDialog 类中，由于它继承了 JDialog 类，所以可以在构造方法中使用 super 关键字调用 JDialog 类的构造方法。在这里使用了 public JDialog(Frame f,String title,boolean model)这种形式的构造方法，相应地设置了自定义的对话框的标题和窗体类型。

在本实例代码中可以看到，JDialog 窗体与 JFrame 窗体形式基本相同，甚至在设置窗体的特性时，调用的方法名称都基本相同，如设置窗体大小和窗体关闭状态等。

12.3　常用布局管理器

在 Swing 中，每个组件在容器中都有一个具体的位置和大小，而在容器中摆放各种组件时很难判断其具体位置和大小。使用布局管理器较程序员直接在容器中控制 Swing 组件的位置和大小方便得多，可以有效地处理整个窗体的布局。Swing 提供的常用布局管理器包括 FlowLayout 流布局管理器、BorderLayout 边界布局管理器和 GridLayout 网格布局管理器，这些布局管理器位于 java.awt 包中。本节将对常用的布局管理器进行讲解。

12.3.1　绝对布局

绝对布局，就是硬性指定组件在容器中的位置和大小，可以使用绝对坐标的方式来指定组件的位置。

设置绝对布局的方法有两种，分别如下：

（1）使用 Container.setLayout(null)方法取消布局管理器。

（2）使用 Component.setBounds()方法设置每个组件的大小与位置。

下面来看一个绝对布局的例子。

例 12.3　在项目中创建继承 JFrame 窗体组件的 AbsolutePosition 类，设置布局管理器为 null，即使用绝对定位的布局方式，创建两个按钮组件，将按钮分别定位在不同的窗体位置上。关键代码如下：（**实例位置：资源包\code\12\03**）

```java
public class AbsolutePosition extends JFrame {
    public AbsolutePosition() {
        setTitle("本窗体使用绝对布局"); // 设置该窗体的标题
        setLayout(null); // 使该窗体取消布局管理器设置
        /*
         * 定位窗体的坐标位置与宽高
         * 窗体在屏幕中的 x 坐标为 0，y 坐标为 0，窗体宽 200 像素，高 150 像素
         */
        setBounds(0, 0, 200, 150);
        Container c = getContentPane(); // 创建容器对象
        JButton b1 = new JButton("按钮 1"); // 创建按钮
        JButton b2 = new JButton("按钮 2"); // 创建按钮
        /*
         * 设置按钮的位置与大小
         * 按钮 1 在容器中的 x 坐标为 10，y 坐标为 30，按钮宽 80 像素，高 30 像素
         */
        b1.setBounds(10, 30, 80, 30);
        b2.setBounds(60, 70, 100, 20);
        c.add(b1); // 将按钮添加到容器中
        c.add(b2);
        setVisible(true); // 使窗体可见
        // 设置窗体关闭方式
        setDefaultCloseOperation(WindowConstants.EXIT_ON_CLOSE);
    }

    public static void main(String[] args) {
        new AbsolutePosition();
    }
}
```

运行本例，结果如图 12.4 所示，这时，无论窗体如何改变大小，"按钮 1"和"按钮 2"的位置始终不会发生变化。

在本实例中，窗体的大小、位置以及窗体内组件的大小与位置都被进行绝对布局操作，这里的绝对布局使用 setBounds 方法设置，如果使窗体对象调用 setBounds()方法，表示设置窗体在整个屏幕上出现的位置，以及窗体的宽与长；如果使窗体内的组件调用 setBounds()方法，则表示设置组件在整个窗体中摆放的位置，以及组件的大小。

◀ 注意：

> 从例 12.5 中可以看出，采用绝对布局控制组件的位置是非常灵活的，而且代码也十分简捷易懂，但使用这种布局方式的窗口通常都是固定大小的。

图 12.4　在应用程序使用绝对布局管理器

扫一扫，看视频

12.3.2　流布局（FlowLayout）管理器

流布局（FlowLayout）管理器是最基本的布局管理器，在整个容器中的布局正如其名，像"流"一样从左到右摆放组件，直到占据了这一行的所有空间，再向下移动一行。默认情况下，组件在每一行都是居中排列的，但是通过设置也可以更改组件在每一行上的排列位置。

FlowLayout 类中具有以下常用的构造方法。

（1）public FlowLayout()方法。

（2）public FlowLayout(int alignment)方法。

（3）public FlowLayout(int alignment,int horizGap,int vertGap)方法。

构造方法中的 alignment 参数表示使用流布局管理器后组件在每一行的具体摆放位置，它可以被赋予 FlowLayout.LEFT、FlowLayout.CENTER 和 FlowLayout.RIGHT 这 3 个值之一，它们的详细说明如表 12.3 所示。

表 12.3　ailgnment 参数值及说明

ailgnment 参数值	说　　　明
FlowLayout.LEFT	每一行的组件将被指定为按照左对齐排列
FlowLayout.CENTER	每一行的组件将被指定为按照居中对齐排列
FlowLayout.RIGHT	每一行的组件将被指定为按照右对齐排列

在 public FlowLayout(int alignment,int horizGap,int vertGap)构造方法中还存在 horizGap 与 vertGap 两个参数，这两个参数分别以像素为单位指定组件之间的水平间隔与垂直间隔。

下面是一个流布局管理器的例子。在此例中，首先将容器的布局管理器设置为 FlowLayout，然后在窗体上摆放组件。

例 12.4　在项目中创建 FlowLayoutPosition 类，该类继承 JFrame 类。设置该窗体的布局管理器为 FlowLayout 布局管理器的实例对象。关键代码如下：（**实例位置：资源包\code\12\04**）

```java
public class FlowLayoutPosition extends JFrame {
    public FlowLayoutPosition() {
        setTitle("本窗体使用流布局管理器"); // 设置窗体标题
        Container c = getContentPane();
        // 设置窗体使用流布局管理器，使组件右对齐，组件之间的水平间隔为10像素，垂直间隔为10像素
        setLayout(new FlowLayout(FlowLayout.RIGHT, 10, 10));
```

```
    for (int i = 0; i < 10; i++) { // 在容器中循环添加 10 个按钮
        c.add(new JButton("button" + i));
    }
    setSize(300, 200); // 设置窗体大小
    // 设置窗体关闭方式
    setDefaultCloseOperation(WindowConstants.DISPOSE_ON_CLOSE);
    setVisible(true); // 设置窗体可见
}

public static void main(String[] args) {
    new FlowLayoutPosition();
}
}
```

运行本实例，默认效果如图 12.5 所示，手动改变窗体大小，组件的摆放位置也会相应地发生变化，如图 12.6 所示。

图 12.5　在应用程序使用流布局管理器

图 12.6　改变窗体大小，组件位置发生变化

从本实例的运行结果可以看出，如果改变整个窗体的大小，其中组件的摆放位置也会相应地发生变化，这正好验证了使用流布局管理器时组件从左到右摆放，当组件填满一行后，将自动换行，直到所有的组件都摆放在容器中为止。

12.3.3　BorderLayout 边界布局管理器

扫一扫，看视频

创建完窗体后，在默认不指定窗体布局的情况下，Swing 组件的布局模式是边界（BorderLayout）布局，边界布局管理器可以将容器划分为东、南、西、北、中 5 个区域，如图 12.7 所示。

设计窗体时，可以将组件加入到边界布局管理器的 5 个区域中，另外，在调用 Container 类的 add() 方法向容器中添加组件时，可以设置此组件在边界布局管理器中的区域，区域的控制可以由 BorderLayout 类中的成员变量来决定，这些成员变量的具体含义如表 12.4 所示。

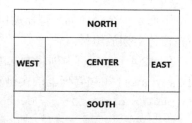

图 12.7　边界布局管理器的区域划分

表 12.4　BorderLayout 类的主要成员变量

成 员 变 量	含 义
BorderLayout.NORTH	在容器中添加组件时，组件置于北部
BorderLayout.SOUTH	在容器中添加组件时，组件置于南部
BorderLayout.EAST	在容器中添加组件时，组件置于东部
BorderLayout.WEST	在容器中添加组件时，组件置于西部
BorderLayout.CENTER	在容器中添加组件时，组件置于中间开始填充，直到与其他组件边界连接

✍ 说明：

如果使用了边界布局管理器，在向容器中添加组件时，如果不指定添加到哪个区域，则默认添加到 CENTER 区域；如果向一个区域中同时添加多个组件，后放入的组件会覆盖先放入的组件。

add()方法用来提供在容器中添加组件的功能，同时设置组件的摆放位置。其常用语法格式如下：

```
public void add(Component comp, Object constraints)
```

❯ comp：要添加的组件。

❯ constraints：表示此组件的布局约束的对象。

下面举一个在容器中设置边界布局管理器的例子，分别在容器的东、南、西、北、中区域添加 5 个按钮。

例 12.5　在项目中创建 BorderLayoutPosition 类，该类继承 JFrame 类，设置该窗体的布局管理器使用 BorderLayout 类的实例对象。关键代码如下：（**实例位置：资源包\code\12\05**）

```java
public class BorderLayoutPosition extends JFrame {
    public BorderLayoutPosition() {
        setTitle("这个窗体使用边界布局管理器");
        Container c = getContentPane(); // 定义一个容器
        setLayout(new BorderLayout()); // 设置容器为边界布局管理器
        JButton centerBtn = new JButton("中"),
            northBtn = new JButton("北"),
            southBtn = new JButton("南"),
            westBtn = new JButton("西"),
            eastBtn = new JButton("东");
        c.add(centerBtn, BorderLayout.CENTER);// 中部添加按钮
        c.add(northBtn, BorderLayout.NORTH);// 北添加按钮
        c.add(southBtn, BorderLayout.SOUTH);// 南部添加按钮
        c.add(westBtn, BorderLayout.WEST);// 西部添加按钮
        c.add(eastBtn, BorderLayout.EAST);// 东部添加按钮
        setSize(350, 200); // 设置窗体大小
        setVisible(true); // 设置窗体可见
        // 设置窗体关闭方式
        setDefaultCloseOperation(WindowConstants.DISPOSE_ON_CLOSE);
    }
    public static void main(String[] args) {
        new BorderLayoutPosition();
    }
}
```

运行本实例，结果如图 12.8 所示。

12.3.4 网格布局（GridLayout）管理器

网格布局（GridLayout）管理器将容器划分为网格，所有组件可以按行和列进行排列。在网格布局管理器中，每一个组件的大小都相同，并且网格中空格的个数由网格的行数和列数决定，比如一个两行两列的网格能产生 4 个大小相等的网格。组件从网格的左上角开始，按照从左到右、从上到下的顺序加入到网格中，而且每一个组件都会填满整个网格，改变窗体的大小，组件的大小也会随之改变。

图 12.8 在应用程序中使用边界布局管理器

网格布局管理器主要有以下两个常用的构造方法。

（1）public GridLayout(int rows,int columns)方法。

（2）public GridLayout(int rows,int columns,int horizGap,int vertGap)方法。

在上述构造方法中，rows 与 columns 参数代表网格的行数与列数，这两个参数只有一个参数可以为 0，代表一行或一列可以排列任意多个组件；参数 horizGap 与 vertGap 指定网格之间的间距，其中 horizGap 参数指定网格之间的水平间距，vertGap 参数指定网格之间的垂直间距。

下面来看一个在应用程序中使用网格布局管理器的例子。

例 12.6 在项目中创建 GridLayoutPosition 类，该类继承 JFrame 类，设置该窗体使用 GridLayout 布局管理器，设置 GridLayout 布局管理器呈现一个 7 行 3 列的网格，并且向每个网格中添加一个 JButton 组件。关键代码如下：（**实例位置：资源包\code\12\06**）

```java
public class GridLayoutPosition extends JFrame {
    public GridLayoutPosition() {
        Container c = getContentPane();
        /*
         * 设置容器使用网格布局管理器，设置 7 行 3 列的网格。
         * 组件间水平间距为 5 像素，垂直间距为 5 像素
         */
        setLayout(new GridLayout(7, 3, 5, 5));
        for (int i = 0; i < 20; i++) {
            c.add(new JButton("button" + i));          //循环添加按钮
        }
        setSize(300, 300);
        setTitle("这是一个使用网格布局管理器的窗体");
        setVisible(true);
        setDefaultCloseOperation(WindowConstants.EXIT_ON_CLOSE);
    }
    public static void main(String[] args) {
        new GridLayoutPosition();
    }
}
```

运行本实例，结果如图 12.9 所示。如果尝试改变窗体的大小，将发现其中的组件大小也会发生相应的改变。

图 12.9　在应用程序中使用网格布局管理器

12.4　常　用　面　板

扫一扫，看视频

面板也是一个 Swing 容器，它可以作为容器容纳其他组件，但它必须被添加到其他容器中。Swing 中常用的面板包括 JPanel 面板以及 JScrollPane 面板。下面着重讲解 Swing 中的常用面板。

12.4.1　JPanel 面板

JPanel 面板是一种容器，它继承自 java.awt.Container 类。JPanel 面板可以聚集一些组件来布局，但它必须依赖于 JFrame 窗体进行使用。

例 12.7　在项目中创建 JPanelTest 类，该类继承 JFrame 类。首先设置整个窗体的布局为 2 行 1 列的网格布局，然后定义 4 个面板，分别为 4 个面板设置不同的布局，将按钮放置在每个面板中，最后将面板添加至容器中。关键代码如下：**（实例位置：资源包\code\12\07）**

```java
public class JPanelTest extends JFrame {
    public JPanelTest() {
        Container c = getContentPane();
        // 将整个容器设置为 2 行 1 列的网格布局,组件水平间隔为 10 像素,垂直间隔为 10 像素
        c.setLayout(new GridLayout(2, 1, 10, 10));
        // 初始化一个面板,此面板使用 1 行 3 列的网格布局,组件水平间隔为 10 像素,垂直间隔为 10 像素
        JPanel p1 = new JPanel(new GridLayout(1, 3, 10, 10));
        JPanel p2 = new JPanel(new BorderLayout());// 使用边界布局
        JPanel p3 = new JPanel(new GridLayout(1, 2, 10, 10));
        JPanel p4 = new JPanel(new GridLayout(2, 1, 10, 10));
        // 给每个面板都添加边框和标题,使用 BorderFactory 工厂类生成带标题的边框对象
        p1.setBorder(BorderFactory.createTitledBorder("面板 1"));
        p2.setBorder(BorderFactory.createTitledBorder("面板 2"));
        p3.setBorder(BorderFactory.createTitledBorder("面板 3"));
        p4.setBorder(BorderFactory.createTitledBorder("面板 4"));
        // 在面板中添加按钮
        p1.add(new JButton("b1")); p1.add(new JButton("b1")); p1.add(new JButton
("b1"));
        p1.add(new JButton("b1"));// 1 行 3 列基础上,仍然可以添加组件
```

```
        p2.add(new JButton("b2"),BorderLayout.WEST);
        p2.add(new JButton("b2"),BorderLayout.EAST);
        p2.add(new JButton("b2"),BorderLayout.NORTH);
        p2.add(new JButton("b2"),BorderLayout.SOUTH);
        p2.add(new JButton("b2")); p3.add(new JButton("b3")); p3.add(new JButton
("b3"));
        p4.add(new JButton("b4")); p4.add(new JButton("b4"));
        // 在容器中添加面板
        c.add(p1);        c.add(p2);        c.add(p3);        c.add(p4);
        setTitle("在这个窗体中使用了面板");
        setSize(500, 300);
        setVisible(true);
        setDefaultCloseOperation(WindowConstants.DISPOSE_ON_CLOSE);// 关闭动作
    }
    public static void main(String[] args) {
        new JPanelTest();
    }
}
```

运行本实例，结果如图 12.10 所示。

图 12.10　在应用程序中使用面板

扫一扫，看视频

12.4.2　JScrollPane 滚动面板

在设置界面时，可能会遇到在一个较小的容器窗体中显示一个较大部分的内容的情况，这时可以使用 JScrollPane 面板。JScrollPane 面板是带滚动条的面板，它也是一种容器，但是 JscrollPane 面板中只能放置一个组件，并且不可以使用布局管理器。如果需要在 JScrollPane 面板中放置多个组件，需要将多个组件放置在 JPanel 面板上，然后将 JPanel 面板作为一个整体组件添加在 JScrollPane 组件上。

下面列举一个 JScrollPane 面板的例子，用来在窗体中创建一个带滚动条的文字编译器。

例 12.8　在项目中创建 JScrollPaneTest 类，该类继承 JFrame 类，首先初始化编译器（在 Swing 中编译器类为 JTextArea 类），并在初始化时指定编译器的大小（如果读者对编译器的概念有些困惑，可以参见后续章节）；然后创建一个 JScrollPane 面板，并将编译器加入面板中；最后将带滚动条的

编译器放置在容器中即可。关键代码如下：（**实例位置：资源包\code\12\08**）

```
public class JScrollPaneTest extends JFrame {
    public JScrollPaneTest() {
        Container c = getContentPane(); // 创建容器
        // 创建文本区域组件,文本域默认大小为 20 行、50 列
        JTextArea ta = new JTextArea(20,50);
        // 创建 JScrollPane 滚动面板,并将文本域放到滚动面板中
        JScrollPane sp = new JScrollPane(ta);
        c.add(sp); // 将该面板添加到该容器中
        setTitle("带滚动条的文字编译器");
        setSize(200, 200);
        setVisible(true);
        setDefaultCloseOperation(WindowConstants.DISPOSE_ON_CLOSE);
    }
    public static void main(String[] args) {
        new JScrollPaneTest();
    }
}
```

运行本实例，结果如图 12.11 所示。

图 12.11　创建一个带滚动条的文字编译器

12.5　标签组件与图标

在 Swing 中显示文本或提示信息的方法是使用标签（JLabel），它支持文本字符串和图标。在应用程序的用户界面中，一个简短的文本标签可以使用户知道这些组件的目的，所以标签在 Swing 中是比较常用的组件。本节将探讨 Swing 标签的用法，如何创建标签，以及如何在标签上放置文本与图标。

12.5.1　JLabel 标签组件

标签由 JLabel 类定义，它的父类为 JComponent 类。

标签可以显示一行只读文本、一个图像或带图像的文本，它并不能产生任何类型的事件，只是简单地显示文本和图片，但是可以使用标签的特性指定标签上文本的对齐方式。

JLabel 类提供了多种构造方法，可以创建多种标签，如显示只有文本的标签、只有图标的标签

扫一扫，看视频

或包含文本与图标的标签。JLabel 类常用的几个构造方法如下：

（1）public JLabel()：创建一个不带图标和文本的 JLabel 对象。

（2）public JLabel(Icon icon)：创建一个带图标的 JLabel 对象。

（3）public JLabel(Icon icon,int aligment)：创建一个带图标的 JLabel 对象，并设置图标水平对齐方式。

（4）public JLabel(String text,int aligment)：创建一个带文本的 JLabel 对象，并设置文字水平对齐方式。

（5）public JLabel(String text,Icon icon,int aligment)：创建一个带文本、带图标的 JLabel 对象，并设置标签内容的水平对齐方式。

例如，下面代码向名称为 panelTitle 的 JPanel 面板中添加一个 JLabel 标签组件，代码如下：

```
JLabel  labelContacts = new JLabel("联系人");              //设置标签的文本内容
labelContacts.setForeground(new Color(0, 102, 153));      //设置标签的字体颜色
labelContacts.setFont(new Font("微软雅黑", Font.BOLD, 13));  //设置标签的字体、样式、大小
labelContacts.setBounds(0, 0, 194, 28);                   //设置标签的位置及大小
panelTitle.add(labelContacts);                            //把标签放到面板中
```

12.5.2　图标的使用

Swing 中的图标可以放置在标签、按钮等组件上，用于描述组件的用途。图标可以用 Java 支持的图片文件类型进行创建，也可以使用 java.awt.Graphics 类提供的功能方法来创建，本节将对图标的使用进行介绍。

1. 创建图标

扫一扫，看视频

在 Swing 中通过 Icon 接口来创建图标，可以在创建时给定图标的大小、颜色等特性。如果使用 Icon 接口，必须实现 Icon 接口中的 3 个方法。

（1）public int getIconHeight()：获取图标的长度。

（2）public int getIconWidth()：获取图标的宽度。

（3）public void paintIcon(Component arg0, Graphics arg1, int arg2, int arg3)：在指定坐标位置画图，该方法的参数说明如表 12.5 所示。

表 12.5　paintIcon 方法的参数说明

参　　数	说　　明
arg0	设置绘制属性，比如背景色等
arg1	指定绘图对象
arg2	X 坐标
arg3	Y 坐标

下面列举一个实现 Icon 接口创建图标的例子。

例 12.9　在项目中创建实现 Icon 接口的 DrawIcon 类，该类实现自定义的图标类。关键代码如下：（**实例位置：资源包\code\12\09**）

```
public class DrawIcon implements Icon { // 实现 Icon 接口
```

```java
    private int width; // 声明图标的宽
    private int height; // 声明图标的高
    public DrawIcon(int width, int height) { // 定义构造方法
        this.width = width;
        this.height = height;
    }
    public int getIconHeight() { // 实现getIconHeight()方法,返回图片高度
        return this.height;
    }
    public int getIconWidth() { // 实现getIconWidth()方法,返回图片宽度
        return this.width;
    }
    // 实现paintIcon()方法,绘制图片
    public void paintIcon(Component arg0, Graphics arg1, int x, int y) {
        arg1.fillOval(x, y, width, height); // 绘制一个圆形
    }
    public static void main(String[] args) {
        DrawIcon icon = new DrawIcon(15, 15);
        // 创建一个标签,并设置标签上的文字在标签正中间
        JLabel j = new JLabel("测试", icon, SwingConstants.CENTER);
        JFrame jf = new JFrame(); // 创建一个 JFrame 窗口
        Container c = jf.getContentPane();// 获取窗口容器
        c.add(j);
        jf.setSize(100, 100);
        jf.setVisible(true);
        jf.setDefaultCloseOperation(WindowConstants.DISPOSE_ON_CLOSE);
    }
}
```

运行本实例,结果如图 12.12 所示。

在本实例中,由于 DrawIcon 类继承了 Icon 接口,所以在该类中必须实现 Icon 接口中定义的所有方法,其中在实现 paintIcon()方法中使用 Graphics 类中的方法绘制一个圆形的图标,其余实现接口的方法为返回图标的长与宽。在 DrawIcon 类的构造方法中设置了图标的长与宽,这样如果需要在窗体中使用图标,就可以使用如下代码创建图标:

图 12.12 实现 Icon 接口创建图标

```java
DrawIcon icon=new DrawIcon(15,15);
```

在前文中提到过,一般情况下会将图标放置在标签或按钮上,这里将图标放置在标签上,然后将标签添加到容器中,这样就实现了在窗体中使用图标的功能。

✍ 说明:

例 12.9 中的容器中只添加了一个标签组件,在运行结果中可以看到这个标签被放置在窗体中间,并且整个组件占据了窗体的所有空间,实质上在这个容器中默认使用了边界布局管理器。

2. 使用图片创建图标

Swing 中的图标除了可以绘制之外,还可以使用某个特定的图片创建。Swing 可以利用 javax.swing. ImageIcon 类根据现有图片创建图标,ImageIcon 类实现了 Icon 接口,同时 Java 支持多种图片格式。

ImageIcon 类有多个构造方法，下面是其中几个常用的构造方法。

（1）public ImageIcon()：该构造方法创建一个通用的 ImageIcon 对象，在真正需要设置图片时再使用 ImageIcon 对象调用 setImage(Image image)方法来操作。

（2）public ImageIcon(Image image)：可以直接从图片源创建图标。

（3）public ImageIcon(Image image,String description)：除了可以从图片源创建图标之外，还可以为这个图标添加简短的描述，但这个描述不会在图标上显示，可以使用 getDescription()方法获取这个描述。

（4）public ImageIcon(URL url)：该构造方法利用位于计算机网络上的图像文件创建图标。

下面来看一个创建图片图标的实例。

例 12.10　在项目中创建继承 JFrame 类的 MyImageIcon 类，在类中创建 ImageIcon 类的实例对象，该对象使用现有图片创建图标对象，然后使用 public JLabel(String text,int alignment)构造方法创建一个 JLabel 对象，并调用 setIcon()方法为标签设置图标。关键代码如下：（**实例位置：资源包\code\12\10**）

```java
public class MyImageIcon extends JFrame {
    public MyImageIcon() {
        Container container = getContentPane();
        //创建一个标签
        JLabel jl = new JLabel("这是一个 JFrame 窗体", JLabel.CENTER);
        //获取图片所在的 URL
        URL url = MyImageIcon.class.getResource("imageButton.jpg");
        Icon icon = new ImageIcon(url);              //创建 Icon 对象
        jl.setIcon(icon);                            //为标签设置图片
        //设置文字放置在标签中间
        jl.setHorizontalAlignment(SwingConstants.CENTER);
        jl.setOpaque(true);                          //设置标签为不透明状态
        container.add(jl);                           //将标签添加到容器中
        setSize(250, 100);                           //设置窗体大小
        setVisible(true);                            //使窗体可见
        //设置窗体关闭模式
        setDefaultCloseOperation(WindowConstants.EXIT_ON_CLOSE);
    }
    public static void main(String args[]) {
        new MyImageIcon();                           //创建 MyImageIcon 对象
    }
}
```

运行本实例，结果如图 12.13 所示。

图 12.13　使用图片创建图标

📢注意：

java.lang.Class 类中的 getResource()方法可以获取资源文件的 URL 路径。例 12.10 中该方法的参数是

imageButton.jpg，这个路径是相对于 MyImageIcon 类文件的，所以可将 imageButton.jpg 图片文件与 MyImageIcon 类文件放在同一个文件夹下。

12.6 文 本 组 件

文本组件在实际项目开发中使用最为广泛，尤其是文本框与密码框组件，通过文本组件可以很轻松地处理单行文字、多行文字和口令字段。本节将探讨文本组件的定义以及使用。

扫一扫，看视频

12.6.1 JTextField 文本框组件

文本框（JTextField）用来显示或编辑一个单行文本，在 Swing 中通过 javax.swing.JTextField 类对象创建，该类继承了 javax.swing.text.JTextComponent 类。下面列举了一些创建文本框常用的构造方法。

（1）public JTextField()：构造一个没有任何初始值的文本框。

（2）public JTextField(String text)：构造一个用指定文本（text）初始化的文本框。

（3）public JTextField(int fieldwidth)：构造一个具有指定列数（fieldwidth）的文本框。

（4）public JTextField(String text,int fieldwidth)：构造一个用指定文本和列数初始化的文本框。

（5）public JTextField(Document docModel,String text,int fieldWidth)：构造一个文本框，它使用给定文本存储模型（docModel）和给定的列数。

从上述构造方法可以看出，定义 JTextField 组件很简单，可以通过在初始化文本框时设置文本框的默认文字、文本框的长度等实现。

如果创建 JTextField 时使用了第一种方法创建，则可以使用 setText()方法为其设置文本内容，该方法的语法如下：

```
public void setText(String t)
```

参数 t 表示要设置的文本。

下面来看一个关于文本框的实例，本实例的窗体中主要设置一个文本框和一个按钮，然后分别为文本框和按钮设置事件，当用户将光标焦点落于文本框中并按下<Enter>键时，文本框将执行 actionPerformed()方法中设置的操作。同时为按钮添加相应的事件，当用户单击"清除"按钮时，文本框中的字符串将被清除。

例 12.11 在项目中创建 JTextFieldTest 类，使该类继承 JFrame 类，在该类中创建文本框和按钮组件，并添加到窗体中。关键代码如下：（**实例位置：资源包\code\12\11**）

```
public class JTextFieldTest extends JFrame {
    public JTextFieldTest() {
        Container c = getContentPane();// 获取窗体容器
        c.setLayout(new FlowLayout());
        JTextField jt = new JTextField("aaa");// 设定文本框初始值
        jt.setColumns(20);//设置文本框长度
        jt.setFont(new Font("宋体", Font.PLAIN, 20));// 设置字体
        JButton jb = new JButton("清除");
        jt.addActionListener(new ActionListener() { // 为文本框添加回车事件
            public void actionPerformed(ActionEvent arg0) {
```

```
            jt.setText("触发事件"); // 设置文本框中的值
        }
    });
    jb.addActionListener(new ActionListener() { // 为按钮添加事件
        public void actionPerformed(ActionEvent arg0) {
            System.out.println(jt.getText());// 输出当前文本框的值
            jt.setText(""); // 将文本框置空
            jt.requestFocus(); // 焦点回到文本框
        }
    });
    c.add(jt);// 窗体容器添加文本框
    c.add(jb);// 窗体添加按钮
    setBounds(100, 100, 250, 110);
    setVisible(true);
    setDefaultCloseOperation(EXIT_ON_CLOSE);
    }
    public static void main(String[] args) {
        new JTextFieldTest();
    }
}
```

运行本实例，结果如图 12.14 所示。

12.6.2　JPasswordField 密码框组件

密码框（JPasswordField）与文本框的定义与用法基本相同，唯一不同的是密码框将用户输入的字符串以某种符号进行加密。密码框对象是通过 javax.swing.JPasswordField 类来创建的，JPassword Field 类的构造方法与 JTextField 类的构造方法非常相似。下面列举几个常用的构造方法。

图 12.14　按钮控制文本框中的值

（1）public JPasswordField()方法。

（2）public JPasswordFiled(String text)方法。

（3）public JPasswordField(int fieldwidth)方法。

（4）public JPasswordField(String text,int fieldwidth)方法。

（5）public JPasswordField(Document docModel,String text,int fieldWidth)方法。

在 JPasswordField 类中提供了一个 setEchoChar()方法，可以改变密码框的回显字符，语法如下：
```
public void setEchoChar(char c)
```
参数 c 表示要显示的回显字符。

例如，在程序中定义密码框，代码如下：
```
JPasswordField jp=new JPasswordField();
jp.setEchoChar('#');                                    //设置回显字符
```
想要获取 JPasswordField 中输入的值，可以使用如下方法：
```
JPasswordField passwordField = new JPasswordField();    //密码框对象
char ch[] = passwordField.getPassword();               //获取密码字符数组
String pwd = new String(ch);                           //将字符数组转换为字符串
```

12.6.3 JTextArea 文本域组件

JTextArea 表示文本域组件，它可以在程序中接受用户的多行文字输入。

Swing 中任何一个文本区域都是 JTextArea 类型的对象。JTextArea 常用的构造方法如下：

（1）public JTextArea()：构造 JTextArea。

（2）public JTextArea(String text)：构造显示指定文本（text）的 JTextArea。

（3）public JTextArea(int rows,int columns)：构造具有指定行数（rows）和列数（columns）的空 JTextArea。

（4）public JTextArea(Document doc)：构造 JTextArea，使其具有给定的文档模型（doc），所有其他参数均默认为(null, 0, 0)。

（5）public JTextArea(Document doc,String Text,int rows,int columns)：构造具有指定行数（rows）和列数（columns）以及给定模型（doc）的 JTextArea。

JTextArea 类中存在一个 setLineWrap(boolean wrap)方法，该方法用于设置文本域是否可以自动换行，如果将该方法的参数设置为 true，文本域将自动换行，否则不自动换行。

另外，JTextArea 类中还有一个常用的 append(String str)方法，该方法用来为文本域添加文本（str）。

下面通过一个实例演示 JTextArea 文本域组件的使用。

例 12.12 在项目中创建 JTextAreaTest 类，使该类继承 JFrame 类，在该类中创建 JTextArea 组件的实例，并添加到窗体中。关键代码如下：（**实例位置：资源包\code\12\12**）

```
public class JTextAreaTest extends JFrame{
    public JTextAreaTest(){
        setSize(200,100);
        setTitle("定义自动换行的文本域");
        setDefaultCloseOperation(WindowConstants.DISPOSE_ON_CLOSE);
        Container cp=getContentPane();// 获取窗体容器
        JTextArea jt=new JTextArea("文本域",6,6); // 创建 6 行 6 列默认值为 "文本域" 的文
                                                          本域组件
        jt.setLineWrap(true);//可以自动换行
        cp.add(jt);
        setVisible(true);
    }
    public static void main(String[] args) {
        new JTextAreaTest();
    }
}
```

运行本实例，结果如图 12.15 所示。

图 12.15 文本域组件的使用

273

12.7　按　钮　组　件

按钮在 Swing 中是较为常见的组件，用于触发特定动作。Swing 中提供多种按钮组件，包括按钮、单选按钮、复选框等，这些按钮都是从 AbstractButton 类中继承而来的，本节将着重讲解这些按钮的应用。

扫一扫，看视频

12.7.1　JButton 按钮组件

Swing 中的按钮（JButton）由 JButton 对象表示，其构造方法主要有以下几种形式。

（1）public JButton()：创建不带有设置文本或图标的按钮。

（2）public JButton(String text)：创建一个带文本的按钮。

（3）public JButton(Icon icon)：创建一个带图标的按钮。

（4）public JButton(String text,Icon icon)：创建一个带初始文本和图标的按钮。

使用 JButton 创建完按钮之后，如果要对按钮进行设置，可以使用 JButton 类提供的方法，常用方法如表 12.6 所示。

表 12.6　JButton 类提供的常用方法

方　　法	说　　明
setIcon(Icon defaultIcon)	设置按钮的默认图标（defaultIcon）
setToolTipText(String text)	为按钮设置提示文字（text）
setBorderPainted(boolean b)	设置 borderPainted 属性。如果该属性为 true 并且按钮有边框，则绘制该边框，borderPainted 属性的默认值为 true
setEnabled(boolean b)	设置按钮是否可用，参数为 true 表示按钮可用，为 false 表示按钮不可用

✍ 说明：

上述这些对按钮进行设置的方法大多来自 JButton 的父类 AbstractButton 类，这里只是简单列举了几个常用的方法，读者如果有需要可以查询 Java API，使用自己需要的方法实现相应的功能。

下面来看一个例子，在设置的窗体中指定了一个同时带文字与图标的按钮。

例 12.13　在项目中新建 JButtonTest 类，该类继承 JFrame 类，在该窗体中创建按钮组件，并为按钮设置图标，添加动作监听器。关键代码如下：（**实例位置：资源包\code\12\13**）

```java
public class JButtonTest extends JFrame {
    public JButtonTest() {
        Icon icon = new ImageIcon("src/imageButtoo.jpg");// 获取图片文件
        setLayout(new GridLayout(3, 2, 5, 5)); // 设置网格布局管理器
        Container c = getContentPane(); // 创建容器
        JButton btn[] = new JButton[6];// 创建按钮数组
        for (int i = 0; i < btn.length; i++) {
            btn[i] = new JButton();// 实例化数组中的对象
            c.add(btn[i]); // 将按钮添加到容器中
        }
```

```
    btn[0].setText("不可用");
    btn[0].setEnabled(false); // 设置其中一些按钮不可用
    btn[1].setText("有背景色");
    btn[1].setBackground(Color.YELLOW);
    btn[2].setText("无边框");
    btn[2].setBorderPainted(false); // 设置按钮边框不显示
    btn[3].setText("有边框");
    btn[3].setBorder(BorderFactory.createLineBorder(Color.RED));// 添加红色线
                                                                //   型边框
    btn[4].setIcon(icon); // 为按钮设置图标
    btn[4].setToolTipText("图片按钮"); // 设置鼠标指针悬停时提示的文字
    btn[5].setText("可点击");
    btn[5].addActionListener(new ActionListener() { // 为按钮添加监听事件
        public void actionPerformed(ActionEvent e) {
            // 弹出确认对话框
            JOptionPane.showMessageDialog(JButtonTest.this, "点击按钮");
        }
    });
    setDefaultCloseOperation(EXIT_ON_CLOSE);
    setVisible(true);
    setTitle("创建不同样式的按钮");
    setBounds(100, 100, 400, 200);
}
public static void main(String[] args) {
    new JButtonTest();
}
}
```

运行本实例，结果如图 12.16 所示。

图 12.16 按钮组件的应用

12.7.2 JRadioButton 单选按钮组件

扫一扫，看视频

在默认情况下，单选按钮（JRadioButton）显示一个圆形图标，并且通常在该图标旁放置一些说明性文字，而在应用程序中，一般将多个单选按钮放置在按钮组中，使这些单选按钮表现出某种功能，当用户选中某个单选按钮后，按钮组中其他按钮将被自动取消。单选按钮是 Swing 组件中 JRadioButton 类的对象，该类是 JToggleButton 的子类，而 JToggleButton 类又是 AbstractButton 类的子类，所以控制单选按钮的诸多方法都是 AbstractButton 类中的方法。

1. 单选按钮

可以使用 JRadioButton 类中的构造方法创建单选按钮对象。JRadioButton 类的常用构造方法主要有以下几种形式。

（1）public JRadioButton()：创建一个初始化为未选择的单选按钮，其文本未设定。

（2）public JRadioButton(Icon icon)：创建一个初始化为未选择的单选按钮，其具有指定的图像但无文本。

（3）public JRadioButton(Icon icon,boolean selected)：创建一个具有指定图像和选择状态的单选按钮，但无文本。

（4）public JRadioButton(String text)：创建一个具有指定文本的状态为未选择的单选按钮。

（5）public JRadioButton(String text,Icon icon)：创建一个具有指定的文本和图像并初始化为未选择的单选按钮。

（6）public JRadioButton(String text,Icon icon,boolean selected)：创建一个具有指定的文本、图像和选择状态的单选按钮。

根据上述构造方法的形式，可以知道在初始化单选按钮时，可以同时设置单选按钮的图标、文字以及默认是否被选中等属性。

例如，使用 JRadioButton 类的构造方法创建一个文本为"选项 A"的单选按钮，代码如下：

```
JRadioButton rbtn= new JRadioButton("选项 A");
```

2. 按钮组

在 Swing 中存在一个 ButtonGroup 类，表示按钮组。一个按钮组中，只有一个单选按钮可以被选中。可以通过 add()方法将单选按钮添加到按钮组中。

例如，在应用程序窗体中定义一个单选按钮组，代码如下：

```
JRadioButton jr1 = new JRadioButton();
JRadioButton jr2 = new JRadioButton();
JRadioButton jr3 = new JRadioButton();
ButtonGroup group = new ButtonGroup();        //按钮组
group.add(jr1);
group.add(jr2);
group.add(jr3);
```

从上述代码中可以看出，单选按钮与按钮的用法基本类似，只是创建单选按钮对象后需要将其添加至按钮组中。

下面来看一个实例，本实例使用单选按钮模拟选择邮件的发送方式。

例 12.14　在项目中创建 RadioButtonTest 类，该类继承 JFrame 类，为窗体添加两个单选按钮对象，并分别为它们添加 addActionListener 事件监听器，在该事件监听器中实现选中单选按钮时弹出提示的功能。关键代码如下：（**实例位置：资源包\code\12\14**）

```
public class RadioButtonTest extends JFrame {
    public RadioButtonTest() {
    …//省略非关键代码
        JRadioButton rbtnNormal = new JRadioButton("普通发送");
        rbtnNormal.setSelected(true);                      //设置选中状态
        rbtnNormal.setFont(new Font("宋体", Font.PLAIN, 12)); //设置字体
        rbtnNormal.setBounds(20, 30, 75, 22);              //设置组件坐标和大小
```

```
rbtnNormal.addActionListener(new ActionListener() {          //为"普通发送"按钮
                                                             添加动作事件监听

        @Override
        public void actionPerformed(ActionEvent arg0) {
            // TODO Auto-generated method stub
            if(rbtnNormal.isSelected())                      //判断普通发送单选按钮是否选中
                JOptionPane.showMessageDialog(null,
                        "您选择的是: " + rbtnNormal.getText(),
                        "提醒", JOptionPane.INFORMATION_MESSAGE);
        }
    });
    getContentPane().add(rbtnNormal);                        //获取窗体容器对象, 并直接添加单选按钮
    JRadioButton rbtnPwd = new JRadioButton("加密发送");
    rbtnPwd.setFont(new Font("宋体", Font.PLAIN, 12));
    rbtnPwd.setBounds(100, 30, 75, 22);
    rbtnPwd.addActionListener(new ActionListener() {//为"加密发送"按钮添加动作
                                                             事件监听

        @Override
        public void actionPerformed(ActionEvent arg0) {
            // TODO Auto-generated method stub
            if(rbtnPwd.isSelected())                         //判断加密发送单选按钮是否选中
                JOptionPane.showMessageDialog(null,
                        "您选择的是: " + rbtnPwd.getText(),
                        "提醒", JOptionPane.INFORMATION_MESSAGE);
        }
    });
    getContentPane().add(rbtnPwd);
    /**
     * 创建按钮组, 把交互面板中的单选按钮添加到按钮组中
     */
    ButtonGroup group = new ButtonGroup();
    group.add(rbtnNormal);
    group.add(rbtnPwd);
}
public static void main(String[] args) {
    RadioButtonTest frame = new RadioButtonTest();           //创建窗体对象
    frame.setVisible(true);                                  //使窗体可见
}
}
```

运行本实例, 选择某一个单选按钮, 弹出相应的提示, 效果如图 12.17 所示。

图 12.17 单选按钮组件的应用

12.7.3　JCheckBox 复选框组件

复选框（JCheckBox）在 Swing 组件中的使用也非常广泛，它具有一个方块图标，外加一段描述性文字。唯一与单选按钮不同的是，复选框可以进行多选设置，每一个复选框都提供"选中"与"不选中"两种状态。复选框用 JCheckBox 类的对象表示，它同样继承于 AbstractButton 类，所以复选框组件的属性设置也来源于 AbstractButton 类。

JCheckBox 的常用构造方法如下。

（1）public JCheckBox()：创建一个没有文本、没有图标并且最初未被选定的复选框。

（2）public JCheckBox(Icon icon,Boolean checked)：创建一个带图标的复选框，并指定其最初是否处于选定状态。

（3）public JCheckBox(String text,Boolean checked)：创建一个带文本的复选框，并指定其最初是否处于选定状态。

下面来看一个实例，在这个实例中将滚动面板与复选框结合使用。

例 12.15　在项目中创建 CheckBoxTest 类，该类继承 JFrame 类，使用 JCheckBox 类的构造方法创建 3 个复选框对象，将这 3 个复选框放置在面板中，使用 JButton 创建一个普通按钮，给该按钮添加监听事件，用于在控制台打印 3 个复选框的选中状态，关键代码如下：（**实例位置：资源包\code\12\15**）

```java
public class CheckBoxTest extends JFrame {
    public CheckBoxTest() {
        Container c = getContentPane();// 获取窗口容器
        c.setLayout(new FlowLayout());// 容器使用流布局
        setBounds(100, 100, 170, 110);// 窗口坐标和大小
        setDefaultCloseOperation(EXIT_ON_CLOSE);
        setVisible(true);
        JCheckBox c1 = new JCheckBox("1");// 创建复选框
        JCheckBox c2 = new JCheckBox("2");
        JCheckBox c3 = new JCheckBox("3");
        c.add(c1);// 容器添加复选框
        c.add(c2);
        c.add(c3);
        JButton btn = new JButton("打印");// 创建打印按钮
        btn.addActionListener(new ActionListener() {// 打印按钮动作事件
            public void actionPerformed(ActionEvent e) {
                // 在控制台分别输出三个复选框的选中状态
                System.out.println(c1.getText() + "按钮选中状态: " + c1.isSelected());
                System.out.println(c2.getText() + "按钮选中状态: " + c2.isSelected());
                System.out.println(c2.getText() + "按钮选中状态: " + c3.isSelected());
            }
        });
        c.add(btn);// 容器添加打印按钮
    }
    public static void main(String[] args) {
```

```
    new CheckBoxTest();
    }
}
```

运行本实例，结果如图 12.18 所示。

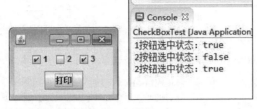

图 12.18　复选框的应用

12.8　列 表 组 件

Swing 中提供两种列表组件，分别为下拉列表框（JComboBox）与列表框（JList）。下拉列表框与列表框都带有一系列项目的组件，用户可以从中选择需要的项目。列表框较下拉列表框更直观，它将所有的项目罗列在列表框中；但下拉列表框较列表框更为便捷、美观，它将所有的项目隐藏起来，当用户选用其中的项目时才会显现出来。本节将详细讲解列表框与下拉列表框的应用。

12.8.1　JComboBox 下拉列表框组件

扫一扫，看视频

初次使用 Swing 中的下拉列表框时，会感觉到该类下拉列表框与 Windows 操作系统中的下拉列表框有一些相似，实质上两者并不完全相同，因为 Swing 中的下拉列表框不仅可以供用户从中选择项目，也提供编辑项目中内容的功能。

下拉列表框是一个带条状的显示区，它具有下拉功能，在下拉列表框的右方存在一个倒三角形的按钮，当用户单击该按钮时，下拉列表框中的项目将会以列表的形式显示出来。

Swing 中的下拉列表框使用 JComboBox 类对象来表示，它是 javax.swing.JComponent 类的子类。它的常用构造方法如下。

（1）public JComboBox()：创建具有默认数据模型的 JComboBox。

（2）public JComboBox(ComboBoxModel dataModel)：创建一个 JComboBox，下拉列表中的数据使用 ComboBoxModel 中的数据，ComboBoxModel 是一个用于组合框的数据模型，它具有选择项的概念。

（3）public JComboBox(Object[] arrayData)：创建包含指定数组中的元素的 JComboBox。

（4）public JComboBox(Vector vector)：创建包含指定 Vector 中的元素 JComboBox，Vector 类是一个可增长的对象数组，与数组一样，它包含可以使用整数索引进行访问的组件，但是，Vector 的大小可以根据需要增大或缩小，以适应创建 Vector 后进行添加或移除项的操作。

JComboBox 类中常用的方法如表 12.7 所示。

表 12.7　JComboBox 类中常用的方法

方　　法	说　　明
addItem(Object anObject)	为项列表添加项
getItemCount()	返回列表中的项数
getSelectedItem()	返回当前所选项
getSelectedIndex()	返回列表中与给定项匹配的第一个选项
removeItem(Object anObject)	为项列表中移除项
setEditable(boolean aFlag)	确定 JComboBox 中的字段是否可编辑，参数设置为 true，表示可以编辑，否则不能编辑

例 12.16　在项目中创建 JComboBoxTest 类，使该类继承 JFrame 类，在类中创建下拉列表框，并添加到窗体中。关键代码如下：（**实例位置：资源包\code\12\16**）

```java
public class JComboBoxTest extends JFrame {
    public JComboBoxTest() {
    …//省略非关键代码
        JComboBox<String> comboBox = new JComboBox<String>();    //创建一个下拉列表框
        comboBox.setBounds(110, 11, 80, 21);                     //设置坐标
        comboBox.addItem("身份证");                               //为下拉列表中添加项
        comboBox.addItem("军人证");
        comboBox.addItem("学生证");
        comboBox.addItem("工作证");
        getContentPane().add(comboBox);                          //将下拉列表框组件添加到
                                                                 容器中
        JLabel lblResult = new JLabel("");
        lblResult.setBounds(77, 57, 146, 15);
        getContentPane().add(lblResult);
        JButton btnNewButton = new JButton("确定");
        btnNewButton.setBounds(200, 10, 67, 23);
        getContentPane().add(btnNewButton);
        btnNewButton.addActionListener(new ActionListener() { //为按钮添加监听事件
            @Override
            public void actionPerformed(ActionEvent arg0) {
                //获取下拉列表中的选中项
                lblResult.setText("您选择的是: "+comboBox.getSelectedItem());
            }
        });
    }
…//省略主方法
}
```

运行本实例，结果如图 12.19 所示。

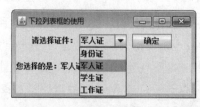

图 12.19　下拉列表框组件的应用

12.8.2 JList 列表框组件

列表框（JList）与下拉列表框的区别不仅表现在外观上，当激活下拉列表框时，还会出现下拉列表框中的内容；但列表框只是在窗体上占据固定的大小，如果需要列表框具有滚动效果，可以将列表框放入滚动面板中。用户在选择列表框中的某一项时，按住<Shift>键并选择列表框中的其他项目，则当前选项和其他项目之间的选项全部被选中；也可以按住<Ctrl>键并单击列表框中的单个项目，这样可以使列表框中被单击的项目反复切换非选择状态或选择状态。

Swing 中使用 JList 类对象来表示列表框，下面列举几个常用的构造方法：

（1）public void JList()：构造一个具有空的、只读模型的 JList。

（2）public void JList(Object[] listData)：构造一个 JList，使其显示指定数组中的元素。

（3）public void JList(Vector listData)：构造一个 JList，使其显示指定 Vector 中的元素。

（4）public void JList(ListModel dataModel)：根据指定的非 null 模型构造一个显示元素的 JList。

✎ **说明：**

在上述构造方法中，存在一个没有参数的构造方法，可以通过在初始化列表框后使用 setListData()方法对列表框进行设置。

当使用数组作为构造方法的参数时，首先需要创建列表项目的数组，然后利用构造方法来初始化列表框。例如，使用数组作为初始化列表框的参数，代码如下：

```
String[] contents={"列表 1","列表 2","列表 3","列表 4"};
JList jl=new JList(contents);
```

如果使用上述构造方法中的第 3 种构造方法，将 Vector 类型的数据作为初始化 JList 组件的参数，则需要首先创建 Vector 对象，例如，使用 Vector 类型数据作为初始化列表框的参数，代码如下：

```
Vector contents=new Vector();
JList jl=new JList(contents);
contents.add("列表 1");
contents.add("列表 2");
contents.add("列表 3");
contents.add("列表 4");
```

如果使用 ListModel 模型作为参数，需要创建 ListModel 对象。ListModel 是 Swing 包中的一个接口，它提供了获取列表框属性的方法。但是在通常情况下，为了用户不完全实现 ListModel 接口中的方法，通常自定义一个类继承实现该接口的抽象类 AbstractListModel。在这个类中提供了 getElementAt()与 getSize()方法，其中 getElementAt()方法用来根据项目的索引获取列表框中的值，而 getSize()方法用于获取列表框中的项目个数。

由于 JList 是支持多选的，因此要获取 JList 中的选中项，可以使用 getSelectedValuesList()方法，该方法的返回值是一个 java.util.List 类型的队列集合，用来表示 JList 中的所有选中项。

例 12.17 在项目中创建 JListTest 类，使该类继承 JFrame 类，在该类中创建列表框，并添加到窗体中，然后添加 JButton 组件和 JTextArea 组件，用来展示 JList 列表框中选中的项。关键代码如下：（**实例位置：资源包\code\12\17**）

```
public class JListTest extends JFrame {
    public JListTest() {
        Container cp = getContentPane();// 获取窗体的容器
```

```
        cp.setLayout(null);// 容器使用绝对布局
        // 创建字符串数组，保存列表中的数据
        String[] contents = { "列表1", "列表2", "列表3", "列表4", "列表5", "列表6" };
        JList<String> jl = new JList<>(contents);// 创建列表，并将数据作为构造参数
        JScrollPane js = new JScrollPane(jl);// 将列表放入滚动面板
        js.setBounds(10, 10, 100, 109);// 设定滚动面板的坐标和大小
        cp.add(js);
        JTextArea area = new JTextArea();// 创建文本域
        JScrollPane scrollPane = new JScrollPane(area);// 将文本域放入滚动面板
        scrollPane.setBounds(118, 10, 73, 80);// 设定滚动面板的坐标和大小
        cp.add(scrollPane);
        JButton btnNewButton = new JButton("确认");// 创建确认按钮
        btnNewButton.setBounds(120, 96, 71, 23);// 设定按钮的坐标和大小
        cp.add(btnNewButton);
        btnNewButton.addActionListener(new ActionListener() {// 添加按钮事件
            public void actionPerformed(ActionEvent e) {
                // 获取列表中选中的元素，返回 java.util.List 类型
                java.util.List<String> values = jl.getSelectedValuesList();
                area.setText("");// 清空文本域
                for (String value : values) {
                    area.append(value + "\n");// 在文本域循环追加 List 中的元素值
                }
            }
        });
        setTitle("在这个窗体中使用了列表框");
        setSize(217, 167);
        setVisible(true);
        setDefaultCloseOperation(WindowConstants.DISPOSE_ON_CLOSE);
    }
    public static void main(String args[]) {
        new JListTest();
    }
}
```

运行本实例，结果如图 12.20 所示。

除了可以使用例 12.17 中的方式创建列表框之外，还可以使用
DefaultListModel 类创建列表框。该类扩展了 AbstractListModel 类，所以
也可以通过 DefaultListModel 对象向上转型为 ListModel 接口初始化列表
框，同时 DefaultListModel 类提供 addElement()方法实现将内容添加至列
表框中。

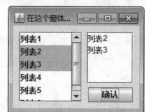

图 12.20　列表框的使用

例如，使用 DefaultListModel 类创建列表框。代码如下：

```
final String[] flavors={"列表1","列表2","列表3","列表4","列表5","列表6"};
final DefaultListModel iItems=new DefaultListModel();
final JList lst=new JList(iItems);                    //创建 JList 对象
for(int i=0;i<4;i++){
    iItems.addElement(flavors[i]);                   //为模型添加内容
}
```

12.9 常用事件监听器

前文中一直在讲解组件，这些组件本身并不带有任何功能。例如，在窗体中定义一个按钮，当用户单击该按钮时，虽然按钮可以凹凸显示，但在窗体中并没有实现任何功能。这时需要为按钮添加特定事件监听器，该监听器负责处理用户单击按钮后实现的功能。本节将着重讲解 Swing 中常用的两个事件监听器，即动作事件监听器与焦点事件监听器。

12.9.1 监听事件简介

在 Swing 事件模型中，由 3 个分离的对象完成对事件的处理，分别为事件源（组件）、事件以及监听器。事件源触发一个事件，它被一个或多个"监听器"接收，监听器负责处理事件。

所谓事件监听器，实质上就是一个"实现特定类型监听器接口"的类对象。具体地说，事件几乎都以对象来表示，它是某种事件类的对象，事件源（如按钮）会在用户做出相应的动作（如按钮被按下）时产生事件对象，如动作事件对应 ActionEvent 类对象，同时要编写一个监听器的类必须实现相应的接口，如 ActionEvent 类对应的是 ActionListener 接口，需要获取某个事件对象就必须实现相应的接口，同时需要将接口中的方法一一实现。最后事件源（按钮）调用相应的方法加载这个"实现特定类型监听器接口"的类对象，所有的事件源都具有 addXXXListener() 和 removeXXXListener()方法（其中"XXX"方法表示监听事件类型），这样就可以为组件添加或移除相应的事件监听器。Java 中的事件处理流程如图 12.21 所示。

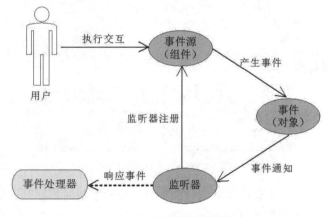

图 12.21 事件处理流程图

扫一扫，看视频

12.9.2 动作事件监听器

动作事件（ActionEvent）监听器是 Swing 中比较常用的事件监听器，很多组件的动作都会使用它监听，如按钮被单击。表 12.8 描述了动作事件监听器的接口与事件源。

表 12.8　动作事件监听器

事 件 名 称	事 件 源	监 听 接 口	添加或删除相应类型监听器的方法
ActionEvent	JButton、JList、JTextField 等	ActionListener	addActionListener()、removeActionListener()

下面以单击按钮事件为例来说明动作事件监听器，当用户单击按钮时，将触发动作事件。例 12.18 演示了按钮被按下时产生的事件处理。

例 12.18　在项目中创建 SimpleEvent 类，使该类继承 JFrame 类，在类中创建按钮组件，为按钮组件添加动作监听器，然后将按钮组件添加到窗体中。关键代码如下：（**实例位置：资源包\ code\12\18**）

```java
public class SimpleEvent extends JFrame{
    private JButton jb=new JButton("我是按钮，单击我");
    public SimpleEvent(){
        setLayout(null);
        …//省略非关键代码
        cp.add(jb);
        jb.setBounds(10, 10,100,30);
        //为按钮添加一个实现 ActionListener 接口的对象
        jb.addActionListener(new jbAction());
    }
    //定义内部类实现 ActionListener 接口
    class jbAction implements ActionListener{
        //重写 actionPerformed()方法
        public void actionPerformed(ActionEvent arg0) {
            jb.setText("我被单击了");
        }
    }
    …//省略主方法
}
```

运行本实例，结果如图 12.22 所示。

图 12.22　动作事件的应用

在本实例中，为按钮设置了动作监听器。由于获取事件监听时需要获取实现 ActionListener 接口的对象，所以定义了一个内部类 jbAction 实现 ActionListener 接口，同时在该内部类中实现了 actionPerformed()方法，也就是在 actionPerformed()方法中定义当用户单击该按钮后实现怎样的功能。

也许有的读者会产生这样的疑问，难道一定要使用内部类来完成事件监听吗？或许可以使用 SimpleEvent 类实现 ActionListener 接口，或者在获取其他事件的同时实现其他接口。

例如，在 SimpleEvent 类中，不使用内部类实现事件监听。关键代码如下：

```java
//实现 ActionListener 接口
public class SimpleEvent extends JFrame implements ActionListener{
    private JButton jb=new JButton("我是按钮，单击我");
```

```java
    public SimpleEvent(){
        …//省略非关键代码
        cp.add(jb);
        jb.addActionListener(this); //添加本类对象
    }
    //重写 actionPerformed()方法
    public void actionPerformed(ActionEvent arg0){
        jb.setText("我被单击了");
    }
    …//省略主方法
}
```

显然，上述代码在编译器中不会报错。如果再定义一个按钮对象 jb2，并为该按钮也设置一个监听事件，这个监听事件与按钮对象 jb 不同，所以也需要重写 actionPerformed()方法，那么可以在同一个类中重写两次 actionPerformed()方法吗？这样是不可以的。因此为事件源做监听事件时，使用内部类的方式来解决这个问题。

✍ 说明：

一般情况下，为事件源做监听事件应使用匿名内部类形式，如果读者对这方面的知识不熟悉，可以参看第 7 章的内容。

扫一扫，看视频

12.9.3 焦点事件监听器

焦点事件（FocusEvent）监听器在实际项目开发中应用也比较广泛，如将光标焦点离开一个文本框时需要弹出一个对话框，或者将焦点返回给该文本框等。焦点事件监听器的相关内容如表 12.9 所示。

表 12.9　焦点事件监听器

事 件 名 称	事 件 源	监 听 接 口	添加或删除相应类型监听器的方法
FocusEvent	Component 以及派生类	FocusListener	addFocusListener()、removeFocusListener()

下面来看一个焦点事件的实例，当用户将焦点离开文本框时，将弹出相应对话框。

例 12.19　在项目中创建 FocusEventTest 类，使该类继承 JFrame 类，在类中创建文本框组件，并为文本框添加焦点事件监听器，将文本框组件添加到窗体中。关键代码如下：（**实例位置：资源包\code\12\19**）

```java
public class FocusEventTest extends JFrame{
    public FocusEventTest() {
        …//省略非关键代码
        JTextField jt=new JTextField("请单击其他文本框",10);        //创建一个文本框
        JTextField jt2=new JTextField("请单击我",10);              //创建另外一个文本框
        cp.add(jt);
        cp.add(jt2);
        jt.addFocusListener(new FocusListener(){
            //组件失去焦点时调用的方法
            public void focusLost(FocusEvent arg0) {
                JOptionPane.showMessageDialog(null, "文本框失去焦点");
            }
```

```
            //组件获取焦点时调用的方法
            public void focusGained(FocusEvent arg0) {
            }
        });

    }
    …//省略主方法
}
```

运行本实例，结果如图 12.23 所示。

图 12.23　焦点事件的应用

在本实例中，为文本框组件添加了焦点事件监听器。这个监听需要实现 FocusListener 接口。在该接口中定义了两个方法，分别为 focusLost()方法与 focusGained()方法，其中 focusLost()方法是在组件失去焦点时调用的，而 focusGained()方法是在组件获取焦点时调用的。由于本实例需要实现在文本框失去焦点时弹出相应对话框的功能，所以重写 focusLost()方法，同时在为文本框添加监听时使用了匿名内部类的形式，将实现 FocusListener 接口对象传递给 addFocusListener()方法。

扫一扫，看视频

12.10　小　　结

本章主要对使用 Java 进行 Swing 程序设计的基础知识进行了详细讲解，包括 JFrame 窗体、JDialog 窗体、常用的布局管理器和面板、常用的组件及事件监听器等。本章学习的重点是各种组件的使用方法，读者应该熟练掌握。通过对本章的学习，读者应该能够自主设计基本的 Swing 窗体程序，并能够灵活运用各种组件完善窗体的功能，实现组件的常用事件处理。

第 13 章　高级事件处理

扫一扫，看视频

本章将讲解一些常用高级事件的处理方法，包括键盘事件、鼠标事件、窗体事件和选项事件。通过捕获这些事件并对其进行处理，可以更进一步控制程序的流程，保证每一步操作的合法性，实现一些更人性化的性能。例如，关闭窗口时弹出对话框，让用户确认是否关闭等。

通过阅读本章，您可以：

➥ 学会处理键盘事件
➥ 学会处理鼠标事件
➥ 学会处理窗体焦点变化、状态变化等事件
➥ 学会处理选项事件

13.1　键　盘　事　件

当向文本框中输入内容时，将发生键盘事件。KeyEvent 类负责捕获键盘事件，可以通过为组件添加实现了 KeyListener 接口的监听器类来处理相应的键盘事件。

KeyListener 接口共有 3 个抽象方法，分别在发生击键事件（按下并释放键）、按键被按下（手指按下键但未松开）和按键被释放（手指从按下的键上松开）时触发。KeyListener 接口的具体定义如下：

```
public interface KeyListener extends EventListener {
    public void keyTyped(KeyEvent e);        //发生击键事件时触发
    public void keyPressed(KeyEvent e);      //按键被按下时触发
    public void keyReleased(KeyEvent e);     //按键被释放时触发
}
```

在每个抽象方法中均传入了 KeyEvent 类的对象，KeyEvent 类中比较常用的方法如表 13.1 所示。

表 13.1　KeyEvent 类中的常用方法

方　　法	功　能　简　介
getSource()	用来获得触发此次事件的组件对象，返回值为 Object 类型
getKeyChar()	用来获得与此事件中的键相关联的字符
getKeyCode()	用来获得与此事件中的键相关联的整数 keyCode
getKeyText(int keyCode)	用来获得描述 keyCode 的标签，如 A、F1 和 HOME 等
isActionKey()	用来查看此事件中的键是否为"动作"键
isControlDown()	用来查看 Ctrl 键在此次事件中是否被按下，当返回 true 时表示被按下
isAltDown()	用来查看 Alt 键在此次事件中是否被按下，当返回 true 时表示被按下
isShiftDown()	用来查看 Shift 键在此次事件中是否被按下，当返回 true 时表示被按下

✍ **技巧：**

> 在 KeyEvent 类中以 "VK_" 开头的静态常量代表各个按键的 keyCode，可以通过这些静态常量判断事件中的按键，获得按键的标签。

例 13.1　通过键盘事件模拟一个虚拟键盘，实现时，首先需要自定义一个 addButtons 方法，用来将所有的按键添加到一个 ArrayList 集合中，然后添加一个 JTextField 组件，并为该组件添加 addKeyListener 事件监听，在该事件监听中重写 keyPressed 和 keyReleased 方法，分别用来在按下和释放键时执行相应的操作。关键代码如下：（**实例位置：资源包\code\13\01**）

```java
Color green=Color.GREEN;                              //定义 Color 对象,用来表示按下键的
                                                      //颜色
Color white=Color.WHITE;                              //定义 Color 对象,用来表示释放键的
                                                      //颜色
ArrayList<JButton> btns=new ArrayList<JButton>();     //定义一个集合,用来存储所有的按键 ID
//自定义一个方法,用来将容器中的所有 JButton 组件添加到集合中
private void addButtons(){
    for(Component cmp :contentPane.getComponents()){  //遍历面板中的所有组件
        if(cmp instanceof JButton){                   //判断组件的类型是否为 JButton 类型
            btns.add((JButton)cmp);                   //将 JButton 组件添加到集合中
        }
    }
}
public KeyBoard() {                                    //KeyBoard 的构造方法
    …//省略部分代码
    /**
     * 创建文本框 textField 置于面板 panel 的中间
     */
    textField = new JTextField();
    textField.addKeyListener(new KeyAdapter() {       //文本框添加键盘事件的监听
        char word;
        @Override
        public void keyPressed(KeyEvent e) {          //按键被按下时触发
            word=e.getKeyChar();                      //获取按下键表示的字符
            for(int i=0;i<btns.size();i++){           //遍历存储按键 ID 的 ArrayList 集合
                //判断按键是否与遍历到的按键的文本相同
                if(String.valueOf(word).equalsIgnoreCase(btns.get(i).getText())){
                    btns.get(i).setBackground(green); //将指定按键颜色设置为绿色
                }
            }
        }
        @Override
        public void keyReleased(KeyEvent e) {         //按键被释放时触发
            word=e.getKeyChar();                      //获取释放键表示的字符
            for(int i=0;i<btns.size();i++)            //遍历存储按键 ID 的 ArrayList 集合
                //判断按键是否与遍历到的按键的文本相同
                if(String.valueOf(word).equalsIgnoreCase(btns.get(i).getText())){
                    btns.get(i).setBackground(white); //将指定按键颜色设置为白色
                }
            }
        }
```

```
    });
    panel.add(textField, BorderLayout.CENTER);
    textField.setColumns(10);
}
```

运行本实例，将鼠标光标定位到文本框组件中，然后按下键盘上的按键，窗体中的相应按钮会变为绿色，释放按键时，相应按钮变为白色，效果如图 13.1 所示。

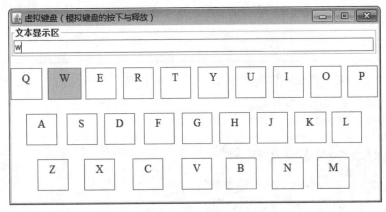

图 13.1 键盘事件

扫一扫，看视频

13.2 鼠标事件

所有组件都能发生鼠标事件，MouseEvent 类负责捕获鼠标事件，可以通过为组件添加实现了 MouseListener 接口的监听器类来处理相应的鼠标事件。

MouseListener 接口共有 5 个抽象方法，分别在光标移入或移出组件、鼠标按键被按下或释放和发生单击事件时触发。所谓单击事件，就是按键被按下并释放。需要注意的是，如果按键是在移出组件之后才被释放，则不会触发单击事件。MouseListener 接口的具体定义如下：

```
public interface MouseListener extends EventListener {
    public void mouseEntered(MouseEvent e);      //光标移入组件时被触发
    public void mousePressed(MouseEvent e);      //鼠标按键被按下时被触发
    public void mouseReleased(MouseEvent e);     //鼠标按键被释放时触发
    public void mouseClicked(MouseEvent e);      //发生单击事件时触发
    public void mouseExited(MouseEvent e);       //光标移出组件时触发
}
```

在每个抽象方法中均传入了 MouseEvent 类的对象，MouseEvent 类中比较常用的方法如表 13.2 所示。

表 13.2 MouseEvent 类中的常用方法

方　　法	功　能　简　介
getSource()	用来获得触发此次事件的组件对象，返回值为 Object 类型
getButton()	用来获得代表此次按下、释放或单击的按键的 int 型值
getClickCount()	用来获得单击按键的次数

当需要判断触发此次事件的按键时，可以通过表 13.3 中的静态常量判断由 getButton()方法返回的 int 型值代表的键。

表 13.3　MouseEvent 类中代表鼠标按键的静态常量

静 态 常 量	常 量 值	代 表 的 键
BUTTON1	1	代表鼠标左键
BUTTON2	2	代表鼠标滚轮
BUTTON3	3	代表鼠标右键

例 13.2　一个用来演示鼠标事件的典型示例。（**实例位置：资源包\code\13\02**）

本例演示了捕获和处理鼠标事件的方法，尤其是鼠标事件监听器接口 MouseListener 中各个方法的使用方法。关键代码如下：

```java
/**
 * 判断按下的鼠标键，并输出相应提示
 * @param e 鼠标事件
 */
private void mouseOper(MouseEvent e){
    int i = e.getButton();                          // 通过该值可以判断按下的是哪个键
    if (i == MouseEvent.BUTTON1)
        System.out.println("按下的是鼠标左键");
    else if (i == MouseEvent.BUTTON2)
        System.out.println("按下的是鼠标滚轮");
    else if (i == MouseEvent.BUTTON3)
        System.out.println("按下的是鼠标右键");
}
label.addMouseListener(new MouseListener() {
    public void mouseEntered(MouseEvent e) {        //光标移入组件时触发
        System.out.println("光标移入组件");
    }
    public void mousePressed(MouseEvent e) {        //鼠标按键被按下时触发
        System.out.print("鼠标按键被按下，");
        mouseOper(e);
    }
    public void mouseReleased(MouseEvent e) {       //鼠标按键被释放时触发
        System.out.print("鼠标按键被释放，");
        mouseOper(e);
    }
    public void mouseClicked(MouseEvent e) {        //发生单击事件时触发
        System.out.print("单击了鼠标按键，");
        mouseOper(e);
        int clickCount = e.getClickCount();
        System.out.println("单击次数为" + clickCount + "下");
    }
    public void mouseExited(MouseEvent e) {         //光标移出组件时触发
        System.out.println("光标移出组件");
    }
});
```

运行本实例，首先将光标移入窗体，然后单击鼠标左键，接着双击鼠标左键，最后将光标移出窗体，在控制台将得到如图 13.2 所示的信息。

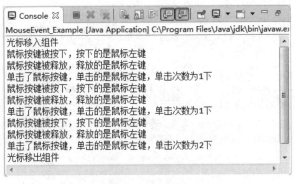

图 13.2 鼠标事件

📢 注意：

从图 13.2 中可以发现，当双击鼠标时，第一次点击鼠标将触发一次单击事件。

13.3 窗 体 事 件

在捕获窗体事件时，可以通过 3 个事件监听器接口来实现，分别为 WindowFocusListener、WindowStateListener 和 WindowListener。本节将深入学习这 3 种事件监听器的使用方法，主要是各自捕获的事件类型和各个抽象方法的触发条件。

扫一扫，看视频

13.3.1 捕获窗体焦点变化事件

需要捕获窗体焦点发生变化的事件时，即窗体获得或失去焦点的事件时，可以通过实现了WindowFocusListener 接口的事件监听器完成。WindowFocusListener 接口的具体定义如下：

```
public interface WindowFocusListener extends EventListener {
    public void windowGainedFocus(WindowEvent e);    //窗体获得焦点时被触发
    public void windowLostFocus(WindowEvent e);      //窗体失去焦点时被触发
}
```

通过捕获窗体获得或失去焦点的事件，可以进行一些相关的操作。例如，当窗体重新获得焦点时，令所有组件均恢复为默认设置。

下面是一个用来演示捕获窗体焦点变化事件的典型实例。

例 13.3 本实例主要通过窗体的焦点事件控制灯泡的打开和关闭状态。关键代码如下：（**实例位置：资源包\code\13\03**）

```
public class Focus extends JFrame {
    public static void main(String args[]) {
        Focus frame = new Focus();
        frame.setVisible(true);                        //设置窗体可见
    }
    private class myWindowFocusListener implements WindowFocusListener{
```

```
    @Override
    public void windowGainedFocus(WindowEvent arg0) {
        // 设置标签中的图标，显示灯亮
        lblLight.setIcon(new ImageIcon(Focus.class.getResource("light.png")));
        lblTip.setText("JFrame 窗体获得焦点后，灯亮了..."); //设置标签中的文本
    }
    @Override
    public void windowLostFocus(WindowEvent arg0) {
        // 设置标签中的图标，显示灯灭
        lblLight.setIcon(new ImageIcon(Focus.class.getResource("dark.png")));
        lblTip.setText("JFrame 窗体失去焦点后，灯灭了..."); //设置标签中的文本
    }
}
public Focus() {
    addWindowFocusListener(new myWindowFocusListener());  //为窗体添加焦点事件监听器
    setAutoRequestFocus(false);                           //JFrame 窗体失去焦点
    setResizable(false);                                  //不可改变窗体大小
    setTitle("焦点事件的监听");                             //设置窗体标题
    setDefaultCloseOperation(JFrame.EXIT_ON_CLOSE);       //设置窗体关闭的方式
    …//省略部分代码
}
}
```

运行本实例，用鼠标左键单击窗体使窗体获得焦点，窗体中的灯会亮，如图 13.3 所示，用鼠标左键单击桌面上的其他地方使窗体失去焦点，窗体中的灯会熄灭，如图 13.4 所示。

图 13.3　窗体获得焦点

图 13.4　窗体失去焦点

扫一扫，看视频

13.3.2　捕获窗体状态变化事件

需要捕获窗体状态发生变化的事件时，即窗体由正常化变为最小化、由最大化变为正常化等事件时，可以通过实现了 WindowStateListener 接口的事件监听器完成。WindowStateListener 接口的具体定义如下：

```
public interface WindowStateListener extends EventListener {
```

```
public void windowStateChanged(WindowEvent e);//窗体状态发生变化时触发
}
```

在抽象方法 windowStateChanged()中传入了 WindowEvent 类的对象。WindowEvent 类中有以下两个常用方法，用来获得窗体的状态，它们均返回一个代表窗体状态的 int 型值。

（1）getNewState()：用来获得窗体现在的状态。

（2）getOldState()：用来获得窗体以前的状态。

可以通过 Frame 类中的静态常量判断返回的 int 型值具体代表什么状态，这些静态常量如表 13.4 所示。

表 13.4 Frame 类中代表窗体状态的静态常量

静 态 常 量	常 量 值	代 表 的 键
NORMAL	0	代表窗体处于"正常化"状态
MAXIMIZED_BOTH	6	代表窗体处于"最大化"状态

下面是一个用来演示捕获窗体状态变化事件的典型实例。

例 13.4 本例通过使用 WindowStateListener 监听器接口中的各个方法演示了如何捕获和处理窗体状态变化的相关事件。关键代码如下：（**实例位置：资源包\code\13\04**）

```java
public class WindowStateListener_Example extends JFrame {
    public static void main(String args[]) {
        WindowStateListener_Example frame=new WindowStateListener_Example();
        frame.setVisible(true);
    }
    public WindowStateListener_Example() {
        super();
        //为窗体添加状态事件监听器
        addWindowStateListener(new MyWindowStateListener());
        setTitle("捕获窗体状态事件");
        setBounds(100, 100, 500, 375);
        setDefaultCloseOperation(JFrame.DISPOSE_ON_CLOSE);
    }
    private class MyWindowStateListener implements WindowStateListener {
        public void windowStateChanged(WindowEvent e) {
            int oldState = e.getOldState();        //获得窗体以前的状态
            int newState = e.getNewState();        //获得窗体现在的状态
            String from = "";                       //标识窗体以前状态的中文字符串
            String to = "";                         //标识窗体现在状态的中文字符串
            switch (oldState) {                     //判断窗体以前的状态
                case Frame.NORMAL:                  //窗体处于正常化
                    from = "正常化";
                    break;
                case Frame.MAXIMIZED_BOTH:          //窗体处于最大化
                    from = "最大化";
                    break;
                default:                            //窗体处于最小化
                    from = "最小化";
            }
            switch (newState) {                     //判断窗体现在的状态
                case Frame.NORMAL:                  //窗体处于正常化
                    to = "正常化";
```

```
                        break;
               case Frame.MAXIMIZED_BOTH:          //窗体处于最大化
                        to = "最大化";
                        break;
               default:                            //窗体处于最小化
                        to = "最小化";
               }
           System.out.println(from + "—>" + to);
           }
       }
}
```

运行本实例，首先将窗体最小化后再恢复正常化，然后将窗体最大化后再最小化，最后将窗体最大化后再恢复正常化，在控制台将得到如图 13.5 所示的信息。

图 13.5　捕获窗体状态变化事件

13.3.3　捕获其他窗体事件

扫一扫，看视频

需要捕获其他与窗体有关的事件时，如捕获窗体被打开、将要被关闭、已经被关闭等事件时，可以通过实现了 WindowListener 接口的事件监听器完成。WindowListener 接口的具体定义如下：

```
public interface extends EventListener {
    public void windowActivated(WindowEvent e);        //窗体被激活时触发
    public void windowOpened(WindowEvent e);           //窗体被打开时触发
    public void windowIconified(WindowEvent e);        //窗体从正常状态变为最小化状态时触发
    public void windowDeiconified(WindowEvent e);      //窗体从最小化状态变为正常状态时触发
    public void windowClosing(WindowEvent e);          //窗体将要被关闭时触发
    public void windowDeactivated(WindowEvent e);      //窗体不再处于激活状态时触发
    public void windowClosed(WindowEvent e);           //窗体已经被关闭时触发
}
```

✍ 说明：

窗体激活事件和窗体获得焦点事件的区别如下：

（1）窗体激活事件是 WindowListener 接口中提供的事件，而获得焦点事件是 WindowFocusListener 接口中提供的事件。

（2）执行顺序不同：窗体激活——获得焦点——失去焦点——窗体不处于激活状态。

通过捕获窗体将要被关闭等事件，可以进行一些相关的操作，例如，窗体将要被关闭时，询问是否保存未保存的设置或者弹出确认关闭对话框等。

下面是一个用来演示捕获其他窗体事件的典型实例。

例 13.5　本例演示了捕获和处理其他窗体事件的方法，尤其是事件监听器接口 WindowListener 中各个方法的使用方法。关键代码如下：（**实例位置：资源包\code\13\05**）

```
public class WindowListener_Example extends JFrame {
    public static void main(String args[]) {
```

```java
        WindowListener_Example frame = new WindowListener_Example();
        frame.setVisible(true);
    }
    public WindowListener_Example() {
        super();
        addWindowListener(new MyWindowListener());         //为窗体添加其他事件监听器
        setTitle("捕获其他窗体事件");
        setBounds(100, 100, 500, 375);
        setDefaultCloseOperation(JFrame.DISPOSE_ON_CLOSE);
    }
    private class MyWindowListener implements WindowListener {
        public void windowActivated(WindowEvent e) {       //窗体被激活时触发
            System.out.println("窗口被激活！");
        }
        public void windowOpened(WindowEvent e) {          //窗体被打开时触发
            System.out.println("窗口被打开！");
        }
        public void windowIconified(WindowEvent e) {       //窗体从正常状态变为最小化状
                                                           //态时触发
            System.out.println("窗口被最小化！");
        }
        public void windowDeiconified(WindowEvent e) {     //窗体从最小化状态变为正常状
                                                           //态时触发
            System.out.println("窗口恢复正常大小！");
        }
        public void windowClosing(WindowEvent e) {         //窗体将要被关闭时触发
            System.out.println("窗口将要被关闭！");
        }
        public void windowDeactivated(WindowEvent e) {     //窗体不再处于激活状态时触发
            System.out.println("窗口不再处于激活状态！");
        }
        public void windowClosed(WindowEvent e) {          //窗体已经被关闭时触发
            System.out.println("窗口已经被关闭！");
        }
    }
}
```

运行本实例，首先令窗体失去焦点后再得到焦点，然后将窗体最小化后再恢复为正常化，最后
关闭窗体，在控制台将得到如图 13.6 所示的信息。

图 13.6　捕获其他窗体事件

13.4 选 项 事 件

当修改下拉菜单中的选中项时，将发生选项事件。ItemEvent 类负责捕获选项事件，可以通过为组件添加实现了 ItemListener 接口的监听器类来处理相应的选项事件。

ItemListener 接口只有一个抽象方法，在修改一次下拉菜单选中项的过程中，该方法将被触发两次，一次是由取消原来选中项的选中状态触发的；另一次是由选中新选项触发的。ItemListener 接口的具体定义如下：

```
public interface ItemListener extends EventListener {
    public void itemStateChanged(ItemEvent e);
}
```

在抽象方法 itemStateChanged()中传入了 ItemEvent 类的对象。ItemEvent 类中有以下两个常用方法。

（1）getItem()：用来获得触发此次事件的选项，该方法的返回值为 Object 型。

（2）getStateChange()：用来获得此次事件的类型，即是由取消原来选中项的选中状态触发的，还是由选中新选项触发的。

方法 getStateChange()将返回一个 int 型值，可以通过 ItemEvent 类中如下静态常量判断此次事件的具体类型。

（1）SELECTED：如果返回值等于该静态常量，说明此次事件是由选中新选项触发的。

（2）DESELECTED：如果返回值等于该静态常量，说明此次事件是由取消原来选中项的选中状态触发的。

通过捕获选项事件，可以进行一些相关的操作，如同步处理其他下拉菜单的可选项。

例 13.6 创建一个 JFrame 窗体，在其中通过为 JComboBox 组件添加选项监听事件，实现省市联动的功能。关键代码如下：（**实例位置：资源包\code\13\06**）

```
public class HouseRegister extends JFrame {
    …//省略部分代码
    String[] strProvinces={ "黑龙江省", "吉林省", "辽宁省" };        //存储省份
    //存储黑龙江省的所有地级市
    String[] strHLJ={ "哈尔滨", "齐齐哈尔", "牡丹江", "大庆", "伊春", "双鸭山","鹤岗",
"鸡西", "佳木斯", "七台河", "黑河", "绥化", "大兴安岭" };
    //存储吉林省的所有地级市
    String[] strJL={ "长春", "延边", "吉林", "白山", "白城", "四平", "松原", "辽源",
"大安", "通化" };
    //存储辽宁省的所有地级市
    String[] strLN={ "沈阳", "大连", "葫芦岛", "旅顺", "本溪", "抚顺","铁岭", "辽阳",
"营口", "阜新", "朝阳", "锦州", "丹东", "鞍山" };
    /**
     * 根据选择的省显示其所有地级市
     * @param item ItemEvent 类型，表示下拉列表中的选择项
     * @param cbox JComboBox 类型，表示 JComboBox 组件
     */
    private void getCity(ItemEvent item, JComboBox<String> cbox){
```

```
    String strProvince=String.valueOf(item.getItem()); //获取选中项
    if (strProvince.equals("黑龙江省")) {
        cbox.setModel(new DefaultComboBoxModel<String>(strHLJ));
    } else if (strProvince.equals("吉林省")) {
        cbox.setModel(new DefaultComboBoxModel<String>(strJL));
    } else if (strProvince.equals("辽宁省")) {
        cbox.setModel(new DefaultComboBoxModel<String>(strLN));
    }
}
…//省略部分代码
public HouseRegister() {                              // HouseRegister 的构造方法
    …//省略部分代码
    cboxProvince = new JComboBox<String>();
    cboxProvince.setModel(new DefaultComboBoxModel<String>(strProvinces));
    cboxProvince.addItemListener(new ItemListener() { //添加选项事件监听器
        @Override
        public void itemStateChanged(ItemEvent arg0) { //重写选项发生变化时的方法
            getCity(arg0,cboxCity);                     //调用自定义方法实现省市联动
        }
    });
    cboxProvince.setBounds(69, 97, 85, 21);
    contentPanel.add(cboxProvince);
    /**
     * 创建下拉列表"市"，设置该下拉列表中的选项值、横坐标、纵坐标、宽高，把下拉列表"市"
       放到面板 contentPane 中
     */
    cboxCity = new JComboBox<String>();                //创建下拉列表 cboxCity
    cboxCity.setModel(new DefaultComboBoxModel<String>(strHLJ));
    cboxCity.setBounds(158, 97, 85, 21);               //设置下拉列表的大小
    contentPanel.add(cboxCity);                        //将下拉列表 cboxCity 置于面板 panel 中
    …//省略部分代码
}
…//省略部分代码
}
```

运行本实例，在省份文本框中选择相应的省份，如图 13.7 所示，后面显示市的下拉列表将会显示对应省份所包含的所有地级市，如图 13.8 所示。

图 13.7 选择省份

297

图 13.8　省市联动效果

📢注意：

本实例中使用 JPanel 组件对 JFrame 窗体的背景进行了设置，设置时需要重写 JPanel 组件的 paintComponent 方法，具体实现代码参考资源包中的源代码。

13.5　小　　结

通过对本章的学习，相信读者已经可以熟练地处理一些高级事件，包括键盘事件、鼠标事件、窗体焦点变化事件、窗体状态变化事件、窗体其他常用事件和选项事件等。至此，我们已经学习了 6 种事件的处理方法，通过配合使用这 6 种事件监听器，可以有效地控制各种组件，例如，通过为文本框组件同时添加焦点事件监听器和键盘事件监听器，可以有效地控制文本框中的输入内容等。

第 14 章 I/O（输入/输出）

在变量、数组和对象中存储的数据是暂时存在的，程序结束后它们就会丢失。为了能够永久地保存程序创建的数据，需要将其保存在磁盘文件中，这样就可以在其他程序中使用它们。Java 的 I/O 技术可以将数据保存到文本文件、二进制文件等文件中，以达到永久性保存数据的要求。掌握 I/O 处理技术能够提高对数据的处理能力。本章将向读者介绍 Java 的 I/O（输入/输出）技术。

通过阅读本章，您可以：

- ➥ 了解流的概念
- ➥ 了解输入/输出流的分类
- ➥ 熟悉 File 类的使用
- ➥ 掌握文件输入/输出流的使用方法
- ➥ 掌握带缓冲的输入/输出流的使用方法
- ➥ 熟悉数据输入/输出流的使用

14.1 流 概 述

在日常生活中，我们把物质在库与库之间的转移运行称为流，但在程序开发中，将不同输入/输出设备（例如文件、网络、压缩包等）之间的数据传输抽象为流，例如通过键盘可以输入数据，使用显示器可以显示程序的运行结果等。根据流中传输的数据类型，可以将流分为字节流（以 Stream 结尾的流）和字符流（以 Reader 和 Writer 结尾的流）两种；而根据流的操作模式，可以将流分为输入流和输出流两种。本章对流讲解时，主要采用后一种分类方式。

Java 由数据流处理输入/输出（I/O）模式，其中，输入流是指打开一个从某数据源（例如文件、网络、压缩包或其他数据源等）到程序的流，并从这个流中读取数据，示意图如图 14.1 所示；输出流是为了将程序中的数据传输到某个目的地（例如文件、网络、压缩包或其他目标等），在传输过程中，需要将数据写入这个流中，示意图如图 14.2 所示。

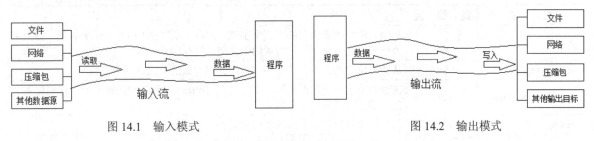

图 14.1　输入模式　　　　　　　　　　图 14.2　输出模式

✍ 说明：

从本质上来讲，输入流用来读取数据，输出流用来写入数据。

14.2 输入/输出流

Java 语言定义了许多类专门负责各种方式的输入/输出，这些类都被放在 java.io 包中。其中，所有输入流类都是抽象类 InputStream（字节输入流）或抽象类 Reader（字符输入流）的子类；而所有输出流都是抽象类 OutputStream（字节输出流）或抽象类 Writer（字符输出流）的子类，本节主要对这 4 个抽象类进行介绍。

14.2.1 输入流

输入流抽象类包括两种，分别是 InputStream 字节输入流和 Reader 字符输入流，下面分别介绍。

1. InputStream 类

InputStream 类是字节输入流的抽象类，是所有字节输入流的父类。InputStream 类的具体层次结构如图 14.3 所示。

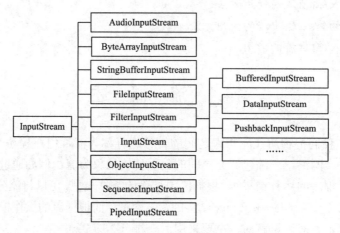

图 14.3 InputStream 类的层次结构

InputStream 类中所有方法遇到错误时都会引发 IOException 异常，该类的常用方法及说明如表 14.1 所示。

表 14.1 InputStream 类的常用方法

方　　法	返　回　值	说　　明
read()	int	从输入流中读取数据的下一个字节。返回 0~255 范围内的 int 字节值。如果因为已经到达流末尾而没有可用的字节，则返回值-1
read(byte[] b)	int	从输入流中读入一定长度的字节，并以整数的形式返回字节数
mark(int readlimit)	void	在输入流的当前位置放置一个标记，readlimit 参数告知此输入流在标记位置失效之前允许读取的字节数
reset()	void	将输入指针返回到当前所做的标记处
skip(long n)	long	跳过输入流上的 n 个字节并返回实际跳过的字节数
markSupported()	boolean	如果当前流支持 mark()/reset()操作就返回 True
close()	void	关闭此输入流并释放与该流关联的所有系统资源

✎ 说明：

> 并不是所有的 InputStream 类的子类都支持 InputStream 中定义的所有方法，如 skip()、mark()、reset()等方法只对某些子类有用。

2. Reader 类

Java 中的字符是 Unicode 编码，是双字节的，而 InputStream 类是用来处理字节的，并不适合处理字符文本。Java 为字符文本的输入专门提供了一套单独的 Reader 类，但 Reader 类并不是 InputStream 类的替换者，只是在处理字符时简化了编程。Reader 类是字符输入流的抽象类，所有字符输入流的实现都是它的子类。Reader 类的具体层次结构如图 14.4 所示。

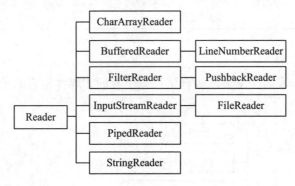

图 14.4 Reader 类的层次结构

Reader 类中的方法与 InputStream 类中的方法类似，但需要注意的一点是，Reader 类中的 read() 方法的参数为 char 类型的数组；另外，除了表 14.1 中的方法外，它还提供了一个 ready()方法，该方法用来判断是否准备读取流，返回值为 boolean 类型。

14.2.2 输出流

输出流抽象类包括两种，分别是 OutputStream 字节输出流和 Writer 字符输出流，下面分别介绍。

1. OutputStream 类

OutputStream 类是字节输出流的抽象类，此抽象类是表示输出字节流的所有类的超类。OutputStream 类的具体层次如图 14.5 所示。

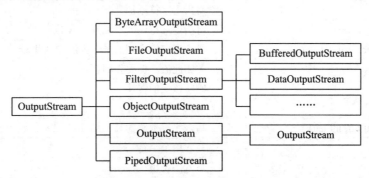

图 14.5 OutputStream 类的层次结构

OutputStream 类中的所有方法均返回 void，在遇到错误时会引发 IOException 异常，该类的常用方法及说明如表 14.2 所示。

表 14.2 OutputStream 类的常用方法

方　　法	说　　明
write(int b)	将指定的字节写入此输出流
write(byte[] b)	将 b 个字节从指定的 byte 数组写入此输出流
write(byte[] b , int off , int len)	将指定 byte 数组中从偏移量 off 开始的 len 个字节写入此输出流
flush()	彻底完成输出并清空缓冲区
close()	关闭输出流

2．Writer 类

Writer 类是字符输出流的抽象类，所有字符输出类的实现都是它的子类。Writer 类的层次结构如图 14.6 所示。

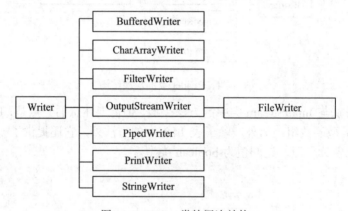

图 14.6 Writer 类的层次结构

Writer 类的常用方法及说明如表 14.3 所示。

表 14.3 Writer 类的常用方法

方　　法	说　　明
append(char c)	将指定字符添加到此 writer
append(CharSequence csq)	将指定字符序列添加到此 writer
append(CharSequence csq, int start, int end)	将指定字符序列的子序列添加到此 writer.Appendable
close()	关闭此流，但要先刷新它
flush()	刷新该流的缓冲
write(char[] cbuf)	写入字符数组
write(char[] cbuf, int off, int len)	写入字符数组的某一部分
write(int c)	写入单个字符
write(String str)	写入字符串
write(String str, int off, int len)	写入字符串的某一部分

14.3　File 类

File 类是 java.io 包中唯一代表磁盘文件本身的对象。File 类定义了一些与平台无关的方法来操作文件，可以通过调用 File 类中的方法，实现创建、删除、重命名文件等操作。File 类的对象主要用来获取文件本身的一些信息，如文件所在的目录、文件的长度、文件读写权限等。本节将对 File 类进行详细讲解。

14.3.1　创建 File 对象

可以使用 File 类的构造方法创建一个文件对象，通常使用以下 3 种构造方法来创建文件对象。
（1）File(String pathname)
该构造方法通过将给定路径名字符串转换为抽象路径名来创建一个新 File 实例。
语法如下：
```
new File(String pathname)
```
其中，pathname 指路径名称（包含文件名）。例如：
```
File file = new File("d:/1.txt");
```
（2）File(String parent , String child)
该构造方法根据定义的父路径和子路径字符串（包含文件名）创建一个新的 File 对象。
语法如下：
```
new File(String parent , String child)
```
➥　parent：父路径字符串。例如 D:/或 D:/doc/。
➥　child：子路径字符串。例如 letter.txt。
（3）File(File f , String child)
该构造方法根据 parent 抽象路径名和 child 路径名字符串创建一个新 File 实例。
语法如下：
```
new File(File parent , String child)
```
➥　parent：父路径对象，例如 D:/doc/。
➥　child：子路径字符串，例如 letter.txt。

✍ 说明：

对于 Microsoft Windows 平台，包含盘符的路径名前缀由驱动器号和一个 "："组成，文件夹分隔符可以是"/"也可以是"\\"（即"\"的转义字符）。

14.3.2　文件操作

File 类可以对文件操作，也可以对文件夹进行操作，本节首先讲解如何使用 File 类对文件进行操作。

常见的文件操作主要有判断文件是否存在、创建文件、重命名文件、删除文件以及获取文件基本信息（例如文件名称、大小、修改时间、是否隐藏等）等，这些操作在 File 类中都提供了相应的方法来实现。File 类中对文件进行操作的常用方法如表 14.4 所示。

扫一扫，看视频

表 14.4　File 类中对文件进行操作的常用方法

方　　法	返　回　值	说　　明
canRead()	boolean	判断文件是否是可读的
canWrite()	boolean	判断文件是否可被写入
createNewFile()	boolean	当且仅当不存在具有指定名称的文件时，创建一个新的空文件
createTempFile(String prefix, String suffix)	File	在默认临时文件夹中创建一个空文件，使用给定前缀和后缀生成其名称
createTempFile(String prefix, String suffix, File directory)	File	在指定文件夹中创建一个新的空文件，使用给定的前缀和后缀字符串生成其名称
delete()	boolean	删除指定的文件或文件夹
exists()	boolean	测试指定的文件或文件夹是否存在
getAbsoluteFile()	File	返回抽象路径名的绝对路径名形式
getAbsolutePath()	String	获取文件的绝对路径
getName()	String	获取文件或文件夹的名称
getParent()	String	获取文件的父路径
getPath()	String	获取路径名字符串
getFreeSpace()	long	返回此抽象路径名指定的分区中未分配的字节数
getTotalSpace()	long	返回此抽象路径名指定的分区大小
length()	long	获取文件的长度（以字节为单位）
isFile()	boolean	判断是不是文件
isHidden()	boolean	判断文件是否是隐藏文件
lastModified()	long	获取文件最后修改时间
renameTo(File dest)	boolean	重新命名文件
setLastModified(long time)	boolean	设置文件或文件夹的最后一次修改时间
setReadOnly()	boolean	将文件或文件夹设置为只读
toURI()	URI	构造一个表示此抽象路径名的 file: URI

✍ 说明：

> 表 14.4 中的 delete()方法、exists()方法、getName()方法、getAbsoluteFile()方法、getAbsolutePath()方法、getParent()方法、getPath()方法、setLastModified(long time)方法和 setReadOnly()方法同样适用于文件夹操作，14.3.3 节中将不再重复介绍。

　　例 14.1　在项目中创建类 FileTest，在主方法中判断 test.txt 文件是否存在，如果不存在，则创建该文件；如果存在，则获取该文件的相关信息，包括文件是否可读、文件的名称、绝对路径、是否隐藏、字节数、最后修改时间，获得这些信息之后，将该文件删除。关键代码如下：（**实例位置：资源包\code\14\01**）

```
public class FileTest {
```

```java
public static void main(String[] args) {
    File file = new File("test.txt");      // 创建文件对象
    if (!file.exists()) {                  // 文件不存在（程序第一次运行时，执行的语句块）
        System.out.println("未在指定目录下找到文件名为 "test" 的文本文件! 正在创建...");
        try {
            file.createNewFile();          // 创建文件
            System.out.println("文件创建成功!");
        } catch (IOException e) {
            e.printStackTrace();
        }
    } else {                               // 文件存在（程序第二次运行时，执行的语句块）
        System.out.println("找到文件名为 "test" 的文本文件!"); // 提示信息
        if (file.isFile() && file.canRead()) {      // 该文件是一个标准文件且可读
            System.out.println("文件可读! 正在读取文件信息...");  // 提示信息
            String fileName = file.getName();         // 获得文件名
            String filePath = file.getAbsolutePath(); // 获得该文件的绝对路径
            boolean hidden = file.isHidden();         // 获得该文件是否被隐藏
            long len = file.length();                 // 获取该文件中的字节数
            long tempTime = file.lastModified();      // 获取该文件最后的修改时间
            // 创建 SimpleDateFormat 对象，指定目标格式
            SimpleDateFormat sdf = new SimpleDateFormat("yyyy/MM/dd HH:mm:ss");
            Date date = new Date(tempTime);           // 使用 "文件最后修改时间" 创
                                                      //   建 Date 对象
            String time = sdf.format(date); // 格式化 "文件最后的修改时间"
            System.out.println("文件名: " + fileName);        // 输出文件名
            System.out.println("文件的绝对路径: " + filePath);  // 输出文件的绝对路径
            System.out.println("文件是否是隐藏文件: " + hidden); // 输出文件是否被隐藏
            System.out.println("文件中的字节数: " + len);       // 输出该文件中的字节数
            System.out.println("文件最后的修改时间: " + time);   // 输出该文件最后的
                                                            //   修改时间
            file.delete();                              // 查完该文件信息后，
                                                        //   删除文件
            System.out.println("这个文件的使命结束了! 已经被删除了。");
        } else {                                        // 文件不可读
            System.out.println("文件不可读! ");
        }
    }
}
```

运行程序，第一次运行时，首先创建 test.txt 文件，效果如图 14.7 所示。

图 14.7　创建文件

第二次运行程序时，获取 test.txt 文件的相关信息，并删除该文件，效果如图 14.8 所示。

✍ 说明：

在创建 File 对象时，如果直接写文件名，则创建的文件位于项目文件夹下。

14.3.3 文件夹操作

常见的文件夹操作主要有判断文件夹是否存在、创建文件夹、删除文件夹、获取文件夹中包含的子文件夹及文件等，这些操作在 File 类中都提供了相应的方法来实现。File 类中对文件夹进行操作的常用方法如表 14.5 所示。

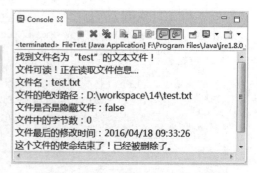

图 14.8　获取文件信息并删除文件

表 14.5　File 类中对文件夹进行操作的常用方法

方　法	返　回　值	说　明
isDirectory()	boolean	判断是不是文件夹
list()	String[]	返回字符串数组，这些字符串指定此抽象路径名表示的目录中的文件和目录
list(FilenameFilter filter)	String[]	返回字符串数组，这些字符串指定此抽象路径名表示的目录中满足指定过滤器的文件和目录
listFiles()	File[]	返回抽象路径名数组，这些路径名表示此抽象路径名表示的目录中的文件
listFiles(FileFilter filter)	File[]	返回抽象路径名数组，这些路径名表示此抽象路径名表示的目录中满足指定过滤器的文件和目录
listFiles(FilenameFilter filter)	File[]	返回抽象路径名数组，这些路径名表示此抽象路径名表示的目录中满足指定过滤器的文件和目录
mkdir()	boolean	创建此抽象路径名指定的目录
mkdirs()	boolean	创建此抽象路径名指定的目录，包括所有必需但不存在的父目录

下面通过实例演示如何使用 File 类的相关方法对文件夹进行操作。

例 14.2　在项目中创建类 FolderTest，在主方法中判断 C 盘下是否存在 Test 文件夹，如果不存在，则创建该文件夹，并在该文件夹下创建 10 个子文件夹；然后获取 C 盘根目录下的所有文件及文件夹（包括隐藏的文件夹），并显示。关键代码如下：**（实例位置：资源包\code\14\02）**

```
public class FolderTest {
    public static void main(String[] args) {
        String path = "C:\\Test"; // 声明文件夹 Test 所在的目录
        for (int i = 1; i <= 10; i++) { // 循环获得 i 值，并用 i 命名新的文件夹
            File folder = new File(path + "\\" + i); // 根据新的目录创建 File 对象
            if (!folder.exists()) { // 文件夹不存在
                folder.mkdirs();// 创建新的文件夹(包括不存在的父文件夹)
            }
```

```
        }
        System.out.println("文件夹创建成功,请打开C盘查看!\n\nC盘文件及文件夹列表如下:");
        File file = new File("C:\\"); // 根据路径名创建 File 对象
        File[] files = file.listFiles(); // 获得 C 盘的所有文件和文件夹
        for (File folder : files) { // 遍历 files 数组
            if (folder.isFile())// 判断是否为文件
                System.out.println(folder.getName() + " 文件"); // 输出 C 盘下所有文
                                                                 件的名称

            else if (folder.isDirectory())// 判断是否为文件夹
                System.out.println(folder.getName() + " 文件夹"); // 输出 C 盘下所有
                                                                    文件夹的名称

        }
    }
}
```

运行结果如图 14.9 所示，创建的文件夹效果如图 14.10 所示。

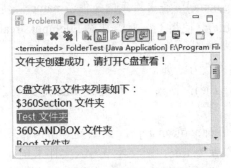

图 14.9　使用 File 类对文件夹进行操作

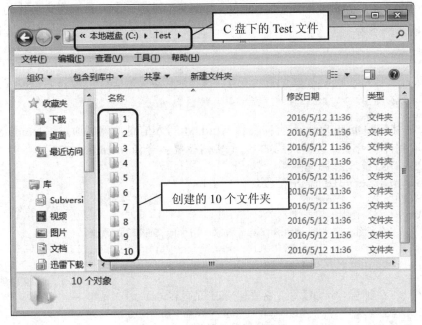

图 14.10　创建的文件夹效果

14.4 文件输入/输出流

程序运行期间，大部分数据都在内存中进行操作，当程序结束或关闭时，这些数据将消失。如果需要将数据永久保存，可使用文件输入/输出流与指定的文件建立连接，将需要的数据永久保存到文件中。本节将介绍文件输入/输出流。

扫一扫，看视频

14.4.1　FileInputStream 类与 FileOutputStream 类

FileInputStream 类与 FileOutputStream 类都用来操作磁盘文件。如果用户的文件读取需求比较简单，则可以使用 FileInputStream 类，该类继承自 InputStream 类。FileOutputStream 类与 FileInputStream 类对应，提供了基本的文件写入能力。FileOutputStream 类是 OutputStream 类的子类。

FileInputStream 类常用的构造方法如下。

（1）FileInputStream(String name)：使用给定的文件名 name 创建一个 FileInputStream 对象。

（2）FileInputStream(File file)：使用 File 对象创建 FileInputStream 对象，该方法允许在把文件连接输入流之前对文件做进一步分析。

FileOutputStream 类常用的构造方法如下。

（1）FileOutputStream(File file)：创建一个向指定 File 对象表示的文件中写入数据的文件输出流。

（2）FileOutputStream(File file, boolean append)：创建一个向指定 File 对象表示的文件中写入数据的文件输出流。如果第 2 个参数为 true，则将字节写入文件末尾处，而不是写入文件开始处。

（3）FileOutputStream(String name)：创建一个向具有指定名称的文件中写入数据的输出文件流。

（4）FileOutputStream(String name, boolean append)：创建一个向具有指定名称的文件中写入数据的输出文件流。如果第二个参数为 true，则将字节写入文件末尾处，而不是写入文件开始处。

📝 **说明：**

> FileInputStream 类是 InputStream 类的直接子类，该类的常用方法请参见表 14.1；FileOutputStream 类是 OutputStream 类的直接子类，该类的常用方法请参见表 14.2。

例 14.3　使用 FileOutputStream 类向文件 word.txt 写入信息，然后通过 FileInputStream 类将文件中的数据读取到控制台上。关键代码如下：（**实例位置：资源包\code\14\03**）

```java
public class FileStreamTest {
    public static void main(String[] args) {
        File file = new File("word.txt"); // 创建文件对象
        try { // 捕捉异常
            // 创建 FileOutputStream 对象，用来向文件中写入数据
            FileOutputStream out = new FileOutputStream(file);
            String content = "你见过洛杉矶凌晨 4 点的样子吗？"; // 定义字符串，用来存储要
                                                            // 写入文件的内容
            // 创建 byte 型数组，将要写入文件的内容转换为字节数组
            byte buy[] = content.getBytes();
            out.write(buy); // 将数组中的信息写入到文件中
            out.close(); // 将流关闭
```

```
    } catch (IOException e) { // catch 语句处理异常信息
        e.printStackTrace(); // 输出异常信息
    }
    try {
        // 创建 FileInputStream 对象，用来读取文件内容
        FileInputStream in = new FileInputStream(file);
        byte byt[] = new byte[1024]; // 创建 byte 数组，用来存储读取到的内容
        int len = in.read(byt); // 从文件中读取信息，并存入字节数组中
        // 将文件中的信息输出
        System.out.println("文件中的信息是：" + new String(byt, 0, len));
        in.close(); // 关闭流
    } catch (Exception e) {
        e.printStackTrace();
    }
    }
}
```

运行结果如图 14.11 所示。

图 14.11 使用 FileInputStream 类与 FileOutputStream 类读写文件

📢 **注意：**

> 虽然 Java 在程序结束时自动关闭所有打开的流，但是当使用完流后，显式地关闭所有打开的流仍是一个好习惯。
> 一个被打开的流有可能会用尽系统资源，这取决于平台和实现。如果没有将打开的流关闭，当另一个程序试图
> 打开另一个流时，可能会得不到需要的资源。

扫一扫，看视频

14.4.2 FileReader 类与 FileWriter 类

使用 FileOutputStream 类向文件中写入数据与使用 FileInputStream 类从文件中将内容读出来，都存在一点不足，即这两个类都只提供了对字节或字节数组的读取方法。由于汉字在文件中占用两个字节，因此使用字节流，读取不当可能会出现乱码现象，此时采用字符流 Reader 或 Writer 类即可避免这种现象。

FileReader 和 FileWriter 字符流对应了 FileInputStream 和 FileOutputStream 类，其中，FileReader 流顺序地读取文件，只要不关闭流，每次调用 read()方法就顺序地读取源中其余的内容，直到源的末尾或流被关闭，其构造方法与 FileInputStream 类的构造方法类似；而 FileWriter 用于写入字符流，其构造方法与 FileOutputStream 类的构造方法类似。

✍ **说明：**

> FileReader 类是 Reader 类的子类，其常用方法与 Reader 类似，请参见表 14.1；FileWriter 类是 Writer 类的子类，
> 该类的常用方法请参见表 14.3。

下面通过一个实例介绍 FileReader 与 FileWriter 类的用法。

例 14.4 使用 FileWriter 类向文件 word.txt 写入信息，然后通过 FileReader 类将文件中的数据

读取到控制台上。关键代码如下：（**实例位置：资源包\code\14\04**）

```java
public class ReaderAndWriter {
    public static void main(String[] args) {
        while (true) { // 设置无限循环，实现控制台的多次输入
            try {
                File file = new File("word.txt"); // 在当前目录下创建名为"word.txt"
                                                  //             的文本文件
                if (!file.exists()) { // 如果文件不存在时，则创建新的文件
                    file.createNewFile();
                }
                System.out.println("请输入要执行的操作序号：(1.写入文件；2.读取文件)");
                Scanner sc = new Scanner(System.in); // 控制台输入
                int choice = sc.nextInt(); // 获得"要执行的操作序号"
                switch (choice) { // 以"操作序号"为关键字的多分支语句
                case 1: // 控制台输入1
                    System.out.println("请输入要写入文件的内容：");
                    String tempStr = sc.next(); // 获得控制台上要写入文件的内容
                    FileWriter fw = null; // 声明字符输出流
                    try {
                        fw = new FileWriter(file, true);
                            // 创建可扩展的字符输出流，向文件中写入新数据时不覆盖已存在的数据
                        fw.write(tempStr + "\r\n"); // 把控制台上的文本内容写入
                                                    //             "word.txt"中
                    } catch (IOException e) {
                        e.printStackTrace();
                    } finally {
                        fw.close(); // 关闭字符输出流
                    }
                    System.out.println("上述内容已写入到文本文件中！");
                    break;
                case 2: // 控制台输入2
                    FileReader fr = null; // 声明字符输入流
                    if (file.length() == 0) { // "word.txt"中的字符数为0时，控制台
                                              //         输出"文本中的字符数为0！！！"
                        System.out.println("文本中的字符数为0！！！");
                    } else { // "word.txt"中的字符数不为0时
                        try {
                            fr = new FileReader(file); // 创建用来读取"word.txt"中
                                                       //         的字符输入流
                            char[] cbuf = new char[1024];
                                // 创建可容纳1024个字符的数组，用来储存读取的字符数的缓冲区
                            int hasread = -1; // 初始化已读取的字符数
                            while ((hasread = fr.read(cbuf)) != -1) {
                                                // 循环读取"word.txt"中的数据
                                System.out.println("文件"word.txt"中的内容：\n" +
new String(cbuf, 0, hasread)); // 把char数组中的内容转换为String类型输出
                            }
```

```
                    } catch (IOException e) {
                        e.printStackTrace();
                    } finally {
                            fr.close();  // 关闭字符输入流
                    }
                }
                break;
            default:
                System.out.println("请输入符合要求的有效数字！");
                break;
            }
        } catch (InputMismatchException imexc) {
            System.out.println("输入的文本格式不正确！请重新输入...");
        } catch (IOException e) {
            e.printStackTrace();
        }
    }
}
}
```

运行程序，按照提示输入 1，可以向文件中写入数据，输入 2，可以读取文件中的数据，效果如图 14.12 所示。

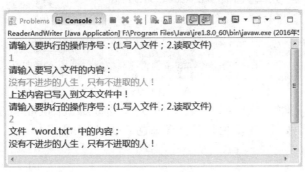

图 14.12　使用 FileReader 类与 FileWriter 类读写文件

14.5　带缓冲的输入/输出流

缓冲是 I/O 的一种性能优化。缓冲流为 I/O 流增加了内存缓冲区。有了缓冲区，使得在流上执行 skip()、mark() 和 reset() 方法都成为可能。

扫一扫，看视频

14.5.1　BufferedInputStream 类与 BufferedOutputStream 类

BufferedInputStream 类可以对所有 InputStream 类进行带缓冲区的包装以达到性能的优化。BufferedInputStream 类有两个构造方法。

（1）BufferedInputStream(InputStream in)：创建了一个带有 32 个字节的缓冲输入流。

（2）BufferedInputStream(InputStream in , int size)：按指定的大小来创建缓冲输入流。

✍ 说明：

一个最优的缓冲区的大小，取决于它所在的操作系统、可用的内存空间以及机器配置。

从构造方法可以看出，BufferedInputStream 对象位于 InputStream 类对象之前，图 14.13 描述了字节数据读取文件的过程。

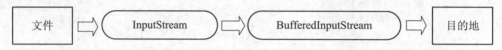

图 14.13　BufferedInputStream 读取文件过程

使用 BufferedOutputStream 输出信息和用 OutputStream 输出信息完全一样，只不过 BufferedOutput Stream 用一个 flush()方法将缓冲区的数据强制输出完。BufferedOutputStream 类也有两个构造方法。

（1）BufferedOutputStream(OutputStream in)：创建一个有 32 个字节的缓冲输出流。

（2）BufferedOutputStream(OutputStream in , int size)：以指定的大小来创建缓冲输出流。

图 14.14 描述了字节数据写入文件的过程。

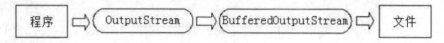

图 14.14　BufferedOutputStream 写入文件过程

◀ 注意：

flush()方法就是用于即使在缓冲区没有满的情况下，也将缓冲区的内容强制写入外设，习惯上称这个过程为刷新。flush()方法只对使用缓冲区的 OutputStream 类的子类有效。当调用 close()方法时，系统在关闭流之前，也会将缓冲区中的信息刷新到磁盘文件中。

例 14.5　本实例向文件中写入和读取数据时，分别借助 BufferedOutputStream 类与 BufferedInput Stream 类实现。关键代码如下：（**实例位置：资源包\code\14\05**）

```java
public class BufferedStreamTest {
    public static void main(String args[]) {
        // 定义字符串数组
        String content[] = { "你不喜欢我, ","我一点都不介意。","因为我活下来, ","不是为
了取悦你！" };
        File file = new File("word.txt"); // 创建文件对象
        FileOutputStream fos = null; // 创建 FileOutputStream 对象
        BufferedOutputStream bos = null; // 创建 BufferedOutputStream 对象
        FileInputStream fis = null; // 创建 FileInputStream 对象
        BufferedInputStream bis = null;// 创建 BufferedInputStream 对象
        try {
            fos = new FileOutputStream(file); // 实例化 FileOutputStream 对象
            bos = new BufferedOutputStream(fos); // 实例化 BufferedOutputStream 对象
            byte[] bContent = new byte[1024]; // 创建可以容纳 1024 个字节数的缓冲区
            for (int k = 0; k < content.length; k++) { // 循环遍历数组
                bContent = content[k].getBytes();// 将遍历到的数组内容转换为字节数组
                bos.write(bContent);// 将字节数组内容写入文件
            }
            System.out.println("写入成功！\n");
```

```
        } catch (IOException e) { // 处理异常
            e.printStackTrace();
        } finally {
            try {
                bos.close();// 将 BufferedOutputStream 流关闭
                fos.close();// 将 FileOutputStream 流关闭
            } catch (IOException e) {
                e.printStackTrace();
            }
        }
        try {
            fis = new FileInputStream(file); // 实例化 FileInputStream 对象
            bis = new BufferedInputStream(fis);// 实例化 BufferedInputStream 对象
            byte[] bContent = new byte[1024];// 创建 byte 数组，用来存储读取到的内容
            int len = bis.read(bContent); // 从文件中读取信息，并存入字节数组中
            System.out.println("文件中的信息是: " + new String(bContent, 0, len));
// 输出文件数据
        } catch (IOException e) { // 处理异常
            e.printStackTrace();
        } finally {
            try {
                bis.close();// 将 BufferedInputStream 流关闭
                fis.close();// 将 FileInputStream 流关闭
            } catch (IOException e) {
                e.printStackTrace();
            }
        }
    }
}
```

运行结果如图 14.15 所示。

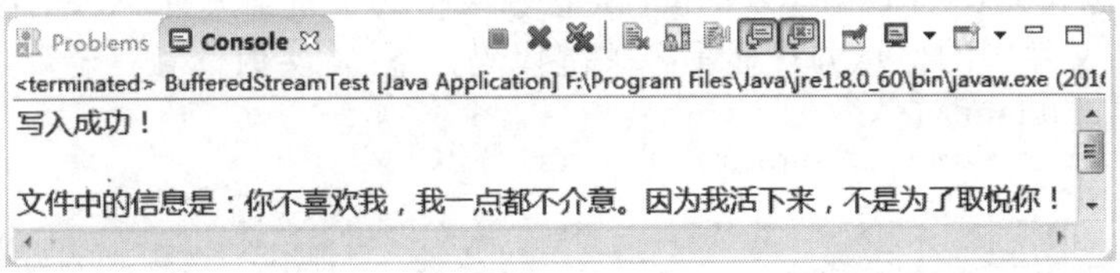

图 14.15　使用 BufferedInputStream 类与 BufferedOutputStream 类读写文件

14.5.2　BufferedReader 类与 BufferedWriter 类

BufferedReader 类与 BufferedWriter 类分别继承 Reader 类与 Writer 类，这两个类同样具有内部缓冲机制，并可以以行为单位进行输入/输出。

根据 BufferedReader 类的特点，总结出如图 14.16 所示的从文件中读取字符数据的过程。

图 14.16　BufferedReader 类读取文件的过程

根据 BufferedWriter 类的特点，总结出如图 14.17 所示的字符数据写入文件的过程。

字符数据 ⇒ BufferedWriter ⇒ OutputStreamWriter ⇒ OutputStream ⇒ 文件

图 14.17　BufferedWriter 类写入文件的过程

BufferedReader 类的常用方法如表 14.6 所示。

表 14.6　BufferedReader 类的常用方法

方　　法	返　回　值	说　　　明
read()	int	读取单个字符
readLine()	String	读取一个文本行，并将其返回为字符串。若无数据可读，则返回 null

BufferedWriter 类的常用方法如表 14.7 所示。

表 14.7　BufferedWriter 类的常用方法

方　　法	返　回　值	说　　　明
write(String s, int off, int len)	void	写入字符串的某一部分
flush()	void	刷新该流的缓冲
newLine()	void	写入一个行分隔符

✎ 说明：

在使用 BufferedWriter 类的 write()方法时，数据并没有立刻被写入至输出流，而是首先进入缓冲区中。如果想立刻将缓冲区中的数据写入输出流，一定要调用 flush()方法。

例 14.6　本实例首先使用 BufferedWriter 类将数组中的字符串分行写入指定文件中，然后通过 BufferedReader 类将文件中的信息分行显示。关键代码如下：（**实例位置：资源包\code\14\06**）

```java
public class Student {
    public static void main(String args[]) {
        // 定义字符串数组
        String content[] = { "你不喜欢我，","我一点都不介意。","因为我活下来，","不是为了取悦你！" };
        File file = new File("word.txt"); // 创建文件对象
        try {
            FileWriter fw = new FileWriter(file); // 创建 FileWriter 类对象
            // 创建 BufferedWriter 类对象
            BufferedWriter bufw = new BufferedWriter(fw);
            for (int k = 0; k < content.length; k++) { // 循环遍历数组
                bufw.write(content[k]); // 将字符串数组中元素写入磁盘文件中
                bufw.newLine(); // 将数组中的单个元素以单行的形式写入文件
            }
            bufw.close(); // 将 BufferedWriter 流关闭
            fw.close(); // 将 FileWriter 流关闭
        } catch (IOException e) { // 处理异常
            e.printStackTrace();
        }
```

```
    try {
        FileReader fr = new FileReader(file); // 创建 FileReader 类对象
        // 创建 BufferedReader 类对象
        BufferedReader bufr = new BufferedReader(fr);
        String s = null; // 创建字符串对象
        int i = 0; // 声明 int 型变量
        // 如果文件的文本行数不为 null,则进入循环
        while ((s = bufr.readLine()) != null) {
            i++; // 将变量做自增运算
            System.out.println("第" + i + "行:" + s); // 输出文件数据
        }
        bufr.close(); // 将 BufferedReader 流关闭
        fr.close(); // 将 FileReader 流关闭
    } catch (IOException e) { // 处理异常
        e.printStackTrace();
    }
}
```

运行结果如图 14.18 所示。

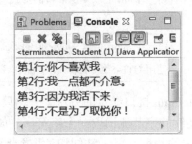

图 14.18　使用 BufferedReader 类与 BufferedWriter 类读写文件

14.6　数据输入/输出流

扫一扫，看视频

数据输入/输出流（DataInputStream 类与 DataOutputStream 类）允许应用程序从输入流中读取 Java 基本数据类型的数据，也就是说，当读取一个数据时，不必再关心这个数值应当是哪种类型。

DataInputStream 类与 DataOutputStream 类的构造方法如下。

（1）DataInputStream(InputStream in)：使用指定的基础 InputStream 创建一个 DataInputStream。

（2）DataOutputStream(OutputStream out)：创建一个新的数据输出流，将数据写入指定基础输出流。

DataOutputStream 类的常用方法如表 14.8 所示。

表 14.8　DataOutputStream 类的常用方法

方　　法	返 回 值	说　　明
size()	int	返回计数器 written 的当前值，即到目前为止写入此数据输出流的字节数
write(byte[] b, int off, int len)	void	将指定 byte 数组中从偏移量 off 开始的 len 个字节写入基础输出流

（续表）

方　　法	返　回　值	说　　明
write(int b)	void	将指定字节（参数 b 的八个低位）写入基础输出流中
writeBoolean(boolean v)	void	将一个 boolean 值以 1-byte 值的形式写入基础输出流中
writeByte(int v)	void	将一个 byte 值以 1-byte 值的形式写出到基础输出流中
writeBytes(String s)	void	将字符串按字节顺序写出到基础输出流中
writeChar(int v)	void	将一个 char 值以 2-byte 值的形式写入基础输出流中，先写入高字节
writeChars(String s)	void	将字符串按字符顺序写入基础输出流
writeDouble(double v)	void	使用 Double 类中的 doubleToLongBits 方法将 double 参数转换为一个 long 值，然后将该 long 值以 8-byte 值形式写入基础输出流中，先写入高字节
writeFloat(float v)	void	使用 Float 类中的 floatToIntBits 方法将 float 参数转换为一个 int 值，然后将该 int 值以 4-byte 值的形式写入基础输出流中，先写入高字节
writeInt(int v)	void	将一个 int 值以 4-byte 值的形式写入基础输出流中，先写入高字节
writeLong(long v)	void	将一个 long 值以 8-byte 值的形式写入基础输出流中，先写入高字节
writeShort(int v)	void	将一个 short 值以 2-byte 值的形式写入基础输出流中，先写入高字节
writeUTF(String str)	void	使用 UTF-8 编码将一个字符串写入基础输出流中

DataInputStream 类除了从 DataInput 接口继承的方法之外，只提供了一个 readUTF()方法，用来返回字符串。这是因为要在一个连续的字节流读取一个字符串，如果没有特殊的标记作为一个字符串的结尾，并且不知道这个字符串的长度，就无法知道读取到什么位置才是这个字符串的结束。DataOutputStream 类中只有 writeUTF()方法向目标设备中写入字符串的长度，所以也能准确地读回写入字符串。

例 14.7　通过 DataOutputStream 类的写入方法向指定的磁盘文件中写入不用类型的数据，然后通过 DataInputStream 类的相应读取方法将写入的不用类型数据输出到控制台上。关键代码如下：（**实例位置：资源包\code\14\07**）

```java
public class Example_Data {
    public static void main(String[] args) {
        try {
            // 创建 FileOutputStream 对象，指定要向其中写入数据的文件
            FileOutputStream fs = new FileOutputStream("word.txt");
            // 创建 DataOutputStream 对象，用来向文件中写入数据
            DataOutputStream ds = new DataOutputStream(fs);
            ds.writeUTF("使用 writeUTF()方法写入数据");    // 将字符串写入文件
            ds.writeDouble(19.8);                        // 将 double 数据写入文件
            ds.writeInt(298);                            // 将 int 数据写入文件
            ds.writeBoolean(true);                       // 将 boolean 数据写入文件
            ds.close();                                  // 关闭写入流
            // 创建 FileInputStream 对象，指定要从中读取数据的文件
            FileInputStream fis = new FileInputStream("word.txt");
            // 创建 DataInputStream 对象，用来从文件中读取文件
```

```
            DataInputStream dis = new DataInputStream(fis);
            System.out.println("readUTF方法读取数据: " + dis.readUTF());
// 读取字符串
            System.out.println("readDouble方法读取数据: " + dis.readDouble())
// 读取 double 数据
            System.out.println("readInt方法读取数据: " + dis.readInt());
// 读取 int 数据
            System.out.println("readBoolean方法读取数据: " + dis.readBoolean());
// 读取 boolean 数据
        } catch (IOException e) {
            e.printStackTrace();
        }
    }
}
```

运行结果如图 14.19 所示，找到项目文件夹下的 word.txt 文件，打开查看，可以看到如图 14.20 所示的乱码文件。

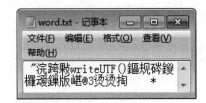

图 14.19 使用 DataOutputStream 类和 DataInputStream 类写入和读取数据　　图 14.20 word.txt 文件内容

📝 技巧：

从 JDK 1.7 之后，有两种关闭数据流的方法，分别如下。
（1）使用 close() 显式关闭，例如:
```
FileInputStream in = null;// 创建文件输入流
try {
    in = new FileInputStream("123.txt");// 读取文件
    in.read();// 读取一个字节
} catch (FileNotFoundException e) {
    e.printStackTrace();
} finally {
    if (in != null) {// 如果文件输入流不是 null
        try {
            in.close();// 关闭文件输入流
        } catch (IOException e) {
            e.printStackTrace();
        }
    }
}
```
（2）使用 try 语句自动关闭流，例如:
```
try (FileInputStream in = new FileInputStream("123.txt");) {// 读取文件
    in.read();// 读取一个字节
} catch (IOException e1) {
```

```
   e1.printStackTrace();
}// try…catch 语句结束后，自动关闭 in
```
从这上面两个例子来看，很明显第二种要优于第一种，但第二种方式无法用于 1.7 以下版本的 Java 环境。两种
关闭方法的效果是相同的，开发人员可以根据环境参数和自身需求灵活选用其一。

14.7 小　　结

　　本章介绍了 Java 输入/输出流，Java I/O（输入/输出）机制提供了一套简单的标准化 API，以方
便从不同的数据源读取和写入字符或字节数据。学习 Java 的 I/O 处理技术，必须了解 Java 的字节流
和字符流；对于字节流和字符流扩展的子类也应熟练掌握，这些子类所实现的数据流可以把数据输
出到指定的设备终端，或者从指定的设备终端输入数据。另外，使用数据流来读取磁盘文件信息以
及使用数据流向磁盘文件写入信息，也是本章的重点，读者应该熟练掌握。

第 15 章　反　　射

通过 Java 的反射机制，程序员可以更深入地控制程序的运行过程，如在程序运行时对用户输入的信息进行验证，还可以逆向控制程序的执行过程。

从 JDK 1.5 开始增加了 Annotation 注解功能，该功能是建立在反射机制的基础上，本章对此也做了讲解，包括定义 Annotation 类型的方法和在程序运行时访问 Annotation 信息的方法。

通过阅读本章，您可以：

- ❧ 掌握通过反射获取构造方法的方法
- ❧ 掌握通过反射获取成员变量的方法
- ❧ 掌握通过反射获取方法的方法
- ❧ 熟悉常用的内置注解
- ❧ 熟悉如何自定义注解
- ❧ 熟悉如何反射注解

15.1　Class 类与 Java 反射

Java 反射机制是在运行状态中，对于任意一个类，都能知道这个类的所有属性和方法；对于任意一个对象，都能调用它的任意一个方法和属性，这种动态获取的信息以及动态调用对象方法的功能称为 Java 语言的反射机制。通过 Java 反射机制，可以在程序中访问已经装载到 JVM 中的 Java 对象的描述，实现访问、检测和修改描述 Java 对象本身信息的功能。

Java 中的反射主要通过 Class 类提供的方法实现，本节主要对如何通过反射获取类的构造方法、成员变量和方法进行详细讲解，这里有个问题，使用反射获取到的类的相关信息如何存储呢？Java 中的 java.lang.reflect 包提供了对反射的支持，例如，该包下的 Constructor 类、Field 类和 Method 类分别来存储类的构造方法、成员变量和方法，这 3 个类的说明如下。

（1）Constructor 类：提供关于类的单个构造方法的信息以及对它的访问权限。

（2）Field 类：提供有关类或接口的单个字段的信息，以及对它的动态访问权限。反射的字段可能是一个类（静态）字段或实例字段。

（3）Method 类：提供关于类或接口上单独某个方法（以及如何访问该方法）的信息。所反映的方法可能是类方法或实例方法（包括抽象方法）。

15.1.1　Class 类

在面向对象的世界里，万事万物都是对象，那么，在 Java 语言中，静态成员、普通的数据类型是不是对象呢？如果是，它们是谁的对象呢？这里要告诉大家的是：类也是对象，它是 java.lang.Class 类的实例对象。

Class 类的实例表示正在运行的 Java 应用程序中的类和接口，它没有公共构造方法，要创建 Class

类的对象，可以有 3 种方法，分别如下：

（1）使用类的 class 属性

```
Class c = Demo.class;
```

（2）使用 Class 类的 forName 方法

```
try {
    Class c = Class.forName("test.Demo");
} catch (ClassNotFoundException e1) {
    e1.printStackTrace();
}
```

📢 注意：

使用 Class 类的 forName 方法创建 Class 对象时，需要捕获 ClassNotFoundException 异常。

（3）使用 Object 对象的 getClass 方法

```
Demo demo = new Demo ();
Class c = demo.getClass();
```

以上 3 种方法都可以创建 Class 类的对象，但它们创建的反射对象是完全相同的，也就是：一个类只能有一个反射对象，例如，使用以上 3 种方法分别创建同一个类的反射对象，并分别输出它们的哈希码值。代码如下：

```
package test;
class Demo {
}// 定义一个类，用于测试，无实际意义
public class Test {
    public static void main(String[] args) {
        Class a = Demo.class;// 使用第 1 种方法创建 Class 对象
        System.out.println("第1个反射对象的哈希码:"+a.hashCode());// 输出对象的哈希码
        try {
            Class b = Class.forName("test.Demo");// 使用第 2 种方法创建 Class 对象
            System.out.println("第 2 个反射对象的哈希码: "+b.hashCode());// 输出对象的
                                                                    哈希码
        } catch (ClassNotFoundException e1) {
            e1.printStackTrace();
        }
        Demo demo = new Demo();// 创建 Demo 对象
        Class c = demo.getClass();// 使用第 3 种方法创建 Class 对象
        System.out.println("第 3 个反射对象的哈希码:"+c.hashCode());// 输出对象的哈希码
    }
}
```

运行上面的代码会出现如图 15.1 所示的结果，从该结果可以看出，这 3 个对象的哈希码是完全相同的。

```
第1个反射对象的哈希码: 1311053135
第2个反射对象的哈希码: 1311053135
第3个反射对象的哈希码: 1311053135
```

图 15.1　一个类只能有一个反射对象

利用 Class 类的对象就可以返回该对象所代表的类的描述信息，可以访问的主要描述信息如表 15.1 所示。

表 15.1 通过反射可访问的主要描述信息

组 成 部 分	访 问 方 法	返回值类型	说 明
包路径	getPackage()	Package 对象	获得该类的存放路径
类名称	getName()	String 对象	获得该类的名称
继承类	getSuperclass()	Class 对象	获得该类继承的类
实现接口	getInterfaces()	Class 型数组	获得该类实现的所有接口
构造方法	getConstructors()	Constructor 型数组	获得所有权限为 public 的构造方法
	getConstructor(Class<?>…parameterTypes)	Constructor 对象	获得权限为 public 的指定构造方法
	getDeclaredConstructors()	Constructor 型数组	获得所有构造方法，按声明顺序返回
	getDeclaredConstructor(Class<?>…parameterTypes)	Constructor 对象	获得指定构造方法
方法	getMethods()	Method 型数组	获得所有权限为 public 的方法
	getMethod(String name, Class<?>… parameterTypes)	Method 对象	获得权限为 public 的指定方法
	getDeclaredMethods()	Method 型数组	获得所有方法，按声明顺序返回
	getDeclaredMethod(String name, Class<?>…parameterTypes)	Method 对象	获得指定方法
成员变量	getFields()	Field 型数组	获得所有权限为 public 的成员变量
	getField(String name)	Field 对象	获得权限为 public 的指定成员变量
	getDeclaredFields()	Field 型数组	获得所有成员变量，按声明顺序返回
	getDeclaredField(String name)	Field 对象	获得指定成员变量
内部类	getClasses()	Class 型数组	获得所有权限为 public 的内部类
	getDeclaredClasses()	Class 型数组	获得所有内部类
内部类的声明类	getDeclaringClass()	Class 对象	如果该类为内部类，则返回它的成员类，否则返回 null

✎ 说明：

在通过方法 getFields() 和 getMethods() 依次获得权限为 public 的成员变量和方法时，将包含从超类中继承到的成员变量和方法；而通过方法 getDeclaredFields() 和 getDeclaredMethods() 只是获得在本类中定义的所有成员变量和方法。

15.1.2 获取构造方法

获取类的构造方法可以使用 Class 类提供的 getConstructors 方法、getConstructor 方法、getDeclaredConstructors 方法和 getDeclaredConstructor 方法实现，它们将返回 Constructor 类型的对象或数组，它们的使用说明如下。

（1）getConstructors()：返回一个包含某些 Constructor 对象的数组，这些对象反映此 Class 对象所表示的类的所有公共构造方法。

（2）getConstructor(Class<?>...parameterTypes)：返回一个 Constructor 对象，它反映此 Class 对象所表示的类的指定公共构造方法。

（3）getDeclaredConstructors()：返回 Constructor 对象的一个数组，这些对象反映此 Class 对象表示的类声明的所有构造方法。

（4）getDeclaredConstructor(Class<?>...parameterTypes)：返回一个 Constructor 对象，该对象反映此 Class 对象所表示的类或接口的指定构造方法。

如果是访问指定的构造方法，需要根据该构造方法的入口参数的类型来访问。例如，访问一个入口参数类型依次为 String 和 int 型的构造方法，通过下面两种方式均可实现。

```
objectClass.getDeclaredConstructor(String.class, int.class);
objectClass.getDeclaredConstructor(new Class[] { String.class, int.class });
```

每个 Constructor 对象代表一个构造方法，利用 Constructor 对象可以操纵相应的构造方法。Constructor 类中提供的常用方法如表 15.2 所示。

表 15.2　Constructor 类的常用方法

方　　法	说　　明
isVarArgs()	查看该构造方法是否允许带有可变数量的参数，如果允许则返回 true，否则返回 false
getParameterTypes()	按照声明顺序以 Class 数组的形式获得该构造方法的各个参数的类型
getExceptionTypes()	以 Class 数组的形式获得该构造方法可能抛出的异常类型
newInstance(Object...initargs)	通过该构造方法利用指定参数创建一个该类的对象，如果未设置参数则表示采用默认无参数的构造方法
setAccessible(boolean flag)	如果该构造方法的权限为 private，默认为不允许通过反射利用 newInstance (Object… initargs)方法创建对象。如果先执行该方法，并将入口参数设为 true，则允许创建
getModifiers()	获得可以解析出该构造方法所采用修饰符的整数

通过 java.lang.reflect.Modifier 类可以解析出 getModifiers()方法的返回值所表示的修饰符信息，在该类中提供了一系列用来解析的静态方法，既可以查看是否被指定的修饰符修饰，还可以以字符串的形式获得所有修饰符。该类常用静态方法如表 15.3 所示。

表 15.3　Modifier 类中的常用解析方法

静态方法	说　　明
isPublic(int mod)	查看是否被 public 修饰符修饰，如果是则返回 true，否则返回 false
isProtected(int mod)	查看是否被 protected 修饰符修饰，如果是则返回 true，否则返回 false

（续表）

静 态 方 法	说　明
isPrivate(int mod)	查看是否被 private 修饰符修饰，如果是则返回 true，否则返回 false
isStatic(int mod)	查看是否被 static 修饰符修饰，如果是则返回 true，否则返回 false
isFinal(int mod)	查看是否被 final 修饰符修饰，如果是则返回 true，否则返回 false
toString(int mod)	以字符串的形式返回所有修饰符

例如，判断对象 constructor 所代表的构造方法是否被 private 修饰，以及以字符串形式获得该构造方法的所有修饰符的代码如下：

```
int modifiers = constructor.getModifiers();
boolean isEmbellishByPrivate = Modifier.isPrivate(modifiers);
String embellishment = Modifier.toString(modifiers);
```

例 15.1　获取构造方法。（**实例位置：资源包\code\15\01**）

首先创建一个 GetConstructorTest 类，在该类中声明一个 String 型成员变量和 3 个 int 型成员变量，并提供 3 个构造方法。具体代码如下：

```
public class GetConstructorTest {
    String s;// 定义一个字符串变量
    int i, i2, i3;// 定义 3 个 int 变量
    private GetConstructorTest() {// 无参构造函数
    }
    protected GetConstructorTest(String s, int i) {// 有参构造函数，用来为字符串变量和
                                                    int 变量初始化值
        this.s = s;
        this.i = i;
    }
    public GetConstructorTest(String... strings) throws NumberFormatException {
        if (strings.length > 0)// 如果字符串长度大于 0
            i = Integer.valueOf(strings[0]);// 将字符串的第 1 个字符串赋值给变量 i
        if (strings.length > 1)// 如果字符串长度大于 1
            i2 = Integer.valueOf(strings[1]);// 将字符串的第 2 个字符串赋值给变量 i2
        if (strings.length > 2)// 如果字符串长度大于 2
            i3 = Integer.valueOf(strings[2]);// 将字符串的第 3 个字符串赋值给变量 i3
    }
    public void print() {
        // 输出成员变量的值
        System.out.println("s=" + s);
        System.out.println("i=" + i);
        System.out.println("i2=" + i2);
        System.out.println("i3=" + i3);
    }
}
```

然后编写测试类 GetConstructorMain，在该类中通过反射获取 GetConstructorTest 类中的所有构造方法，并将该构造方法是否允许带有可变数量的参数、入口参数类型和可能抛出的异常类型信息输出到控制台。关键代码如下：

```
import java.lang.reflect.*;
```

```java
public class GetConstructorMain {
    public static void main(String[] args) {
        GetConstructorTest example = new GetConstructorTest("10", "20", "30");
        Class<? extends GetConstructorTest> exampleC = example.getClass();
        // 获得所有构造方法
        Constructor[] declaredConstructors = exampleC.getDeclaredConstructors();
        for (int i = 0; i < declaredConstructors.length; i++) {// 遍历构造方法
            Constructor<?> constructor = declaredConstructors[i];
            System.out.println("查看是否允许带有可变数量的参数: "+constructor.isVarArgs());
            System.out.println("该构造方法的入口参数类型依次为: ");
            Class[] parameterTypes = constructor.getParameterTypes();// 获取所有参
                                                                      数类型

            for (int j = 0; j < parameterTypes.length; j++) {
                System.out.println(" " + parameterTypes[j]);
            }
            System.out.println("该构造方法可能抛出的异常类型为: ");
            // 获得所有可能抛出的异常信息类型
            Class[] exceptionTypes = constructor.getExceptionTypes();
            for (int j = 0; j < exceptionTypes.length; j++) {
                System.out.println(" " + exceptionTypes[j]);
            }
            GetConstructorTest example2 = null;
            while (example2 == null) {
                try {// 如果该成员变量的访问权限为 private, 则抛出异常, 即不允许访问
                    if (i == 2)// 通过执行默认没有参数的构造方法创建对象
                        example2 = (GetConstructorTest) constructor.newInstance();
                    else if (i == 1)
                        // 通过执行具有两个参数的构造方法创建对象
                        example2 = (GetConstructorTest) constructor.newInstance("7", 5);
                    else {// 通过执行具有可变数量参数的构造方法创建对象
                        Object[] parameters = new Object[] { new String[] { "100",
"200", "300" } };
                        example2 = (GetConstructorTest) constructor.newInstance
(parameters);
                    }
                } catch (Exception e) {
                    System.out.println("在创建对象时抛出异常, 下面执行 setAccessible()
方法");
                    constructor.setAccessible(true);// 设置为允许访问
                }
            }
            if (example2 != null) {
                example2.print();
                System.out.println();
            }
        }
    }
}
```

运行本实例，当通过反射访问构造方法 GetConstructorTest()时，将输出如图 15.2 所示的信息；当通过反射访问构造方法 GetConstructorTest(String s, int i)时，将输出如图 15.3 所示的信息；当通过反射访问构造方法 GetConstructorTest(String…strings)时，将输出如图 15.4 所示的信息。

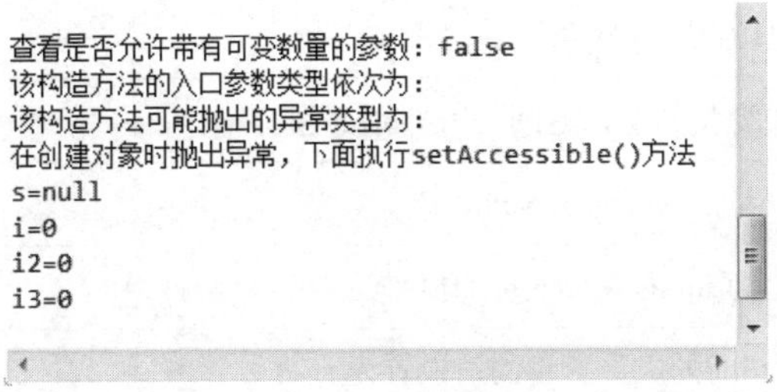

```
查看是否允许带有可变数量的参数: false
该构造方法的入口参数类型依次为:
该构造方法可能抛出的异常类型为:
在创建对象时抛出异常,下面执行setAccessible()方法
s=null
i=0
i2=0
i3=0
```

图 15.2　访问 GetConstructorTest()输出的信息

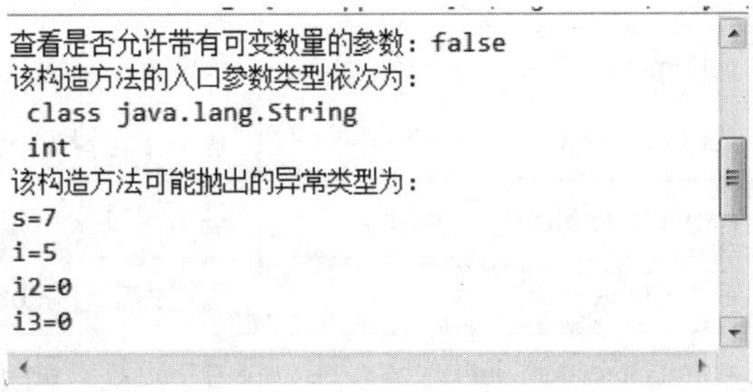

```
查看是否允许带有可变数量的参数: false
该构造方法的入口参数类型依次为:
 class java.lang.String
 int
该构造方法可能抛出的异常类型为:
s=7
i=5
i2=0
i3=0
```

图 15.3　访问 GetConstructorTest(String s, int i)输出的信息

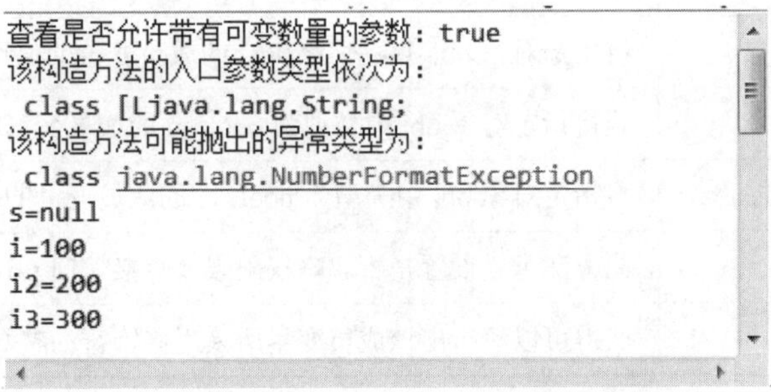

```
查看是否允许带有可变数量的参数: true
该构造方法的入口参数类型依次为:
 class [Ljava.lang.String;
该构造方法可能抛出的异常类型为:
 class java.lang.NumberFormatException
s=null
i=100
i2=200
i3=300
```

图 15.4　访问 GetConstructorTest(String…strings)输出的信息

15.1.3　获取成员变量

获取类的成员变量可以使用 Class 类提供的 getFields 方法、getField 方法、getDeclaredFields 方法和 getDeclaredField 方法实现，它们将返回 Field 类型的对象或数组，它们的使用说明如下。

（1）getFields()：返回一个包含某些 Field 对象的数组，这些对象反映此 Class 对象所表示的类或接口的所有可访问公共字段。

（2）getField(String name)：返回一个 Field 对象，它反映此 Class 对象所表示的类或接口的指定公共成员字段。

（3）getDeclaredFields()：返回 Field 对象的一个数组，这些对象反映此 Class 对象所表示的类或接口所声明的所有字段。

（4）getDeclaredField(String name)：返回一个 Field 对象，该对象反映此 Class 对象所表示的类或接口的指定已声明字段。

如果是访问指定的成员变量，可以通过该成员变量的名称来访问。例如，访问一个名称为 birthday 的成员变量，访问方法如下：

```
object. getDeclaredField("birthday");
```

每个 Field 对象代表一个成员变量，利用 Field 对象可以操纵相应的成员变量。Field 类中提供的常用方法如表 15.4 所示。

表 15.4　Field 类的常用方法

方　　法	说　　明
getName()	获得该成员变量的名称
getType()	获得表示该成员变量类型的 Class 对象
get(Object obj)	获得指定对象 obj 中成员变量的值，返回值为 Object 型
set(Object obj, Object value)	将指定对象 obj 中成员变量的值设置为 value
getInt(Object obj)	获得指定对象 obj 中类型为 int 的成员变量的值
setInt(Object obj, int i)	将指定对象 obj 中类型为 int 的成员变量的值设置为 i
getFloat(Object obj)	获得指定对象 obj 中类型为 float 的成员变量的值
setFloat(Object obj, float f)	将指定对象 obj 中类型为 float 的成员变量的值设置为 f
getBoolean(Object obj)	获得指定对象 obj 中类型为 boolean 的成员变量的值
setBoolean(Object obj, boolean z)	将指定对象 obj 中类型为 boolean 的成员变量的值设置为 z
setAccessible(boolean flag)	此方法可以设置是否忽略权限限制直接访问 private 等私有权限的成员变量
getModifiers()	获得可以解析出该成员变量所采用修饰符的整数

例 15.2　获取成员变量。（实例位置：资源包\code\15\02）

首先创建一个 GetFieldTest 类，在该类中依次声明一个 int、float、boolean 和 String 型的成员变量，并将它们设置为不同的访问权限。具体代码如下：

```java
public class GetFieldTest {
    int i;// 定义 int 类型成员变量
    public float f;// 定义 float 类型成员变量
    protected boolean b;// 定义 boolean 类型成员变量
    private String s;// 定义私有的 String 类型成员变量
}
```

然后编写测试类 GetFieldMain，该类中通过反射获取 GetFieldTest 类中的所有成员变量，将成员变量的名称和类型信息输出到控制台，并分别将各个成员变量在修改前后的值输出到控制台。关键代码如下：

```java
import java.lang.reflect.*;
public class GetFieldMain {
    public static void main(String[] args) {
        GetFieldTest example = new GetFieldTest();
        Class exampleC = example.getClass();
        // 获得所有成员变量
        Field[] declaredFields = exampleC.getDeclaredFields();
        for (int i = 0; i < declaredFields.length; i++) {
            Field field = declaredFields[i]; // 遍历成员变量
            // 获得成员变量名称
```

```
                    System.out.println("名称为: " + field.getName());
                    Class fieldType = field.getType(); // 获得成员变量类型
                    System.out.println("类型为: " + fieldType);
                    boolean isTurn = true;
                    while (isTurn) {
                        // 如果该成员变量的访问权限为private，则抛出异常，即不允许访问
                        try {
                            isTurn = false;
                            // 获得成员变量值
                            System.out.println("修改前的值为: " + field.get(example));
                            // 判断成员变量的类型是否为 int 型
                            if (fieldType.equals(int.class)) {
                                System.out.println("利用方法 setInt()修改成员变量的值");
                                field.setInt(example, 168); // 为 int 型成员变量赋值
                                // 判断成员变量的类型是否为 float 型
                            } else if (fieldType.equals(float.class)) {
                                System.out.println("利用方法 setFloat()修改成员变量的值");
                                // 为 float 型成员变量赋值
                                field.setFloat(example, 99.9F);
                                // 判断成员变量的类型是否为 boolean 型
                            } else if (fieldType.equals(boolean.class)) {
                                System.out.println("利用方法 setBoolean()修改成员变量的值");
                                // 为 boolean 型成员变量赋值
                                field.setBoolean(example, true);
                            } else {
                                System.out.println("利用方法 set()修改成员变量的值");
                                // 可以为各种类型的成员变量赋值
                                field.set(example, "MWQ");
                            }
                            // 获得成员变量值
                            System.out.println("修改后的值为: " + field.get(example));
                        } catch (Exception e) {
                            System.out.println("在设置成员变量值时抛出异常, "
                                    + "下面执行 setAccessible()方法! ");
                            field.setAccessible(true); // 设置为允许访问
                            isTurn = true;
                        }
                    }
                    System.out.println();
                }
            }
}
```

运行本例，在控制台将输出如图 15.5 所示的信息，会发现在访问权限为 private 的成员变量 s 时，需要执行 setAccessible()方法，并将入口参数设为 true，否则不允许访问。

```
名称为: i
类型为: int
修改前的值为: 0
利用方法setInt()修改成员变量的值
修改后的值为: 168

名称为: f
类型为: float
修改前的值为: 0.0
利用方法setFloat()修改成员变量的值
修改后的值为: 99.9

名称为: b
类型为: boolean
修改前的值为: false
利用方法setBoolean()修改成员变量的值
修改后的值为: true

名称为: s
类型为: class java.lang.String
在设置成员变量值时抛出异常，下面执行setAccessible()方法!
修改前的值为: null
利用方法set()修改成员变量的值
修改后的值为: MWQ
```

图 15.5　通过反射获取成员变量

扫一扫，看视频

15.1.4　获取方法

获取类的方法可以使用 Class 类提供的 getMethods 方法、getMethod 方法、getDeclaredMethods 方法和 getDeclaredMethod 方法实现，它们将返回 Method 类型的对象或数组，它们的使用说明如下。

（1）getMethods()：返回一个包含某些 Method 对象的数组，这些对象反映此 Class 对象所表示的类或接口（包括那些由该类或接口声明的以及从超类和超接口继承的那些的类或接口）的公共成员方法。

（2）getMethod(String name, Class<?>…parameterTypes)：返回一个 Method 对象，它反映此 Class 对象所表示的类或接口的指定公共成员方法。

（3）getDeclaredMethods()：返回 Method 对象的一个数组，这些对象反映此 Class 对象表示的类或接口声明的所有方法，包括公共、保护、默认（包）访问和私有方法，但不包括继承的方法。

（4）getDeclaredMethod(String name, Class<?>…parameterTypes)：返回一个 Method 对象，该对象反映此 Class 对象所表示的类或接口的指定已声明方法。

如果是访问指定的方法，需要根据该方法的名称和入口参数的类型来访问。例如，访问一个名称为 print、入口参数类型依次为 String 和 int 型的方法，通过下面两种方式均可实现：

```
objectClass.getDeclaredMethod("print", String.class, int.class);
objectClass.getDeclaredMethod("print", new Class[] {String.class, int.class });
```

每个 Method 对象代表一个方法，利用 Method 对象可以操纵相应的方法。Method 类中提供的常用方法如表 15.5 所示。

表 15.5　Method 类的常用方法

方　　法	说　　明
getName()	获得该方法的名称
getParameterTypes()	按照声明顺序以 Class 数组的形式获得该方法的各个参数的类型

（续表）

方　　法	说　　明
getReturnType()	以 Class 对象的形式获得该方法的返回值的类型
getExceptionTypes()	以 Class 数组的形式获得该方法可能抛出的异常类型
invoke(Object obj, Object…args)	利用指定参数 args 执行指定对象 obj 中的该方法，返回值为 Object 型
isVarArgs()	查看该构造方法是否允许带有可变数量的参数，如果允许则返回 true，否则返回 false
getModifiers()	获得可以解析出该方法所采用修饰符的整数

例 15.3　获取方法。（实例位置：资源包\code\15\03）

首先创建一个 GetMehodTest 类，并编写 4 个典型的方法。具体代码如下：

```java
public class GetMehodTest {
    static void staticMethod() {//定义静态方法，用于测试，无实际意义
        System.out.println("执行 staticMethod()方法");
    }
    public int publicMethod(int i) {//定义共有方法，用于测试，无实际意义
        System.out.println("执行 publicMethod()方法");
        return i * 100;
    }
    protected int protectedMethod(String s, int i)//定义保护方法，用于测试，无实际意义
            throws NumberFormatException {
        System.out.println("执行 protectedMethod()方法");
        return Integer.valueOf(s) + i;
    }
    private String privateMethod(String... strings) {//定义私有方法，用于测试，无实际意义
        System.out.println("执行 privateMethod()方法");
        StringBuffer stringBuffer = new StringBuffer();
        for (int i = 0; i < strings.length; i++) {
            stringBuffer.append(strings[i]);
        }
        return stringBuffer.toString();
    }
}
```

然后编写测试类 GetMehodMain，该类中通过反射获取 GetMehodTest 类中的所有方法，将各个方法的名称、入口参数类型、返回值类型等信息输出到控制台，并执行部分方法。关键代码如下：

```java
import java.lang.reflect.*;
public class GetMehodMain {
    public static void main(String[] args) {
        GetMehodTest example = new GetMehodTest();
        Class exampleC = example.getClass();
        // 获得所有方法
        Method[] declaredMethods = exampleC.getDeclaredMethods();
        for (int i = 0; i < declaredMethods.length; i++) {
            Method method = declaredMethods[i]; // 遍历方法
            System.out.println("名称为: " + method.getName()); // 获得方法名称
            System.out.println("是否允许带有可变数量的参数: " + method.isVarArgs());
```

```
System.out.println("入口参数类型依次为：");
// 获得所有参数类型
Class[] parameterTypes = method.getParameterTypes();
for (int j = 0; j < parameterTypes.length; j++) {
    System.out.println(" " + parameterTypes[j]);
}
// 获得方法返回值类型
System.out.println("返回值类型为：" + method.getReturnType());
System.out.println("可能抛出的异常类型有：");
// 获得方法可能抛出的所有异常类型
Class[] exceptionTypes = method.getExceptionTypes();
for (int j = 0; j < exceptionTypes.length; j++) {
    System.out.println(" " + exceptionTypes[j]);
}
boolean isTurn = true;
while (isTurn) {
    // 如果该方法的访问权限为 private，则抛出异常，即不允许访问
    try {
        isTurn = false;
        if("staticMethod".equals(method.getName()))
            method.invoke(example); // 执行没有入口参数的方法
        else if("publicMethod".equals(method.getName()))
            System.out.println("返回值为："
                    + method.invoke(example, 168)); // 执行方法
        else if("protectedMethod".equals(method.getName()))
            System.out.println("返回值为："
                    + method.invoke(example, "7", 5)); // 执行方法
        else if("privateMethod".equals(method.getName())) {
            Object[] parameters = new Object[] { new String[] {
                    "M", "W", "Q" } }; // 定义二维数组
            System.out.println("返回值为："
                    + method.invoke(example, parameters));
        }
    } catch (Exception e) {
        System.out.println("在执行方法时抛出异常，"
                + "下面执行 setAccessible()方法！");
        method.setAccessible(true); // 设置为允许访问
        isTurn = true;
    }
}
System.out.println();
    }
  }
}
```

📢 注意：

在反射中执行具有可变数量的参数的构造方法时，需要将入口参数定义成二维数组。

运行本实例，将依次访问方法 staticMethod()、publicMethod()、protectedMethod()和 private Method()，输出到控制台的信息依次如图 15.6、图 15.7、图 15.8 和图 15.9 所示。

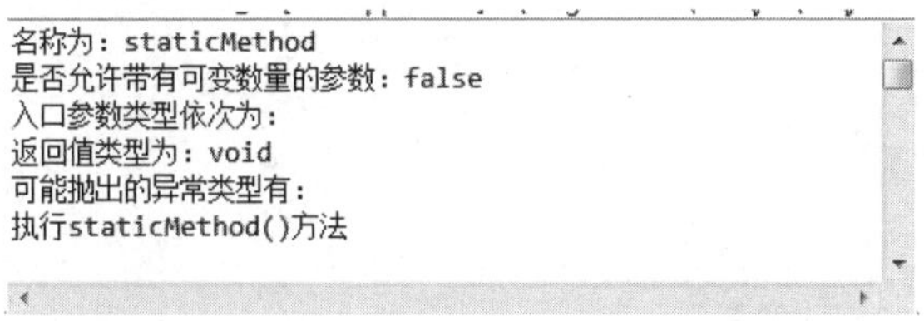

```
名称为：staticMethod
是否允许带有可变数量的参数：false
入口参数类型依次为：
返回值类型为：void
可能抛出的异常类型有：
执行staticMethod()方法
```

图 15.6 访问 staticMethod()方法输出的信息

```
名称为：publicMethod
是否允许带有可变数量的参数：false
入口参数类型依次为：
 int
返回值类型为：int
可能抛出的异常类型有：
执行publicMethod()方法
返回值为：16800
```

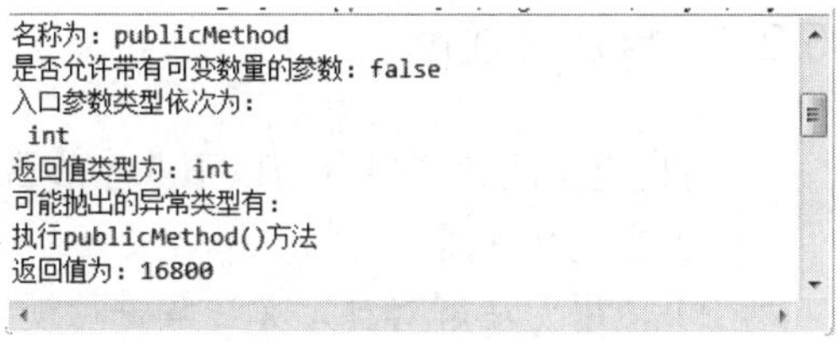

图 15.7 访问 publicMethod()方法输出的信息

```
名称为：protectedMethod
是否允许带有可变数量的参数：false
入口参数类型依次为：
 class java.lang.String
 int
返回值类型为：int
可能抛出的异常类型有：
 class java.lang.NumberFormatException
执行protectedMethod()方法
返回值：12
```

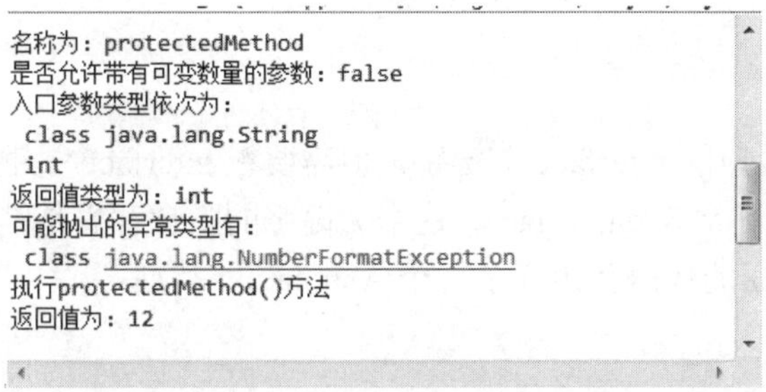

图 15.8 访问 protectedMethod()方法输出的信息

```
名称为：privateMethod
是否允许带有有可变数量的参数：true
入口参数类型依次为：
 class [Ljava.lang.String;
返回值类型为：class java.lang.String
可能抛出的异常类型有：
在执行方法时抛出异常，下面执行setAccessible()方法！
执行privateMethod()方法
返回值为：MWQ
```

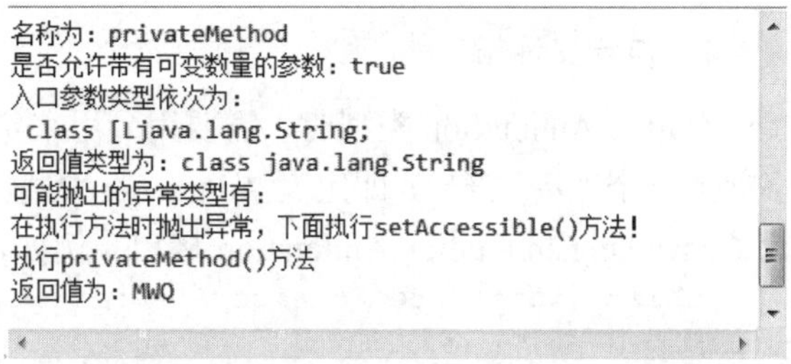

图 15.9 访问 privateMethod()方法输出的信息

15.2 Annotation 注解

JDK 1.5 开始增加了 Annotation，它表示注解（也被翻译为注释），但它与之前学过的注释是不同的。Annotation 是 java.lang 包下的一个接口，它是代码里的特殊标记，这些标记可以在编译、类加载、运行时被读取，并执行相应的处理，它可用于类、构造方法、成员变量、方法、参数等的声明中。使用 Annotation 并不影响程序的运行，但是会对编译器警告等辅助工具产生影响。注解主要分为内置注解和自定义注解两种，本节将分别对它们的使用进行介绍。

15.2.1 内置注解

Java 中的内置注解位于 java.lang 包下，它包含 3 个基本的注解，分别如下。

（1）@Override：限定重写父类方法。

（2）@Deprecated：标示已过时。

（3）@SuppressWarnings：抑制编译器警告。

例如，在代码中重写接口或者抽象类中的方法时，就需要用到@Override 注解，代码如下：

```java
public abstract class Market {
    public String name;//商场名称
    public String goods;//商品名称
    public abstract void shop();//抽象方法，用来输出信息
}
public class TaobaoMarket extends Market {
    @Override
    public void shop() {
        System.out.println(name+"网购"+goods);
    }
}
```

15.2.2　自定义注解

使用自定义注解主要分为以下 3 个步骤：

（1）自定义注解；

（2）使用元注解对自定义注解进行设置；

（3）反射注解。

下面分别介绍讲解。

1. 自定义注解

在定义 Annotation 类型时，需要用到用来定义接口的 interface 关键字，但需要在 interface 关键字前加一个 "@" 符号，即定义 Annotation 类型的关键字为@interface，这个关键字的隐含意思是继承了 java.lang.annotation.Annotation 接口。例如，下面的代码就定义了一个 Annotation 类型：

```java
public @interface NoMemberAnnotation {
}
```

上面定义的 Annotation 类型@NoMemberAnnotation 未包含任何成员，这样的 Annotation 类型被称为 marker annotation。下面的代码定义了一个只包含一个成员的 Annotation 类型：

```java
public @interface OneMemberAnnotation {
    String value();
}
```

➥ String：成员类型。可用的成员类型有 String、Class、primitive、enumerated 和 annotation，以及所列类型的数组。

➥ value：成员名称。如果在所定义的 Annotation 类型中只包含一个成员，通常将成员名称命名为 value。

下面的代码定义了一个包含多个成员的 Annotation 类型：

```java
public @interface MoreMemberAnnotation {
    String describe();
    Class type();
}
```

在为 Annotation 类型定义成员时，也可以为成员设置默认值。例如，下面的代码在定义 Annotation 类型时就为成员设置了默认值：

```java
public @interface DefaultValueAnnotation {
    String describe() default "<默认值>";
    Class type() default void.class;// void 关键字的 class 类型，用于占位，被任何 class
类型值覆盖
}
```

2. 使用元注解对自定义注解进行设置

在自定义注解时，可以使用元注解对自定义的注解进行设置。这里提到了元注解，那么元注解是什么呢？Java 中的元注解位于 java.lang.annotation 包下，它们的主要作用是负责注解其他注解。Java 中共有 4 个元注解，分别如下。

（1）@Documented：指示某一类型的注释通过 javadoc 和类似的默认工具进行文档化。

（2）@Inherited：指示注释类型被自动继承。

（3）@Retention：指示注释类型的注释要保留多久。

（4）@Target：指示注释类型所适用的程序元素的种类。

上面 4 个元注解中，经常用到的是@Target 注解和@Retention 注解，下面分别介绍。

（1）@Target 注解

在自定义 Annotation 类型时，可以通过元注解@Target 来设置 Annotation 类型适用的程序元素种类。如果未设置@Target，则表示适用于所有程序元素。枚举类 ElementType 中的枚举常量用来设置@Target，如表 15.6 所示。

表 15.6　枚举类 ElementType 中的枚举常量

枚 举 常 量	说　　明
ANNOTATION_TYPE	表示用于 Annotation 类型
TYPE	表示用于类、接口和枚举，以及 Annotation 类型
CONSTRUCTOR	表示用于构造方法
FIELD	表示用于成员变量和枚举常量
METHOD	表示用于方法
PARAMETER	表示用于参数
LOCAL_VARIABLE	表示用于局部变量
PACKAGE	表示用于包

（2）@Retention 注解

通过元注解@Retention 可以设置自定义 Annotation 的有效范围。枚举类 RetentionPolicy 中的枚举常量用来设置@Retention，如表 15.7 所示。如果未设置@Retention，Annotation 的有效范围为枚举常量 CLASS 表示的范围。

表 15.7　枚举类 RetentionPolicy 中的枚举常量

枚 举 常 量	说　　明
SOURCE	表示不编译 Annotation 到类文件中，有效范围最小
CLASS	表示编译 Annotation 到类文件中，但是在运行时不加载 Annotation 到 JVM 中
RUNTIME	表示在运行时加载 Annotation 到 JVM 中，有效范围最大

例 15.4　自定义一个存储手机信息的注解，通过元注解@Target 设置 Annotation 类型适用于成员变量，并通过元注解@Retention 设置 Annotation 的有效范围为运行时保留，在该注解中定义两个成员。代码如下：（**实例位置：资源包\code\15\04**）

```java
import java.lang.annotation.*;
@Target(ElementType.FIELD) // 注解用于成员属性
@Retention(RetentionPolicy.RUNTIME) // 在运行时保留（即运行时保留）
public @interface PhoneAnnotation { // 创建一个名为"手机信息"的注解
    public String remarks() default "";// 备注，默认值为空白字符串
    public boolean enable() default true;// 是否启用，默认值为 true，即启用
}
```

3. 反射注解

上面提到了在自定义注解时，可以使用@Retention 设置注解的有效范围，如果将该注解的值设置为 RetentionPolicy.RUNTIME，那么在运行程序时通过反射就可以获取到相关的 Annotation 信息，如获取构造方法、成员变量和方法的 Annotation 信息。

15.1 节中介绍过 Constructor 类、Field 类和 Method 类分别用来存储类的构造方法、成员变量和方法信息，它们均继承自 AccessibleObject 类，而在 AccessibleObject 类中定义了 3 个关于 Annotation 的方法，分别如下。

（1）isAnnotationPresent(Class<? extends Annotation> annotationClass)方法：查看是否添加了指定类型的 Annotation，如果是则返回 true，否则返回 false。

（2）getAnnotation(Class<T> annotationClass)方法：获得指定类型的 Annotation，如果存在则返回相应的对象，否则返回 null。

（3）getAnnotations()方法：获得所有的 Annotation，该方法将返回一个 Annotation 数组。

例 15.5　本实例主要对例 15.4 进行扩展，实现通过反射注解显示手机相关信息的功能。（**实例位置：资源包\code\15\05**）

（1）首先创建一个 Cellphone 类，使用例 15.4 定义的注解对字段进行注释。代码如下：

```java
public class Cellphone { // 创建"手机"类
    @PhoneAnnotation(remarks = "品牌型号")
    public String brdMdl;// 属性注释中的备注为"品牌型号"，是否启用值为默认值
    @PhoneAnnotation(remarks = "价格")
    public double price;// 属性注释中的备注值为"价格"，是否启用值为默认值
    @Deprecated // 将此属性设为过时
    @PhoneAnnotation(remarks = "电池接口", enable = false)
    public String batteryInter;// 属性注释中的备注值为"电池接口"，是否启用值为不启用
    @PhoneAnnotation(remarks = "手机厂商")
    String producedArea;// 属性注释中的备注值为"手机厂商"，是否启用值为默认值
}
```

（2）然后创建一个 Test 类，实现在程序运行时通过反射访问 Cellphone 类中的注解信息，从而达到获取手机相关信息的目的。代码如下：

```java
import java.lang.reflect.Field;
public class Test { // 创建测试类，使用反射注解查看手机的成员属性信息
    public static void main(String[] args) {
        Class<Cellphone> c = Cellphone.class;// 创建反射对象
        Field[] fields = c.getDeclaredFields(); // 通过 Java 反射机制获得类中的所有属性
        for (Field field : fields) { // 遍历属性数组
            // 判断 Cellphone 类中是否具有 PhoneAnnotation 类型的注解
            if (field.isAnnotationPresent(PhoneAnnotation.class)) {
                // 获取指定类型的注解
                PhoneAnnotation phoneAnnotation = field.getAnnotation(PhoneAnnotation.class);
                System.out.println( field.getName()+"属性注解: 备注="+phoneAnnotation.remarks() + ", 是否有效=" + phoneAnnotation.enable());// 输出成员变量注解中的所有内容
            }
        }
    }
}
```

运行本实例，显示效果如图 15.10 所示的信息。

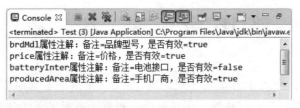

图 15.10　反射注解

15.3　小　　结

本章主要对 Java 中的反射机制进行了讲解，利用 Java 反射机制，可以在程序运行时获取类的所有信息（经常需要获取的有类的构造方法、成员变量和方法），实现逆向控制程序的执行过程，通过反射获取到的类的构造方法、成员变量和方法可以使用 java.lang.reflect 包下的 Constructor 类、Field 类和 Method 类来存储；另外，本章还对 Annotation 注解进行了介绍，注解不是程序本身，它可以对程序作出解释，也可以被其他程序读取，它可以用于类、构造方法、成员变量、方法和参数等的声明中。

第 16 章 多 线 程

如果一次只完成一件事情，会很容易实现，但现实生活中很多事情都是同时进行的，所以在 Java 中为了模拟这种状态，引入了线程机制。简单地说，当程序同时完成多件事情时，就是所谓的多线程程序。多线程应用相当广泛，使用多线程可以创建窗口程序和网络程序等。本章将由浅入深地介绍多线程，除了介绍其概念之外，还结合实例让读者了解如何使程序具有多线程功能。

通过阅读本章，您可以：

❧ 了解线程
❧ 掌握实现线程的两种方式
❧ 掌握线程的生命周期
❧ 掌握线程的操作方法
❧ 掌握线程的优先级
❧ 掌握线程同步机制
❧ 掌握如何暂停与恢复线程

16.1 线 程 简 介

世间万物都可以同时完成很多工作，例如，人体可以同时进行呼吸、血液循环、思考问题等活动，用户使用电脑可以一边听歌，一边聊天，而这些活动完全可以同时进行，这种机制在 Java 中被称为并发，而将并发完成的每一件事情称为线程。

在 Java 中，并发机制非常重要，但并不是所有的程序语言都支持线程。在以往的程序中，多以一个任务完成后再进行下一个任务的模式进行开发，这样下一个任务的开始必须等待前一个任务的结束。Java 语言提供了并发机制，程序员可以在程序中执行多个线程，每一个线程完成一个功能，并与其他线程并发执行，这种机制被称为多线程。

既然多线程这样复杂，那么它在操作系统中是怎样工作的呢？其实 Java 中的多线程在每个操作系统中的运行方式也存在差异，在此着重说明多线程在 Windows 操作系统中的运行模式。

Windows 操作系统是多任务操作系统，它以进程为单位。一个进程是一个包含有自身地址的程序，每个独立执行的程序都称为进程，比如正在运行的 QQ 是一个进程、正在运行的 IE 浏览器也是一个进程，每个进程中都可以同时包含多个线程。系统可以分配给每个进程一段有限的使用 CPU 的时间（也可以称为 CPU 时间片），CPU 在这段时间中执行某个进程（同理，同一进程中的每个线程也可以得到一小段执行时间，这样一个进程就可以具有多个并发执行的线程），然后下一个时间片又跳至另一个进程中去执行。由于 CPU 转换较快，所以使得每个进程好像是同时执行一样。

图 16.1 表明了 Windows 操作系统中的执行模式。

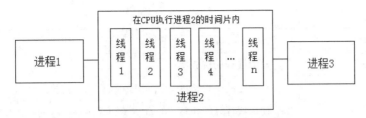

图 16.1　多线程在 Windows 操作系统中的运行模式

16.2　实现线程的两种方式

在 Java 中主要提供两种方式实现线程，分别为继承 java.lang.Thread 类与实现 java.lang.Runnable 接口。本节将着重讲解这两种实现线程的方式。

16.2.1　继承 Thread 类

扫一扫，看视频

Thread 类是 java.lang 包中的一个类，从这个类中实例化的对象代表线程，通过继承 Thread 类创建并执行一个线程的步骤如下。

（1）创建一个继承自 Thread 类的子类。

（2）覆写 Thread 类的 run 方法。

（3）创建线程类的一个对象。

（4）通过线程类的对象调用 start 方法启动线程（启动之后会自动调用覆写的 run 方法执行线程）。

下面分别对以上 4 个步骤的实现进行介绍。

首先要启动一个新线程需要创建 Thread 实例。Thread 类中常用的两个构造方法如下。

（1）public Thread()：创建一个新的线程对象。

（2）public Thread(String threadName)：创建一个名称为 threadName 的线程对象。

继承 Thread 类创建一个新的线程的语法如下：

```
public class ThreadTest extends Thread{
}
```

创建一个新线程后，如果要对该线程执行操作，则需要使用 Thread 类提供的方法实现，Thread 类的常用方法如表 16.1 所示。

表 16.1　Thread 类的常用方法

方　法	说　明
interrupt()	中断线程
join()	等待该线程终止
join(long millis)	等待该线程终止的时间最长为 millis 毫秒
run()	如果该线程是使用独立的 Runnable 运行对象构造的，则调用该 Runnable 对象的 run 方法；否则，该方法不执行任何操作并返回

（续表）

方　　法	说　　明
setPriority(int newPriority)	更改线程的优先级
sleep(long millis)	在指定的毫秒数内让当前正在执行的线程休眠（暂停执行）
start()	使该线程开始执行；Java 虚拟机调用该线程的 run 方法
yield()	暂停当前正在执行的线程对象，并执行其他线程

完成线程真正功能的代码放在类的 run()方法中，当一个类继承 Thread 类后，就可以在该类中重写 run()方法，将实现该线程功能的代码写入 run()方法中，然后同时调用 Thread 类中的 start()方法执行线程，也就是调用 run()方法。

Thread 对象需要一个任务来执行，任务是指线程在启动时执行的工作，该工作的功能代码被写在 run()方法中。run()方法必须使用以下语法格式：

```
public void run(){

}
```

📢 注意：

如果 start()方法调用一个已经启动的线程，系统将抛出 IllegalThreadStateException 异常。

当执行一个程序时，会自动产生一个线程，主方法正是在这个线程上运行的。当不再启动其他线程时，该程序就为单线程程序，如在本章以前的程序都是单线程程序。主方法线程启动由 Java 虚拟机负责，程序员负责启动自己的线程，这是通过调用 start()方法实现的，代码如下：

```
public static void main(String[] args) {
    ThreadTest  test = new ThreadTest();
    test.start();
}
```

下面看一个通过继承 Thread 类实现线程的实例。

例 16.1　在项目中创建 ThreadTest 类，该类继承 Thread 类方法创建线程。主要代码如下：（实例位置：资源包\code\16\01）

```
public class ThreadTest extends Thread { // 指定类继承 Thread 类
    private int count = 10;
    public void run() { // 重写 run()方法
        while (true) {
            System.out.print(count + " "); // 打印 count 变量
            if (--count == 0) { // 使 count 变量自减，当自减为 0 时，退出循环
                break;
            }
        }
    }
    public static void main(String[] args) {
        ThreadTest test = new ThreadTest();// 创建线程对象
        test.start();// 启动线程
    }
}
```

在 Eclipse 中运行本实例，结果如图 16.2 所示。

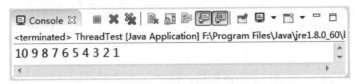

图 16.2 使用继承 Thread 类方法创建线程

在上述实例中，继承了 Thread 类，然后在类中重写了 run() 方法。通常在 run() 方法中使用无限循环的形式，使线程一直运行下去，所以要指定一个跳出循环的条件，如本实例中使用变量 count 递减为 0 作为跳出循环的条件。

在 main 方法中，使线程执行需要调用 Thread 类中的 start() 方法，start() 方法调用被重写的 run() 方法，如果不调用 start() 方法，线程永远不会启动，在主方法没有调用 start() 方法之前，Thread 对象只是一个实例，而不是一个真正的线程。

扫一扫，看视频

16.2.2 实现 Runnable 接口

到目前为止，线程都是通过扩展 Thread 类来创建的，如果程序员需要继承其他类（非 Thread 类），而且还要使当前类实现多线程，那么可以通过 Runnable 接口来实现。例如，一个扩展 JFrame 类的 GUI 程序不可能再继承 Thread 类，因为 Java 语言中不支持多继承，这时该类就需要实现 Runnable 接口使其具有使用线程的功能。

实现 Runnable 接口的语法如下：

```
public class Thread extends Object implements Runnable
```

 说明：

> 有兴趣的读者可以查询 API，从中可以发现，实质上 Thread 类实现了 Runnable 接口，其中的 run() 方法正是对 Runnable 接口中的 run() 方法的具体实现。

实现 Runnable 接口的程序会创建一个 Thread 对象，并将 Runnable 对象与 Thread 对象相关联。Thread 类中有以下两个构造方法。

（1）public Thread(Runnable target)：分配新的 Thread 对象，以便将 target 作为其运行对象。

（2）public Thread(Runnable target,String name)：分配新的 Thread 对象，以便将 target 作为其运行对象，将指定的 name 作为其名称。

这两个构造方法的参数中都存在 Runnable 实例，使用以上构造方法就可以将 Runnable 实例与 Thread 实例相关联。

使用 Runnable 接口启动新的线程的步骤如下。

（1）建立 Runnable 对象。

（2）使用参数为 Runnable 对象的构造方法创建 Thread 实例。

（3）调用 start() 方法启动线程。

通过 Runnable 接口创建线程时程序员首先需要编写一个实现 Runnable 接口的类，然后实例化该类的对象，这样就建立了 Runnable 对象；接下来使用相应的构造方法创建 Thread 实例；最后使用该实例调用 Thread 类中的 start()方法启动线程。图 16.3 表明了实现 Runnable 接口创建线程的流程。

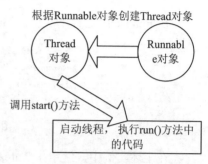

线程最引人注目的部分应该是与 Swing 相结合创建 GUI 程序，下面演示一个 GUI 程序，该程序实现了图标滚动的功能。

例 16.2 在项目中创建 SwingAndThread 类，该类继承了 JFrame 类，实现图标移动的功能，其中使用了 Swing 与线程相结合的技术。主要代码如下：（**实例位置：资源包\code\16\02**）

图 16.3　实现 Runnable 接口创建线程的流程

```java
import java.awt.Container;
import java.net.URL;
import javax.swing.*;
public class SwingAndThread extends JFrame {
    private JLabel jl = new JLabel(); // 声明 JLabel 对象
    private static Thread t; // 声明线程对象
    private int count = 0; // 声明计数变量
    private Container container = getContentPane(); // 声明容器
    public SwingAndThread() {
        setBounds(300, 200, 250, 100); // 绝对定位窗体大小与位置
        container.setLayout(null); // 使窗体不使用任何布局管理器
        try {
            // 获取图片的 URL，此图片与本类在同一包下
            URL url = SwingAndThread.class.getResource("1.gif");
            Icon icon = new ImageIcon(url);// 实例化一个 Icon
            jl.setIcon(icon); // 将图标放置在标签中
        } catch (NullPointerException ex) {
            System.out.println("图片不存在，请将 1.gif 复制到当前目录下！");
            return;
        }
        // 设置图片在标签的最左方
        jl.setHorizontalAlignment(SwingConstants.LEFT);
        jl.setBounds(10, 10, 200, 50); // 设置标签的位置与大小
        jl.setOpaque(true);
        t = new Thread(new Roll());
        t.start(); // 启动线程
        container.add(jl); // 将标签添加到容器中
        setVisible(true); // 使窗体可见
        // 设置窗体的关闭方式
        setDefaultCloseOperation(WindowConstants.DISPOSE_ON_CLOSE);
    }
    class Roll implements Runnable {// 定义内部类，实现 Runnable 接口
        @Override
        public void run() {
            while (count <= 200) { // 设置循环条件
                // 将标签的横坐标用变量表示
                jl.setBounds(count, 10, 200, 50);
                try {
                    Thread.sleep(1000); // 为了体现进度条移动效果，使线程休眠 1000 毫秒
```

```
        } catch (Exception e) {
            e.printStackTrace();
        }
        count += 4; // 使横坐标每次增加 4
        if (count == 200) {
            // 当图标到达标签的最右边时，使其回到标签最左边
            count = 10;
        }
    }
}

public static void main(String[] args) {
    new SwingAndThread(); // 实例化一个 SwingAndThread 对象
}
```

运行本实例，结果如图 16.4 所示。

图 16.4　使图标移动

在本实例中，为了使图标具有滚动功能，需要在类的构造方法中创建 Thread 实例。在创建该实例的同时需要 Runnable 对象作为 Thread 类构造方法的参数，然后使用内部类形式实现 run()方法。在 run()方法中主要循环图标的横坐标位置，当图标横坐标到达标签的最右方时，再次将图标的横坐标置于图标滚动的初始位置。

📢 注意：

应该使用 start()方法启动一个新的线程，而不是使用 run()方法。当我们调用 start()方法之后，Java 虚拟机会自动运行 run()方法。

扫一扫，看视频

16.3　线程的生命周期

线程具有生命周期，其中包含 5 种状态，分别为出生状态、就绪状态、运行状态、暂停状态（包括休眠、等待和阻塞等）和死亡状态。出生状态就是线程被创建时处于的状态，在用户使用该线程实例调用 start()方法之前线程都处于出生状态；当用户调用 start()方法后，线程处于就绪状态（又被称为可执行状态）；当线程得到系统资源后就进入运行状态。

一旦线程进入运行状态，它会在就绪与运行状态下转换，同时也有可能进入暂停或死亡状态。当处于运行状态下的线程调用 sleep()、wait()方法或者发生阻塞时，会进入暂停状态；当在休眠结束、调用 notify()方法、notifyAll()方法或者阻塞解除时，会重新进入就绪状态；当线程的 run()方法执行完毕，或者线程发生错误、异常时，线程进入死亡状态。

✎ 说明：

使线程处于不同状态下的方法会在 16.4 节中进行介绍，在此读者只需了解线程的多个状态即可。

图 16.5 描述了线程生命周期中的各种状态。

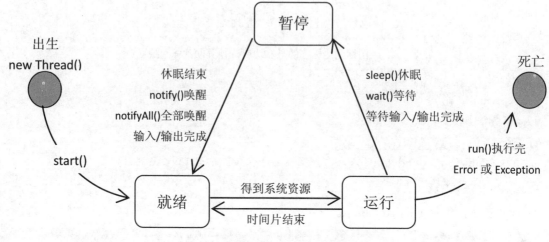

图 16.5　线程的生命周期状态图

16.4　操作线程的方法

操作线程有很多方法，这些方法可以使线程从某一种状态过渡到另一种状态，本节将对如何对线程执行休眠、加入和中断操作进行讲解。

16.4.1　线程的休眠

扫一扫，看视频

一种能控制线程行为的方法是调用 sleep()方法，sleep()方法需要一个参数用于指定该线程休眠的时间，该时间以毫秒为单位。在前面的实例中已经演示过 sleep()方法，它通常是在 run()方法内的循环中被使用。

sleep()方法的使用方法如下：

```
try{
    Thread.sleep(2000);
}catch(InterruptedException e){
    e.printStackTrace();
}
```

上述代码会使线程在 2s 之内不会进入就绪状态。由于 sleep()方法的执行有可能抛出 InterruptedException 异常，所以将 sleep()方法的调用放在 try…catch 块中。虽然使用了 sleep()方法的线程在一段时间内会醒来，但是并不能保证它醒来后进入运行状态，只能保证它进入就绪状态。

为了使读者更深入地了解线程的休眠方法，来看下面的实例。

例 16.3　在项目中创建 SleepMethodTest 类，该类继承了 JFrame 类，实现在窗体中自动画线段的功能，并且为线段设置颜色，颜色是随机产生的。主要代码如下：（**实例位置：资源包\code\16\03**）

```
public class SleepMethodTest extends JFrame {
    private static final long serialVersionUID = 1L;
    private Thread t;
```

```java
    // 定义颜色数组
    private static Color[] color = { Color.BLACK, Color.BLUE, Color.CYAN,
Color.GREEN, Color.ORANGE, Color.YELLOW,
            Color.RED, Color.PINK, Color.LIGHT_GRAY };
    private static final Random rand = new Random();// 创建随机对象
    private static Color getC() {// 获取随机颜色值的方法
        // 随机产生一个 color 数组长度范围内的数字，以此为索引获取颜色
        return color[rand.nextInt(color.length)];
    }
    public SleepMethodTest() {
        t = new Thread(new Draw());// 创建匿名线程对象
        t.start();// 启动线程
    }
    class Draw implements Runnable {//定义内部类，用来在窗体中绘制线条
        int x = 30;// 定义初始坐标
        int y = 50;
        public void run() {// 重写线程接口方法
            while (true) {// 无限循环
                try {
                    Thread.sleep(100);// 线程休眠 0.1 秒
                } catch (InterruptedException e) {
                    e.printStackTrace();
                }
                // 获取组件绘图上下文对象
                Graphics graphics = getGraphics();
                graphics.setColor(getC());// 设置绘图颜色
                // 绘制直线并递增垂直坐标
                graphics.drawLine(x, y, 100, y++);
                if (y >= 80) {
                    y = 50;
                }
            }
        }
    }
    public static void main(String[] args) {
        init(new SleepMethodTest(), 100, 100);
    }
    // 初始化程序界面的方法
    public static void init(JFrame frame, int width, int height) {
        frame.setDefaultCloseOperation(JFrame.EXIT_ON_CLOSE);
        frame.setSize(width, height);
        frame.setVisible(true);
    }
}
```

运行本实例，结果如图 16.6 所示。

在本实例中定义了 getC()方法，该方法用于随机产生 Color 类型的对象，并且在产生线程的内部类中使用 getGraphics()方法获取 Graphics 对象，使用该对象调用 setColor()方法为图形设置颜色；调用 drawLine()方法绘制一条线段，同时线段会根据纵坐标的变化自动调整。

图 16.6　线程的休眠

16.4.2　线程的加入

如果当前某程序为多线程程序，假如存在一个线程 A，现在需要插入线程 B，并要求线程 B 先执行完毕，再继续执行线程 A，此时可以使用 Thread 类中的 join()方法来完成。这就好比此时读者正在看电视，突然有人上门收水费，读者必须付完水费后才能继续看电视。

当某个线程使用 join()方法加入另外一个线程时，另一个线程会等待该线程执行完毕后再继续执行。

下面来看一个使用 join()方法的实例。

例 16.4　在项目中创建 JoinTest 类，该类继承了 JFrame 类。该实例包括两个进度条，进度条的进度由线程来控制，通过使用 join()方法使上面的进度条必须等待下面的进度条完成后才可以继续。主要代码如下：（**实例位置：资源包\code\16\04**）

```java
public class JoinTest extends JFrame {
    private static final long serialVersionUID = 1L;
    private Thread threadA; // 定义两个线程
    private Thread threadB;
    final JProgressBar progressBar = new JProgressBar(); // 定义两个进度条组件
    final JProgressBar progressBar2 = new JProgressBar();
    int count = 0;

    public static void main(String[] args) {
        new JoinTest();
    }

    public JoinTest() {
        super();
        setDefaultCloseOperation(JFrame.EXIT_ON_CLOSE);// 关闭窗体后停止程序
        setSize(100, 100);// 设定窗体宽高
        setVisible(true);// 窗体可见
        // 将进度条设置在窗体最北面
        getContentPane().add(progressBar, BorderLayout.NORTH);
        // 将进度条设置在窗体最南面
        getContentPane().add(progressBar2, BorderLayout.SOUTH);
        progressBar.setStringPainted(true); // 设置进度条显示数字字符
        progressBar2.setStringPainted(true);
        // 使用匿名内部类形式初始化 Thread 实例
        threadA = new Thread(new Runnable() {
            int count = 0;

            public void run() { // 重写 run()方法
                while (true) {
                    progressBar.setValue(++count); // 设置进度条的当前值
                    try {
                        Thread.sleep(100); // 使线程 A 休眠 100 毫秒
                        if (count == 20) {
                            threadB.join(); // 使线程 B 调用 join()方法
                        }
                    } catch (Exception e) {
```

```
                        e.printStackTrace();
                    }
                }
            }
        });
        threadA.start(); // 启动线程 A
        threadB = new Thread(new Runnable() {
            int count = 0;

            public void run() {
                while (true) {
                    progressBar2.setValue(++count); // 设置进度条的当前值
                    try {
                        Thread.sleep(100); // 使线程 B 休眠 100 毫秒
                    } catch (Exception e) {
                        e.printStackTrace();
                    }
                    if (count == 100) // 当 count 变量增长为 100 时
                        break; // 跳出循环
                }
            }
        });
        threadB.start(); // 启动线程 B
    }
}
```

运行本实例，结果如图 16.7 所示。

图 16.7　使用 join()方法控制进度条的滚动

在本实例中同时创建了两个线程，这两个线程分别负责进度条的滚动。在线程 A 的 run()方法中使线程 B 的对象调用 join()方法，而 join()方法使当前运行的线程暂停，直到调用 join()方法的线程执行完毕后再执行，所以线程 A 等待线程 B 执行完毕后再开始执行，也就是下面的进度条滚动完毕后上面的进度条才开始滚动。

16.4.3　线程的中断

扫一扫，看视频

以往有的时候会使用 stop()方法停止线程，但 JDK 早已废除了 stop()方法，不建议使用 stop()方法来停止一个线程的运行。现在提倡在 run()方法中使用无限循环的形式，然后使用一个布尔型标记控制循环的停止。

例如，创建一个 InterruptedTest 类，该类实现了 Runnable 接口，并设置线程正确的停止方式，代码如下：

```
public class InterruptedTest implements Runnable {
    private boolean isContinue = false;          //设置一个标记变量，默认值为 false
    public void run() {                           //重写 run()方法
        while (true) {
            //…
            if (isContinue)                       //当 isContinue 变量为 true 时，停止线程
              break;
        }
    }
    public void setContinue() {                   //定义设置 isContinue 变量为 true 的方法
        this.isContinue = true;
    }
}
```

如果线程是因为使用了 sleep()或 wait()方法进入了就绪状态，可以使用 Thread 类中 interrupt()方法使线程离开 run()方法，同时结束线程，但程序会抛出 InterruptedException 异常，用户可以在处理该异常时完成线程的中断业务处理，如终止 while 循环。

下面的实例演示了某个线程使用 interrupted()方法，同时程序抛出了 InterruptedException 异常，可以在异常结束时执行关闭数据库连接和关闭 Socket 连接等操作。

例 16.5　在项目中创建 InterruptedSwing 类，该类实现了 Runnable 接口，创建一个进度条，在表示进度条的线程中使用 interrupted()方法。主要代码如下：（**实例位置：资源包\code\16\05**）

```
public class InterruptedSwing extends JFrame {
    Thread thread;

    public static void main(String[] args) {
        new InterruptedSwing();
    }

    public InterruptedSwing() {
        setDefaultCloseOperation(JFrame.EXIT_ON_CLOSE);// 关闭窗体后停止程序
        setSize(100, 100);// 设定窗体宽高
        setVisible(true);// 窗体可见
        final JProgressBar progressBar = new JProgressBar(); // 创建进度条
        // 将进度条放置在窗体合适位置
        getContentPane().add(progressBar, BorderLayout.NORTH);
        progressBar.setStringPainted(true); // 设置进度条上显示数字
        thread = new Thread() {// 使用匿名内部类方式创建线程对象
            int count = 0;

            public void run() {
                while (true) {
                    progressBar.setValue(++count); // 设置进度条的当前值
                    try {
                        if (count == 50) {
                            interrupt();// 执行线程停止方法
                        }
                        Thread.sleep(100); // 使线程休眠 100 毫秒
                    } catch (InterruptedException e) {// 捕捉 InterruptedException 异常
                        System.out.println("当前线程被中断");
```

```
                    break;
                }
            }
        }
    };
    thread.start(); // 启动线程
}
}
```

运行本实例，结果如图 16.8 所示。

图 16.8　线程的中断

在本实例中，由于调用了 interrupted()方法，所以抛出了 InterruptedException 异常。

16.5　线程的优先级

扫一扫，看视频

每个线程都具有各自的优先级，线程的优先级可以表明在程序中该线程的重要性，如果有很多线程处于就绪状态，系统会根据优先级来决定首先使哪个线程进入运行状态。但这并不意味着低优先级的线程得不到运行，而只是它运行的几率比较小，如垃圾回收线程的优先级就较低。

Thread 类中包含的成员变量代表了线程的某些优先级，如 Thread.MIN_PRIORITY（常数 1）、Thread.MAX_PRIORITY（常数 10）、Thread.NORM_PRIORITY（常数 5）。其中每个线程的优先级都在 Thread.MIN_PRIORITY~Thread.MAX_PRIORITY 之间，在默认情况下其优先级都是 Thread.NORM_ PRIORITY。每个新产生的线程都继承了父线程的优先级。

在多任务操作系统中，每个线程都会得到一小段 CPU 时间片运行，在时间结束时，将轮换另一个线程进入运行状态，这时系统会选择与当前线程优先级相同的线程予以运行。系统始终选择就绪状态下优先级较高的线程进入运行状态。处于各个优先级状态下的线程的理想运行顺序如图 16.9 所示。

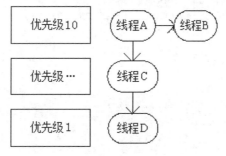

图 16.9　处于各个优先级状态下的线程的理想运行顺序

在图 16.9 中，优先级为 10 的线程 A 首先得到 CPU 时间片；当该时间结束后，轮换到与线程 A 相同优先级的线程 B；当线程 B 的运行时间结束后，会继续轮换到线程 A，直到线程 A 与线程 B 都执行完毕，才会轮换到线程 C；当线程 C 结束后，才会轮换到线程 D。

线程的优先级可以使用 setPriority()方法调整，如果使用该方法设置的优先级不在 1~10 之内，将产生 IllegalArgumentException 异常。

✍ 说明：

> 多线程的执行本身就是多个线程的交换执行，并非同时执行，通过设置线程优先级的高低，只是说明该线程会优先执行或者暂不执行的概率更大一些而已，并不能保证优先级高的线程就一定会比优先级低的线程先执行。

下面的实例演示了图 16.9 描述的状况，依然以进度条为例说明。

例 16.6　在项目中创建 PriorityTest 类，该类实现了 Runnable 接口。创建 4 个进度条，分别由 4 个线程来控制，并且为这 4 个线程设置不同的优先级。本实例关键代码如下：（**实例位置：资源包\ code\16\06**）

```java
class Priority extends Thread {
    private String threadName; // 线程的名称
    private String output; // 控制台输出的信息
    // 以线程名、控制台输出的信息为参数的构造方法，利用构造方法初始化变量
    public Priority(String threadName, String output) {
        this.threadName = threadName;
        this.output = output;
    }
    @Override
    public void run() { // 线程要执行的任务
        System.out.print(threadName + ": " + output + "  ");
    }
}
public class PriorityTest {
    public static void main(String[] args) {
        for (int i = 0; i < 100; i++) { // 通过循环控制启动线程的次数
            // 创建 4 个以线程名、输出信息为参数的线程类子类的对象 并分别设置这 4 个线程的优先级
            Priority test1 = new Priority("加", "＋");
            test1.setPriority(Thread.MIN_PRIORITY);// 设置优先级最低
            Priority test2 = new Priority("减", "－");
            test2.setPriority(3);// 以数字设置优先级
            Priority test3 = new Priority("乘", "×");
            test3.setPriority(8);// 以数字设置优先级
            Priority test4 = new Priority("除", "÷");
            test4.setPriority(Thread.MAX_PRIORITY);// 设置优先级最高
            // 启动线程
            test1.start();
            test2.start();
            test3.start();
            test4.start();
            System.out.println();// 换行
        }
    }
}
```

运行程序，效果如图 16.10 所示，从图 16.10 可以看出，优先级高的线程要比优先级低的先执行，

并且最低优先级的线程最后执行完；但是，如果再次运行，则可能会出现如图 16.11 所示的效果，在图 16.11 中，优先级最高的"除"成为了最后执行的线程，因此，从这里的运行结果再次体现了设置线程优先级只是增加或减少了线程优先执行的概率，并不能保证线程一定会优先或者延后执行。

| 图 16.10 线程的优先级 1 | 图 16.11 线程的优先级 2 |

16.6 线程的同步

扫一扫，看视频

在单线程程序中，每次只能做一件事情，后面的事情需要等待前面的事情完成后才可以进行，但是如果使用多线程程序，就会发生两个线程抢占资源的问题，如两个人同时说话、两个人同时过同一个独木桥等。所以在多线程编程中需要防止这些资源访问的冲突。Java 提供了线程同步的机制来防止资源访问的冲突。

16.6.1 线程安全

在实际开发中，使用多线程程序的情况很多，如银行排号系统、火车站售票系统等。这种多线程的程序通常会发生问题，以火车站售票系统为例，在代码中判断当前票数是否大于 0，如果大于 0 则执行将该票出售给乘客的功能，但当两个线程同时访问这段代码时（假如这时只剩下一张票），第一个线程将票售出，与此同时第二个线程也已经执行完成判断是否有票的操作，并得出结论票数大于 0，于是它也执行售出操作，这样就会产生负数。所以在编写多线程程序时，应该考虑到线程安全问题。实质上线程安全问题来源于两个线程同时存取单一对象的数据。

例 16.7 在项目中创建 ThreadSafeTest 类，该类实现了 Runnable 接口，主要实现模拟火车站售票系统的功能。主要代码如下：（**实例位置：资源包\code\16\07**）

```
public class ThreadSafeTest implements Runnable {// 实现 Runnable 接口
    int num = 10; // 设置当前总票数
    public void run() {
        while (true) {// 设置无限循环
            if (num > 0) {// 判断当前票数是否大于 0
                try {
                    Thread.sleep(100);// 使当前线程休眠 100 毫秒
                } catch (Exception e) {
                    e.printStackTrace();
                }
```

```
                System.out.println(Thread.currentThread().getName() + "----票数" +
num--);// 票数减 1
            }
        }
    }
    public static void main(String[] args) {
        ThreadSafeTest t = new ThreadSafeTest(); // 实例化类对象
        Thread tA = new Thread(t, "线程一"); // 以该类对象分别实例化 4 个线程
        Thread tB = new Thread(t, "线程二");
        Thread tC = new Thread(t, "线程三");
        Thread tD = new Thread(t, "线程四");
        tA.start(); // 分别启动线程
        tB.start();
        tC.start();
        tD.start();
    }
}
```

运行本实例，结果如图 16.12 所示。

从图 16.12 中可以看出，最后打印售剩下的票为负值，这样就出现了问题。这是由于同时创建了 4 个线程，这 4 个线程执行 run()方法，在 num 变量为 1 时，线程一、线程二、线程三、线程四都对 num 变量有存储功能，当线程一执行 run()方法时，还没有来得及做递减操作，就指定它调用 sleep()方法进入就绪状态，这时线程二、线程三和线程四都进入了 run()方法，发现 num 变量依然大于 0，但此时线程一休眠时间已到，将 num 变量值递减，同时线程二、线程三、线程四也都对 num 变量进行递减操作，从而产生了负值。

图 16.12　资源共享冲突后出现的问题

16.6.2　线程同步机制

那么该如何解决资源共享的问题呢？基本上所有解决多线程资源冲突问题的方法都是采用给定时间只允许一个线程访问共享资源，这时就需要给共享资源上一道锁。这就好比一个人上洗手间时，他进入洗手间后会将门锁上，出来时再将锁打开，然后其他人才可以进入。

📂 **多学两招：**

锁的主要作用是为了防止不同的线程在同一时间访问同一个代码块，如果在同一时间访问同一代码块，有可能出现"死锁"，"死锁"其实就是两个线程运行时都在等待对方的锁，从而造成了程序的停滞。

1. 同步块

在 Java 中提供了同步机制，可以有效地防止资源冲突。同步机制使用 synchronized 关键字，使用该关键字包含的代码块称为同步块，也称为临界区。语法如下：

```
synchronized(Object){
}
```

通常将共享资源的操作放置在 synchronized 定义的区域内，这样当其他线程也获取这个锁时，必须等待锁被释放时才能进入该区域。Object 为任意一个对象，每个对象都存在一个标志位，并具

有两个值，分别为 0 和 1。一个线程运行到同步块时首先检查该对象的标志位，如果为 0 状态，表明此同步块中存在其他线程在运行，这时该线程处于就绪状态，直到处于同步块中的线程执行完同步块中的代码为止，这时该对象的标识位被设置为 1，该线程才能执行同步块中的代码，并将 Object 对象的标识位设置为 0，防止其他线程执行同步块中的代码。

例 16.8　在本实例中，创建类 SynchronizedTest，在该类中修改例 16.7 中的 run()方法，把对 num 操作的代码设置在同步块中。主要代码如下：**（实例位置：资源包\code\16\08）**

```java
public class SynchronizedTest implements Runnable {
    int num = 10; // 设置当前总票数
    public void run() {
        while (true) {// 设置无限循环
            synchronized (this) {// 设置同步代码块
                if (num > 0) {// 判断当前票数是否大于 0
                    try {
                        Thread.sleep(100);// 使当前线程休眠 100 毫秒
                    } catch (Exception e) {
                        e.printStackTrace();
                    }
                    System.out.println(Thread.currentThread().getName()+"——票数"
+num--);// 票数减 1
                }
            }
        }
    }
    public static void main(String[] args) {
        SynchronizedTest t = new SynchronizedTest();// 实例化类对象
        Thread tA = new Thread(t,"线程一");// 以该类对象分别实例化 4 个线程
        Thread tB = new Thread(t,"线程二");
        Thread tC = new Thread(t,"线程三");
        Thread tD = new Thread(t,"线程四");
        tA.start();// 分别启动线程
        tB.start();
        tC.start();
        tD.start();
    }
}
```

运行本实例，结果如图 16.13 所示。

从图 16.13 中可以看出，打印到最后票数没有出现负数，这是因为将资源放置在了同步块中。

2. 同步方法

同步方法就是在方法前面使用 synchronized 关键字修饰的方法，其语法如下：

```java
synchronized void f(){  }
```

当某个对象调用了同步方法时，该对象上的其他同步方法必须等待该同步方法执行完毕后才能被执行。必须将每个能访问共享资源的方法修饰为 synchronized，否则就会出错。

修改例 16.8，将共享资源操作放置在一个同步方法中，代码如下：

图 16.13　通过线程同步模拟售票

```
int num = 10;
public synchronized void doit() {          //定义同步方法
    if(num>0){
        try{
            Thread.sleep(10);
        }catch(Exception e){
            e.printStackTrace();
        }
        System.out.println(Thread.currentThread().getName()+"——票数" +num--);
    }
}
public void run(){
    while(true){
        doit();                             //在run()方法中调用该同步方法
    }
}
```

将共享资源的操作放置在同步方法中，运行结果与使用同步块的结果一致。

16.7　线程的暂停与恢复

扫一扫，看视频

线程的暂停与恢复主要通过顶级父类 Object 提供的 wait()方法与 notify()方法实现，其中，wait()方法用来暂停线程，notify()方法用来唤醒正在等待的单个线程，即恢复线程。

下面通过一个手机号码抽奖的实例演示线程的暂停与恢复在实际开发中的应用。

例 16.9　在项目中创建 ThreadSuspendFrame 类，该类继承了 JFrame 类，该实例主要通过线程的暂停与恢复实现手机号码随机抽奖的功能。主要代码如下：（**实例位置：资源包\code\16\09**）

```
public class ThreadSuspendFrame extends JFrame {
    private JLabel label;// 显示数字的标签
    private ThreadSuspend t;// 自定义线程类
    public ThreadSuspendFrame() {
        setTitle("手机号码抽奖");// 窗口标题
        setDefaultCloseOperation(EXIT_ON_CLOSE);// 窗口关闭规则：窗口关闭则停止程序
        setBounds(200, 200, 300, 150);// 设置窗口坐标和大小
        label = new JLabel("0");// 实例化标签，初始值为 0
        label.setHorizontalAlignment(SwingConstants.CENTER);// 标签文字居中
        label.setFont(new Font("宋体", Font.PLAIN, 42));// 标签使用 42 号字
        getContentPane().add(label, BorderLayout.CENTER);// 将标签放入窗口容器的中间区域
        JButton btn = new JButton("暂停");// 创建暂停按钮
        getContentPane().add(btn, BorderLayout.SOUTH);// 将按钮放入窗口容器的南部区域
        t = new ThreadSuspend();// 实例化自定义线程类
        t.start();// 启动线程
        btn.addActionListener(new ActionListener() {// 按钮添加事件监听
            public void actionPerformed(ActionEvent e) {
                String btnText = btn.getText();// 获取按钮文本
                if (btnText.equals("暂停")) {// 如果按钮的文本为"暂停"
                    t.toSuspend();// 自定义线程暂停
                    btn.setText("继续");// 将按钮文本改为"继续"
```

```
        } else {
            t.toRun();// 自定义线程继续运行
            btn.setText("暂停");// 将按钮文本改为"暂停"
        }
    }
});
setVisible(true);// 设置窗口可见
}
/**
 * 在主类中创建内部类：自定义线程类，继承 Thread 线程类
 */
class ThreadSuspend extends Thread {
    /**
     * 线程挂起状态，若 suspend 为 false，线程会正常运行；若 suspend 为 true，则线程会处于
     *   挂起状态
     */
    private boolean suspend = false;
    /**
     * （线程安全的）线程暂停方法
     */
    public synchronized void toSuspend() {
        suspend = true;
    }
    /**
     * （线程安全的）线程恢复运行方法，除了将 suspend 变为 false，同时使用超级父类 Object
     *   类提供的 notify() 方法唤醒线程
     */
    public synchronized void toRun() {
        suspend = false;
        notify();
    }
    @Override
    public void run() {
        //定义中奖池号码
        String[] phoneNums={"13610780204","13847928544",
                "18457839454","18423098757","17947928544","19867534533"};
        while (true) {// run 方法中的代码无限运行
            synchronized (this) {// 创建线程挂起区，线程加锁对象为 this
                while (suspend) {// 判断线程是否要暂停
                    try {
                        wait();// 超级父类 Object 类提供的等待方法
                    } catch (InterruptedException e) {
                        e.printStackTrace();
                    }
                }
            }
            // 获取一个 phoneNums 数据的随机索引
            int randomIndex = new Random().nextInt(phoneNums.length);
            String phoneNum = phoneNums[randomIndex];// 获取随机号码
            label.setText(phoneNum);// 修改标签中的值
```

```
            }
        }
    }
    public static void main(String[] args) {
        new ThreadSuspendFrame();
    }
}
```

运行本实例，结果如图 16.14 所示。

图 16.14　手机号码抽奖

16.8　小　　结

　　本章首先对线程进行了简单的概述，然后讲解了如何通过继承 Thread 类和实现 Runnable 接口这两种方式实现线程，并对线程的生命周期进行了描述，最后对线程的常见操作（包括线程的休眠、加入、终端、同步、暂停与恢复、设置优先级等）进行了详细讲解。学习多线程编程就像进入了一个全新的领域，它与以往的编程思想截然不同，初学者应该积极转换编程思维，进入多线程编程的思维方式。多线程本身是一种非常复杂的机制，完全理解它也需要一段时间，并且需要深入地学习。通过本章的学习，读者应该学会如何创建基本的多线程程序，并熟练掌握常用的线程操作，比如线程的休眠、加入、中断、暂停、恢复和同步等。

第 17 章　网　络　通　信

扫一扫，看视频

Internet 提供了大量、多样的信息，很少有人能在接触过 Internet 后拒绝它的诱惑。计算机网络实现了多个计算机互联系统，相互连接的计算机之间彼此能够进行数据交流。网络应用程序就是在已连接的不同计算机上运行的程序，这些程序相互之间可以交换数据。而编写网络应用程序，首先必须明确网络应用程序所要使用的网络协议，TCP/IP 协议是网络应用程序的首选。本章将从介绍网络协议开始，向读者介绍 TCP 网络程序和 UDP 网络程序。

通过阅读本章，您可以：

- ➥ 了解网络程序设计基础
- ➥ 熟悉 IP 地址封装类 InetAddress 的使用
- ➥ 掌握如何使用 ServerSocket 类和 Socket 类编写 TCP 程序
- ➥ 掌握如何使用 DatagramPacket 类和 DatagramSocket 类编写 UDP 程序
- ➥ 熟悉如何制作一个多线程聊天室

17.1　网络程序设计基础

扫一扫，看视频

网络程序设计是指编写与其他计算机进行通信的程序。Java 已经将网络程序所需要的东西封装成不同的类。只要创建这些类的对象，使用相应的方法，即使设计人员不具备有关的网络知识，也可以编写出高质量的网络通信程序。

17.1.1　局域网与因特网

为了实现两台计算机的通信，必须要用一个网络线路连接两台计算机，如图 17.1 所示。

图 17.1　服务器、客户机和网络

服务器是指提供信息的计算机或程序，客户机是指请求信息的计算机或程序，而网络用于连接服务器与客户机，实现两者相互通信。我们通常所说的局域网（Local Area Network，LAN），就是多个计算机互相连接组成的封闭式计算机组，可以由两台计算机组成，也可以由同一区域内的上千台计算机组成。由 LAN 延伸到更大的范围，这样的网络称为广域网（Wide Area Network，WAN），它主要将分布在不同地区的局域网或计算机系统互连起来，达到资源共享的目的，我们熟悉的因特网（Internet），就是世界范围内最大的广域网。

17.1.2 网络协议

网络协议规定了计算机之间连接的物理、机械（网线与网卡的连接规定）、电气（有效的电平范围）等特征以及计算机之间的相互寻址规则、数据发送冲突的解决、长的数据如何分段传送与接收等。就像不同的国家有不同的法律一样，目前网络协议也有多种，下面简单地介绍几个常用的网络协议。

1. IP 协议

IP 是 Internet Protocol 的简称，它是一种网络协议。Internet 网络采用的协议是 TCP/IP 协议，其全称是 Transmission Control Protocol/Internet Protocol。Internet 依靠 TCP/IP 协议，在全球范围内实现不同硬件结构、不同操作系统、不同网络系统的互联。在 Internet 网络上存在数以亿计的主机，每一台主机在网络上用为其分配的 Internet 地址代表自己，这个地址就是 IP 地址。到目前为止 IP 地址用 4 个字节，也就是 32 位的二进制数来表示，称为 IPv4。为了便于使用，通常取用每个字节的十进制数，并且每个字节之间用圆点隔开来表示 IP 地址，如 192.168.1.1。现在人们正在试验使用 16 个字节来表示 IP 地址，这就是 IPv6，但 IPv6 还没有投入使用。

TCP/IP 模式是一种层次结构，共分为 4 层，分别为应用层、传输层、网络互连层和主机到网络层。各层实现特定的功能，提供特定的服务和访问接口，并具有相对的独立性，如图 17.2 所示。

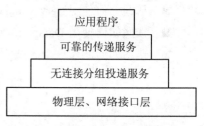

图 17.2 TCP/IP 层次结构

2. TCP 与 UDP 协议

在 TCP/IP 协议栈中，有两个高级协议是网络应用程序编写者应该了解的，即 TCP（Transmission Control Protocol，传输控制协议）与 UDP（User Datagram Protocol，用户数据报协议）。

TCP 协议是一种以固接连线为基础的协议，它提供两台计算机间可靠的数据传送。TCP 可以保证从一端数据送至连接的另一端时，数据能够确实送达，而且抵达的数据的排列顺序和送出时的顺序相同，因此，TCP 协议适合可靠性要求比较高的场合。就像拨打电话，必须先拨号给对方，等两端确定连接后，相互才能听到对方说话，也知道对方回应的是什么。

HTTP、FTP 和 Telnet 等都需要使用可靠的通信频道，例如，HTTP 从某个 URL 读取数据时，如果收到的数据顺序与发送时不相同，就可能会出现一个混乱的 HTML 文件或是一些无效的信息。

UDP 是无连接通信协议，不保证可靠数据的传输，但能够向若干个目标发送数据，接收发自若干个源的数据。UDP 是以独立发送数据包的方式进行。这种方式就像邮递员送信给收信人，可以寄出很多信给同一个人，而每一封信都是相对独立的，各封信送达的顺序并不重要，收信人接收信件的顺序也不能保证与寄出信件的顺序相同。

UDP 协议适合于一些对数据准确性要求不高的场合，如网络聊天室、在线影片等。这是由于 TCP 协议在认证上存在额外耗费，可能使传输速度减慢，而 UDP 协议可能会更适合这些对传输速度和时效要求非常高的网站，即使有一小部分数据包遗失或传送顺序有所不同，也不会严重危害该项通信。

◀》 注意:

一些防火墙和路由器会设置成不允许 UDP 数据包传输，因此，若遇到 UDP 连接方面的问题，应先确定所在网络是否允许 UDP 协议。

17.1.3　端口和套接字

"端口"是英文 port 的意译，可以认为是设备与外界通信交流的出口，所有的数据都通过该出口与其他计算机或者设备相连。网络程序设计中的端口并非真实的物理存在，而是一个假想的连接装置。端口被规定为一个在 0~65 535 之间的整数。HTTP 服务一般使用 80 端口，FTP 服务使用 21 端口。假如一台计算机提供了 HTTP、FTP 等多种服务，那么客户机会通过不同的端口来确定连接到服务器的哪项服务上，如图 17.3 所示。

✎ 说明:

通常，0~1 023 之间的端口数用于一些知名的网络服务和应用，用户的普通网络应用程序应该使用 1024 以上的端口数，以避免端口号与另一个应用或系统服务所用端口冲突。

网络程序中的套接字（Socket）用于将应用程序与端口连接起来。套接字是一个假想的连接装置，就像插插头的设备"插座"用于连接电器与电线一样，如图 17.4 所示。Java 将套接字抽象化为类，程序设计者只需创建 Socket 类对象，即可使用套接字。

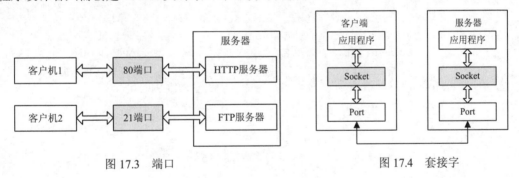

图 17.3　端口　　　　　　　　　　　图 17.4　套接字

17.2　IP 地址封装

扫一扫，看视频

IP 地址是每台计算机在网络中的唯一标识，它是 32 位或 128 位的无符号数字，使用 4 组数字表示一个固定的编号，如"192.168.128.255"就是局域网络中的编号。

IP 地址是一种低级协议，UDP 和 TCP 都是在它的基础上构建的。

Java 提供了 IP 地址的封装类 InetAddress，它位于 java.net 包中，主要封装了 IP 地址，并提供了相关的常用方法，如获取 IP 地址、主机地址等。InetAddress 类的常用方法如表 17.1 所示。

表 17.1　InetAddress 类的常用方法

方　　法	返　回　值	说　　明
getByName(String host)	InetAddress	获取与 Host 相对应的 InetAddress 对象
getHostAddress()	String	获取 InetAddress 对象所含的 IP 地址

（续表）

方　　法	返　回　值	说　　　明
getHostName()	String	获取此 IP 地址的主机名
getLocalHost()	InetAddress	返回本地主机的 InetAddress 对象
isReachable(int timeout)	boolean	在 timeout 指定的毫秒时间内，测试是否可以达到该地址

例 17.1　使用 InetAddress 类的相关方法获得本地主机的本机名和 IP 地址，然后访问同一局域网中的 IP "192.168.1.500" 至 "192.168.1.70" 范围内的所有可访问的主机的名称（如果对方没有安装防火墙，并且网络连接正常的话，都可以访问）。代码如下：（**实例位置：资源包\code\17\01**）

```java
import java.io.IOException;
import java.net.InetAddress;
import java.net.UnknownHostException;
public class IpToName {
    public static void main(String args[]) {
        String IP = null;
        InetAddress host;// 创建 InetAddress 对象
        try {
            host = InetAddress.getLocalHost();// 实例化 InetAddress 对象，用来获取本节
                                              // 的 IP 地址相关信息
            String localname = host.getHostName(); // 获取本机名
            String localip = host.getHostAddress(); // 获取本机 IP 地址
            System.out.println("本机名: " + localname + "  本机 IP 地址: " + localip);
                                              // 将本机名和 IP 地址输出
        } catch (UnknownHostException e) {// 捕获未知主机异常
            e.printStackTrace();
        }
        for (int i = 50; i <= 70; i++) {
            IP = "192.168.1." + i; // 生成 IP 字符串
            try {
                host = InetAddress.getByName(IP); // 获取 IP 封装对象
                if (host.isReachable(2000)) { // 用 2 秒的时间测试 IP 是否可达
                    String hostName = host.getHostName();// 获取指定 IP 地址的主机名
                    System.out.println("IP 地址 " + IP + " 的主机名称是: " + hostName);
                }
            } catch (UnknownHostException e) { // 捕获未知主机异常
                e.printStackTrace();
            } catch (IOException e) { // 捕获输入输出异常
                e.printStackTrace();
            }
        }
        System.out.println("搜索完毕。");
    }
}
```

运行结果如图 17.5 所示。

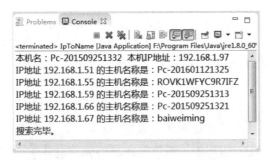

图 17.5　获取本机 IP、主机名及指定 IP 地址段内的所有主机名称

🔊 注意：

InetAddress 类的方法会抛出 UnknownHostException 异常，所以必须进行异常处理。这个异常在主机不存在或网络连接错误时发生。

✍️ 说明：

如果想在没有联网的情况下访问本地主机，可以使用本地回送地址 "127.0.0.1"。

17.3　TCP 程序设计

扫一扫，看视频

　　TCP 传输控制协议是一种面向连接的、可靠的、基于字节流的传输层通信协议。在 Java 中，TCP 程序设计是指利用 ServerSocket 类和 Socket 类编写的网络通信程序。利用 TCP 协议进行通信的两个应用程序是有主次之分的，一个称为服务器端程序，另一个称为客户端程序，两者的功能和编写方法大不一样。服务器端与客户端的交互过程如图 17.6 所示。

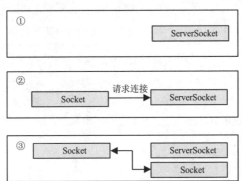

图 17.6　服务器端与客户端的交互

①——服务器程序创建一个 ServerSocket（服务器端套接字），调用 accept()方法等待客户机来连接
②——客户端程序创建一个 Socket，请求与服务器建立连接
③——服务器接收客户机的连接请求，同时创建一个新的 Socket 与客户建立连接。服务器继续等待新的请求

17.3.1　ServerSocket 服务器端

　　java.net 包中的 ServerSocket 类用于表示服务器套接字，其主要功能是等待来自网络上的"请求"，

它可通过指定的端口来等待连接的套接字。服务器套接字一次可以与一个套接字连接。如果多台客户机同时提出连接请求，服务器套接字会将请求连接的客户机存入列队中，然后从中取出一个套接字，与服务器新建的套接字连接起来。若请求连接数大于最大容纳数，则多出的连接请求被拒绝。队列的默认大小是 50。

ServerSocket 类的构造方法都抛出 IOException 异常，分别有以下几种形式。

（1）ServerSocket()：创建非绑定服务器套接字。

（2）ServerSocket(int port)：创建绑定到特定端口的服务器套接字。

（3）ServerSocket(int port, int backlog)：利用指定的 backlog 创建服务器套接字并将其绑定到指定的本地端口号。

（4）ServerSocket(int port, int backlog, InetAddress bindAddress)：使用指定的端口、侦听 backlog 和要绑定到的本地 IP 地址创建服务器。这种情况适用于计算机上有多块网卡和多个 IP 地址的情况，用于可以明确规定 ServerSocket 在哪块网卡或 IP 地址上等待客户的连接请求。

ServerSocket 类的常用方法如表 17.2 所示。

表 17.2　ServerSocket 类的常用方法

方　　法	返　回　值	说　　明
accept()	Socket	等待客户机的连接。若连接，则创建一个套接字
isBound()	boolean	判断 ServerSocket 的绑定状态
getInetAddress()	InetAddress	返回此服务器套接字的本地地址
isClosed()	boolean	返回服务器套接字的关闭状态
close()	void	关闭服务器套接字
bind(SocketAddress endpoint)	void	将 ServerSocket 绑定到特定地址（IP 地址和端口号）
getLocalPort()	int	返回服务器套接字等待的端口号

📢 注意：

使用 ServerSocket 对象的 accept()方法时，会阻塞线程的继续执行，直到接收到客户端的呼叫。例如，下面代码中，如果没有客户端呼叫服务器，那么 System.out.println("连接中")语句将不会执行。实际操作过程中，如果没有客户端请求，accept()方法也没有发生阻塞，肯定是程序出现了问题，通常是使用了一个还在被其他程序占用的端口号，ServerSocket 绑定没有成功。

```
Socket client = server.accept();
System.out.println("连接中");
```

17.3.2　Socket 客户端

调用 ServerSocket 类的 accept()方法会返回一个和客户端 Socket 对象相连接的 Socket 对象，java.net 包中的 Socket 类用于表示客户端套接字，它采用 TCP 建立计算机之间的连接，并包含了 Java 语言所有对 TCP 有关的操作方法，如建立连接、传输数据、断开连接等。

Socket 类定义了多个构造方法，它们可以根据 InetAddress 对象或者字符串指定的 IP 地址和端口号创建实例，其常用的构造方法如下：

（1）Socket()：通过系统默认类型的 SocketImpl 创建未连接套接字。

（2）Socket(InetAddress address, int port)：创建一个流套接字并将其连接到指定 IP 地址的指定端口号。

（3）Socket(InetAddress address, int port, InetAddress localAddr, int localPort)：创建一个套接字并将其连接到指定远程地址上的指定远程端口。

（4）Socket(String host, int port)：创建一个流套接字并将其连接到指定主机上的指定端口号。

（5）Socket(String host, int port, InetAddress localAddr, int localPort)：创建一个套接字并将其连接到指定远程主机上的指定远程端口。

Socket 类的常用方法如表 17.3 所示。

表 17.3　Socket 类的常用方法

方　法	返　回　值	说　明
bind(SocketAddress bindpoint)	void	将套接字绑定到本地地址
close()	void	关闭此套接字
connect(SocketAddress endpoint)	void	将此套接字连接到服务器
connect(SocketAddress endpoint, int timeout)	void	将此套接字连接到服务器，并指定一个超时值
getInetAddress()	InetAddress	返回套接字连接的地址
getInputStream()	InputStream	返回此套接字的输入流
getLocalAddress()	InetAddress	获取套接字绑定的本地地址
getLocalPort()	int	返回此套接字绑定到的本地端口
getOutputStream()	OutputStream	返回此套接字的输出流
getPort()	int	返回此套接字连接到的远程端口
isBound()	boolean	返回套接字的绑定状态
isClosed()	boolean	返回套接字的关闭状态
isConnected()	boolean	返回套接字的连接状态

开发 TCP 网络程序时，使用服务器端套接字的 accept()方法生成的 Socket 对象使用 getOutputStream()方法获得的输出流将指向客户端 Socket 对象使用 getInputStream()方法获得的对应输入流；同样，使用服务器端套接字的 accept()方法生成的 Socket 对象使用 getInputStream()方法获得的输入流将指向客户端 Socket 对象使用 getOutputStream()方法获得的对应输出流。也就是说，当服务器向输出流写入信息时，客户端通过相应的输入流就可以读取，反之亦然。

17.3.3　TCP 网络程序实例

本节介绍一个简单的 TCP 网络程序，主要实现通过 TCP 协议实现服务器端和客户端通信的功能。本实例分为服务器端和客户端两部分，下面分别介绍。

例 17.2　客户端/服务器交互程序。（实例位置：资源包\code\17\02）

（1）服务器端

创建服务器端类 Server，首先创建服务器端套接字对象；然后监听客户端接入，并读取接入的客户端 IP 地址和传入的消息；最后向接入的客户端发送一条信息。代码如下：

```java
import java.io.*;
import java.net.*;
public class Server {
    public static void main(String[] args) throws IOException {
        ServerSocket server = new ServerSocket(1100);// 创建服务器端对象，监听 1100
        System.out.println("服务器启动成功，等待用户接入…");
        // 等待用户接入，直到有用户接入为止，Socket 对象表示客户端
        Socket client = server.accept();
        // 得到接入客户端的 IP 地址
        System.out.println("有客户端接入，客户 IP: " + client.getInetAddress());
        InputStream in = client.getInputStream();// 从客户端生成网络输入流，用于接收来
                                                 自网络的数据
        OutputStream out = client.getOutputStream();// 从客户端生成网络输出流，用来把
                                                    数据发送到网络上
        byte[] bt = new byte[1024];// 定义一个字节数组，用来存储网络数据
        int len = in.read(bt);// 将网络数据写入字节数组
        String data = new String(bt, 0, len);// 将网络数据转换为字符串数据
        System.out.println("来自客户端的消息: " + data);
        out.write("我是服务器，欢迎光临".getBytes());// 服务器端数据发送（以字节数组形势）
        client.close();// 关闭套接字
    }
}
```

运行程序，将输出提示信息，等待客户呼叫。结果如图 17.7 所示。

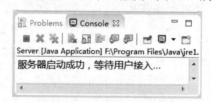

图 17.7　TCP 服务器端程序

（2）客户端

创建客户端类 Client，在该程序中，首先创建客户端套接字，连接指定的服务器；然后向服务器端发送数据和接收服务器端传输的数据。代码如下：

```java
import java.io.*;
import java.net.*;
public class Client {
    public static void main(String[] args) throws UnknownHostException, IOException {
        // 创建客户端套接字，通过指定端口连接服务器，连接本地服务器可以使用本地回送 IP
        Socket client = new Socket("127.0.0.1", 1100);
        System.out.println("连接服务器成功");
        InputStream in = client.getInputStream();// 从客户端生成网络输入流，用于接收来
                                                 自网络的数据
```

```
    OutputStream out = client.getOutputStream();// 从客户端生成网络输出流，用来把
                                                           数据发送到网络上
    out.write("我是客户端，欢迎光临".getBytes());// 客户端数据发送（以字节数组形势）
    byte[] bt = new byte[1024];// 定义一个字节数组，用来存储网络数据
    int len = in.read(bt);// 将网络数据写入字节数组
    String data = new String(bt, 0, len);// 将网络数据转换为字符串数据
    System.out.println("来自服务器的消息: " + data);
    client.close();// 关闭套接字
    }
}
```

首先运行服务器端，然后运行客户端，运行结果如图 17.8 所示，这时再次查看服务器端，可以看到有客户端接入的提示，并接收到了客户端的信息，如图 17.9 所示。

图 17.8　TCP 客户端

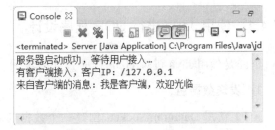

图 17.9　客户端运行后的服务器端效果

✍ 说明：

当一台机器上安装了多个网络应用程序时，很可能指定的端口号已被占用，还可能遇到以前运行良好的网络程序突然运行不了的情况，这种情况很可能也是由于端口被别的程序占用了，此时可以在 cmd 命令窗口中使用命令 netstat -an 查看本机已经使用的端口，如图 17.10 所示。

图 17.10　查看本机的端口占用情况

17.4 UDP 程序设计

UDP 是 User Datagram Protocol 的简称， 中文名是用户数据报协议，它是网络信息传输的另一种形式。UDP 通信和 TCP 通信不同，基于 UDP 的信息传递更快，但不提供可靠的保证。使用 UDP 传递数据时，用户无法知道数据能否正确地到达主机，也不能确定到达目的地的顺序是否和发送的顺序相同。虽然 UDP 是一种不可靠的协议，但如果需要较快地传输信息，并能容忍小的错误，可以考虑使用 UDP。

基于 UDP 通信的基本模式如下。

（1）将数据打包（称为数据包），然后将数据包发往目的地。

（2）接收别人发来的数据包，然后查看数据包。

17.4.1 使用 Java 进行 UDP 程序设计

下面是使用 Java 进行 UDP 程序设计的步骤。

1．发送数据包

（1）使用 DatagramSocket()创建一个数据包套接字。

（2）使用 DatagramPacket(byte[] buf , int offset , int length , InetAddress address , int port)创建要发送的数据包。

（3）使用 DatagramSocket 类的 send()方法发送数据包。

2．接收数据包

（1）使用 DatagramSocket(int port)创建数据包套接字，绑定到指定的端口。

（2）使用 DatagramPacket(byte[] buf , int length)创建字节数组来接收数据包。

（3）使用 DatagramPacket 类的 receive()方法接收 UDP 包。

📢 注意：

DatagramSocket 类的 receive()方法接收数据时，如果还没有可以接收的数据，在正常情况下 receive()方法将阻塞，一直等到网络上有数据传来，receive()接收该数据并返回。如果网络上没有数据发送过来，receive()方法也没有阻塞，肯定是程序有问题，大多数是使用了一个被其他程序占用的端口号。

17.4.2 DatagramPacket 类

java.net 包的 DatagramPacket 类用来表示数据包，该类的构造函数如下。

（1）DatagramPacket(byte[] buf , int length): 创建 DatagramPacket 对象，指定了数据包的内存空间和大小。

（2）DatagramPacket(byte[] buf , int length , InetAddress address , int port): 创建 DatagramPacket 对象，不仅指定了数据包的内存空间和大小，还指定了数据包的目标地址和端口。

✍ 说明：

在发送数据时，必须指定接收方的 Socket 地址和端口号，因此使用第二种构造函数可以创建发送数据的

DatagramPacket 对象。

DatagramPacket 类的常用方法如表 17.4 所示。

表 17.4 DatagramPacket 类的常用方法

方 法	返 回 值	说 明
getAddress()	InetAddress	返回某台机器的 IP 地址,此数据报将要发往该机器或者是从该机器接收到的
getData()	byte[]	返回数据缓冲区
getLength()	int	返回将要发送或接收到的数据的长度
getOffset()	int	返回将要发送或接收到的数据的偏移量
getPort()	int	返回某台远程主机的端口号,此数据报将要发往该主机或者是从该主机接收到的
getSocketAddress()	SocketAddress	获取要将此包发送到的或发出此数据报的远程主机的 SocketAddress
setAddress(InetAddress iaddr)	void	设置要将此数据报发往的那台机器的 IP 地址
setData(byte[] buf) 或 setData(byte[] buf, int offset, int length)	void	为此包设置数据缓冲区
setLength(int length)	void	为此包设置长度
setPort(int iport)	void	设置要将此数据报发往的远程主机上的端口号
setSocketAddress(SocketAddress address)	void	设置要将此数据报发往的远程主机的 SocketAddress(通常为 IP 地址 + 端口号)

17.4.3 DatagramSocket 类

java.net 包中的 DatagramSocket 类用于表示发送和接收数据包的套接字,该类的构造函数有以下 3 种。

(1) DatagramSocket():创建 DatagramSocket 对象,构造数据报套接字并将其绑定到本地主机上任何可用的端口。

(2) DatagramSocket(int port):创建 DatagramSocket 对象,创建数据报套接字并将其绑定到本地主机上的指定端口。

(3) DatagramSocket(int port , InetAddress addr):创建 DatagramSocket 对象,创建数据报套接字,并将其绑定到指定的本地地址,该构造函数适用于有多块网卡和多个 IP 地址的情况。

在接收程序时,必须指定一个端口号,不要让系统随机产生,此时可以使用第二种构造函数。比如有个朋友要你给他写信,可他的地址不确定是不行的。在发送程序时,通常使用第一种构造函数,不指定端口号,这样系统就会为我们分配一个端口号,就像寄信不需要到指定的邮局去寄一样。

DatagramSocket 类的常用方法如表 17.5 所示。

表 17.5 DatagramSocket 类的常用方法

方　　法	返　回　值	说　　明
bind(SocketAddress addr)	void	将此 DatagramSocket 绑定到特定的地址和端口
close()	void	关闭此数据报套接字
connect(InetAddress address, int port)	void	将套接字连接到此套接字的远程地址
connect(SocketAddress addr)	void	将此套接字连接到远程套接字地址（IP 地址 + 端口号）
disconnect()	void	断开套接字的连接
getInetAddress()	InetAddress	返回此套接字连接的地址
getLocalAddress()	InetAddress	获取套接字绑定的本地地址
getLocalPort()	int	返回此套接字绑定的本地主机上的端口号
getLocalSocketAddress()	SocketAddress	返回此套接字绑定的端点的地址，如果尚未绑定则返回 null
getPort()	int	返回此套接字的端口
isBound()	boolean	返回套接字的绑定状态
isClosed()	boolean	返回是否关闭了套接字
isConnected()	boolean	返回套接字的连接状态
receive(DatagramPacket p)	void	从此套接字接收数据报包
send(DatagramPacket p)	void	从此套接字发送数据报包

使用 DatagramSocket 类创建的套接字是单个的数据报套接字。UDP 协议是一种多播数据传输协议，那么可以创建多播的数据报套接字吗？答案是肯定的，DatagramSocket 类提供了一个子类 MulticastSocket，它表示多播数据报套接字，该类用于发送和接收 IP 多播包。MulticastSocket 类是一种（UDP）DatagramSocket，它具有加入 Internet 上其他多播主机的"组"的附加功能，多播组的 IP 地址范围在 224.0.0.0 和 239.255.255.255 的范围内（包括两者），但这里需要说明的是地址 224.0.0.0 虽然被保留，但不应该使用。

由于 MulticastSocket 类是 DatagramSocket 类的子类，因此它包含 DatagramSocket 类中的所有公有方法，除此之外，它还有两个特殊的方法 joinGroup 和 leaveGroup，分别如下。

（1）joinGroup(InetAddress mcastaddr)：加入多播组，参数 mcastaddr 表示要加入的多播地址。

（2）leaveGroup(InetAddress mcastaddr)：离开多播组，参数 mcastaddr 表示要离开的多播地址。

17.4.4 UDP 网络程序实例

根据前面所讲的网络编程的基本知识，以及 UDP 网络编程的特点，下面创建一个广播数据报程序。广播数据报是一种较新的技术，类似于电台广播，广播电台需要在指定的波段和频率上广播信息，收听者也要将收音机调到指定的波段、频率才可以收听广播内容。

例 17.3 本实例要求主机不断地重复播出节目预报，这样可以保证加入到同一组的主机随时接收到广播信息。接收者将正在接收的信息放在一个文本域中，并将接收的全部信息放在另一个文本

域中。(**实例位置：资源包\code\17\03**)

（1）广播主机程序不断地向外播出信息。代码如下：

```java
import java.net.*;
import java.text.SimpleDateFormat;
import java.util.Date;
public class BroadCast extends Thread { // 创建类。该类为多线程执行程序
    int port = 9898; // 定义端口，通过该端口进行数据的发送和接收
    InetAddress iaddress = null; // 创建 InetAddress 对象，用来指定主机所在多播组
    MulticastSocket socket = null; // 声明多点广播套接字
    BroadCast() { // 构造方法
        try {
            // 实例化 InetAddress，指定主机所在的组，组的范围为：224.0.0.0~239.255.255.255
            iaddress = InetAddress.getByName("224.255.10.0");
            socket = new MulticastSocket(port); // 实例化多点广播套接字
            socket.setTimeToLive(1); // 指定发送范围是本地网络
            socket.joinGroup(iaddress); // 加入广播组
        } catch (Exception e) {
            e.printStackTrace(); // 输出异常信息
        }
    }
    public void run() { // run()方法
        while (true) {
            DatagramPacket packet = null; // 声明 DatagramPacket 对象，作为要发送的数据包
            Date now = new Date();// 创建当前日期类
                SimpleDateFormat dateFormat = new SimpleDateFormat("HH:mm:ss");
                                                                    // 指定日期格式
            // 要发送的信息
            String broadcast = "(" + dateFormat.format(now) + ")节目预报：八点有大型
晚会，请收听";
            byte data[] = broadcast.getBytes(); // 声明字节数组，存储要发送的内容
            // 生成要发送的数据包
            packet = new DatagramPacket(data, data.length, iaddress, port);
            System.out.println(new String(data)); // 将广播信息输出
            try {
                socket.send(packet); // 发送数据
                sleep(2000); // 线程休眠
            } catch (Exception e) {
                e.printStackTrace(); // 输出异常信息
            }
        }
    }

    public static void main(String[] args) { // 主方法
        BroadCast bCast = new BroadCast(); // 创建本类对象
        bCast.start(); // 启动线程
    }
}
```

运行结果如图 17.11 所示。

图 17.11　广播主机程序的运行结果

（2）接收广播程序：单击"开始接收"按钮，系统开始接收主机播出的信息；单击"停止接收"按钮，系统会停止接收广播主机播出的信息。代码如下：

```java
import java.awt.*;
import java.net.*;
import javax.swing.*;
import java.awt.event.*;
public class Receive extends JFrame implements Runnable, ActionListener {
    int port; // 定义 int 型变量，存储端口号
    InetAddress group = null; // 声明 InetAddress 对象,
    MulticastSocket socket = null; // 创建多点广播套字对象
    JButton ince = new JButton("开始接收"); // "开始接收" 按钮
    JButton stop = new JButton("停止接收");// "停止接收" 按钮
    JTextArea inceAr = new JTextArea(10, 10); // 显示接收广播的提示
    JTextArea inced = new JTextArea(10, 10);// 显示接收到的广播
    Thread thread; // 创建 Thread 对象，用来新开线程执行广播接收操作
    boolean getMessage = true; // 是否接收广播
    public Receive() { // 构造方法
        super("广播数据报"); // 设置窗体标题
        setDefaultCloseOperation(WindowConstants.EXIT_ON_CLOSE);// 设置窗体关闭方式
        thread = new Thread(this);// 实例化线程对象
        ince.addActionListener(this); // 绑定 "开始接收" 按钮的单击事件
        stop.addActionListener(this); // 绑定 "停止接收" 按钮的单击事件
        inceAr.setForeground(Color.blue); // 指定提示文本域中文字颜色
        JPanel north = new JPanel(); // 创建 Jpane 对象
        north.add(ince); // 将按钮添加到面板 north 上
        north.add(stop);
        add(north, BorderLayout.NORTH); // 将 north 放置在窗体的上部
        JPanel center = new JPanel(); // 创建面板对象 center
        center.setLayout(new GridLayout(1, 2)); // 设置面板布局
        center.add(inceAr); // 将文本域添加到面板上
        final JScrollPane scrollPane = new JScrollPane();
        center.add(scrollPane);
        scrollPane.setViewportView(inced);
        add(center, BorderLayout.CENTER); // 设置面板布局
        validate(); // 重新验证容器中的组件，即刷新组件
        port = 9898; // 设置端口号
        try {
            group = InetAddress.getByName("224.255.10.0"); // 指定接收地址
```

```java
            socket = new MulticastSocket(port); // 绑定多点广播套接字
            socket.joinGroup(group); // 加入广播组
        } catch (Exception e) {
            e.printStackTrace(); // 输出异常信息
        }
        setBounds(100, 50, 360, 380); // 设置布局
        setVisible(true); // 将窗体设置为显示状态
    }
    public void run() { // run()方法
        while (getMessage) {// 循环接收广播报文, 直到 getMessage 被改为 false
            byte data[] = new byte[1024]; // 创建 byte 数组, 用来存储接收到的数据
            DatagramPacket packet = null; // 创建 DatagramPacket 对象
            // 待接收的数据包
            packet = new DatagramPacket(data, data.length, group, port);
            try {
                socket.receive(packet); // 接收数据包
                // 获取数据包中内容, 转换为字符串
                String message = new String(packet.getData(),0,packet.getLength());
                // 将接收内容显示在文本域中
                inceAr.setText("正在接收的内容: \n" + message);
                inced.append(message + "\n"); // 每条信息为一行
            } catch (Exception e) {
                e.printStackTrace(); // 输出异常信息
            }
        }
    }
    public void actionPerformed(ActionEvent e) { // 按钮的单击事件
        if (e.getSource() == ince) { // 如果是"开始接收"按钮
            ince.setBackground(Color.red); // 设置按钮颜色
            stop.setBackground(Color.yellow);
            if (!(thread.isAlive())) { // 如线程不处于"新建状态"
                thread = new Thread(this); // 实例化 Thread 对象
                getMessage = true; // 开始接收数据
            }
            thread.start(); // 启动线程
        }
        if (e.getSource() == stop) { // 如果是"停止接收"按钮
            ince.setBackground(Color.yellow); // 设置按钮颜色
            stop.setBackground(Color.red);
            getMessage = false; // 停止接收数据
        }
    }
    public static void main(String[] args) { // 主方法
        Receive rec = new Receive(); // 创建本类对象
        rec.setSize(460, 200); // 设置窗体大小
    }
}
```

运行结果如图 17.12 所示。

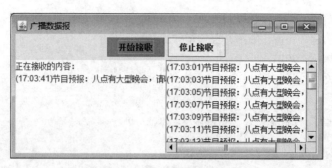

图 17.12　接收广播的运行结果

✐ 说明：

> 要广播或接收广播的主机地址必须加入到一个组内，地址范围为 224.0.0.0~239.255.255.255，这类地址并不代表某个特定主机的位置。加入到同一个组的主机可以在某个端口上广播信息，也可以在某个端口上接收信息。

扫一扫，看视频

17.5　多线程聊天室

现在，读者可以结合本章所学内容开发网络应用程序。本节将介绍一个多线程聊天室的开发过程，该程序使用了 Swing 设置程序 UI 界面，并结合 Java 语言多线程技术使网络聊天程序更加符合实际需求（可以不间断的，收发多条信息）。运行程序时，首先需要启动服务器端（即 ChatRoomServer.java 文件），然后运行客户端（LinkServerFrame.java 文件），弹出"连接服务器"对话框，如图 17.13 所示，该对话框中输入服务器的 IP 地址和聊天室中要显示的用户名。

单击"连接服务器"按钮，进入到"客户端"窗体，以同样的方式再次打开一个或多个"客户端"窗体，然后在该窗体下方的文本框中输入内容，单击"发送"按钮，即可在所有打开的"客户端"窗体中显示聊天记录，如图 17.14 所示。

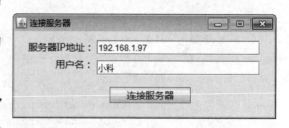

图 17.13　"连接服务器"对话框

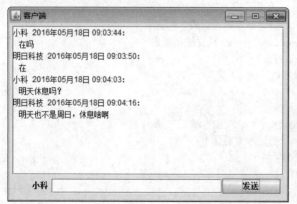 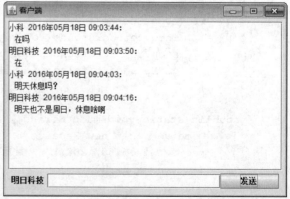

图 17.14　聊天界面

当单击某一个"客户端"窗体的关闭按钮时，弹出"确定"对话框，如图 17.15 所示，该对话框中单击"是"按钮，即可关闭相应的窗体，同时将该用户已退出聊天室的记录显示在其他"客户端"窗体中，如图 17.16 所示。

图 17.15 "确定"对话框   图 17.16 显示有用户退出聊天室

程序开发步骤如下。

（1）编写 ChatRoomServer 类，用来创建聊天的服务器。代码如下：

```java
public class ChatRoomServer {
    private ServerSocket serverSocket;// 服务器套接字
    private HashSet<Socket> allSockets;// 客户端套接字集合
    /**
     * 聊天室服务器的构造方法
     */
    public ChatRoomServer() {
        try {
            serverSocket = new ServerSocket(4569);// 开启服务器 4569 接口
        } catch (IOException e) {
            e.printStackTrace();
        }
        allSockets = new HashSet<Socket>();// 实例化客户端套接字集合
    }

    /**
     * 启动聊天室服务器的方法
     */
    public void startService() throws IOException {
        while (true) {
            Socket s = serverSocket.accept();// 获得一个客户端的连接
            System.out.println("用户已进入聊天室");
            allSockets.add(s);// 将客户端连接的套接字放到集合中
            new ServerThread(s).start();// 为此客户端单独创建一个事务处理线程
        }
    }

    /**
```

```java
 * 服务器线程内部类
 */
private class ServerThread extends Thread {
    Socket socket; // 客户端套接字

    public ServerThread(Socket socket) {// 通过构造方法获取客户端连接
        this.socket = socket;
    }

    public void run() {
        BufferedReader br = null;
        try {
            // 将客户端套接字输入流转换为字节流读取
            br = new BufferedReader(new InputStreamReader(socket.getInputStream()));
            while (true) {// 无限循环
                String str = br.readLine();// 读取到一行之后，则赋值给字符串
                if (str.contains("%EXIT%")) {// 如果文本内容中包括 "%EXIT%"
                    allSockets.remove(socket);// 集合删除此客户端连接
                    // 服务器向所有客户端接口发送退出通知
                    sendMessageTOAllClient(str.split(":")[1] + " 用户已退出聊天室");
                    socket.close();// 关闭此客户端连接
                    return;// 结束循环
                }
                sendMessageTOAllClient(str);// 向所有客户端发送此客户端发来的文本信息
            }
        } catch (IOException e) {
            e.printStackTrace();
        }
    }

    /**
     * 发送信息给所有客服端的方法
     *
     * @param message
     *            服务器向所有客户端发送文本内容
     */
    public void sendMessageTOAllClient(String message) throws IOException {
        for (Socket s : allSockets) {// 循环集合中所有的客户端连接
            PrintWriter pw = new PrintWriter(s.getOutputStream());// 创建输出流
            pw.println(message);// 输写入文本内容
            pw.flush();// 输出流刷新
        }
    }
}

public static void main(String[] args) {
    try {
        new ChatRoomServer().startService();
    } catch (IOException e) {
        e.printStackTrace();
```

```
            }
        }
    }
```

（2）编写 ChatRoomClient 类，主要用来实现客户端连接服务器，并接收消息的功能。代码如下：

```java
/**
 * 聊天室客户端
 */
public class ChatRoomClient {
    private Socket socket;// 客户端套接字
    private BufferedReader bufferReader;// 字节流读取套接字输入流
    private PrintWriter pWriter;// 字节流写入套接字输出流

    /**
     * 聊天室客户端的构造方法
     *
     * @param host
     *              服务器的 IP 地址
     * @param port
     *              服务器与客户端互联的端口
     */
    public ChatRoomClient(String host, int port) throws UnknownHostException,
IOException {
        socket = new Socket(host, port);// 连接服务器
        bufferReader = new BufferedReader(new InputStreamReader(socket.getInput
Stream()));// 字节流读取套接字输入流
        pWriter = new PrintWriter(socket.getOutputStream());// 字节流写入套接字输出流
    }

    /**
     * 聊天室客户端发送消息的方法
     *
     * @param str    客户端发送的消息
     */
    public void sendMessage(String str) {// 发送消息
        pWriter.println(str);
        pWriter.flush();
    }

    /**
     * 聊天室客户端获取消息的方法
     *
     * @return 读取某个客户端发送的消息
     */
    public String reciveMessage() {// 获取消息
        try {
            return bufferReader.readLine();
        } catch (IOException e) {
            e.printStackTrace();
```

```
        }
        return null;
    }

    /**
     * 关闭套接字连接的方法
     */
    public void close() {// 关闭套接字连接
        try {
            socket.close();
        } catch (IOException e) {
            e.printStackTrace();
        }
    }
}
```

（3）编写 LinkServerFrame 类，该类继承自 JFrame，用来作为"连接服务器"窗体，该窗体中主要添加两个 JTextField 组件和一个 JButton 组件，其中 JTextField 组件分别用来输入服务器 IP 地址和要在聊天室中显示的用户名，JButton 组件用来实现连接服务器功能；该窗体的主要功能是连接服务器。关键代码如下：

```
protected void do_btnLink_actionPerformed(ActionEvent e) {
    if (!tfIP.getText().equals("") && !tfUserName.getText().equals("")) {
                                              // 文本框中的内容不为空时
        dispose();// 销毁当前窗体
            // 创建客户端窗体对象并传参
        ClientFrame clientFrame = new ClientFrame(tfIP.getText().trim(),
tfUserName.getText().trim());
        clientFrame.setVisible(true);// 显示客户端窗体
    } else {
        JOptionPane.showMessageDialog(null, "文本框里的内容不能为空!", "警告", JOptionPane.
WARNING_MESSAGE);
    }
}
```

（4）上面的代码中用到了 ClientFrame 类，该类是用户自己创建的一个类，用来表示客户端窗体，该类继承自 JFrame 成为窗体类。ClientFrame 类中首先需要定义用到的成员变量。代码如下：

```
private JPanel contentPane; // 下方面板
private JLabel lblUserName;// 显示用户名
private JTextField tfMessage; // 信息发送文本框
private JButton btnSend;// 发送按钮
private JTextArea textArea;// 信息接收文本域
private String userName;// 用户名称
private ChatRoomClient client;// 客户端连接对象
```

（5）在 ClientFrame 类的构造方法中开启窗口监听，在窗口关闭监听事件中实现是否退出聊天室的功能。代码如下：

```
this.userName = userName;
this.addWindowListener(new WindowAdapter() {// 开启窗口监听
    public void windowClosing(WindowEvent atg0) {// 窗口关闭时
        int op = JOptionPane.showConfirmDialog(ClientFrame.this,
```

```
                "确定要退出聊天室吗？", "确定", JOptionPane.YES_NO_OPTION);// 弹出提示框
        if (op == JOptionPane.YES_OPTION) {// 如果选择是
            client.sendMessage("%EXIT%:" + userName);// 发送消息
            try {
                Thread.sleep(200);
            } catch (InterruptedException e) {
                e.printStackTrace();
            }
            client.close();// 关闭客户端连接
            System.exit(0);// 关闭程序
        }
    }
});
```

（6）在 ClientFrame 类的构造方法中为 "发送" 按钮添加动作监听事件。代码如下：

```
btnSend = new JButton("发送");
btnSend.addActionListener(new ActionListener() {
    public void actionPerformed(ActionEvent e) {
    Date date = new Date();//创建时间类
    SimpleDateFormat df = new SimpleDateFormat("yyyy年MM月dd日 HH:mm:ss");
                                                        //设定日期格式
    client.sendMessage(userName + " "+df.format(date)+": \n   " + tfMessage.getText());
// 向服务器发送消息
    tfMessage.setText("");// 输入框为空

    }
});
```

（7）在 ClientFrame 类的构造方法中实例化客户端对象，并且启动线程，实时读取并显示接收到的消息。代码如下：

```
try {
    client = new ChatRoomClient(ip, 4569);// 创建客户端对象
} catch (UnknownHostException e1) {
    e1.printStackTrace();
} catch (IOException e1) {
    e1.printStackTrace();
}
ReadMessageThread messageThread = new ReadMessageThread();// 创建读取客户端消息的线
                                                        程类对象
messageThread.start();// 启动读取客户端消息的线程类对象
```

（8）上面的代码中用到了 ReadMessageThread 类，该类是用户自定义的一个类，继承自 Thread 线程类，主要用来接收消息并显示。代码如下：

```
private class ReadMessageThread extends Thread {
    public void run() {// 线程主方法
        while (true) {// 无限循环
            String str = client.reciveMessage();// 客户端收到服务器发来的文本内容
            textArea.append(str + "\n");// 向文本框添加文本内容
        }
    }
}
```

本程序可以在同一台计算机上运行也可以在多台计算机上运行，程序启动后，在"服务器 IP 地址"文本框中输入服务器的 IP 地址，并输入用户名后，即可在信息发送文本框中输入将要发送的信息，单击"发送"按钮，如果同一台计算机上再次运行本程序或在另一台计算机上也运行了本程序，就可以接收到发送的信息。

17.6 小　　结

本章主要讲解了 Java 中的网络编程知识，对于网络协议等基础内容，程序设计人员应该有所了解，有兴趣的读者还可以查阅其他资料来获取更详细的信息。本章重点讲解的是如何使用 Java 进行 TCP 和 UDP 网络程序设计，其中，设计 TCP 网络程序，主要用到了 ServerSocket 类和 Socket 类，而设计 UDP 网络程序，主要用到 DatagramPacket 类和 DatagramSocket 类，另外，在设计 UDP 网络程序时，如果需要加入 Internet 上其他多播主机的"组"，还可以使用 MulticastSocket 类。以上提到的这些类都位于 java.net 包中，学习本章时，重点要掌握以上这几个类的使用方法。

第 18 章　使用 JDBC 操作数据库

扫一扫，看视频

JDBC 技术是连接数据库与 Java 应用程序的纽带。学习 Java 语言，必然要学习 JDBC 技术，因为 JDBC 技术是在 Java 语言中被广泛使用的一种操作数据库的技术。大部分应用程序都是使用数据库保存数据的，而使用 JDBC 技术访问数据库可达到查找满足条件的记录，或者对数据库进行增、删、改的目的。本章将向读者介绍如何使用 JDBC 操作数据库，这里以 MySQL 为例进行讲解。

通过阅读本章，您可以：

- ➥ 回顾基本的 SQL 语法
- ➥ 了解 JDBC 技术的概念
- ➥ 掌握 JDBC 中常用的类和接口
- ➥ 掌握如何使用 JDBC 连接 MySQL 数据库
- ➥ 掌握如何查询 MySQL 数据库（包括动态查询）
- ➥ 掌握如何对 MySQL 数据库进行增、删、改操作
- ➥ 掌握如何对 MySQL 数据库进行批量操作
- ➥ 熟悉如何使用 JDBC 调用存储过程

18.1　JDBC 概述

数据库在应用程序中占据着非常重要的地位。从原来的 Sybase 数据库，发展到今天的 SQL Server、MySQL、Oracle 等高级数据库，数据库已经相当成熟了。

18.1.1　数据库基础

扫一扫，看视频

数据库是一种存储结构，它允许使用各种格式输入、处理和检索数据，不必在每次需要数据时重新输入。例如，当需要某人的电话号码时，需要查看电话簿，按照姓名来查阅，这个电话簿就是一个数据库。

当前比较流行的数据库主要有 MySQL、Oracle、SQL Server 等，它们各有特点，本章主要以 MySQL 为例对 JDBC 技术进行讲解。

使用 JDBC 操作数据库，SQL 语句是必不可少的，SQL 是一种结构化查询语言，通过使用它，可以很方便地查询、操作、定义和控制数据库中的数据。本节主要回顾一下查询、添加、修改和删除数据的 SQL 语法，要操作的数据表以 tb_employees 为例，该表的结构及部分数据如图 18.1 所示。

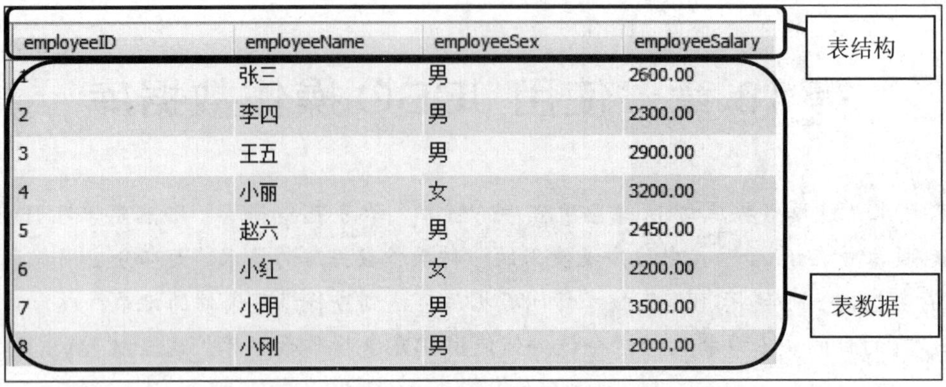

employeeID	employeeName	employeeSex	employeeSalary	
1	张三	男	2600.00	表结构
2	李四	男	2300.00	
3	王五	男	2900.00	
4	小丽	女	3200.00	
5	赵六	男	2450.00	
6	小红	女	2200.00	
7	小明	男	3500.00	表数据
8	小刚	男	2000.00	

图 18.1　tb_employees 表的结构及部分数据

1．select 语句

select 语句用于从数据表中检索数据。

语法如下：

```
SELECT 所选字段列表 FROM 数据表名
WHERE 条件表达式 GROUP BY 字段名 HAVING 条件表达式(指定分组的条件)
ORDER BY 字段名[ASC|DESC]
```

例如，将 tb_employees 表中所有女员工的姓名、薪水按薪水升序的形式检索出来，SQL 语句如下：

```
select employee_name,employee_salary form tb_employees where employee_sex = '女'
order by employee_salary;
```

2．insert 语句

insert 语句用于向表中插入新数据。

语法如下：

```
insert into 表名[(字段名1,字段名2…)]
values(属性值1,属性值2, …)
```

例如，向 tb_employees 表中插入数据，SQL 语句如下：

```
insert into tb_employees values(2,'lili','女',3500);
```

3．update 语句

update 语句用于更新数据表中的某些记录。

语法如下：

```
UPDATE 数据表名 SET 字段名 = 新的字段值 WHERE 条件表达式
```

例如，修改 tb_employees 表中编号是 2 的员工薪水为 4000，SQL 语句如下：

```
update tb_employees set employee_salary = 4000 where employee_id = 2;
```

4．delete 语句

delete 语句用于删除数据。

语法如下：

```
delete from 数据表名 where 条件表达式
```

例如，将 tb_employees 表中编号为 2 的员工删除，SQL 语句如下：

```
delete from tb_employees where employee_id = 2;
```

18.1.2　JDBC 简介

JDBC 的全称是 Java DataBase Connectivity，它是一种可用于执行 SQL 语句的 Java API（Application Programming Interface，应用程序设计接口），是连接数据库和 Java 应用程序的纽带。由于 JDBC 是一种底层的 API，因此访问数据库时需要在业务逻辑层中嵌入 SQL 语句。使用 JDBC 操作数据库的主要步骤如图 18.2 所示。

图 18.2　使用 JDBC 操作数据库的主要步骤

需要注意的是，JDBC 并不能直接访问数据库，必须依赖于数据库厂商提供的 JDBC 驱动程序。

18.2　JDBC 中常用的类和接口

在 Java 语言中提供了丰富的类和接口用于数据库编程，利用这些类和接口可以方便地进行数据访问和处理。本节将介绍一些常用的 JDBC 接口和类，这些类或接口都在 java.sql 包中。

18.2.1　DriverManager 类

DriverManager 类用来管理数据库中的所有驱动程序，它是 JDBC 的管理层，作用于用户和驱动程序之间，跟踪可用的驱动程序，并在数据库的驱动程序之间建立连接。这里提到数据库驱动程序，在使用 Java 操作数据库之前，首先需要加载驱动程序，Java 中使用 Class 类的静态方法 forName(String className)加载要连接数据库的驱动程序。

例如，加载 MySQL 数据库驱动程序（包名为 mysql_connector_java_5.1.36_bin.jar）的代码如下：

```
try {                                //加载 MySQL 数据库驱动
    Class.forName("com.mysql.jdbc.Driver");
} catch (ClassNotFoundException e) {
```

```
        e.printStackTrace();
}
```

 多学两招：

Java SQL 框架允许加载多个数据库驱动程序，例如：

（1）加载 Oracle 数据库驱动程序（包名为 ojdbc6.jar）

```
Class.forName("oracle.jdbc.driver.OracleDriver ");
```

（2）加载 SQL Server 2000 数据库驱动程序（包名为 msbase.jar、mssqlserver.jar、msutil.jar）

```
Class.forName("com.microsoft.jdbc.sqlserver.SQLServerDriver");
```

（3）加载 SQL Server 2005 以上版本数据库驱动程序（包名为 sqljdbc4.jar）

```
Class.forName("com.microsoft.sqlserver.jdbc.SQLServerDriver ");
```

加载完相应的数据库程序后，Java 会自动将驱动程序的实例注册到 DriverManager 类中，这时即可通过该类的 getConnection() 方法建立连接。DriverManager 类的常用方法如表 18.1 所示。

表 18.1　DriverManager 类的常用方法

方　　法	功　能　描　述
getConnection(String url, String user, String password)	指定 3 个入口参数（依次是连接数据库的 URL、用户名、密码）来获取与数据库的连接
setLoginTimeout()	获取驱动程序试图登录到某一数据库时可以等待的最长时间，以秒为单位
println(String message)	将一条消息打印到当前 JDBC 日志流中

例如，使用 DriverManager 获取本地 MySQL 数据库连接的代码如下：

```
DriverManager.getConnection("jdbc:mysql://127.0.0.1:3306/test","root","password");
```

✍ 说明：

127.0.0.1 表示本地 IP 地址，3306 是 MySQL 的默认端口，test 是数据库名称

使用 DriverManager 获取本地 SQLServer 2000 数据库连接的代码如下：

```
DriverManager.getConnection("jdbc:microsoft:sqlserver://192.168.1.107:1433;Data
baseName=test","sa","password");
```

使用 DriverManager 获取本地 SQLServer 2005 以上版本数据库连接的代码如下：

```
DriverManager.getConnection("jdbc:sqlserver://192.168.1.107:1433;DatabaseName=t
est","sa","password");
```

使用 DriverManager 获取本地 Oracle 数据库连接的代码如下：

```
DriverManager.getConnection("jdbc:oracle:thin:@//192.168.1.107:1521/test","syst
em","password");
```

18.2.2　Connection 接口

Connection 接口代表与特定的数据库的连接，其常用方法如表 18.2 所示。

表 18.2　Connection 接口的常用方法

方　　法	功　能　描　述
createStatement()	创建 Statement 对象
createStatement(int resultSetType, int resultSetConcurrency)	创建一个 Statement 对象，该对象将生成具有给定类型、并发性和可保存性的 ResultSet 对象

（续表）

方　法	功　能　描　述
preparedStatement()	创建预处理对象 preparedStatement
prepareCall(String sql)	创建一个 CallableStatement 对象来调用数据库存储过程
isReadOnly()	查看当前 Connection 对象的读取模式是否是只读形式
setReadOnly()	设置当前 Connection 对象的读写模式，默认为非只读模式
commit()	使所有上一次提交/回滚后进行的更改成为持久更改，并释放此 Connection 对象当前持有的所有数据库锁
roolback()	取消在当前事务中进行的所有更改，并释放此 Connection 对象当前持有的所有数据库锁
close()	立即释放此 Connection 对象的数据库和 JDBC 资源，而不是等待它们被自动释放

例如，使用 Connection 对象连接 MySQL 数据库。代码如下：

```
Connection con;                    //声明 Connection 对象
try {                              //加载 MySQL 数据库驱动类
Class.forName("com.mysql.jdbc.Driver");
} catch (ClassNotFoundException e) {
 e.printStackTrace();
}
try {                              //通过访问数据库的 URL 获取数据库连接对象
con=DriverManager.getConnection("jdbc:mysql://127.0.0.1:3306/test","root","root");
} catch (SQLException e) {
e.printStackTrace();
}
```

18.2.3　Statement 接口

Statement 接口用于在已经建立连接的基础上向数据库发送 SQL 语句，其常用方法如表 18.3 所示。

表 18.3　Statement 接口中常用的方法

方　法	功　能　描　述
execute(String sql)	执行静态的 SELECT 语句，该语句可能返回多个结果集
executeQuery(String sql)	执行给定的 SQL 语句，该语句返回单个 ResultSet 对象
clearBatch()	清空此 Statement 对象的当前 SQL 命令列表
executeBatch()	将一批命令提交给数据库来执行，如果全部命令执行成功，则返回更新计数组成的数组。数组元素的排序与 SQL 语句的添加顺序对应
addBatch(String sql)	将给定的 SQL 命令添加到此 Statement 对象的当前命令列表中。如果驱动程序不支持批量处理，将抛出异常
close()	释放 Statement 实例占用的数据库和 JDBC 资源

例如，使用连接数据库对象 con 的 createStatement()方法创建 Statement 对象 sql。代码如下：

```
try {
```

```
        Statement stmt = con.createStatement();
} catch (SQLException e) {
        e.printStackTrace();
}
```

18.2.4　PreparedStatement 接口

PreparedStatement 接口继承自 Statement 接口，用来执行动态的 SQL 语句。PreparedStatement
接口的常用方法如表 18.4 所示。

表 18.4　PreparedStatement 接口提供的常用方法

方　　法	功　能　描　述
setInt(int index , int k)	将指定位置的参数设置为 int 值
setFloat(int index , float f)	将指定位置的参数设置为 float 值
setLong(int index,long l)	将指定位置的参数设置为 long 值
setDouble(int index , double d)	将指定位置的参数设置为 double 值
setBoolean(int index ,boolean b)	将指定位置的参数设置为 boolean 值
setDate(int index , date date)	将指定位置的参数设置为对应的 date 值
executeQuery()	在此 PreparedStatement 对象中执行 SQL 查询，并返回该查询生成的 ResultSet 对象
setString(int index String s)	将指定位置的参数设置为对应的 String 值
setNull(int index , int sqlType)	将指定位置的参数设置为 SQL NULL
executeUpdate()	执行前面包含的参数的动态 INSERT、UPDATE 或 DELETE 语句
clearParameters()	清除当前所有参数的值

例如，使用连接数据库对象 con 的 prepareStatement()方法创建 PrepareStatement 对象 sql，其中
需要设置一个参数。代码如下：

```
PrepareStatement  ps = con.prepareStatement("select * from tb_stu where name = ?");
ps.setInt(1, "阿强");  //将 sql 中第 1 个问号的值设置为"阿强"
```

18.2.5　CallableStatement 接口

CallableStatement 接口继承并扩展了 PreparedStatement 接口，用来执行对数据库的存储过程的
调用，其常用方法如表 18.5 所示。

表 18.5　CallableStatement 接口提供的常用方法

方　　法	功　能　描　述
get+数据类型（如 getInt）	以 Java 中指定类型值的形式获取指定的 JDBC 中相应类型参数的值
set+数据类型（如 setInt）	将指定参数设置为 Java 中指定数据类型的值

在执行存储过程之前，必须注册所有输出参数（out）的类型，它们的值是在执行后通过 getXxx()

方法获得的。

例如，使用 Connection 对象的 prepareCall 方法生成一个 CallableStatement 对象，并指定执行 pro_insert 存储过程：

```
CallableStatement cablStmt = conn.prepareCall("{call pro_insert(?,?)}");  // 调
用存储过程
```

📢 注意：

在调用存储过程时，要严格遵守"{call pro_insert(?,?)}"格式，其中"pro_insert"为存储过程的名称，每个"？"代表一个参数，之间用","分隔。

18.2.6　ResultSet 接口

ResultSet 接口类似于一个临时表，用来暂时存放数据库查询操作所获得的结果集。ResultSet 实例具有指向当前数据行的指针，指针开始的位置在第一条记录的前面，通过 next()方法可将指针向下移。ResultSet 接口的常用方法如表 18.6 所示。

表 18.6　ResultSet 接口提供的常用方法

方　　法	功　能　描　述
getInt()	以 int 形式获取 ResultSet 对象的当前行的指定列值。如果列值是 NULL，则返回值是 0
getFloat()	以 float 形式获取 ResultSet 对象的当前行的指定列值。如果列值是 NULL，则返回值是 0
getDate()	以 data 形式获取 ResultSet 对象的当前行的指定列值。如果列值是 NULL，则返回值是 null
getBoolean()	以 boolean 形式获取 ResultSet 对象的当前行的指定列值。如果列值是 NULL，则返回 null
getString()	以 String 形式获取 ResultSet 对象的当前行的指定列值。如果列值是 NULL，则返回 null
getObject()	以 Object 形式获取 ResultSet 对象的当前行的指定列值。如果列值是 NULL，则返回 null
first()	将指针移到当前记录的第一行
last()	将指针移到当前记录的最后一行
next()	将指针向下移一行
beforeFirst()	将指针移到集合的开头（第一行位置）
afterLast()	将指针移到集合的尾部（最后一行位置）
absolute(int index)	将指针移到 ResultSet 给定编号的行
isFrist()	判断指针是否位于当前 ResultSet 集合的第一行。如果是则返回 true，否则返回 false
isLast()	判断指针是否位于当前 ResultSet 集合的最后一行。如果是则返回 true，否则返回 false
updateInt()	用 int 值更新指定列
updateFloat()	用 float 值更新指定列
updateLong()	用指定的 long 值更新指定列
updateString()	用指定的 string 值更新指定列
updateObject()	用 Object 值更新指定列
updateNull()	将指定的列值修改为 NULL

（续表）

方　　法	功 能 描 述
updateDate()	用指定的 date 值更新指定列
updateDouble()	用指定的 double 值更新指定列
getrow()	查看当前行的索引号
insertRow()	将插入行的内容插入到数据库
updateRow()	将当前行的内容同步到数据表
deleteRow()	删除当前行，但并不同步到数据库中，而是在执行 close()方法后同步到数据库

✍ 说明：

使用 updateXXX()方法更新行数据时，并没有将对数据进行的操作同步到数据库中，需要执行 updateRow()方法或 insertRow()方法才可以更新数据库。

例如，有一个 Statement 对象 sql，现在使用该对象获取 tb_stu 表中的所有数据，并存储到 ResultSet 中，然后输出获取到的所有数据。代码如下：

```
ResultSet res = sql.executeQuery("select * from tb_stu");    //获取查询的数据
while (res.next()) {                                          //如果当前语句不是最后一条，则
                                                             进入循环

    String id = res.getString("id");                         //获取列名是 id 的字段值
    String name = res.getString("name");                     //获取列名是 name 的字段值
    String sex = res.getString("sex");                       //获取列名是 sex 的字段值
    String birthday = res.getString("birthday");             //获取列名是 birthday 的字段值
    System.out.print("编号: " + id);                         //将列值输出
    System.out.print(" 姓名:" + name);
    System.out.print(" 性别:" + sex);
    System.out.println(" 生日: " + birthday);
}
```

18.3　数据库操作

18.2 节中介绍了 JDBC 中常用的类和接口，通过这些类和接口即可实现对数据表中数据进行查询、添加、修改、删除等的操作。本节以操作 MySQL 数据库为例，介绍几种常见的数据库操作。

18.3.1　连接数据库

扫一扫，看视频

要访问数据库，首先要加载数据库的驱动程序（只需要在第一次访问数据库时加载一次），然后每次访问数据时创建一个 Connection 对象，接着执行操作数据库的 SQL 语句，最后在完成数据库操作后销毁前面创建的 Connection 对象，释放与数据库的连接。

例 18.1　在项目中创建类 Conn，并创建 getConnection()方法，获取与 MySQL 数据库的连接，

在主方法中调用该方法连接指定的数据。代码如下：（**实例位置：资源包\code\18\01**）

```java
import java.sql.*; //导入java.sql包
public class Conn { // 创建类Conn
    Connection con; // 声明Connection对象
    public Connection getConnection() { // 建立返回值为Connection的方法
        try { // 加载数据库驱动类
            Class.forName("com.mysql.jdbc.Driver");
            System.out.println("数据库驱动加载成功");
        } catch (ClassNotFoundException e) {
            e.printStackTrace();
        }
        try { // 通过访问数据库的URL获取数据库连接对象
            con = DriverManager.getConnection("jdbc:mysql:"
                    + "//127.0.0.1:3306/test", "root", "root");
            System.out.println("数据库连接成功");
        } catch (SQLException e) {
            e.printStackTrace();
        }
        return con; // 按方法要求返回一个Connection对象
    }
    public static void main(String[] args) { // 主方法
        Conn c = new Conn(); // 创建本类对象
        c.getConnection(); // 调用连接数据库的方法
    }
}
```

运行结果如图 18.3 所示。

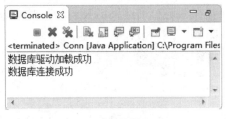

图 18.3　连接数据库

✍ 说明：

（1）本实例中将连接数据库作为单独的一个方法，并以 Connection 对象作为返回值，这样写的好处是在遇到对数据库执行操作的程序时可直接调用 Conn 类的 getConnection() 方法获取连接，增加了代码的重用性。

（2）加载数据库驱动程序之前，首先需要确定数据库驱动类是否成功加载到程序中，如果没有加载，可按以下步骤加载，此处以加载 MySQL 数据库的驱动包为例介绍：

① 将 MySQL 数据库的驱动包 mysql_connector_java_5.1.36_bin.jar 复制到当前项目下。

② 选中当前项目，单击鼠标右键，选择 "Build Path" → "Configure Build Path…" 菜单项，在弹出的对话框中（如图 18.4 所示）左侧选中 "Java Build Path"，然后选中 Libraries 选项卡，单击 "Add External JARs…" 按钮，在弹出的对话框中选择要加载的数据库驱动包，即可在中间区域显示选择的 JAR 包，最后单击 Apply 按钮即可。

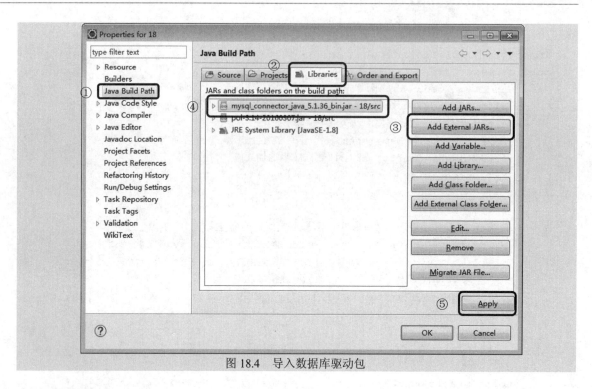

图 18.4　导入数据库驱动包

扫一扫，看视频

18.3.2　数据查询

　　数据查询主要通过 Statement 接口和 ResultSet 接口实现，其中，Statement 接口用来执行 SQL 语句，ResultSet 用来存储查询结果。下面通过一个例子演示如何使用 JDBC 查询数据表中的数据。

　　例 18.2　本实例使用例 18.1 中的 getConnection()方法获取与数据库的连接，在主方法中将数据表 tb_stu 中的数据检索出来，保存在遍历查询结果集 ResultSet 中，并遍历该结果集。代码如下：（**实例位置：资源包\code\18\02**）

```java
import java.sql.*;
public class Gradation { // 创建类
    public Connection getConnection() throws ClassNotFoundException, SQLException
{ // 连接数据库方法
        Class.forName("com.mysql.jdbc.Driver");
        Connection con = DriverManager.getConnection("jdbc:mysql:" + "//127.0.0.1:
3306/test", "root", "123456");
        return con; // 返回 Connection 对象
    }
    public static void main(String[] args) { // 主方法
        Gradation c = new Gradation(); // 创建本类对象
        Connection con = null; // 声明 Connection 对象
        Statement stmt = null; // 声明 Statement 对象
        ResultSet res = null; // 声明 ResultSet 对象
        try {
            con = c.getConnection(); // 与数据库建立连接
            stmt = con.createStatement(); // 实例化 Statement 对象
```

```java
            res = stmt.executeQuery("select * from tb_stu");// 执行 SQL 语句，返回结果集
            while (res.next()) { // 如果当前语句不是最后一条则进入循环
                String id = res.getString("id"); // 获取列名是 "id" 的字段值
                String name = res.getString("name");// 获取列名是 "name" 的字段值
                String sex = res.getString("sex");// 获取列名是 "sex" 的字段值
                String birthday = res.getString("birthday");// 获取列名是 "birthday"
                                                            // 的字段值
                System.out.print("编号: " + id); // 将列值输出
                System.out.print(" 姓名:" + name);
                System.out.print(" 性别:" + sex);
                System.out.println(" 生日: " + birthday);
            }
        } catch (Exception e) {
            e.printStackTrace();
        } finally {// 依次关闭数据库连接资源
            if (res != null) {
                try {
                    res.close();
                } catch (SQLException e) {
                    e.printStackTrace();
                }
            }
            if (stmt != null) {
                try {
                    stmt.close();
                } catch (SQLException e) {
                    e.printStackTrace();
                }
            }
            if (con != null) {
                try {
                    con.close();
                } catch (SQLException e) {
                    e.printStackTrace();
                }
            }
        }
    }
}
```

运行结果如图 18.5 所示。

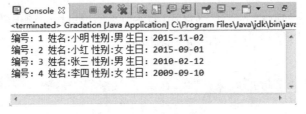

图 18.5　查询数据并输出

扫一扫，看视频

📢 **注意：**

可以通过列的序号来获取结果集中指定的列值。例如，获取结果集中 id 列的列值，可以写成 getString("id")，由于 id 列是数据表中的第一列，所以也可以写成 getString(1)来获取。结果集 res 的结构如图 18.6 所示。

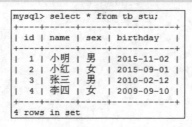

图 18.6　结果集结构

✍ **说明：**

例 18.2 中查询的是 tb_stu 表中的所有数据，如果想要在该表中执行模糊查询，只需要将 Statement 对象的 executeQuery 方法中的 SQL 语句替换为模糊查询的 SQL 语句即可，例如，在 tb_stu 表中查询姓张的同学的信息，代码替换如下：

```
res = stmt.executeQuery("select * from tb_stu where name like '张%'");
```

18.3.3　动态查询

向数据库发送一个 SQL 语句，数据库中的 SQL 解释器负责把 SQL 语句生成底层的内部命令，然后执行该命令，完成相关的数据操作。如果不断地向数据库提交 SQL 语句，肯定会增加数据库中 SQL 解释器的负担，影响执行的速度。

对于 JDBC，可以通过 Connection 对象的 preparedStatement(String sql)方法对 SQL 语句进行预处理，生成数据库底层的内部命令，并将该命令封装在 PreparedStatement 对象中。通过调用该对象的相应方法执行底层数据库命令，这样应用程序能针对连接的数据库，实现将 SQL 语句解释为数据库底层的内部命令，然后让数据库执行这个命令，这样可以减轻数据库的负担，提高访问数据库的速度。

对 SQL 进行预处理时可以使用通配符 "?" 来代替任何的字段值。例如：

```
PreparedStatement ps = con.prepareStatement("select * from tb_stu where name = ?");
```

在执行预处理语句前，必须用相应方法来设置通配符所表示的值。例如：

```
ps.setString(1, "小王");
```

上述语句中的 "1" 表示从左向右的第几个通配符，"小王" 表示设置的通配符的值。将通配符的值设置为小王后，功能等同于：

```
PreparedStatement ps = con.prepareStatement("select * from tb_stu where name = '
小王'");
```

尽管书写两条语句看似麻烦了一些，但使用预处理语句可以使应用程序更容易动态地改变 SQL 语句中关于字段值条件的设定，从而实现动态查询的功能。

📢 **注意：**

通过 setXXX()方法为 SQL 语句中的参数赋值时，建议利用与参数匹配的方法，也可以利用 setObject()方法为各种类型的参数赋值。例如：

```
sql.setObject(2, "李丽");
```

例 18.3 本实例动态地获取指定编号的同学的信息，这里以查询编号为 4 的同学的信息为例。
代码如下：（**实例位置：资源包\code\18\03**）

```java
import java.sql.*;
public class Prep { // 创建类 Perp
    static Connection con; // 声明 Connection 对象
    static PreparedStatement ps; // 声明预处理对象
    static ResultSet res; // 声明结果集对象
    public Connection getConnection() { // 与数据库连接方法
        try {
            Class.forName("com.mysql.jdbc.Driver");
            con = DriverManager.getConnection("jdbc:mysql:"
                    + "//127.0.0.1:3306/test", "root", "root");
        } catch (Exception e) {
            e.printStackTrace();
        }
        return con; // 返回 Connection 对象
    }
    public static void main(String[] args) { // 主方法
        Prep c = new Prep(); // 创建本类对象
        con = c.getConnection(); // 获取与数据库的连接
        try {
            ps = con.prepareStatement("select * from tb_stu"
                    + " where id = ?"); // 实例化预处理对象
            ps.setInt(1, 4); // 设置参数
            res = ps.executeQuery(); // 执行预处理语句
            // 如果当前记录不是结果集中最后一行，则进入循环体
            while (res.next()) {
                String id = res.getString(1); // 获取结果集中第一列的值
                String name = res.getString("name"); // 获取 name 列的列值
                String sex = res.getString("sex"); // 获取 sex 列的列值
                String birthday = res.getString("birthday");// 获取 birthday 列的列值
                System.out.print("编号: " + id); // 输出信息
                System.out.print(" 姓名: " + name);
                System.out.print(" 性别:" + sex);
                System.out.println(" 生日: " + birthday);
            }
        } catch (Exception e) {
            e.printStackTrace();
        } finally { // 依次关闭数据库连接资源
            /* 此处省略关闭代码 */
        }
    }
}
```

运行结果如图 18.7 所示。

图 18.7 动态查询

18.3.4 添加、修改、删除记录

对数据进行添加、修改和删除，可以分为单条记录操作和批量操作，下面分别进行介绍。

1. 单条记录操作

通过 SQL 语句可以对数据执行添加、修改和删除操作，Java 中可通过 PreparedStatement 类的指定参数动态地对数据表中原有数据进行修改操作，并通过 executeUpdate()方法执行更新语句操作。

例 18.4 本实例通过预处理语句动态地对数据表 tb_stu 中的数据执行添加、修改、删除操作，并通过遍历对比操作之前与操作之后的 tb_stu 表中的数据。代码如下：**（实例位置：资源包\code\18\04）**

```java
import java.sql.*;
public class Renewal { // 创建类
    static Connection con; // 声明 Connection 对象
    static PreparedStatement ps; // 声明 PreparedStatement 对象
    static ResultSet res; // 声明 ResultSet 对象
    public Connection getConnection() {
        try {
            Class.forName("com.mysql.jdbc.Driver");
            con = DriverManager.getConnection("jdbc:mysql://127.0.0.1:3306/test",
"root", "root");
        } catch (Exception e) {
            e.printStackTrace();
        }
        return con;
    }
    public static void main(String[] args) {
        Renewal c = new Renewal(); // 创建本类对象
        con = c.getConnection(); // 调用连接数据库方法
        try {
            ps = con.prepareStatement("select * from tb_stu"); // 查询数据库
            res = ps.executeQuery(); // 执行 SQL 语句
            System.out.println("执行增加、修改、删除前数据:");
            while (res.next()) {
                String id = res.getString(1);
                String name = res.getString("name");
                String sex = res.getString("sex");
                String birthday = res.getString("birthday");   // 遍历查询结果集
                System.out.print("编号: " + id);
                System.out.print(" 姓名: " + name);
                System.out.print(" 性别:" + sex);
                System.out.println(" 生日: " + birthday);
            }
            ps = con.prepareStatement("insert into tb_stu
(name,sex,birthday) values(?,?,?)");
            ps.setString(1, "张一");
            ps.setString(2, "女");       //添加数据
            ps.setString(3, "2012-12-1");
            ps.executeUpdate();
```

```
    ps = con.prepareStatement("update tb_stu set birthday "
        + "= ? where id = ? ");
    ps.setString(1, "2012-12-02");              // 更新数据
    ps.setInt(2, 1); // 更新数据
    ps.executeUpdate();
    Statement stmt = con.createStatement();     // 删除数据
    stmt.executeUpdate("delete from tb_stu where id = 1");
    // 查询修改数据后的 tb_stu 表中数据
    ps = con.prepareStatement("select * from tb_stu");
    res = ps.executeQuery(); // 执行 SQL 语句
    System.out.println("执行增加、修改、删除后的数据:");
    while (res.next()) {
        String id = res.getString(1);
        String name = res.getString("name");
        String sex = res.getString("sex");
        String birthday = res.getString("birthday");
        System.out.print("编号: " + id);
        System.out.print(" 姓名: " + name);
        System.out.print(" 性别:" + sex);
        System.out.println(" 生日: " + birthday);
    }
} catch (Exception e) {
    e.printStackTrace();
} finally { // 依次关闭数据库连接资源
    /* 此处省略关闭代码 */
}
    }
}
```

运行结果如图 18.8 所示。

图 18.8　添加、修改和删除记录

✍ 说明：

executeQuery()方法是在 PreparedStatement 对象中执行 SQL 查询，并返回该查询生成的 ResultSet 对象，而 executeUpdate()方法是在 PreparedStatement 对象中执行 SQL 语句，该语句必须是一个 SQL 数据操作语言（Data Manipulation Language，DML）语句，如 INSERT、UPDATE 或 DELETE 语句，或者是无返回内容的 SQL 语句，如 DDL 语句。

2. 批量操作

对数据表进行操作时，批量操作经常会用到，比如批量添加、修改和删除数据等，这里以添加数据为例讲解如何进行批量操作。

按照前面讲解的知识，如果需要添加多条记录，可以通过 Statement 实例反复执行多条 insert 语句实现，但这种方式要求每条 SQL 语句都要单独提交一次，效率非常低。JDBC 中提供了另外一种方式执行批量操作，即使用 PreparedStatement 对象的批处理相关的方法，主要有 3 个方法，分别如下。

（1）addBatch()方法：将一组参数添加到此 PreparedStatement 对象的批处理命令中。

（2）clearBatch()方法：清空此 Statement 对象的当前 SQL 命令列表。

（3）executeBatch()方法：将一批命令提交给数据库来执行，如果全部命令执行成功，则返回更新计数组成的数组。

例 18.5 本实例批量向 tb_stu 数据表中添加 3 条数据，实现时主要用到了 clearBatch()方法、addBatch()方法和 executeBatch()方法。代码如下：（**实例位置：资源包\code\18\05**）

```java
import java.sql.*;
public class BatchTest { // 创建类
    static Connection con; // 声明 Connection 对象
    static PreparedStatement ps; // 声明 PreparedStatement 对象
    static ResultSet res; // 声明 ResultSet 对象
    public Connection getConnection() {
        //此处省略连接 MySQL 数据库的代码，请参考例 18.4

    }

    public static void main(String[] args) {
        BatchTest c = new BatchTest(); // 创建本类对象
        con = c.getConnection(); // 调用连接数据库方法
        try {
            //此处省略查询 tb_stu 表中所有数据的代码，请参考例 18.4
            String[][] records = { { "明日", "男", "2004-01-01" }, { "小科", "男",
"1976-10-01" },
                    { "小申", "男", "1980-05-01" } };// 定义要添加的数据
            ps = con.prepareStatement("insert into tb_stu(name,sex,birthday)
values(?,?,?)");
            ps.clearBatch(); // 清空批处理命令
            for (int i = 0; i < records.length; i++) {
                ps.setString(1, records[i][0]);
                ps.setString(2, records[i][1]);            // 批量添加数据
                ps.setString(3, records[i][2]);
                ps.addBatch(); // 将添加语句添加到批处理中
            }
            ps.executeBatch(); // 批量执行批处理命令
            //此处省略查询 tb_stu 表中所有数据的代码，请参考例 18.4
        } catch (SQLException e) {
            e.printStackTrace();
        } finally {
            try {
```

```
        ps.close();// 关闭数据库
    } catch (SQLException e) {
        e.printStackTrace();
    }
}
}
```

运行结果如图 18.9 所示。

图 18.9　批量添加数据

18.3.5　调用存储过程

存储过程是开发数据库程序时非常常用的一种技术，通过使用存储过程，不仅执行效率高，而且安全性也比直接使用 SQL 语句更好，例如，在实现用户登录时，我们使用 SQL 语句是这样的：

```
select * from tb_User where name='user' and password='pwd';
```

但是，如果用户输入的用户名是 "1' or '1'='1"，将导致最终执行的 SQL 语句变成这样：

```
select * from tb_User where name='1 or '1'='1' and password=' ';
```

这样导致查询语句永远是正确的，这是一种最典型的 SQL 注入式攻击，如果出现这种情况，我们就可以通过使用存储过程来避免。

使用 JDBC 调用存储过程时，主要用到了 CallableStatement 接口，该接口对象可以通过 Connection 对象的 prepareCall()方法生成，使用该方法时，需要为其指定一个字符串参数，表示要调用的存储过程及其参数，格式为 "{call proname(?,?)}"，其中，proname 为存储过程的名称，每个 "?" 代表存储过程的一个参数，之间用 "," 分隔。

例 18.6　本实例通过调用存储过程 proc_GetInfo 获取 tb_stu 数据表中所有姓张的同学信息。代码如下：（实例位置：资源包\code\18\06）

```java
import java.sql.*;
public class CallableStatementTest { // 创建类
    static Connection con; // 声明 Connection 对象
    static ResultSet res; // 声明 ResultSet 对象
    //此处省略连接 MySQL 数据库的代码，请参考例 15.4
    public static void main(String[] args) {
        CallableStatementTest c = new CallableStatementTest(); // 创建本类对象
```

393

```
        con = c.getConnection(); // 调用连接数据库方法
        try {
            CallableStatement callStatement = con.prepareCall("{call proc_GetInfo(?)}");
            // 调用存储过程
            callStatement.setString(1, "张%"); // 为存储过程设置参数
            res = callStatement.executeQuery(); // 执行存储过程
            System.out.println("调用存储过程的结果：");
            while (res.next()) {// 遍历查询结果
                String id = res.getString("id");// 获取编号
                String name = res.getString("name");// 获取姓名
                String sex = res.getString("sex");// 获取性别
                String birthday = res.getString("birthday");// 获取生日
                System.out.print("编号: " + id);
                System.out.print(" 姓名: " + name);
                System.out.print(" 性别:" + sex);
                System.out.println(" 生日: " + birthday);
            }
        } catch (SQLException e) {
            e.printStackTrace();
        }
    }
}
```

运行结果如图 18.10 所示。

图 18.10　调用存储过程

18.4　小　　结

本章主要对如何使用 JDBC 操作 MySQL 数据库进行了详细讲解，具体讲解过程中，首先回顾了基本的 SQL 语法，然后对 JDBC 操作数据常用的类和接口进行介绍，最后对常用的数据库操作：连接数据库、数据查询、动态查询、添加、修改、删除记录和调用存储过程进行了详细讲解。本章学习的重点是使用 JDBC 对 MySQL 数据库进行常用的操作，大家一定要重点掌握。

第 19 章　Swing 高级组件

Swing 还提供了一些高级组件，如分割面板、选项卡面板、菜单、工具栏和文件选择器，以及进度条、表格等，通过对这些组件的使用，不仅可以设计出更人性化的界面，还可以为应用程序添加一些快捷操作，如为菜单添加快捷键、使用工具栏等。

通过阅读本章，您可以：

- ➥ 掌握分割面板和选项卡面板的使用
- ➥ 掌握桌面面板和内部窗体的使用方法
- ➥ 掌握菜单的使用方法
- ➥ 学会工具栏的使用方法
- ➥ 掌握文件选择器
- ➥ 熟悉进度条的使用方法
- ➥ 掌握表格组件的使用方法及常见表格操作

19.1　高级组件面板

前面已经学习了 JPanel 和 JScrollPane 面板的使用方法，但是在某些情况下，这两个面板并不是很合适。本节将再讲解几种面板的使用方法。

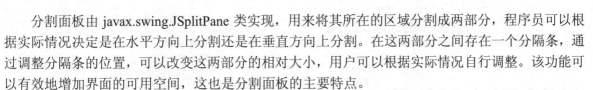

19.1.1　JSplitPane 分割面板

分割面板由 javax.swing.JSplitPane 类实现，用来将其所在的区域分割成两部分，程序员可以根据实际情况决定是在水平方向上分割还是在垂直方向上分割。在这两部分之间存在一个分隔条，通过调整分隔条的位置，可以改变这两部分的相对大小，用户可以根据实际情况自行调整。该功能可以有效地增加界面的可用空间，这也是分割面板的主要特点。

JSplitPane 类提供的常用构造方法如表 19.1 所示。

表 19.1　JSplitPane 类的常用构造方法

构 造 方 法	说　　明
JSplitPane()	创建一个默认的分割面板。默认情况下为在水平方向上分割，重绘方式为只在调整分隔条位置完成时重绘
JSplitPane(int newOrientation)	创建一个按照指定方向分割的分割面板。入口参数 newOrientation 的可选静态常量有 HORIZONTAL_SPLIT（在水平方向分割，效果如图 19.1 所示，为默认值）和 VERTICAL_SPLIT（在垂直方向分割，效果如图 19.2 所示）
JSplitPane(int newOrientation, boolean newContinuousLayout)	创建一个按照指定方向分割，并且按照指定方式重绘的分割面板。如果将入口参数 newContinuousLayout 设为 true，表示在调整分隔条位置的过程中连续重绘，设为 false 则表示只在调整分隔条位置完成时重绘

JSplitPane 类的 oneTouchExpandable 属性用来控制是否在分隔条上提供一个 UI 小部件，该小部件用来快速展开和折叠被分割的两个区域。它的默认值为 false，即不提供该小部件，如图 19.1 和图 19.2 所示；如果设置为 true，则表示提供该小部件，如图 19.3 所示，在分隔条的上方提供了两个三角形按钮，单击这两个按钮，就可以快速地将相应的部分调整为占据分割面板所在整个区域，或者是恢复为之前的状态，通过 setOneTouchExpandable(boolean isProvide) 方法可以设置该属性的值。

图 19.1　水平分割

图 19.2　垂直分割

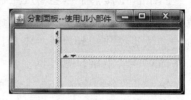
图 19.3　使用 UI 小部件

 说明：

有些外观可能不支持在分隔条上方提供 UI 小部件的功能。

JSplitPane 类中的常用方法如表 19.2 所示。

表 19.2　JSplitPane 中的常用方法

方　　法	说　　明
setOrientation(int orientation)	设置分割面板的分割方向，即水平分割（默认）或垂直分割
setDividerLocation(int location)	设置分隔条的绝对位置，即分隔条左侧（水平分割）的宽度或上方（垂直分割）的高度
setDividerLocation(double proportionalLocation)	设置分隔条的相对位置，即分隔条左侧（水平分割）或上方（垂直分割）的大小与分割面板大小的百分比
setDividerSize(int newSize)	设置分隔条的宽度。默认为 5 像素
setLeftComponent(Component comp)	将组件设置到分隔条的左侧（水平分割）或上方（垂直分割）
setTopComponent(Component comp)	将组件设置到分隔条的上方（垂直分割）或左侧（水平分割）
setRightComponent(Component comp)	将组件设置到分隔条的右侧（水平分割）或下方（垂直分割）
setBottomComponent(Component comp)	将组件设置到分隔条的下方（垂直分割）或右侧（水平分割）
setOneTouchExpandable(boolean newValue)	设置分割面板是否提供 UI 小部件。设为 true 表示提供，有些外观可能不支持该功能，这时将忽略该设置；设为 false 则表示不提供，默认为不提供
setContinuousLayout(boolean newContinuousLayout)	设置调整分隔条位置时面板的重绘方式。设为 true 表示在调整的过程中连续重绘，设为 false 则表示只在调整完成时重绘

例 19.1　设置分割面板的相关属性。（**实例位置：资源包\code\19\01**）

在本例中使用了两个分割面板，一个添加到了窗体中，为水平方向分割，对该面板只设置了分隔条的显示位置；另一个添加到了水平分割面板的右侧，为垂直方向分割，对该面板主要设置了提供 UI 小部件，以及在调整分隔条位置时面板的重绘方式为连续绘制。该实例的主要代码如下：

```java
import java.awt.*;
import javax.swing.*;
```

```java
public class JSplitPaneTest extends JFrame {
    public static void main(String args[]) {
        JSplitPaneTest frame = new JSplitPaneTest();
        frame.setVisible(true);
    }
    public JSplitPaneTest() {
        super();
        setTitle("分割面板");
        setBounds(100, 100, 500, 375);
        setDefaultCloseOperation(JFrame.EXIT_ON_CLOSE);
        final JSplitPane hSplitPane = new JSplitPane();// 创建一个(默认)水平方向的分
                                                       //                割面板
        hSplitPane.setDividerLocation(40);// 分隔条左侧的宽度为 40 像素
        getContentPane().add(hSplitPane, BorderLayout.CENTER);// 添加到指定区域
        hSplitPane.setLeftComponent(new JLabel("     1"));// 在水平面板左侧添加一个
                                                          //             标签组件

        final JSplitPane vSplitPane = new JSplitPane(
                JSplitPane.VERTICAL_SPLIT);// 创建一个垂直方向的分割面板
        vSplitPane.setDividerLocation(30);//  分隔条上方的高度为 30 像素
        vSplitPane.setDividerSize(8);// 分隔条的宽度为 8 像素
        vSplitPane.setOneTouchExpandable(true);// 提供 UI 小部件
        vSplitPane.setContinuousLayout(true);// 在调整分隔条位置时连续重绘,分隔条会跟
                                             //            随鼠标指针移动
        vSplitPane.setLeftComponent(new JLabel("     2"));// 在垂直面板上方添加一个
                                                          //             标签组件
        vSplitPane.setRightComponent(new JLabel("      3"));//在垂直面板下方添加一个
                                                            //            标签组件


        hSplitPane.setRightComponent(vSplitPane);// 添加到水平面板的右侧
    }
}
```

　　运行该实例,将得到如图 19.4 所示的窗体。单击 ▲ 按钮,将得到如图 19.5 所示的窗体,标签内容为 "2" 的部分不可见;再单击 ▼ 按钮,将恢复为如图 19.4 所示的窗体。同样,利用该功能也可以将标签内容为 "3" 的部分调整为不可见。当用鼠标指针拖曳左右分割面板的分隔条时,面板并未重绘(标签内容的位置并未改变),如图 19.6 所示;但是当用鼠标指针拖曳上下分割面板的分隔条时,面板则重绘了(标签内容的位置在随时改变),如图 19.7 所示。当用拖曳分隔条的方式调整分隔条的位置时,并不能将分隔条拖曳到分割面板的边缘,如图 19.8 所示;但是利用 UI 小部件则可以,如图 19.5 所示。

图 19.4　运行效果

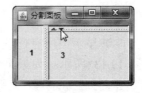

图 19.5　单击 ▼ 按钮后恢复位置

图 19.6　完成后重绘

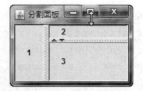

图 19.7　过程中重绘　　　　　图 19.8　拖曳分隔条无法实现最小组件

扫一扫，看视频

✍ 技巧：

> 在向分割面板中添加组件或面板时，如果是在水平方向上分割面板，通过 setTop-Component (Component comp) 和 setBottomComponent(Component comp)方法也可以分别将组件或面板添加到分隔条的左侧和右侧；同样，如果是在垂直方向上分割面板，通过 setLeftComponent(Component comp)和 setRightComponent(Component comp)方法也可以分别将组件或面板添加到分隔条的上方和下方。

19.1.2　JTabbedPane 选项卡面板

选项卡面板由 javax.swing.JTabbedPane 类实现，它实现了一个多卡片的用户界面，通过它可以将一个复杂的对话框分割成若干个选项卡，实现对信息的分类显示和管理，使界面更简洁大方，还可以有效地减少窗体的个数。

JTabbedPane 类提供的构造方法如表 19.3 所示。

表 19.3　JTabbedPane 类的构造方法

构 造 方 法	说　　明
JTabbedPane()	创建一个默认的选项卡面板。默认情况下标签在选项卡的上方，布局方式为限制布局
JTabbedPane(int tabPlacement)	创建一个指定标签显示位置的选项卡面板。入口参数 tabPlacement 的可选静态常量有 TOP（在选项卡上方，效果如图 19.9 所示，为默认值）、BOTTOM（在选项卡下方，效果如图 19.10 所示）、LEFT（在选项卡左侧，效果如图 19.11 所示）和 RIGHT（在选项卡右侧，效果如图 19.12 所示）
JTabbedPane(int tabPlacement, int tabLayoutPolicy)	创建一个既指定标签显示位置，又指定选项卡布局方式的选项卡面板。入口参数 tabLayoutPolicy 的可选静态常量有 WRAP_TAB_LAYOUT（限制布局为默认值）和 SCROLL_TAB_LAYOUT（滚动布局）

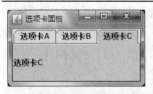

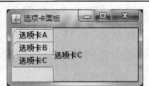
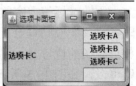

图 19.9　在选项卡上方　　　图 19.10　在选项卡下方　　　图 19.11　在选项卡左侧　　　图 19.12　在选项卡右侧

使用选项卡面板时，如果窗体中不能够显示出所有选项卡的标签，且采用的是默认布局，即 WRAP_TAB_LAYOUT，显示效果如图 19.13 所示；如果采用的是滚动布局，即 SCROLL_TAB_LAYOUT，显示效果如图 19.14 所示。

图 19.13 限制布局（默认布局）　　　图 19.14 滚动布局

JTabbedPane 类中的常用方法如表 19.4 所示。

表 19.4 JTabbedPane 类中的常用方法

方 法	说 明
addTab(String title, Component component)	添加一个标签为 title 的选项卡
addTab(String title, Icon icon, Component component)	添加一个标签为 title、图标为 icon 的选项卡
addTab(String title, Icon icon, Component component, String tip)	添加一个标签为 title、图标为 icon、提示为 tip 的选项卡
InsertTab(String title, Icon icon, Component component, String tip, int index)	在索引位置 index 处插入一个标签为 title、图标为 icon、提示为 tip 的选项卡。索引值从 0 开始
setTabPlacement(int tabPlacement)	设置选项卡标签的显示位置
setTabLayoutPolicy(int tabLayoutPolicy)	设置选项卡标签的布局方式
setSelectedIndex(int index)	设置指定索引位置的选项卡被选中
setEnabledAt(int index, boolean enabled)	设置指定索引位置的选项卡是否可用。设为 true 表示可用，设为 false 则表示不可用
setDisabledIconAt(int index, Icon disabledIcon)	为指定索引位置的选项卡设置不可用时显示的图标
getTabCount()	获得该选项卡面板拥有选项卡的数量
getSelectedIndex()	获得被选中选项卡的索引值
getTitleAt(int index)	获得指定索引位置的选项卡标签
addChangeListener(ChangeListener l)	为选项卡面板添加捕获被选中选项卡发生改变的事件

✍ 说明：

3 个重载的 addTab() 方法的所有入口参数均可以设置为空，即设置为 null。例如：
`tabbedPane.addTab(null, null);`

例 19.2 演示选项卡面板的使用。（**实例位置：资源包\code\19\02**）

（1）创建一个 JTabbedPaneTest，继承自 JFrame，设置成员属性：窗体的主容器面板；选项卡面板；6 个单选按钮，它们分成两组，分别用来设置选项卡的显示位置（顶部、底部、左侧和右侧）和布局方式（限制布局和滚动布局）。代码如下：

```java
public class JTabbedPaneTest extends JFrame {
    private JPanel contentPane;// 窗体容器面板
    private JTabbedPane tabbedPane;// 选项卡面板
    private JRadioButton rdbtnTop; // "选项卡在顶部"单选按钮
    private AbstractButton rdbtnDown; // "选项卡在底部"单选按钮
    private JRadioButton rdbtnLeft; // "选项卡在左侧"单选按钮
    private AbstractButton rdbtnRight; // "选项卡在右侧"单选按钮
```

```
    private AbstractButton rdbtnWrap;// "限制布局"单选按钮
    private AbstractButton rdbtnScroll;// "滚动布局"单选按钮
    ......
}
```

（2）编写 JTabbedPaneTest 类的构造方法，对窗口做初始化工作，同时调用三个成员方法，分别用来初始化按钮、初始化选项卡和添加监听。代码如下：

```
public JTabbedPaneTest() {
    setTitle("演示选项卡面板");// 窗体的标题
    setDefaultCloseOperation(JFrame.EXIT_ON_CLOSE);// 窗体的关闭方式
    setBounds(100, 100, 475, 325);// 窗体的边界
    // 创建内容面板，内容面板的布局为边界布局，把选项卡面板置于内容面板的中间
    contentPane = new JPanel();
    tabbedPane = new JTabbedPane();// 实例化选项卡面板
    contentPane.setBorder(new EmptyBorder(5, 5, 5, 5));// 无边框
    contentPane.setLayout(new BorderLayout(0, 0));// 使用边界布局
    contentPane.add(tabbedPane, BorderLayout.CENTER);// 选项卡面板在中部
    setContentPane(contentPane);// 重新设置窗口容器

    buttonsInit();// 按钮初始化
    tabbedPaneInit();// 选项卡面板初始化
    addListener();// 添加监听
}
```

（3）编写按钮初始化方法 buttonsInit()。代码如下：

```
private void buttonsInit() {// 按钮初始化
    // 创建单选按钮面板，单选按钮面板的布局为表格布局（8行1列），把单选按钮面板置于内容面板的西侧
    JPanel panel = new JPanel();
    contentPane.add(panel, BorderLayout.WEST);
    panel.setLayout(new GridLayout(8, 1, 0, 0));
    // "选项卡方向按钮"标签
    JLabel lblDirections = new JLabel("选项卡方向按钮");
    lblDirections.setHorizontalAlignment(SwingConstants.CENTER);
    lblDirections.setFont(new Font("微软雅黑", Font.BOLD, 14));
    panel.add(lblDirections);
    // "选项卡在顶部"单选按钮
    rdbtnTop = new JRadioButton("选项卡在顶部");
    rdbtnTop.setSelected(true);// 默认被选中
    rdbtnTop.setFont(new Font("微软雅黑", Font.PLAIN, 14));
    panel.add(rdbtnTop);
    // "选项卡在底部"单选按钮
    rdbtnDown = new JRadioButton("选项卡在底部");
    rdbtnDown.setFont(new Font("微软雅黑", Font.PLAIN, 14));
    panel.add(rdbtnDown);
    // "选项卡在左侧"单选按钮
    rdbtnLeft = new JRadioButton("选项卡在左侧");
    rdbtnLeft.setFont(new Font("微软雅黑", Font.PLAIN, 14));
    panel.add(rdbtnLeft);
    // "选项卡在右侧"单选按钮
    rdbtnRight = new JRadioButton("选项卡在右侧");
    rdbtnRight.setFont(new Font("微软雅黑", Font.PLAIN, 14));
```

```
    panel.add(rdbtnRight);
    // 把选项卡的窗格位置：顶部、底部、左侧、右侧，添加到一个方向按钮组里
    ButtonGroup groupDirections = new ButtonGroup();
    groupDirections.add(rdbtnTop);
    groupDirections.add(rdbtnDown);
    groupDirections.add(rdbtnLeft);
    groupDirections.add(rdbtnRight);
    // "选项卡布局按钮" 标签
    JLabel lblLayout = new JLabel("选项卡布局按钮");
    lblLayout.setHorizontalAlignment(SwingConstants.CENTER);
    lblLayout.setFont(new Font("微软雅黑", Font.BOLD, 14));
    panel.add(lblLayout);
    // "限制布局" 单选按钮
    rdbtnWrap = new JRadioButton("限制布局");
    rdbtnWrap.setSelected(true);// 默认被选中
    rdbtnWrap.setFont(new Font("微软雅黑", Font.PLAIN, 14));
    panel.add(rdbtnWrap);
    // "滚动布局" 单选按钮
    rdbtnScroll = new JRadioButton("滚动布局");
    rdbtnScroll.setFont(new Font("微软雅黑", Font.PLAIN, 14));
    panel.add(rdbtnScroll);
    // 把选项卡的布局：限制布局、滚动布局，添加到一个布局按钮组里
    ButtonGroup groupLayout = new ButtonGroup();
    groupLayout.add(rdbtnWrap);
    groupLayout.add(rdbtnScroll);
}
```

（4）编写按钮初始化方法 buttonsInit()。代码如下：

```
private void tabbedPaneInit() {// 选项卡面板初始化
    // 选项卡中的窗格内容（"罗永浩"）与标签内容（"我不是为了输赢，我就是认真"）
    JLabel lbLYH = new JLabel("我不是为了输赢，我就是认真");
    lbLYH.setFont(new Font("微软雅黑", Font.PLAIN, 14));
    lbLYH.setHorizontalAlignment(SwingConstants.CENTER);
    tabbedPane.addTab("罗永浩", lbLYH);// 添加选项卡标题和组件
    // 选项卡中的窗格内容（"乔帮主"）与标签内容（"Stay Hungry, Stay Foolish"）
    JLabel lblJobs = new JLabel("Stay Hungry, Stay Foolish");
    lblJobs.setFont(new Font("微软雅黑", Font.PLAIN, 14));
    lblJobs.setHorizontalAlignment(SwingConstants.CENTER);
    tabbedPane.addTab("乔帮主", lblJobs);// 添加选项卡标题和组件
    // 选项卡中的窗格内容（"罗振宇"）与标签内容（"死磕自己，愉悦大家"）
    JLabel lblLZY = new JLabel("死磕自己，愉悦大家");
    lblLZY.setFont(new Font("微软雅黑", Font.PLAIN, 14));
    lblLZY.setHorizontalAlignment(SwingConstants.CENTER);
    tabbedPane.addTab("罗振宇", lblLZY);// 添加选项卡标题和组件
}
```

（5）编写添加监听方法 addListener ()，让六个按钮可以控制选项卡面板的展示效果。代码如下：

```
private void addListener() {// 添加监听
    rdbtnTop.addActionListener(new ActionListener() {// "选项卡在顶部" 单选按钮添加监听
        public void actionPerformed(ActionEvent e) {
            tabbedPane.setTabPlacement(JTabbedPane.TOP);// 设置选项卡窗格在顶部
```

```
        }
    });
    rdbtnLeft.addActionListener(new ActionListener() {// "选项卡在左侧"单选按钮添加监听
        public void actionPerformed(ActionEvent e) {
            tabbedPane.setTabPlacement(JTabbedPane.LEFT);// 设置选项卡窗格在左侧
        }
    });
    rdbtnRight.addActionListener(new ActionListener() {// "选项卡在右侧"单选按钮添加监听
        public void actionPerformed(ActionEvent e) {
            tabbedPane.setTabPlacement(JTabbedPane.RIGHT);// 设置选项卡窗格在右侧
        }
    });
    rdbtnDown.addActionListener(new ActionListener() {// "选项卡在底部"单选按钮添加监听
        public void actionPerformed(ActionEvent e) {
            tabbedPane.setTabPlacement(JTabbedPane.BOTTOM);// 设置选项卡窗格在底部
        }
    });
    rdbtnWrap.addActionListener(new ActionListener() {// "限制布局"单选按钮添加监听
        public void actionPerformed(ActionEvent e) {
            // 设置选项卡布局为限制布局
            tabbedPane.setTabLayoutPolicy(JTabbedPane.WRAP_TAB_LAYOUT);
        }
    });
    rdbtnScroll.addActionListener(new ActionListener() {// "滚动布局"单选按钮添加监听
        public void actionPerformed(ActionEvent e) {
            // 设置选项卡布局为滚动布局
            tabbedPane.setTabLayoutPolicy(JTabbedPane.SCROLL_TAB_LAYOUT);
        }
    });
}
```

运行该实例，将得到如图 19.15 所示的窗体，左侧为操作区，右侧为选项卡面板显示区，例如，选中"选项卡在右侧"单选按钮，将会显示如图 19.16 所示的效果。

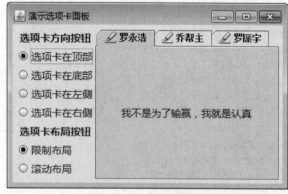

图 19.15　选项卡面板的使用

图 19.16　选项卡在右侧的效果

19.1.3　桌面面板和内部窗体

扫一扫，看视频

通常情况下在一个 GUI 应用程序中需要使用多个窗体，针对这些窗体可以采用两种管理策略：

一种是每个窗体都是一个独立的窗体，它的优点是可以通过系统主窗体上的按钮及快捷键浏览所有窗体；另一种则是提供一个主窗体，然后将其他的窗体放在主窗体中，它的优点是减少了窗体的混乱。这两种策略各有各的优点，具体采用哪种策略，还要根据实际情况来决定。第一种策略的实现方法很简单，只需要通过 JFrame 类实现窗体就可以了，本节将详细介绍第二种策略的具体实施方法。

在利用第二种策略管理窗体时，必须使用 JDesktopPane 类和 JInternalFrame 类（分别称为桌面面板类和内部窗体类）。JDesktopPane 类是一个容器类，用来创建一个虚拟的桌面；JInternalFrame 类是一个内部窗体，我们可以对它进行拖动、关闭、图标化、调整大小、标题显示和添加菜单栏等操作，该内部窗体需要显示在由 JDesktopPane 类创建的桌面面板中。下面就来学习这两个类的使用方法。

1．JDesktopPane 类

JDesktopPane 类中的常用方法如表 19.5 所示。

表 19.5　JDesktopPane 类中的常用方法

方　　法	说　　明
getAllFrames()	以数组的形式返回桌面中当前显示的所有 JInternalFrame
getSelectedFrame()	获得桌面中当前被选中的 JInternalFrame，如果没有被选中的 Jinternal Frame，则返回 null
removeAll()	从桌面中移除所有的 JInternalFrame
remove(int index)	从桌面中移除位于指定索引的 JInternalFrame
setSelectedFrame(JInternalFrame f)	设置指定的 JInternalFrame 为当前被选中的窗体
setDragMode(int dragMode)	设置窗体的拖动模式，入口参数的可选静态常量有 LIVE_DRAG_MODE 和 OUTLINE_DRAG_MODE

例如，创建一个桌面面板，并向其中添加一个 JLabel 标签组件。代码如下：

```
final JDesktopPane desktopPane = new JDesktopPane();// 创建一个桌面面板对象
getContentPane().add(desktopPane, BorderLayout.CENTER);
final JLabel label = new JLabel();// 创建一个标签组件对象
label.setHorizontalAlignment(SwingConstants.CENTER);// 标签内容居中
desktopPane.add(label); // 将标签组件添加到桌面面板中
```

2．JInternalFrame 类

JInternalFrame 类共有 6 个构造方法，其中入口参数最多的为 5 个，用来创建具有指定标题，并且可自由调整大小、可关闭、可最大化和最小化的窗体。该构造方法的具体定义如下：

```
JInternalFrame(String title, boolean resizable, boolean closable, boolean
maximizable, boolean iconifiable)
```

各入口参数的具体功能如表 19.6 所示。

表 19.6　JInternalFrame 类的构造方法入口参数说明

入 口 参 数	说　　　明
title	为内部窗体的标题
resizable	设置是否允许自由调整大小，设为 true 表示允许，设为 false（为默认值）则表示不允许
closable	设置是否提供"关闭"按钮，设为 true 表示提供，设为 false（为默认值）则表示不提供
maximizable	设置是否提供"最大化"按钮，设为 true 表示提供，设为 false（为默认值）则表示不提供
iconifiable	设置是否提供"最小化"按钮，设为 true 表示提供，设为 false（为默认值）则表示不提供

创建得到的可自由调整大小、可关闭、可最大化和最小化的窗体依次如图 19.17、图 19.18、图 19.19 和图 19.20 所示。

图 19.17　允许自由调整大小　　图 19.18　提供"关闭"按钮　　图 19.19　提供"最大化"按钮　图 19.20　提供"最小化"按钮

JInternalFrame 类中的常用方法如表 19.7 所示。

表 19.7　JInternalFrame 类中的常用方法

方　　　法	说　　　明
setResizable(boolean b)	设置是否允许自由调整大小
setClosable(boolean b)	设置是否提供关闭按钮
setMaximizable(boolean b)	设置是否提供"最大化"按钮
setIconifiable(boolean b)	设置是否提供"最小化"按钮
setSelected(boolean selected)	设置窗体是否被激活，设为 true 表示激活窗体，设为 false（为默认值）则表示不激活窗体
isMaximum()	查看窗体是否处于最大化状态
isIcon()	查看窗体是否处于最小化状态
isClosed()	查看窗体是否已经被关闭
setFrameIcon(Icon icon)	设置窗体标题栏显示的图标

例 19.3　使用桌面面板和内部窗体。（**实例位置：资源包\code\19\03**）

本例展示了桌面面板和内部窗体的使用方法，该实例中，在一个主窗体中显示 3 个内部窗体，分别查看这 3 个内部窗体全部正常、最大化和最小化时的状态。主要代码如下：

```java
public class JInternalFrameTest extends JFrame {// 内部窗体测试类
    JDesktopPane desktopPane = null;// 定义一个桌面面板对象
    InternalFrame fontFrame = null;// 定义一个字体设置内部窗体对象
    InternalFrame colorFrame = null;// 定义一个颜色设置内部窗体对象
```

```java
        InternalFrame styleFrame = null;// 定义一个格式设置内部窗体对象
    public static void main(String args[]) {
        JInternalFrameTest frame = new JInternalFrameTest();
        frame.setVisible(true);
    }
    public JInternalFrameTest() {
        super();
        // 创建窗体事件的监听
        this.addWindowListener(new DefinedListener(fontFrame, "内部窗体 1", "梦想和
现实之间的那段距离，叫做行动。"));
        this.addWindowListener(new DefinedListener(colorFrame, "内部窗体 2", "生活
不是林黛玉，不会因为忧伤而风情万种"));
        this.addWindowListener(new DefinedListener(styleFrame, "内部窗体 3", "Do or
do not. There is no try."));
        setTitle("系统设置");// 窗体的标题
        setBounds(100, 100, 496, 400);// 窗体的位置、宽高
        setDefaultCloseOperation(JFrame.EXIT_ON_CLOSE);// 窗体的关闭方式
        desktopPane = new JDesktopPane();// 创建桌面面板对象
        // 设置内部窗体的拖动模式，出现拖动的轮廓
        desktopPane.setDragMode(JDesktopPane.OUTLINE_DRAG_MODE);
        getContentPane().add(desktopPane, BorderLayout.CENTER);
    }
    private class DefinedListener implements WindowListener {// 创建自定义监听类实现
                                                        窗体监听的接口

        InternalFrame inFrame;// 内部窗体
        String title;// 标题
        String content;// 内容

        public DefinedListener(InternalFrame inFrame, String title, String content) {
            this.inFrame = inFrame;
            this.title = title;
            this.content = content;
        }
        public void windowActivated(WindowEvent e) {
            /* 如果内部窗体被关闭或为空，当主窗体重新进入活动状态时，
             * 重新加载内部窗体，保证内部窗体不会永远消失。*/
            if (inFrame == null || inFrame.isClosed()) {
                // 获得桌面面板中的所有内部窗体
                JInternalFrame[] allFrames = desktopPane.getAllFrames();
                int count = allFrames.length;// 获得桌面面板中拥有内部窗体的数量
                int titleBarHight = 30 * count;  // 计算每个内部窗体的水平偏移量
                int x = 10 + titleBarHight, y = x;// 设置内部窗体的显示位置
                int width = 250, height = 180;// 设置内部窗体的大小
                inFrame = new InternalFrame(title);// 创建指定标题的内部窗体
                inFrame.setBounds(x, y, width, height); // 设置窗体的显示位置及大小
                inFrame.setVisible(true);// 设置窗体可见
                inFrame.setLayout(new BorderLayout(0, 0));// 设置窗体的布局为边界布局
                JLabel label = new JLabel(content);// 创建一个标签，标签内容为名人的名言
                label.setHorizontalAlignment(SwingConstants.CENTER);// 标签内容居中
                inFrame.add(label, BorderLayout.CENTER);// 把标签置于窗体的中间
```

```
            desktopPane.add(inFrame);// 将窗体添加到桌面面板中
        }
        try {
            inFrame.setSelected(true);// 选中窗体
        } catch (PropertyVetoException propertyVetoE) {
            propertyVetoE.printStackTrace();
        }
        /* 省略 WindowListener 事件中其他重写方法 */
    }
    private class InternalFrame extends JInternalFrame {
        public InternalFrame(String title) {
            super();
            setTitle(title);// 设置内部窗体的标题
            setResizable(true);// 设置允许自由调整大小
            setClosable(true);// 设置提供关闭按钮
            setIconifiable(true);// 设置提供图标化按钮
            setMaximizable(true);// 设置提供最大化按钮
            ImageIcon icon = new ImageIcon("in_frame.png"); // 创建图片对象
            setFrameIcon(icon); // 设置窗体图标
        }
    }
}
```

运行本实例，将得到如图 19.21 所示的窗体；依次将这 3 个窗体最小化后的效果如图 19.22 所示；图 19.23 所示为最大化"字体设置"窗体后的效果。

图 19.21 级联显示内部窗体

图 19.22 最小化的内部窗体

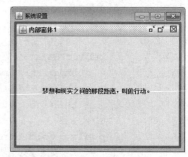

图 19.23 最大化的内部窗体

19.2 菜 单

菜单包括菜单栏和弹出式菜单，它的优点是内容丰富、层次鲜明、使用快捷，其中弹出式菜单还具有方便灵活的特点。本节将详细介绍这两种菜单的使用方法。

19.2.1 创建 JMenuBar 菜单栏

扫一扫，看视频

菜单栏是 Windows 窗体应用程序中常用的一种功能，通过菜单栏，用户可以很方便地对软件进行操作，菜单有类似 Windows 记事本的简单菜单，也有包含图标、快捷键等元素的复杂菜单，下面分别进行讲解。

1．创建基本的菜单

位于窗体顶部的菜单栏包括菜单名称、菜单项以及子菜单。创建菜单栏的基本步骤如下：

（1）创建菜单栏对象（JMenuBar 类），并添加到窗体的菜单栏中。

（2）创建菜单对象（JMenu 类），并将菜单对象添加到菜单栏对象中。

（3）创建菜单项对象（JMenuItem 类），并将菜单项对象添加到菜单对象中。

（4）为菜单项添加事件监听器，捕获菜单项被单击的事件，从而完成相应的业务逻辑。

（5）如果需要，还可以在菜单中包含子菜单，即将菜单对象添加到其所属的上级菜单对象中。

（6）通常情况下一个菜单栏包含多个菜单，可以反复通过步骤（2）～（5）向菜单栏中添加。

从上面描述可以看出，创建菜单栏主要用到了 3 个类：JMenuBar 类、JMenu 类和 JMenuItem 类，下面分别对它们进行介绍。

（1）JMenuBar 类

JMenuBar 类用来创建菜单栏，该类的常用方法如表 19.8 所示。

表 19.8　JMenuBar 类的常用方法

方　　法	说　　明
add(JMenu c)	用来向菜单栏中添加菜单对象
isSelected()	用来查看菜单栏是否处于被选中的状态,即是否已经选中了菜单栏中的菜单项或子菜单。如果处于被选中的状态则返回 true,否则返回 false

（2）JMenu 类

JMenu 类用来创建菜单，菜单用来添加菜单项和子菜单，从而实现对菜单项的分类管理。该类除了拥有默认的没有入口参数的构造方法外，还有一个常用的构造方法 JMenu(String s)，用来创建一个具有指定名称的菜单。JMenu 类中的常用方法如表 19.9 所示。

表 19.9　JMenu 类中的常用方法

方　　法	说　　明
add(JMenuItem menuItem)	向菜单中添加菜单项和子菜单
add(String s)	向菜单中添加指定名称的菜单项。该方法的返回值为添加的菜单项对象,以便对菜单项进行设置,如为菜单项添加事件监听器
insert(JmenuItem mi, int pos)	向指定位置插入菜单项
insert(String s, int pos)	向指定位置插入指定名称的菜单项。需要注意的是,该方法并不返回插入的菜单项对象
getMenuComponentCount()	获得菜单中包含的组件数,组件包括菜单项、子菜单和分隔线
isTopLevelMenu()	查看菜单是否为顶层菜单,即是否为添加到菜单栏对象中的菜单对象,如果是则返回 true,否则返回 false
isMenuComponent(Component c)	查看指定菜单项或子菜单是否包含在该菜单中

（3）JMenuItem 类

JMenuItem 类用来创建菜单项，当用户单击菜单项时，将触发一个动作事件，通过捕获该事件，可以完成菜单项对应的业务逻辑。

例 19.4 按照创建菜单栏的步骤，创建一个典型的菜单栏，目的是展示创建菜单栏的具体步骤，以及所得菜单栏的具体效果。（**实例位置：资源包\code\19\04**）

（1）利用 JMenuBar 类创建一个菜单栏对象，并将该菜单栏对象添加到窗体的菜单栏中。关键代码如下：

```
JMenuBar menuBar = new JMenuBar();// 创建菜单栏对象
setJMenuBar(menuBar);// 将菜单栏对象添加到窗体的菜单栏中
```

（2）利用 JMenu 类创建一个菜单对象，并将该菜单对象添加到菜单栏对象中。关键代码如下：

```
JMenu menu = new JMenu("菜单名称");// 创建菜单对象
menuBar.add(menu);// 将菜单对象添加到菜单栏对象中
```

（3）利用 JMenuItem 类创建一个菜单项对象，并将该菜单项对象添加到菜单对象中。关键代码如下：

```
JMenuItem menuItem = new JMenuItem("菜单项名称");// 创建菜单项对象
menu.add(menuItem);// 将菜单项对象添加到菜单对象中
```

（4）为菜单项添加 ActionListener 监听器，捕获菜单项被单击的事件，从而完成相应的业务逻辑。这里只是输出了被单击菜单项的标签。下面是监听器的完整代码：

```
private class ItemListener implements ActionListener {
    public void actionPerformed(ActionEvent e) {
        JMenuItem menuItem = (JMenuItem) e.getSource();// 获得触发此次事件的菜单项
        System.out.println("您单击的是菜单项: " + menuItem.getText());// 获取菜单项文本
    }
}
```

下面的代码负责为相应的菜单项添加事件监听器：

```
menuItem.addActionListener(new ItemListener());// 为菜单项添加事件监听器
```

运行本实例，图 19.24 所示为本实例所创建菜单"菜单名称"的展开效果；图 19.25 所示为本实例所创建菜单"菜单名称 2"的展开效果。

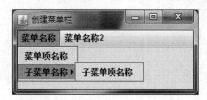

图 19.24　菜单"菜单名称"的展开效果

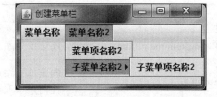

图 19.25　菜单"菜单名称 2"的展开效果

2. 常用菜单设置

在设计菜单时，只是简单地使用类似按钮的菜单项是不够的，因为这样的菜单既不美观，又不实用。下面介绍如何为菜单添加分割线、图标及设置快捷键。

（1）为菜单添加分隔线

在设计菜单时，通常将功能相似或相关的菜单项放在一起，然后用分隔线将它们与其他的菜单项隔开，这样用户在使用时会更加方便和直观。JMenu 类的 addSeparator()方法和 insertSeparator(int index)方法均用来向菜单中添加分隔线，它们的说明分别如下：

➷ addSeparator()：用来向菜单的尾部添加分隔线。

➷ insertSeparator(int index)：用来向指定索引位置插入分隔线，索引值从 0 开始。

（2）为菜单添加图标

在设计菜单时，还可以为菜单和菜单项设置图标，Java 中可以通过 setIcon(Icon defaultIcon)方法设置。

（3）为菜单设置快捷键

为菜单和菜单项设置快捷键可以通过方法 setMnemonic(int mnemonic)实现，该方法的入口参数为与键盘助记符对应的键值，可以是键盘上的任意键，可以通过 java.awt.event.KeyEvent 类中定义的以 "VK_" 开头的静态常量指定。例如，为 "文件" 菜单设置快捷键可以通过下面代码来实现：

```
menu.setMnemonic(KeyEvent.VK_F);    //通过键值设置
```

📢 注意：

快捷键不区分大小写，即无论是否按下 Shift 键，都将激活相应的菜单或菜单项。

例 19.5 定制个性化菜单。（实例位置：资源包\code\19\05）

本例实现了一个典型的菜单栏，其中包括对菜单项、分隔线、子菜单、快捷键和图标等功能的使用，以及禁用菜单项功能，并且为所有菜单项添加了动作事件监听器，在菜单项被激活时控制台将输出该菜单项被执行的提示。代码如下：

```java
public class CustomMenuTest extends JFrame {
    final ButtonGroup buttonGroup = new ButtonGroup();
    public static void main(String args[]) {
        CustomMenuTest frame = new CustomMenuTest();
        frame.setVisible(true);
    }
    public CustomMenuTest() {
        super();
        setBounds(100, 100, 500, 375);
        setTitle("定制个性化菜单");
        setDefaultCloseOperation(JFrame.EXIT_ON_CLOSE);
        final JMenuBar menuBar = new JMenuBar();
        setJMenuBar(menuBar);
        final JMenu fileMenu = new JMenu("文件（F）");// 创建"文件"菜单
        fileMenu.setMnemonic(KeyEvent.VK_F);// 设置快捷键
        menuBar.add(fileMenu);// 添加到菜单栏
        final JMenuItem newItem = new JMenuItem("新建（N）");// 创建菜单项
        newItem.setMnemonic(KeyEvent.VK_N);// 设置快捷键
        newItem.addActionListener(new ItemListener());// 添加动作监听器
        fileMenu.add(newItem);// 添加到"文件"菜单
        final JMenu openMenu = new JMenu("打开（O）");// 创建"打开"子菜单
        openMenu.setMnemonic(KeyEvent.VK_O);// 设置快捷键
        fileMenu.add(openMenu);// 添加到"文件"菜单
        // 创建子菜单项
        final JMenuItem openNewItem = new JMenuItem("未打开过的（N）");
        openNewItem.setMnemonic(KeyEvent.VK_N);// 设置快捷键
        openNewItem.addActionListener(new ItemListener());// 添加动作监听器
        openMenu.add(openNewItem);// 添加到"打开"子菜单
        // 创建子菜单项
```

```java
final JMenuItem openClosedItem = new JMenuItem("刚打开过的（C）");
openClosedItem.setMnemonic(KeyEvent.VK_C);// 设置快捷键
openClosedItem.setEnabled(false);// 禁用菜单项
openClosedItem.addActionListener(new ItemListener());// 添加动作监听器
openMenu.add(openClosedItem);// 添加到"打开"子菜单
fileMenu.addSeparator();// 添加分隔线
final JMenuItem saveItem = new JMenuItem();// 创建菜单项
saveItem.setText("保存（S）");// 设置菜单项文本
saveItem.setMnemonic(KeyEvent.VK_S);
saveItem.addActionListener(new ItemListener());// 添加动作监听器
fileMenu.add(saveItem);// 添加到"文件"菜单
fileMenu.addSeparator();// 添加分隔线
final JMenuItem exitItem = new JMenuItem();// 创建菜单项
exitItem.setText("退出（E）");// 设置菜单项文本
exitItem.setMnemonic(KeyEvent.VK_E);// 设置快捷键
exitItem.addActionListener(new ItemListener());
fileMenu.add(exitItem);// 添加到"文件"菜单
final JMenu editMenu = new JMenu();// 创建菜单
editMenu.setText("编辑（E）");// 设置菜单文本
editMenu.setMnemonic(KeyEvent.VK_E);// 设置快捷键
menuBar.add(editMenu);// 将菜单添加到菜单栏中
URL resource = this.getClass().getResource("/img.JPG"); // 设置图标路径
ImageIcon icon = new ImageIcon(resource);// 根据图标创建 ImageIcon 对象
final JMenuItem cutItem = new JMenuItem();// 创建菜单项
cutItem.setIcon(icon);// 为菜单项设置图标
cutItem.setText("剪切（T）");// 设置菜单项文本
cutItem.setMnemonic(KeyEvent.VK_T);// 设置快捷键
cutItem.addActionListener(new ItemListener());// 添加动作监听器
editMenu.add(cutItem);// 添加到"编辑"菜单
final JMenuItem copyItem = new JMenuItem();// 创建菜单项
copyItem.setIcon(icon);// 为菜单项设置图标
copyItem.setText("复制（C）");// 设置菜单项文本
copyItem.setMnemonic(KeyEvent.VK_C);// 设置快捷键
copyItem.addActionListener(new ItemListener());// 添加动作监听器
editMenu.add(copyItem);// 添加到"编辑"菜单
final JMenuItem pastItem = new JMenuItem();// 创建菜单项
pastItem.setIcon(icon);// 为菜单项设置图标
pastItem.setText("粘贴（P）");// 设置菜单项文本
pastItem.setMnemonic(KeyEvent.VK_P);// 设置快捷键
pastItem.addActionListener(new ItemListener());// 添加动作监听器
editMenu.add(pastItem);// 添加到"编辑"菜单
editMenu.insertSeparator(2);// 插入分割线
final JMenu helpMenu = new JMenu("帮助（H）", false);// 创建菜单
helpMenu.setText("帮助（H）");// 设置菜单文本
helpMenu.setMnemonic(KeyEvent.VK_H);// 设置快捷键
menuBar.add(helpMenu);// 将菜单添加到菜单栏中
final JMenuItem aboutItem = new JMenuItem();// 创建菜单项
aboutItem.setText("关于（A）");// 设置菜单项文本
aboutItem.setMnemonic(KeyEvent.VK_A);// 设置快捷键
aboutItem.addActionListener(new ItemListener());// 添加动作监听器
```

```
        helpMenu.add(aboutItem);// 添加到"帮助"菜单
    }
    private class ItemListener implements ActionListener {
        public void actionPerformed(ActionEvent e) {
            JMenuItem menuItem = (JMenuItem) e.getSource();// 获取单击的菜单项
            System.out.println("您单击的是菜单项: " + menuItem.getText());
                                                 // 显示单击菜单项的文本
        }
    }
}
```

运行本例，效果如图 19.26 所示，当单击某个菜单项时，在控制台中输出单击的菜单项，效果如图 19.27 所示。

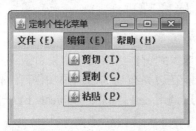

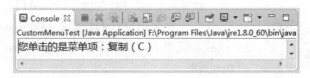

图 19.26　带分割线、图标和快捷键的菜单　　　　　　图 19.27　显示单击的菜单项

19.2.2　创建 JPopupMenu 弹出式菜单

扫一扫，看视频

创建弹出式菜单和创建菜单栏的步骤基本相似，只是在创建菜单栏时第一步创建的是 JMenuBar 类的对象，而创建弹出式菜单的第一步创建的是 JPopupMenu 类的对象，然后通过为需要弹出该菜单的组件添加鼠标事件监听器，在捕获弹出菜单事件时弹出该菜单。

例 19.6　创建弹出式菜单。（**实例位置：资源包\code\19\06**）

本例实现了一个弹出式菜单，目的是展示弹出式菜单的创建方法。由于仅与创建菜单栏的第一步不同，这里只给出了创建弹出式菜单以及将弹出式菜单注册给指定组件的代码。关键代码如下：

```
final JPopupMenu popupMenu = new JPopupMenu();// 创建弹出式菜单对象
final JMenuItem cutItem = new JMenuItem("剪切");// 创建菜单对象
popupMenu.add(cutItem);// 将菜单对象放入弹出式菜单当中
/*省略其他添加菜单代码*/
getContentPane().addMouseListener(new MouseAdapter() {// 为窗体的顶层容器添加鼠标事件
                                                      监听器
        public void mouseReleased(MouseEvent e) {// 鼠标按键被释放时触发该方法
            if (e.isPopupTrigger())// 判断此次鼠标事件是否为该组件的弹出菜单触发事件，如果是则
                                   在释放鼠标的位置弹出菜单
            popupMenu.show(e.getComponent(), e.getX(), e.getY());
    }
});
```

运行本实例，在窗体中单击鼠标右键，在弹出的快捷菜单中依次选择"编辑"→"字体"→"斜体"命令，将得到如图 19.28 所示的效果。

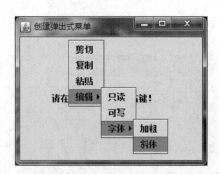

图 19.28　弹出式菜单的展开效果

扫一扫，看视频

19.3　JToolBar 工具栏

工具栏中提供了快速执行常用命令的按钮，可以将它随意拖曳到窗体的四周，如果希望工具栏可以随意拖动，窗体一定要采用默认的边界布局方式，并且不能在边界布局的四周添加任何组件。工具栏默认是可以随意拖动的，如果不允许随意拖动，可以通过调用 setFloatable(boolean b) 方法将入口参数设为 false 实现。

在利用 JToolBar 类创建工具栏对象时，需要使用其构造方法，其常用构造方法如下。

（1）JToolBar()：创建新的工具栏；默认的方向为 HORIZONTAL，使用这种方法创建的工具栏，当工具栏脱离窗体时，工具栏窗体则没有标题。

（2）JToolBar(String name)：创建具有指定标题的工具栏。

JToolBar 类的常用方法如表 19.10 所示。

表 19.10　JToolBar 类的常用方法

方　　法	说　　　　明
add(Component comp)	将按钮添加到工具栏的末尾
addSeparator()	在按钮之间添加默认大小的分隔符
addSeparator(Dimension size)	添加指定大小的分隔符
setMargin(Insets m)	设置工具栏边框和它的按钮之间的空白
setOrientation(int o)	设置工具栏的方向

例 19.7　创建工具栏。（**实例位置：资源包\code\19\07**）

本例实现了一个典型的不允许拖动的工具栏，并分别添加了默认大小和指定大小的分隔符。关键代码如下：

```java
final JToolBar toolBar = new JToolBar("工具栏");// 创建工具栏对象
toolBar.setFloatable(true);// 设置为允许拖动
getContentPane().add(toolBar, BorderLayout.NORTH);// 添加到网格布局的上方
final JButton newButton = new JButton("新建");// 创建按钮对象
newButton.addActionListener(new ButtonListener());// 添加动作事件监听器
toolBar.add(newButton);// 添加到工具栏中
toolBar.addSeparator();// 添加默认大小的分隔符
final JButton saveButton = new JButton("保存");// 创建按钮对象
saveButton.addActionListener(new ButtonListener());// 添加动作事件监听器
toolBar.add(saveButton);// 添加到工具栏中
```

```
toolBar.addSeparator(new Dimension(20, 0));// 添加指定大小的分隔符
final JButton exitButton = new JButton("退出");// 创建按钮对象
exitButton.addActionListener(new ButtonListener());// 添加动作事件监听器
toolBar.add(exitButton);// 添加到工具栏中
```

运行本例,将得到如图 19.29 所示的窗体,可以将它随意拖曳到窗体的四周,如图 19.30～图 19.32 所示;甚至可以脱离窗体,如图 19.33 所示,在这种情况下,关闭工具栏时会自动恢复到脱离之前的位置。

图 19.29　默认在上方

图 19.30　在左侧

图 19.31　在下方

图 19.32　在右侧

图 19.33　脱离窗体

✍ 说明:

如果在程序中想要设置工具栏不允许拖动,只需要将上面代码中的 toolBar.setFloatable(true);中的参数修改为 false 即可。

19.4　文件选择器

扫一扫,看视频

在开发应用程序时,经常需要选择文件,例如,从文件中导入数据,或者选择用户照片等,通过 javax.swing.JFileChooser 类可以轻松地实现这个功能。

19.4.1　JFileChooser 文件选择对话框

JFileChooser 类提供了一个供用户选择文件的对话框,利用该类创建文件选择对话框以及获取用户选择文件的基本步骤如下。

（1）创建一个 JFileChooser 类的对象。

（2）默认情况下每次只能选择一个文件，如果希望允许同时选择多个文件，可以通过调用 setMultiSelectionEnabled(boolean b)方法设置，将入口参数设为 true 即表示允许多选。

（3）默认情况下只允许选择文件，如果希望允许选择文件夹，可以通过调用 setFileSelection-Mode(int mode)方法设置，入口参数可选的静态常量有 FILES_ONLY（只允许选择文件）、DIRECTORIES_ONLY（只允许选择路径）和 FILES_AND_DIRECTORIES（均可选择）。

（4）如果只希望在对话框中列出指定类型的文件，可以调用 setFileFilter(FileFilter filter)方法设置文件过滤器。

（5）设置完成后调用 showOpenDialog(Component parent)方法显示对话框，该方法将返回一个 int 型值，来判断用户是否选择了文件或路径。

（6）如果用户选择了文件或路径，可以通过 getSelectedFile()或 getSelectedFiles()方法获得，getSelectedFile()方法返回的是 File 对象，getSelectedFiles()方法返回的是 File 型数组。

例 19.8　文件选择对话框。（实例位置：资源包\code\19\08）

本例实现了通过文件选择对话框选择文件的功能。关键代码如下：

```java
final JButton button = new JButton();
button.addActionListener(new ActionListener() {
    public void actionPerformed(ActionEvent e) {
        JFileChooser fileChooser = new JFileChooser();// 创建文件选择对话框
        int i = fileChooser.showOpenDialog(getContentPane());// 显示文件选择对话框
        if (i == JFileChooser.APPROVE_OPTION) {// 判断用户单击的是否为"打开"按钮
        File selectedFile = fileChooser.getSelectedFile();// 获得选中的文件对象
            textField.setText(selectedFile.getName());// 显示选中文件的名称
        }
    }
});
```

运行本例后单击"上传"按钮，将弹出一个如图 19.34 所示的文件选择对话框，其中将列出当前路径下的所有文件。

图 19.34　文件选择对话框

19.4.2　FileFilter 文件过滤器

如果只希望在对话框中列出指定类型的文件，可以调用 setFileFilter(FileFilter filter)方法设置文件过滤器。javax.swing.filechooser.FileFilter 类是一个抽象类，该类的具体定义如下：

```
public abstract class FileFilter {
    public abstract boolean accept(File f);
    public abstract String getDescription();
}
```

可以通过实现该类对文件进行过滤，其中 accept(File f)方法用来过滤文件，如果返回 true，则表示显示到文件选择对话框中，如果返回 false，则不显示；getDescription()方法用来返回对话框中"文件类型"的描述信息。

FileFilter 抽象类提供了一个 FileNameExtensionFilter 实现类，该类只提供了一个 FileNameExtensionFilter(String description, String…extensions)构造方法，其第一个入口参数为"文件类型"的描述信息，其他参数均为允许显示到文件选择对话框中的文件类型。

例 19.9　使用文件过滤器。（**实例位置：资源包\code\19\09**）

本例的文件选择对话框利用文件过滤器对文件进行了过滤，使文件选择对话框中只列出格式为 JPG 或 GIF 格式的图片。关键代码如下：

```
final JLabel label = new JLabel("<双击选择照片>", SwingConstants.CENTER);
label.addMouseListener(new MouseAdapter() {
    JFileChooser fileChooser;
    {
        fileChooser = new JFileChooser();// 创建文件选择对话框
        // 设置文件过滤器，只列出 JPG 或 GIF 格式的图片
        FileFilter filter = new FileNameExtensionFilter("图像文件（JPG/GIF）", "JPG",
"JPEG", "GIF");
        fileChooser.setFileFilter(filter);
    }
    public void mouseClicked(MouseEvent e) {
        if (e.getClickCount() == 2) {
            int i = fileChooser.showOpenDialog(getContentPane());// 显示文件选择对话框
            if (i == JFileChooser.APPROVE_OPTION) {// 判断用户单击的是否为"打开"按钮
                File selectedFile = fileChooser.getSelectedFile();// 获得选中的图片对象
                label.setIcon(new ImageIcon(selectedFile.getAbsolutePath()));
                                                        // 将图片显示到标签上
                label.setText(null);
            }
        }
    }
});
getContentPane().add(label, BorderLayout.CENTER);
```

运行本例后双击窗体，将弹出如图 19.35 所示的文件选择对话框，此时打开的路径与图 19.34 相同，但这里只列出了文件夹以及格式为 JPG 和 GIF 的图片文件。

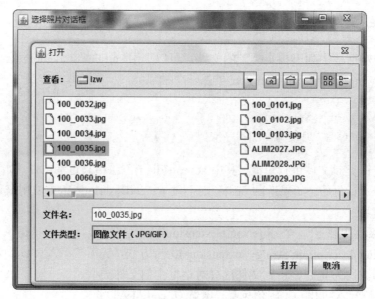

图 19.35　使用文件过滤器

扫一扫，看视频

19.5　JProgressBar 进度条

Java 中利用 JProgressBar 类可以实现一个进度条，通过填充它的部分或全部来指示一个任务的执行情况。

使用 JProgressBar 类创建的进度条，默认情况下为确定任务执行进度的进度条，效果如图 19.36 所示，填充区域会逐渐增大；如果并不确定任务的执行进度，可以通过调用 setIndeterminate(boolean b) 方法设置进度条的样式，设为 true 表示不确定任务的执行进度，填充区域会来回滚动，效果如图 19.37 所示；设为 false 则表示确定任务的执行进度。

默认情况下在进度条中不显示提示信息，可以通过调用 setStringPainted(boolean b) 方法设置是否显示提示信息，设为 true 表示显示，设为 false 则表示不显示。如果将确定进度的进度条设置为显示提示信息，默认显示当前任务完成的百分比，如图 19.38 所示，也可以通过 setString(String s) 方法设置指定的提示信息；如果将不确定进度的进度条设置为显示提示信息，则必须设置指定的提示信息，否则将出现如图 19.39 所示的不和谐效果。

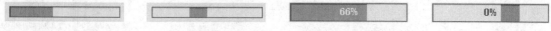

图 19.36　指示确定进度　　图 19.37　指示不确定进度　　图 19.38　显示提示信息　　图 19.39　不和谐效果

如果采用确定进度的进度条，进度条并不能自动获取任务的执行进度，必须通过 setValue(int n) 方法反复修改当前的执行进度，如将入口参数设置为 66，则显示为 66%；如果采用不确定进度的进度条，则需要在任务执行完成后将其设置为采用确定进度的进度条，并将任务的执行进度设置为 100%，或者设置指定的提示，提示已经完成。

例 19.10　使用进度条。（**实例位置：资源包\code\19\10**）

本例实现了一个模拟在线升级过程的进度条，通过本例可以掌握进度条的使用方法。下面是创建进度条的关键代码：

```
final JProgressBar progressBar = new JProgressBar();// 创建进度条对象
progressBar.setStringPainted(true);// 设置显示提示信息
progressBar.setIndeterminate(true);// 设置采用不确定进度条
progressBar.setString("升级进行中......");// 设置提示信息
//省略布局及添加按钮的代码...
new Progress(progressBar, button).start();// 利用线程模拟一个在线升级任务
```

下面的代码利用线程模拟了一个在线升级的任务，在执行任务的过程中反复修改任务的执行进度，并在任务完成后设置了指定的提示信息。

```
class Progress extends Thread {// 利用线程模拟一个在线升级任务
    private final int[] progressValue = { 6, 18, 27, 39, 51, 66, 81,100 };
                                            // 模拟任务完成百分比
    private JProgressBar progressBar;// 进度条对象
    private JButton button;// 完成按钮对象
    public Progress(JProgressBar progressBar, JButton button) {
        this.progressBar = progressBar;
        this.button = button;
    }
    public void run() {
        try {
            Thread.sleep(3000);// 3 秒后开始升级
        } catch (InterruptedException e1) {
            e1.printStackTrace();
        }
        progressBar.setIndeterminate(false);// 设置采用确定进度条
        // 通过循环更新任务完成百分比
        for (int i = 0; i < progressValue.length; i++) {
            progressBar.setValue(progressValue[i]);// 设置任务完成百分比
            try {
                Thread.sleep(1000);// 令线程休眠 1 秒
            } catch (InterruptedException e) {
                e.printStackTrace();
            }
        }
        progressBar.setString("升级完成！");// 设置提示信息
        button.setEnabled(true);// 设置按钮可用
    }
}
```

此处模拟一个任务

运行本实例，将得到如图 19.40 所示的效果；升级结束后将得到如图 19.41 所示的效果；如果将下面的代码注释掉，将得到如图 19.42 所示的效果。

```
progressBar.setIndeterminate(true);// 设置采用不确定进度条
progressBar.setString("升级进行中......");// 设置提示信息
```

图 19.40　不确定进度的效果

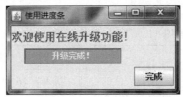

图 19.41　完成后的效果

图 19.42　确定进度的效果

19.6 JTable 表格组件

表格是最常用的数据统计形式之一，在 Swing 中由 JTable 类实现表格。本节将对如何在 Java 中创建表格并对表格进行操作进行详细讲解。

19.6.1 使用 JTable 创建表格

JTable 类表示表格组件，使用该类的构造方法可以创建相应的表格，它有多种构造方法，常用的如下。

（1）JTable()：构造一个默认的 JTable，使用默认的数据模型、默认的列模型和默认的选择模型对其进行初始化。

（2）JTable(Object[][] rowData, Object[] columnNames)：构造一个 JTable 来显示二维数组 rowData 中的值，其列名称为 columnNames。

（3）JTable(TableModel dm)：构造一个 JTable，使用数据模型 dm、默认的列模型和默认的选择模型对其进行初始化，TableModel 接口指定了 JTable 用于询问表格数据模型的方法，该接口将在 19.6.3 节详细讲解。

例如，使用 JTable(Object[][] rowData, Object[] columnNames)构造方法创建一个表格的代码如下：

```java
String[] columnNames = { "A", "B" }; // 定义表格列名数组
String[][] tableValues = { { "A1", "B1" }, { "A2", "B2" },
    { "A3", "B3" }, { "A4", "B4" }, { "A5", "B5" } };// 定义表格数据数组
JTable table = new JTable(tableValues, columnNames); // 创建指定列名和数据的表格
```

运行上面代码的效果如图 19.43 所示。

图 19.43　创建表格

19.6.2 表格的常用操作方法

表格创建完成后，即可通过 JTable 类提供的方法对表格进行操作，JTable 类中常用的操作表格的方法如表 19.11 所示。

表 19.11　JTable 类中操作表格的方法

方　　法	说　　明
setRowHeight(int rowHeight)	设置表格的行高，默认为 16 像素
setRowSelectionAllowed(boolean sa)	设置是否允许选中表格行，默认为允许选中，设为 false 表示不允许选中

（续表）

方　　法	说　　明
setSelectionMode(int sm)	设置表格行的选择模式
setSelectionBackground(Color bc)	设置表格选中行的背景色
setSelectionForeground(Color fc)	设置表格选中行的前景色（通常情况下为文字的颜色）
setAutoResizeMode(int mode)	设置表格的自动调整模式
getRowCount()	获得表格拥有的行数，返回值为 int 型
getColumnCount()	获得表格拥有的列数，返回值为 int 型
getColumnName(int column)	获得位于指定索引位置的列的名称，返回值为 String 型
setRowSelectionInterval(int from, int to)	选中行索引从 from 到 to 的所有行（包括索引为 from 和 to 的行）
addRowSelectionInterval(int from, int to)	将行索引从 from 到 to 的所有行追加为表格的选中行
isRowSelected(int row)	查看行索引为 row 的行是否被选中
selectAll()	选中表格中的所有行
clearSelection()	取消所有选中行的选择状态
getSelectedRowCount()	获得表格中被选中行的数量，返回值为 int 型，如果没有被选中的行，则返回-1
getSelectedRow()	获得被选中行中最小的行索引值，返回值为 int 型，如果没有被选中的行，则返回-1
getSelectedRows()	获得所有被选中行的索引值，返回值为 int 型数组

例 19.11　通过使用 JTabel 类提供的方法对表格进行操作，包括设置表格可以多选、选中行背景色、选中行文字颜色、全选、取消全选，及获取行数、列数、选中行索引、指定列的名称、指定位置的值等功能。代码如下：（**实例位置：资源包\code\19\11**）

```
public class JTabelTest extends JFrame {
    private JTable table;
    public static void main(String args[]) {
        JTabelTest frame = new JTabelTest();
        frame.setVisible(true);
    }
    public JTabelTest() {
        super();
        setTitle("操作表格");
        setBounds(100, 100, 500, 375);
        setDefaultCloseOperation(JFrame.EXIT_ON_CLOSE);
        final JScrollPane scrollPane = new JScrollPane();
        getContentPane().add(scrollPane, BorderLayout.CENTER);
        String[] columnNames = { "A", "B", "C", "D", "E", "F", "G" };//定义表格列
        String[][] tableValues = new String[20][columnNames.length];
                                            //定义数组，用来存储表格数据
        //初始化表格中数据的值
        for (int row = 0; row < 20; row++) {
```

```
        for (int column = 0; column < columnNames.length; column++) {
            tableValues[row][column] = columnNames[column] + row;
        }
    }
    table = new JTable(tableValues, columnNames);//创建一个表格
    table.setRowSelectionInterval(1, 3);// 设置选中行
    table.addRowSelectionInterval(5, 5);// 添加选中行
    table.setAutoResizeMode(JTable.AUTO_RESIZE_OFF); // 关闭表格列的自动调整功能
    // 选择模式为多选
    table.setSelectionMode(ListSelectionModel.MULTIPLE_INTERVAL_SELECTION);
    table.setSelectionBackground(Color.YELLOW); // 被选择行的背景色为黄色
    table.setSelectionForeground(Color.RED); // 被选择行的前景色（文字颜色）为红色
    table.setRowHeight(30); // 表格的行高为 30 像素
    scrollPane.setViewportView(table);
    JPanel buttonPanel = new JPanel();
    getContentPane().add(buttonPanel, BorderLayout.SOUTH);
    JButton selectAllButton = new JButton("全部选择");
    selectAllButton.addActionListener(new ActionListener() {
        public void actionPerformed(ActionEvent e) {
            table.selectAll();// 选中所有行
        }
    });
    buttonPanel.add(selectAllButton);
    JButton clearSelectionButton = new JButton("取消选择");
    clearSelectionButton.addActionListener(new ActionListener() {
        public void actionPerformed(ActionEvent e) {
            table.clearSelection();// 取消所有选中行的选择状态
        }
    });
    buttonPanel.add(clearSelectionButton);
    //输出表格的行数、列数
    System.out.println("表格共有" + table.getRowCount() + "行" + table.get
ColumnCount() + "列");
    System.out.println("第 3 行的选择状态为: " + table.isRowSelected(2));
                                                    //获取第 3 行选中状态
    System.out.println("被选中的第一行的索引是: " + table.getSelectedRow());
                                                    //获取选中行索引
    System.out.println("第 2 列的名称是: " + table.getColumnName(1));//获取列名称
    System.out.println("第 2 行第 2 列的值是: " + table.getValueAt(1, 1));
                                                    //获取指定行列处的值
    }
}
```

运行本例，在窗体中显示一个表格数据，用户可以在其中选择行，或者通过单击"全部选择"和"取消选择"按钮对表格进行全选和取消全选操作，如图 19.44 所示，同时，在运行程序时，会将表格的一些基本设置显示在 Eclipse 的控制台中，如图 19.45 所示。

图 19.44 对表格进行设置

19.6.3 使用表格模型创建表格

JTable 类的构造方法中有一个是使用 TableModel 创建表格，TableModel 是一个接口，它定义了一个表格模型。实质上，用来创建表格的 JTable 类并不负责存储表格中的数据，而是由表格模型负责存储，当利用 JTable 类直接创建表格时，只是将数据封装到了默认的表格模型中。下面介绍如何使用表格模型创建表格。

图 19.45 显示表格基本设置信息

TableModel 接口定义了一个表格模型，AbstractTableModel 抽象类实现了 TableModel 接口的大部分方法，只有以下 3 个抽象方法没有实现。

> public int getRowCount()方法。
> public int getColumnCount()方法。
> public Object getValueAt(int rowIndex, int columnIndex)方法。

通过继承 AbstractTableModel 类实现上面 3 个抽象方法可以创建自己的表格模型类。DefaultTableModel 类便是由 Swing 提供的表格模型类，它继承了 AbstractTableModel 类并实现了上面 3 个抽象方法。DefaultTableModel 类提供的常用构造方法如表 19.12 所示。

表 19.12 DefaultTableModel 类提供的常用构造方法

构 造 方 法	说 明
DefaultTableModel()	创建一个 0 行 0 列的表格模型
DefaultTableModel(int rowCount, int columnCount)	创建一个 rowCount 行 columnCount 列的表格模型
DefaultTableModel(Object[][] data, Object[] columnNames)	按照数组中指定的数据和列名创建一个表格模型
DefaultTableModel(Vector data, Vector columnNames)	按照数组中指定的数据和列名创建一个表格模型

表格模型创建完成后，通过 JTable 类的 JTable(TableModel dm)构造方法创建表格，即实现了利用表格模型创建表格。

例如，下面代码通过使用表格模型创建了一个表格：

```
DefaultTableModel tableModel = new DefaultTableModel();      //创建表格模型
JTable table = new JTable(tableModel);                       //创建表格
```

19.6.4 维护表格模型

使用表格时，经常需要对表格中的内容进行维护，如向表格中添加新的数据行、修改表格中某一单元格的值、从表格中删除指定的数据行等，这些操作均可以通过维护表格模型来完成。

1. 向表格中添加、修改、删除行数据

在向表格模型中添加新的数据行时有两种情况：一种是添加到表格模型的尾部，另一种是添加到表格模型的指定索引位置，下面分别讲解。

（1）添加到表格模型的尾部，可以通过 addRow()方法完成。它的两个重载方法如下：

➥ addRow(Object[] rowData)：将由数组封装的数据添加到表格模型的尾部。

➥ addRow(Vector rowData)：将由 Vector 数组封装的数据添加到表格模型的尾部。

（2）添加到表格模型的指定位置，可以通过 insertRow()方法完成。它的两个重载方法如下：

➥ insertRow(int row, Object[] rowData)：将由数组封装的数据添加到表格模型的指定索引位置。

➥ insertRow(int row, Vector rowData)：将由 Vector 数组封装的数据添加到表格模型的指定索引位置。

如果需要修改表格模型中某一单元格的数据，可以通过 setValueAt(Object aValue, int row, int column)方法完成，其中 aValue 为单元格修改后的值，row 为单元格所在行的索引，column 为单元格所在列的索引；另外，可以通过 getValueAt(int row, int column)方法获得指定单元格的值，该方法的返回值类型为 Object。

如果需要删除表格模型中某一行的数据，可以通过 removeRow(int row)方法完成，其中 row 为欲删除行的索引。

📢 注意：

在删除表格模型中的数据时，每删除一行，其后所有行的索引值将相应地减 1，所以当连续删除多行时，需要注意对删除行索引的处理。

2. 表格模型事件

当向表格模型中添加、修改或删除行时，将触发表格模型事件。TableModelEvent 类负责捕获表格模型事件，可以通过为组件添加实现了 TableModelListener 接口的监听器类来处理相应的表格模型事件。

TableModelListener 接口只有一个抽象方法，当向表格模型中添加行，或修改、删除表格模型中的现有行时，该方法将被触发。TableModelListener 接口的具体定义如下：

```
public interface TableModelListener extends java.util.EventListener {
    public void tableChanged(TableModelEvent e);
}
```

在抽象方法 tableChanged()中传入了 TableModelEvent 类的对象，TableModelEvent 类中比较常

用的方法如表 19.13 所示。

表 19.13　TableModelEvent 类中的常用方法

方　　法	功 能 简 介
getType()	获得此次事件的类型
getFirstRow()	获得触发此次事件的表格行的最小索引值
getLastRow()	获得触发此次事件的表格行的最大索引值
getColumn()	如果事件类型为 UPDATE，获得触发此次事件的表格列的索引值，否则将返回-1

其中，getType()方法将返回一个 int 型值，可以通过 TableModelEvent 类中的如下静态常量判断此次事件的具体类型：

➥ INSERT：如果返回值等于该静态常量，说明此次事件是由插入行触发的。

➥ UPDATE：如果返回值等于该静态常量，说明此次事件是由修改行触发的。

➥ DELETE：如果返回值等于该静态常量，说明此次事件是由删除行触发的。

通过捕获表格模型事件，可以进行一些相关的操作，如自动计算表格某一列的总和。

例 19.12　本实例通过维护表格模型，实现了向表格中添加新的数据行、修改表格中某一单元格的值，以及从表格中删除指定的数据行，并且在对表格进行操作时，触发表格模型事件，该事件中监听用户对表格行的操作并显示。代码如下：（实例位置：资源包\code\19\12）

```java
public class TableModelTest extends JFrame {
    private DefaultTableModel tableModel;// 定义表格模型对象
    private JTable table;// 定义表格对象
    private JTextField aTextField, bTextField;// 面板下方两个输入框
    private JButton addButton, delButton, updButton;// 增删改三个按钮
    public static void main(String args[]) {
        TableModelTest frame = new TableModelTest();
        frame.setVisible(true);
    }
    public TableModelTest() {
        super();
        setTitle("维护表格模型");
        setBounds(100, 100, 510, 300);
        setDefaultCloseOperation(JFrame.EXIT_ON_CLOSE);
        String[] columnNames = { "A", "B" };// 定义表格列名数组
        String[][] tableValues = { { "A1", "B1" }, { "A2", "B2" }, { "A3", "B3" } };
// 定义表格数据数组
        // 创建指定表格列名和表格数据的表格模型
        tableModel = new DefaultTableModel(tableValues, columnNames);
        table = new JTable(tableModel);// 创建指定表格模型的表格
        JScrollPane scrollPane = new JScrollPane(table);
        getContentPane().add(scrollPane, BorderLayout.CENTER);
        buttonInit();// 按钮初始化方法
        addListener();// 给组件添加监听事件
    }
    private void buttonInit() {// 按钮初始化方法
        final JPanel panel = new JPanel();
```

```
            getContentPane().add(panel, BorderLayout.SOUTH);
            panel.add(new JLabel("A: "));
            aTextField = new JTextField("A4", 10);
            panel.add(aTextField);
            panel.add(new JLabel("B: "));
            bTextField = new JTextField("B4", 10);
            panel.add(bTextField);
            addButton = new JButton("添加");
            updButton = new JButton("修改");
            delButton = new JButton("删除");
            panel.add(addButton);
            panel.add(updButton);
            panel.add(delButton);
        }
    private void addListener() {// 给组件添加监听
        // 为表格模型添加事件监听器
        tableModel.addTableModelListener(new TableModelListener() {
            public void tableChanged(TableModelEvent e) {
                int type = e.getType(); // 获得事件的类型
                int row = e.getFirstRow() + 1; // 获得触发此次事件的表格行索引
                int column = e.getColumn() + 1; // 获得触发此次事件的表格列索引
                if (type == TableModelEvent.INSERT) { // 判断是否有插入行触发
                    System.out.print("此次事件由 插入 行触发，");
                    System.out.println("此次插入的是第 " + row + " 行！");
                    // 判断是否有修改行触发
                } else if (type == TableModelEvent.UPDATE) {
                    System.out.print("此次事件由 修改 行触发，");
                    System.out.println("此次修改的是第 " + row + " 行第 " + column +
" 列！");
                    // 判断是否有删除行触发
                } else if (type == TableModelEvent.DELETE) {
                    System.out.print("此次事件由 删除 行触发，");
                    System.out.println("此次删除的是第 " + row + " 行！");
                } else {
                    System.out.println("此次事件由 其他原因 触发！");
                }
            }
        });
        // 添加按钮事件
        addButton.addActionListener(new ActionListener() {
            public void actionPerformed(ActionEvent e) {
                String[] rowValues = { aTextField.getText(), bTextField.getText() };
                // 创建表格行数组
                tableModel.addRow(rowValues);// 向表格模型中添加一行
                int rowCount = table.getRowCount() + 1;// 获取当前最大行数加1的值
                aTextField.setText("A" + rowCount);// 修改文本框默认内容
                bTextField.setText("B" + rowCount);
            }
        });
        // 修改按钮事件
```

```
updButton.addActionListener(new ActionListener() {
    public void actionPerformed(ActionEvent e) {
        int selectedRow = table.getSelectedRow();// 获得被选中行的索引
        if (selectedRow != -1) {// 判断是否存在被选中行
            // 修改表格模型当中的指定值,参数依次为（值，行，列）
            tableModel.setValueAt(aTextField.getText(), selectedRow, 0);
            tableModel.setValueAt(bTextField.getText(), selectedRow, 1);
        }
    }
});
// 删除按钮事件
delButton.addActionListener(new ActionListener() {
    public void actionPerformed(ActionEvent e) {
        int selectedRow = table.getSelectedRow();// 获得被选中行的索引
        if (selectedRow != -1)// 判断是否存在被选中行
            tableModel.removeRow(selectedRow);// 从表格模型当中删除指定行
    }
});
}
}
```

运行本例，将得到如图 19.46 所示的窗体，其中 A、B 文本框分别用来编辑 A、B 列的信息。单击"添加"按钮可以将编辑好的信息添加到表格中，选中表格的某一行后，在 A、B 文本框中将显示该行对应列的信息。重新编辑后单击"修改"按钮可以修改表格中的信息，单击"删除"按钮可以删除表格中被选中的行。对表格中的行进行添加、修改和删除操作时，会在控制台中显示相应的提示信息，如图 19.47 所示。

图 19.46　对表格中的行进行添加、修改和删除

图 19.47　控制台中显示操作表格行的相应信息

19.7　小　　结

通过对本章的学习，相信读者已经掌握了 Swing 的一些高级组件，如分割面板、选项卡面板、菜

单、工具栏、文件选择器、进度条和表格等的用法。通过对分割面板、选项卡面板、菜单和工具栏的使用，可以根据实际情况设计出更友好的程序界面，提高程序界面的适用性，还可以根据实际需要为程序界面添加菜单和工具栏，以方便执行程序中的各种功能。此外还讲解了文件选择器的使用方法，以及利用文件过滤器过滤文件的方法，通过使用文件选择器，用户可以快速地选择系统中的文件。在最后还讲解了进度条和表格的使用方法，通过对这些功能的使用，可以有效地提高程序的人性化程度，增加程序的适用性和灵活性。熟练掌握本章的知识，有助于开发出优秀的 Java 应用程序。

第 20 章　AWT 绘图

要开发高级的应用程序就应该适当掌握图像处理相关的技术，使用它可以为程序提供数据统计、图表分析等功能，提高程序的交互能力。本章将介绍 Java 中的绘图技术。

通过阅读本章，您可以：

- ❯ 熟悉 Java 的绘图类及画布类
- ❯ 掌握基本几何图形的绘制方法
- ❯ 熟悉如何对绘图颜色和画笔进行设置
- ❯ 熟悉字体的设置及绘制文字
- ❯ 掌握如何在窗体中绘制图像
- ❯ 掌握常用的图像处理技术

20.1　Java 绘图基础

绘图是高级程序设计中非常重要的技术，例如，应用程序需要绘制闪屏图像、背景图像和组件外观，Web 程序可以绘制统计图、数据库存储的图像资源等。正所谓"一图胜千言"，使用图像能够更好地表达程序运行结果，进行细致的数据分析与保存等。本节将介绍 Java 语言程序设计的绘图类 Graphics 与 Graphics2D，及画布类 Canvas。

20.1.1　Graphics 类

Graphics 类是所有图形上下文的抽象基类，它允许应用程序在组件以及闭屏图像上进行绘制。Graphics 类封装了 Java 支持的基本绘图操作所需的状态信息，主要包括颜色、字体、画笔、文本和图像等。

Graphics 类提供了绘图常用的方法，利用这些方法可以实现直线、矩形、多边形、椭圆、圆弧等形状和文本、图像的绘制操作。另外，在执行这些操作之前，还可以使用相应的方法，设置绘图的颜色和字体等状态属性。

20.1.2　Graphics2D 类

虽然使用 Graphics 类可以完成简单的图形绘制任务，但是它所实现的功能非常有限，如无法改变线条的粗细、不能对图像使用旋转和模糊等过滤效果。

Graphics2D 继承 Graphics 类，实现了功能更加强大的绘图操作的集合。由于 Graphics2D 类是 Graphics 类的扩展，也是推荐使用的 Java 绘图类，所以本章主要介绍如何使用 Graphics2D 类实现 Java 绘图。

✍ 说明：

> Graphics2D 是推荐使用的绘图类，但是程序设计中提供的绘图对象大多是 Graphics 类的实例对象，这时应该使用强制类型转换将其转换为 Graphics2D 类型。例如：
>
> ```
> public void paint(Graphics g) {
>     Graphics2D g2 = (Graphics2D) g;//强制类型转换为 Graphics2D 类型
> }
> ```

20.1.3　Canvas 类

　　Canvas 类是一个画布组件，它表示屏幕上一个空白矩形区域，应用程序可以在该区域内绘图，或者可以从该区域捕获用户的输入事件。使用 Java 在窗体中绘图时，必须创建继承 Canvas 类的子类，以获得有用的功能（如创建自定义组件），然后必须重写其 paint 方法，以便在 Canvas 上执行自定义图形。paint 方法的语法如下：

```
public void paint(Graphics g)
```

参数 g 用来表示指定的 Graphics 上下文。

　　另外，如果需要重绘图形，则需要调用 repaint()方法，该方法是从 Component 继承的一个方法，用来重绘此组件。其语法如下：

```
public void repaint()
```

例如，创建一个画布，并重写其 paint 方法。代码如下：

```
class CanvasTest extends Canvas {// 创建画布
    public void paint(Graphics g) {// 重写 paint 方法
        super.paint(g);
        Graphics2D g2 = (Graphics2D) g;// 创建 Graphics2D 对象，用于画图
        … //绘制图形的代码
    }
}
```

20.2　绘制几何图形

扫一扫，看视频

　　Java 可以分别使用 Graphics 和 Graphics2D 绘制图形，Graphics 类使用不同的方法实现不同图形的绘制，例如，drawLine()方法可以绘制直线、drawRect()方法用于绘制矩形、drawOval()方法用于绘制椭圆形等。

　　Graphics 类常用的图形绘制方法如表 20.1 所示。

表 20.1　Graphics 类常用的图形绘制方法

方　　法	说　明	举　例	绘 图 效 果
drawArc(int x, int y, int width, int height, int startAngle, int arcAngle)	弧形	drawArc(100,100,100,50,270,200);	
drawLine(int x1, int y1, int x2, int y2)	直线	drawLine(10,10,50,10); drawLine(30,10,30,40);	
drawOval(int x, int y, int width, int height)	椭圆	drawOval(10,10,50,30);	

（续表）

方　　法	说　　明	举　　例	绘 图 效 果
drawPolygon(int[] xPoints, int[] yPoints, int nPoints)	多边形	int[] xs={10,50,10,50}; int[] ys={10,10,50,50}; drawPolygon(xs, ys, 4);	
drawPolyline(int[] xPoints, int[] yPoints, int nPoints)	多边线	int[] xs={10,50,10,50}; int[] ys={10,10,50,50}; drawPolyline(xs, ys, 4);	
drawRect(int x, int y, int width, int height)	矩形	drawRect(10, 10, 100, 50);	
drawRoundRect(int x, int y, int width, int height, int arcWidth, int arcHeight)	圆角矩形	drawRoundRect(10, 10, 50, 30,10,10);	
fillArc(int x, int y, int width, int height, int startAngle, int arcAngle)	实心弧形	fillArc(100,100,50,30,270,200);	
fillOval(int x, int y, int width, int height)	实心椭圆	fillOval(10,10,50,30);	
fillPolygon(int[] xPoints, int[] yPoints, int nPoints)	实心多边形	int[] xs={10,50,10,50}; int[] ys={10,10,50,50}; fillPolygon(xs, ys, 4);	
fillRect(int x, int y, int width, int height)	实心矩形	fillRect(10, 10, 50, 30);	
fillRoundRect(int x, int y, int width, int height, int arcWidth, int arcHeight)	实心圆角矩形	g.fillRoundRect(10, 10, 50, 30,10,10);	

Graphics2D 类是继承 Graphics 类编写的，它包含了 Graphics 类的绘图方法并添加了更强的功能，在创建绘图类时推荐使用该类。Graphics2D 可以分别使用不同的类来表示不同的形状，如 Line2D、Rectangle2D 等。

要绘制指定形状的图形，首先需要创建并初始化该图形类的对象，这些图形类必须是 Shape 接口的实现类，然后使用 Graphics2D 类的 draw()方法绘制该图形对象或者使用 fill()方法填充该图形对象。这两个方法的语法分别如下：

```
draw(Shape form)
fill(Shape form)
```

其中，form 是指实现 Shape 接口的对象。java.awt.geom 包中提供了如下一些常用的图形类，这些图形类都实现了 Shape 接口：

- ➥ Arc2D：所有存储 2D 弧度的对象的抽象超类，其中 2D 弧度由窗体矩形、起始角度、角跨越（弧的长度）和闭合类型（OPEN、CHORD 或 PIE）定义。
- ➥ CubicCurve2D：定义(x,y)坐标空间内的三次参数曲线段。
- ➥ Ellipse2D：描述窗体矩形定义的椭圆。
- ➥ Line2D：(x,y)坐标空间中的线段。
- ➥ Path2D：提供一个表示任意几何形状路径的简单而又灵活的形状。
- ➥ QuadCurve2D：定义(x,y)坐标空间内的二次参数曲线段。
- ➥ Rectangle2D：描述通过位置(x,y)和尺寸(w x h)定义的矩形。
- ➥ RoundRectangle2D：定义一个矩形，该矩形具有由位置(x,y)、尺寸(w x h)以及圆角弧的宽度和高度定义的圆角。

另外，还有一个实现 Cloneable 接口的 Point2D 类，该类定义了表示(x,y)坐标空间中位置的点。

📢 **注意：**

各图形类都是抽象类型的，在不同图形类中有 Double 和 Float 两个实现类，这两个实现类以不同精度构建图形对象。为方便计算，在程序开发中经常使用 Double 类的实例对象进行图形绘制，但是如果程序中要使用成千上万个图形，则建议使用 Float 类的实例对象进行绘制，这样会节省内存空间。

在 Java 程序中绘制图形的基本步骤如下：

（1）创建 JFrame 窗体对象；

（2）创建 Canvas 画布，并重写其 paint 方法；

（3）创建 Graphics2D 或者 Graphics 对象，推荐使用 Graphics2D；

（4）设置颜色及画笔（可选）；

（5）调用 Graphics2D 对象的相应方法绘制图形。

下面通过一个实例演示如何按照上述步骤在 Swing 窗体中绘制图形。

例 20.1 在窗体的实现类中创建图形类的对象，然后使用 Graphics2D 类的对象调用从 Graphics 类继承的 drawOval 方法绘制一个圆形，调用从 Graphics 类继承的 fillRect 方法填充一个矩形；最后使用 Graphics2D 类的 draw 方法和 fill 方法分别绘制一个矩形和填充一个圆形。代码如下：（**实例位置：资源包\code\20\01**）

```java
public class DrawTest extends JFrame {
    public DrawTest() {
        super();
        initialize();// 调用初始化方法
    }
    private void initialize() {// 初始化方法
        this.setSize(300, 200); // 设置窗体大小
        setDefaultCloseOperation(JFrame.EXIT_ON_CLOSE); // 设置窗体关闭模式
        add(new CanvasTest()); // 设置窗体面板为绘图面板对象
        this.setTitle("绘制几何图形"); // 设置窗体标题
    }
    public static void main(String[] args) {
        new DrawTest().setVisible(true);
    }
    class CanvasTest extends Canvas {// 创建画布
        public void paint(Graphics g) {
            super.paint(g);
            Graphics2D g2 = (Graphics2D) g;// 创建 Graphics2D 对象，用于画图
            g2.drawOval(5, 5, 100, 100);// 调用从 Graphics 类继承的 drawOval 方法绘制圆形
            g2.fillRect(15, 15, 80, 80);// 调用从 Graphics 类继承的 fillRect 方法填充矩形
            Shape[] shapes = new Shape[2]; // 声明图形数组
            shapes[0] = new Rectangle2D.Double(110, 5, 100, 100); // 创建矩形对象
            shapes[1] = new Ellipse2D.Double(120, 15, 80, 80); // 创建圆形对象
            for (Shape shape : shapes) { // 遍历图形数组
                Rectangle2D bounds = shape.getBounds2D();
```

```
            if (bounds.getWidth() == 80)
                g2.fill(shape); // 填充图形
            else
                g2.draw(shape); // 绘制图形
        }
    }
}
}
```

程序运行结果如图 20.1 所示。

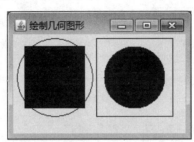

图 20.1 绘制并填充几何图形

20.3 设置颜色与画笔

Java 语言使用 java.awt.Color 类封装颜色的各种属性，并对颜色进行管理。另外，在绘制图形时还可以指定线条的粗细和虚实等画笔属性，该属性通过 Stroke 接口指定。本节对如何设置颜色与画笔进行详细讲解。

20.3.1 设置颜色

使用 Color 类可以创建任何颜色的对象，不用担心不同平台是否支持该颜色，因为 Java 以跨平台和与硬件无关的方式支持颜色管理。

创建 Color 对象的构造方法如下：

```
Color col = new Color(int r, int g, int b)
```

或

```
Color col = new Color(int rgb)
```

➢ rgb：颜色值，该值是红、绿、蓝三原色的总和。
➢ r：该参数是三原色中红色的取值。
➢ g：该参数是三原色中绿色的取值。
➢ b：该参数是三原色中蓝色的取值。

Color 类定义了常用色彩的常量值，如表 20.2 所示，这些常量都是静态的 Color 对象，可以直接使用这些常量值定义颜色对象。

表 20.2　常用的 Color 常量

常 量 名	颜 色 值
Color BLACK	黑色
Color BLUE	蓝色
Color CYAN	青色
Color DARK_GRAY	深灰色
Color GRAY	灰色
Color GREEN	绿色
Color LIGHT_GRAY	浅灰色
Color MAGENTA	洋红色
Color ORANGE	桔黄色
Color PINK	粉红色
Color RED	红色
Color WHITE	白色
Color YELLOW	黄色

✍ 说明：

Color 类提供了大写和小写两种常量书写形势，它们表示的颜色是一样的，例如，Color.RED 和 Color.red 表示的都是红色，推荐使用大写。

绘图类可以使用 setColor()方法设置当前颜色。

语法如下：

```
setColor(Color color);
```

其中，参数 color 是 Color 对象，代表一个颜色值，如红色、黄色或默认的黑色。

例 20.2　在窗体的实现类中创建图形类的对象，然后使用 Graphics2D 类的对象调用 setColor 方法设置绘图的颜色为红色，最后调用从 Graphics 类继承的 drawLine 方法绘制一段直线。代码如下：（实例位置：资源包\code\20\02）

```java
public class ColorTest extends JFrame {
    public ColorTest() {
        super();
        initialize();// 调用初始化方法
    }
    private void initialize() {// 初始化方法
        this.setSize(300, 200); // 设置窗体大小
        setDefaultCloseOperation(JFrame.EXIT_ON_CLOSE); // 设置窗体关闭模式
        add(new CanvasTest()); // 设置窗体面板为绘图面板对象
        this.setTitle("设置颜色"); // 设置窗体标题
    }
    public static void main(String[] args) {
        new ColorTest().setVisible(true);
    }
```

```
class CanvasTest extends Canvas {// 创建画布
    public void paint(Graphics g) {
        super.paint(g);
        Graphics2D g2 = (Graphics2D) g;// 创建 Graphics2D 对象，用于画图
        g2.setColor(Color.RED);// 设置颜色为红色
        g2.drawLine(5, 30, 100, 30);// 调用从 Graphics 类继承的 drawLine 方法绘制直线
    }
}
```

程序运行结果如图 20.2 所示。

图 20.2　设置颜色

✎ 说明：

设置绘图颜色以后，再进行绘图或者绘制文本，都会采用该颜色作为前景色；如果想再绘制其他颜色的图形或文本，则需要再次调用 setColor()方法设置其他颜色。

扫一扫，看视频

20.3.2　设置画笔

默认情况下，Graphics 绘图类使用的画笔属性是粗细为 1 个像素的正方形，而 Graphics2D 类可以调用 setStroke()方法设置画笔的属性，如改变线条的粗细、虚实和定义线段端点的形状、风格等。

语法如下：

```
setStroke(Stroke stroke)
```

其中，参数 stroke 是 Stroke 接口的实现类。

setStroke()方法必须接受一个 Stroke 接口的实现类作参数，java.awt 包中提供了 BasicStroke 类，它实现了 Stroke 接口，并且通过不同的构造方法创建画笔属性不同的对象。这些构造方法包括：

- ❯ BasicStroke()方法。
- ❯ BasicStroke(float width)方法。
- ❯ BasicStroke(float width, int cap, int join)方法。
- ❯ BasicStroke(float width, int cap, int join, float miterlimit)方法。
- ❯ BasicStroke(float width, int cap, int join, float miterlimit, float[] dash, float dash_phase)方法。

这些构造方法中的参数说明如表 20.3 所示。

表 20.3　参数说明

参　　数	说　　明
width	画笔宽度，此宽度必须大于或等于 0.0f。如果将宽度设置为 0.0f，则将画笔设置为当前设备的默认宽度
cap	线端点的装饰

（续表）

参　　数	说　　明
join	应用在路径线段交汇处的装饰
miterlimit	斜接处的剪裁限制。该参数值必须大于或等于 1.0f
dash	表示虚线模式的数组
dash_phase	开始虚线模式的偏移量

cap 参数可以使用 CAP_BUTT、CAP_ROUND 和 CAP_SQUARE 常量，这 3 个常量属于 BasicStroke 类，它们对线端点的装饰效果如图 20.3 所示。

join 参数用于修饰线段交汇效果，可以使用 JOIN_BEVEL、JOIN_MITER 和 JOIN_ROUND 常量，这 3 个常量属于 BasicStroke 类，它们的效果如图 20.4 所示。

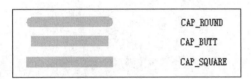

图 20.3　cap 参数对线端点的装饰效果

图 20.4　join 参数修饰线段交汇的效果

例 20.3　在窗体的实现类中创建图形类的对象，分别使用 BasicStroke 类的两种构造方法创建两个不同的画笔，然后分别使用这两个画笔绘制直线。代码如下：（**实例位置：资源包\code\20\03**）

```java
public class StrokeTest extends JFrame {
    public StrokeTest() {
        super();
        initialize();// 调用初始化方法
    }
    private void initialize() { // 初始化方法
        this.setSize(300, 200); // 设置窗体大小
        setDefaultCloseOperation(JFrame.EXIT_ON_CLOSE); // 设置窗体关闭模式
        add(new CanvasTest()); // 设置窗体面板为绘图面板对象
        this.setTitle("设置画笔"); // 设置窗体标题
    }
    public static void main(String[] args) {
        new StrokeTest().setVisible(true);
    }
    class CanvasTest extends Canvas {// 创建画布
        public void paint(Graphics g) {
            super.paint(g);
            Graphics2D g2 = (Graphics2D) g;// 创建 Graphics2D 对象，用于画图
            //创建画笔，宽度为 8
            Stroke stroke=new BasicStroke(8);
            g2.setStroke(stroke);//设置画笔
            g2.drawLine(20, 30, 120, 30);// 调用从 Graphics 类继承的 drawLine 方法绘制直线
            //创建画笔，宽度为 12，线端点的装饰为 CAP_ROUND，应用在路径线段交汇处的装饰为
```

```
JOIN_BEVEL
        Stroke roundStroke=new BasicStroke(12,BasicStroke.CAP_ROUND, BasicStroke.
JOIN_BEVEL);
            g2.setStroke(roundStroke);
            g2.drawLine(20, 50, 120, 50);// 调用从 Graphics 类继承的 drawLine 方法绘制直线
        }
    }
}
```

程序运行结果如图 20.5 所示。

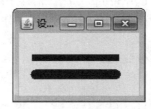

图 20.5　设置画笔

20.4　绘 制 文 本

扫一扫，看视频

使用 Java 绘图类可以绘制文本内容，并且在绘制文本之前可以设置使用的字体、大小等。本节将介绍如何设置文本的字体及绘制文本。

20.4.1　设置字体

Java 使用 Font 类封装了字体的大小、样式等属性，该类在 java.awt 包中定义，其构造方法可以指定字体的名称、大小和样式 3 个属性。语法如下：

```
Font(String name, int style, int size)
```

➴ name：字体的名称。
➴ style：字体的样式。
➴ size：字体的大小。

其中，字体样式可以使用 Font 类的 PLAIN、BOLD 和 ITALIC 常量，效果如图 20.6 所示。

设置绘图类的字体可以使用绘图类的 setFont()方法。设置字体以后在图形上下文中绘制的所有文字都使用该字体，除非再次设置其他字体。

普通样式	PLAIN
粗体样式	BOLD
斜体样式	ITALIC
斜体组合粗体样式	ITALIC|BOLD

图 20.6　字体样式

setFont()方法语法如下：

```
setFont(Font font)
```

其中，参数 font 是 Font 类的字体对象。

20.4.2　绘制文字

Graphics2D 类提供了 drawString()方法，使用该方法可以实现绘制文字的功能。其语法如下：

```
drawString(String str, int x, int y);
```
或
```
drawString(String str, float x, float y)
```

❥ str：要绘制的文本字符串。

❥ x：绘制字符串的水平起始位置。

❥ y：绘制字符串的垂直起始位置。

上面两个方法唯一不同的就是 x、y 参数的类型不同。

例 20.4　使用 Graphics2D 类的 drawString 方法在窗体中绘制一个中英文对照的名人名言，在绘制时，指定字体颜色为蓝色，字体为"宋体"、加粗，大小为 16。代码如下：（**实例位置：资源包\code\20\04**）

```java
public class DrawStringTest extends JFrame {
    public DrawStringTest() {
        this.setSize(310, 140); // 设置窗体大小
        setDefaultCloseOperation(JFrame.EXIT_ON_CLOSE); // 设置窗体关闭模式
        add(new CanvasTest()); // 设置窗体面板为绘图面板对象
        this.setTitle("绘制文本"); // 设置窗体标题
    }
    public static void main(String[] args) {
        new DrawStringTest().setVisible(true);
    }
    class CanvasTest extends Canvas {//创建画布
        public void paint(Graphics g) {//重写paint方法
            super.paint(g);
            Graphics2D g2 = (Graphics2D) g;//创建绘图对象
            g2.setColor(Color.BLUE); // 设置当前绘图颜色
            Font font = new Font("宋体", Font.BOLD, 16);// 字体对象
            g2.setFont(font); // 设置字体
            g2.drawString("Done is better than perfect.", 20, 30); // 绘制文本
            g2.drawString("——比完美更重要的是完成。", 60, 60); // 绘制时间文本
        }
    }
}
```

程序运行结果如图 20.7 所示。

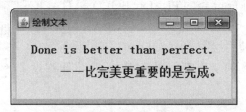

图 20.7　在窗体中绘制文本

20.5　图 像 处 理

开发高级的桌面应用程序，必须掌握一些图像处理与动画制作的技术，比如在程序中显示统计

扫一扫，看视频

图、销售趋势图和动态按钮等。本节将详细讲解如何使用 Java 处理图像。

20.5.1 绘制图像

绘图类不仅可以绘制几何图形和文本，还可以绘制图像，绘制图像时需要使用 drawImage() 方法，该方法用来将图像资源显示到绘图上下文中，其语法如下：

```
drawImage(Image img, int x, int y, ImageObserver observer)
```

该方法将 img 图像显示在 x、y 指定的位置上，方法中涉及的参数说明如表 20.4 所示。

表 20.4 参数说明

参 数	说 明
img	要显示的图像对象
x	图像左上角的 x 坐标
y	图像左上角的 y 坐标
observer	当图像重新绘制时要通知的对象

✍ 说明：

Java 中默认支持的图像格式主要有 jpg（jpeg）、gif 和 png 这 3 种。

例 20.5 使用 drawImage 方法在窗体中绘制图像，并使图像的大小保持不变。代码如下：（实例位置：资源包\code\20\05）

```java
public class DrawImageTest extends JFrame {
    public DrawImageTest() {
        this.setSize(500, 380); // 设置窗体大小
        setDefaultCloseOperation(JFrame.EXIT_ON_CLOSE); // 设置窗体关闭模式
        add(new CanvasTest()); // 设置窗体面板为绘图面板对象
        this.setTitle("绘制图像"); // 设置窗体标题
    }
    public static void main(String[] args) {
        new DrawImageTest().setVisible(true);//使窗体可见
    }
    class CanvasTest extends Canvas {// 创建画布
        public void paint(Graphics g) {
            super.paint(g);
            Graphics2D g2 = (Graphics2D) g;// 创建绘图对象
            Image img = new ImageIcon("src/img.jpg").getImage(); // 获取图片资源
            g2.drawImage(img, 0, 0, this); // 显示图像
        }
    }
}
```

程序运行结果如图 20.8 所示。

图 20.8　在窗体中绘制图像

扫一扫，看视频

20.5.2　图像缩放

在 20.5.1 节讲解绘制图像时，使用了 drawImage()方法将图像以原始大小显示在窗体中，要想实现图像的放大与缩小，则需要使用它的重载方法。

语法如下：

```
drawImage(Image img, int x, int y, int width, int height, ImageObserver observer)
```

该方法将 img 图像显示在 x、y 指定的位置上，并指定图像的宽度和高度属性，方法中涉及的参数说明如表 20.5 所示。

表 20.5　参数说明

参　　数	说　　明
img	要显示的图像对象
x	图像左上角的 x 坐标
y	图像左上角的 y 坐标
width	图像的宽度
height	图像的高度
observer	当图像重新绘制时要通知的对象

例 20.6　在窗体中显示原始大小的图像，然后通过两个按钮的单击事件，分别显示该图像放大与缩小后的效果。代码如下：（**实例位置：资源包\code\20\06**）

```java
public class ZoomImage extends JFrame {
    private int imgWidth, imgHeight;// 定义图像的宽和高
    private double num;// 图片变化增量
    private JPanel jPanImg = null;// 显示图像的面板
    private JPanel jPanBtn = null;// 显示控制按钮的面板
    private JButton jBtnBig = null;// 放大按钮
    private JButton jBtnSmall = null;// 缩小按钮
    private CanvasTest canvas = null;// 绘图面板
```

```
public ZoomImage() {
    initialize(); // 调用初始化方法
}

private void initialize() {// 界面初始化方法
    this.setBounds(100, 100, 500, 420); // 设置窗体大小和位置

    setDefaultCloseOperation(JFrame.EXIT_ON_CLOSE); // 设置窗体关闭模式
    this.setTitle("图像缩放"); // 设置窗体标题
    jPanImg = new JPanel();// 主容器面板
    canvas = new CanvasTest();// 获取画布
    jPanImg.setLayout(new BorderLayout());// 主容器面板
    jPanImg.add(canvas, BorderLayout.CENTER);// 将画布放到面板中央
    setContentPane(jPanImg);// 将主容器面板作为窗体容器

    jBtnBig = new JButton("放大(+)");// 放大按钮
    jBtnBig.addActionListener(new java.awt.event.ActionListener() {
        public void actionPerformed(java.awt.event.ActionEvent e) {
            num += 20;// 设置正整数增量，每次点击图片宽高加 20
            canvas.repaint();// 重绘放大的图像
        }
    });

    jBtnSmall = new JButton("缩小(-)");// 缩小按钮
    jBtnSmall.addActionListener(new java.awt.event.ActionListener() {
        public void actionPerformed(java.awt.event.ActionEvent e) {
            num -= 20;// 设置负整数增量，每次点击图片宽高减 20
            canvas.repaint();// 重绘缩小的图像
        }
    });

    jPanBtn = new JPanel();// 按钮面板
    jPanBtn.setLayout(new FlowLayout());// 采用流布局
    jPanBtn.add(jBtnBig);// 添加按钮
    jPanBtn.add(jBtnSmall);// 添加按钮
    jPanImg.add(jPanBtn, BorderLayout.SOUTH);// 放到容器底部

}

public static void main(String[] args) {// 主方法
    new ZoomImage().setVisible(true);// 创建主类对象并显示窗体
}

class CanvasTest extends Canvas {// 创建画布
    public void paint(Graphics g) {// 重写 paint 方法，用来重绘图像
        Image img = new ImageIcon("src/img.jpg").getImage(); // 获取图片资源
        imgWidth = img.getWidth(this); // 获取图像宽度
        imgHeight = img.getHeight(this); // 获取图像高度
        int newW = (int) (imgWidth + num); // 计算图像放大后的宽度
        int newH = (int) (imgHeight + num); // 计算图像放大后的高度
```

```
            g.drawImage(img, 0, 0, newW, newH, this); // 绘制指定大小的图像
        }
    }
}
```

✍ 说明：

repaint()方法将调用 paint()方法，实现组件或画板的重画功能，类似于界面刷新。

运行程序，效果如图 20.9 所示，单击"放大(+)"按钮，效果如图 20.10 所示，单击"缩小(-)"按钮，效果如图 20.11 所示。

图 20.9　原始效果

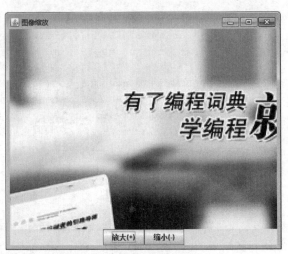

图 20.10　图像放大效果

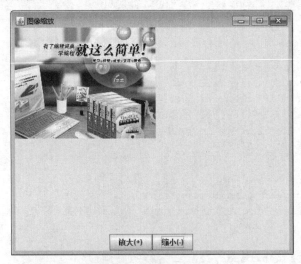

图 20.11　图像缩小效果

扫一扫，看视频

20.5.3　图像翻转

图像的翻转需要使用 drawImage()方法的另一个重载方法，这种方法用来绘制当前可用的指定图

像的指定区域，并动态地缩放图像，使其符合目标绘制表面的指定区域。语法如下：

```
drawImage(Image img, int dx1, int dy1, int dx2, int dy2, int sx1, int sy1, int sx2,
int sy2, ImageObserver observer)
```

方法中涉及的参数说明如表 20.6 所示。

表 20.6　参数说明

参　　数	说　　明
img	要绘制的指定图像
dx1	目标矩形左上角的 x 坐标
dy1	目标矩形左上角的 y 坐标
dx2	目标矩形右下角的 x 坐标
dy2	目标矩形右下角的 y 坐标
sx1	源矩形左上角的 x 坐标
sy1	源矩形左上角的 y 坐标
sx2	源矩形右下角的 x 坐标
sy2	源矩形右下角的 y 坐标
observer	当图像重新绘制时要通知的对象

例 20.7　在窗体界面中绘制图像的翻转效果，具体实现时，代码中定义的 drawImage()参数名称与其语法中的相同，另外需要定义一个 Canvas 类的子类，重写其 paint()方法，该方法中按照参数顺序执行 drawImage()方法，图像的翻转由控制按钮变换坐标参数值，并由 Canvas 子类对象的 repaint()方法实现。代码如下：（**实例位置：资源包\code\20\07**）

```java
public class PartImage extends JFrame {
    private int dx1, dy1, dx2, dy2;// 目标矩形两个角的 x、y 坐标
    private int sx1, sy1, sx2, sy2;// 源矩形两个角的 x、y 坐标
    private final int origin, width, high;// 分别记录原点、图片宽和高三个常量
    private Image img;// 图片
    private JPanel jPanImg = null;// 显示图像的面板
    private JPanel jPanBtn = null;// 显示控制按钮的面板
    private JButton jBtnHor = null;// 水平翻转按钮
    private JButton jBtnVer = null;// 垂直翻转按钮
    private CanvasTest canvas = null;

    public PartImage() {
        img = new ImageIcon("src/img.jpg").getImage();// 获取图像资源
        origin = 0;// 原点坐标为 0
        width = img.getWidth(this);// 获取图片宽度，输入任意参数
        high = img.getHeight(this);// 获取图片高度，输入任意参数
        dx1 = sx1 = origin;// 初始化目标矩形和源矩形的左上角的 x 坐标都为 0
        dy1 = sy1 = origin;// 初始化目标矩形和源矩形的左上角的 y 坐标都为 0
        dx2 = sx2 = width; // 初始化目标矩形和源矩形的右下角的 x 坐标都为图像宽度
```

```java
        dy2 = sy2 = high; // 初始化目标矩形和源矩形的右下角的 y 坐标都为图像高度
        initialize(); // 调用初始化方法
    }

    private void initialize() {// 界面初始化方法
        this.setBounds(100, 100, 550, 480); // 设置窗体大小和位置
        setDefaultCloseOperation(JFrame.EXIT_ON_CLOSE); // 设置窗体关闭模式
        this.setTitle("图像翻转"); // 设置窗体标题

        jPanImg = new JPanel();// 获取内容面板的方法
        canvas = new CanvasTest();// 获取画布
        jPanImg.setLayout(new BorderLayout());// 设为边界布局
        jPanImg.add(canvas, BorderLayout.CENTER);// 将画布添加到内容面板中
        this.setContentPane(jPanImg);// 内容面板作为窗体容器

        jBtnHor = new JButton();// 获取水平翻转按钮
        jBtnHor.setText("水平翻转");
        jBtnHor.addActionListener(new java.awt.event.ActionListener() {
            public void actionPerformed(java.awt.event.ActionEvent e) {
                dx1 = Math.abs(dx1 - width);// 第一个点的目标位置横坐标与图片宽度相减，
                                            // 取绝对值
                dx2 = Math.abs(dx2 - width);// 第二个点的目标位置横坐标与图片宽度相减，
                                            // 取绝对值

                canvas.repaint();// 重绘图像
            }
        });

        jBtnVer = new JButton();// 获取垂直翻转按钮
        jBtnVer.setText("垂直翻转");
        jBtnVer.addActionListener(new java.awt.event.ActionListener() {
            public void actionPerformed(java.awt.event.ActionEvent e) {
                dy1 = Math.abs(dy1 - high);// 第一个点的目标位置纵坐标与图片高度相减，取
                                           // 绝对值
                dy2 = Math.abs(dy2 - high);// 第二个点的目标位置纵坐标与图片高度相减，取
                                           // 绝对值

                canvas.repaint();// 重绘图像
            }
        });

        jPanBtn = new JPanel();// 获取按钮控制面板的方法
        jPanBtn.setLayout(new FlowLayout());// 设为边流布局
        jPanBtn.add(jBtnHor);// 添加按钮
        jPanBtn.add(jBtnVer);
        jPanImg.add(jPanBtn, BorderLayout.SOUTH);// 按钮面板放到主面板最下端
    }
```

```
public static void main(String[] args) {// 主方法
    new PartImage().setVisible(true);// 使窗体可见
}

class CanvasTest extends Canvas {// 创建画布
    public void paint(Graphics g) {// 重写 paint 方法，以便重绘图像
        g.drawImage(img, dx1, dy1, dx2, dy2, sx1, sy1, sx2, sy2, this);
                                        // 绘制指定大小的图像
    }
}
}
```

运行程序，效果如图 20.12 所示，单击"水平翻转"按钮，效果如图 20.13 所示，单击"垂直翻转"按钮，效果如图 20.14 所示。

图 20.12　原始效果

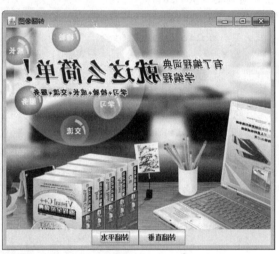

图 20.13　水平翻转效果

图 20.14　垂直翻转效果

20.5.4 图像旋转

图像的旋转需要调用 Graphics2D 类的 rotate()方法，该方法将根据指定的弧度旋转图像，其语法如下：

```
rotate(double theta)
```

其中，theta 是指旋转的弧度。

✍ 说明：

rotate()方法只接受旋转的弧度作为参数，可以使用 Math 类的 toRadians()方法将角度转换为弧度，toRadians() 方法接受角度值作为参数，返回值是转换完毕的弧度值。

例 20.8 在窗体中绘制 3 个旋转后的图像，每个图像的旋转角度值为 5。代码如下：（**实例位置：资源包\code\20\08**）

```java
public class RotateImage extends JFrame {
    public RotateImage() {
        initialize(); // 调用初始化方法
    }
    private void initialize() {// 界面初始化方法
        CanvasTest canvasl = new CanvasTest();// 创建画布对象
        this.setBounds(100, 100, 400, 350); // 设置窗体大小和位置
        add(canvasl);// 将画布对象显示在窗体中
        setDefaultCloseOperation(JFrame.EXIT_ON_CLOSE); // 设置窗体关闭模式
        this.setTitle("图像旋转"); // 设置窗体标题
    }
    public static void main(String[] args) {
        new RotateImage().setVisible(true);// 使窗体可见
    }
    class CanvasTest extends Canvas {// 创建画布
        public void paint(Graphics g) {// 重写方法，以便重绘图像
            Graphics2D g2 = (Graphics2D) g;// 创建绘图对象
            Image img = new ImageIcon("src/img.jpg").getImage(); // 获取图像资源
            g2.rotate(Math.toRadians(5));// 设置旋转弧度
            g2.drawImage(img, 70, 10, 300, 200, this);// 绘制指定大小的图像
            g2.rotate(Math.toRadians(5));// 设置旋转弧度
            g2.drawImage(img, 70, 10, 300, 200, this);// 绘制指定大小的图像
            g2.rotate(Math.toRadians(5));// 设置旋转弧度
            g2.drawImage(img, 70, 10,300, 200, this);// 绘制指定大小的图像
        }
    }
}
```

程序运行结果如图 20.15 所示。

图 20.15　图像旋转效果

20.5.5　图像倾斜

图像的倾斜需要调用 Graphics2D 类的 shear()方法，该方法可以设置绘图的倾斜方向，从而使图像实现倾斜的效果。其语法如下：

```
public abstract void shear(double shx,double shy)
```

➦ shx：水平方向的倾斜量。

➦ shy：垂直方向的倾斜量。

例 20.9　在窗体上绘制图像，使图像在水平方向实现倾斜效果。代码如下：(**实例位置：资源包\code\20\09**)

```java
public class TiltImage extends JFrame {
    public TiltImage() {
        initialize(); // 调用初始化方法
    }
    private void initialize() {// 界面初始化方法
        CanvasTest canvas = new CanvasTest();// 创建画布对象
        this.setBounds(100, 100, 380, 260); // 设置窗体大小和位置
        add(canvas);// 将画布对象显示在窗体中
        setDefaultCloseOperation(JFrame.EXIT_ON_CLOSE); // 设置窗体关闭模式
        this.setTitle("图像倾斜"); // 设置窗体标题
    }
    public static void main(String[] args) {
        new TiltImage().setVisible(true);// 使窗体可见
    }
    class CanvasTest extends Canvas {// 创建画布
        public void paint(Graphics g) {// 重写方法，以便重绘图像
            Graphics2D g2 = (Graphics2D) g;// 创建绘图对象
            Image img = new ImageIcon("src/img.jpg").getImage(); // 获取图像资源
            g2.shear(0.3, 0); // 设置倾斜量
```

```
            g2.drawImage(img, 0, 0, 300, 200, this);// 绘制指定大小的图像
        }
    }
}
```

程序运行结果如图 20.16 所示。

图 20.16　图像倾斜效果

20.6　小　结

本章主要讲解了 Java 中的绘图技术，它是 java.awt 包所提供的功能，其中，主要讲解了基本几何图形的绘制、设置绘图颜色与画笔、绘制文本、绘制图像以及图像的缩放、翻转、倾斜、旋转等处理技术。通过本章的学习，读者应该熟练掌握基本的绘图技术和图像处理技术，并能够对这些知识进行扩展，绘制出适合自己实际应用的图形（比如柱形图、饼形图、折线图或者其他的复杂图形等）。

第 21 章　企业进销存管理系统

企业进销存管理系统是对企业物流、资金流和信息流进行全方位管理的系统，它能够最大限度地整合企业资源，提高企业管理水平。好的进销存管理系统是增强企业竞争力和提高企业经济效益的最佳帮手。本章介绍的进销存管理系统具有管理企业进货、企业销售、企业库存和供应商信息等功能。

通过阅读本章，您可以：

- ➡ 掌握 JDBC 技术操作 MySQL 数据库
- ➡ 学会使用表格模型的监听事件
- ➡ 学会使用 Swing 中的 GridLayout、GridBagLayout 等布局
- ➡ 掌握内部窗体的使用方法
- ➡ 学会使用 Swing 菜单栏与工具栏
- ➡ 掌握数据库的备份与还原
- ➡ 学会使用 Desktop 类实现系统资源的关联

21.1　开　发　背　景

企业进销存管理系统主要是对企业的进货、销售和库存以信息化的方式进行管理，最大限度地减少各个环节中可能出现的失误，有效地避免盲目采购、合理控制库存、合理分配资金，使企业的进、销、存处于良性循环状态，从而提高企业的市场竞争力。企业进销存管理系统开发细节如图 21.1 所示。

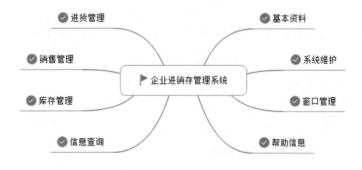

图 21.1　企业进销存管理系统开发细节图

21.2　系统功能设计

21.2.1　系统功能结构图

企业进销存管理系统的功能结构如图 21.2 所示。

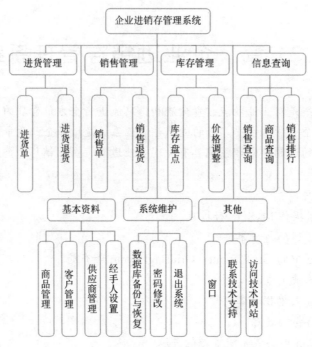

图 21.2　企业进销存管理系统的功能结构图

21.2.2　系统业务流程图

企业进销存管理系统的业务流程如图 21.3 所示。

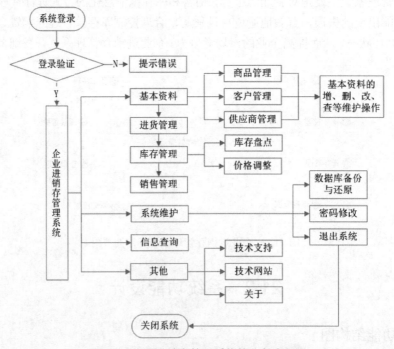

图 21.3　企业进销存管理系统的业务流程图

21.3 数据库设计

21.3.1 数据库概述

企业进销存管理系统采用 MySQL 作为后台数据库，数据库名称为 db_jxcms，其中包含了 14 张数据表和 2 个视图，详细信息如图 21.4 所示。

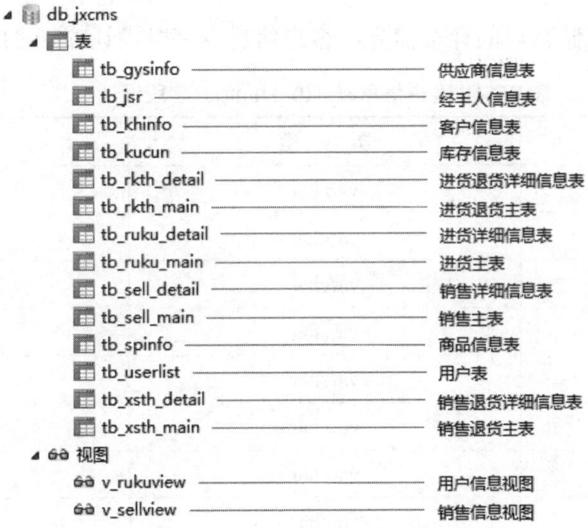

```
▲ 🗊 db_jxcms
   ▲ 🗐 表
        🔳 tb_gysinfo ———————————— 供应商信息表
        🔳 tb_jsr ————————————————— 经手人信息表
        🔳 tb_khinfo ———————————— 客户信息表
        🔳 tb_kucun ———————————— 库存信息表
        🔳 tb_rkth_detail ——————— 进货退货详细信息表
        🔳 tb_rkth_main ————————— 进货退货主表
        🔳 tb_ruku_detail ——————— 进货详细信息表
        🔳 tb_ruku_main ————————— 进货主表
        🔳 tb_sell_detail ——————— 销售详细信息表
        🔳 tb_sell_main ————————— 销售主表
        🔳 tb_spinfo ———————————— 商品信息表
        🔳 tb_userlist ————————— 用户表
        🔳 tb_xsth_detail ——————— 销售退货详细信息表
        🔳 tb_xsth_main ————————— 销售退货主表
   ▲ 👓 视图
        👓 v_rukuview ———————————— 用户信息视图
        👓 v_sellview ———————————— 销售信息视图
```

图 21.4 数据库 db_jxcms 结构图

21.3.2 设计数据表

本节将对企业进销存管理系统中的主要数据表结构进行介绍。

1．供应商信息表（tb_gysinfo）

供应商信息表主要用于存储供应商的详细信息，供应商信息表字段设计如表 21.1 所示。

表 21.1 供应商信息表（tb_gysinfo）字段设计

字　　段	类　　型	说　　明
id	varchar	供应商编号
name	varchar	供应商名称
jc	varchar	供应商简称
address	varchar	供应商地址
bianma	varchar	邮政编码
tel	varchar	电话
fax	varchar	传真
lian	varchar	联系人

（续表）

字　　段	类　　型	说　　明
ltel	varchar	联系电话
yh	varchar	开户银行
mail	varchar	电子信箱

2. 客户信息表（tb_khinfo）

客户信息表主要用于存储客户的详细信息，客户信息表字段设计如表 21.2 所示。

表 21.2　客户信息表（tb_khinfo）字段设计

字　　段	类　　型	说　　明
id	varchar	客户编号
khname	varchar	客户名称
jian	varchar	客户简称
address	varchar	客户地址
bianma	varchar	邮编
tel	varchar	电话
fax	varchar	传真
lian	varchar	联系人
ltel	varchar	联系电话
mail	varchar	电子邮箱
yinhang	varchar	开户银行
hao	varchar	银行账号

3. 商品信息表（tb_spinfo）

商品信息表主要用于存储商品的详细信息，商品信息表字段设计如表 21.3 所示。

表 21.3　商品信息表（tb_spinfo）字段设计

字　　段	类　　型	说　　明
id	varchar	商品编号
spname	varchar	商品名称
jc	varchar	商品简称
cd	varchar	产地
dw	varchar	商品计量单位
gg	varchar	商品规格
bz	varchar	包装
ph	varchar	批号

（续表）

字 段	类 型	说 明
pzwh	varchar	批准文号
memo	varchar	备注
gysname	varchar	供应商名称

4．库存信息表（tb_kucun）

库存信息表主要用于存储库存的详细信息，库存信息表字段设计如表21.4所示。

表21.4 库存信息表（tb_kucun）字段设计

字 段	类 型	说 明
id	varchar	商品编号
spname	varchar	商品名称
jc	varchar	商品简称
cd	varchar	产地
gg	varchar	商品规格
bz	varchar	包装
dw	varchar	商品计量单位
dj	varchar	单价
kcsl	int	库存数量

5．进货主表（tb_ruku_main）

进货主表主要用于存储进货的单据信息，进货主表字段设计如表21.5所示。

表21.5 进货主表（tb_ruku_main）字段设计

字 段	类 型	说 明
rkID	varchar	入库编号
pzs	int	品种数量
je	decimal	总计金额
ysjl	varchar	验收结论
gysname	varchar	供应商名称
rkdate	datetime	入库时间
czy	varchar	操作员
jsr	varchar	经手人
jsfs	varchar	结算方式

6．进货详细信息表（tb_ruku_detail）

进货详细信息表主要用于存储进货的详细信息，进货详细信息表字段设计如表 21.6 所示。

表 21.6　进货详细信息表（tb_ruku_detail）字段设计

字　段	类　型	说　明
rkID	varchar	入库编号
spid	varchar	商品编号
dj	decimal	进货单价
sl	int	进货数量

7．销售主表（tb_sell_main）

销售主表主要用于存储销售的单据信息，销售主表字段设计如表 21.7 所示。

表 21.7　销售主表（tb_sell_main）字段设计

字　段	类　型	说　明
sellID	varchar	销售编号
pzs	int	销售品种数
je	decimal	总计金额
ysjl	varchar	验收结论
khname	varchar	客户名称
xsdate	datetime	销售日期
czy	varchar	操作员
jsr	varchar	经手人
jsfs	varchar	结算方式

8．销售详细信息表（tb_sell_detail）

销售详细信息表主要用于存储销售详细信息，销售详细信息表字段设计如表 21.8 所示。

表 21.8　销售详细信息表（tb_sell_detail）字段设计

字　段	类　型	说　明
sellID	varchar	销售编号
spid	varchar	商品编号
dj	decimal	销售单价
sl	float	销售数量

✍ 说明：

由于篇幅有限，这里只列举了重要的数据表的结构，其他的数据表结构可参见数据库中相应的数据表以及根据"资源包\code\21\Project\企业进销存管理系统\src\com\ mingrisoft \ dao \model" 路径查看其中 java 文件中的注释。

21.4　项目中的组织结构

为了让读者熟悉企业进销存管理系统的整体架构，现给出企业进销存管理系统的组织结构，如图 21.5 所示。

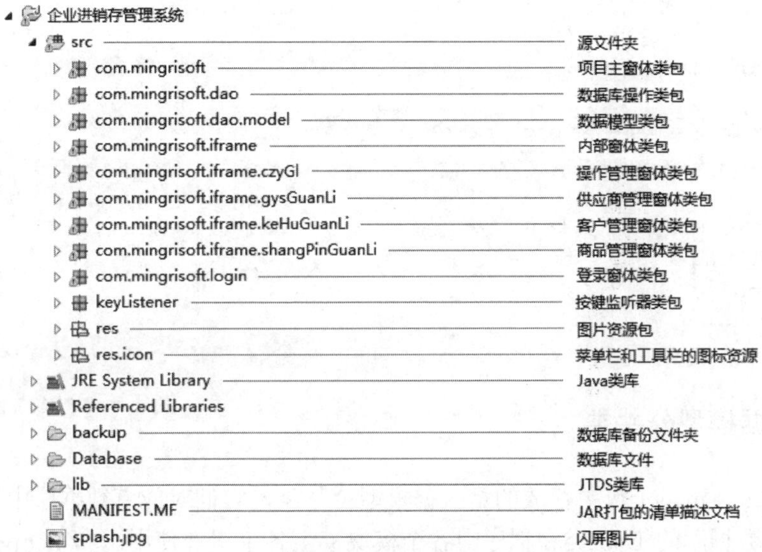

图 21.5　企业进销存管理系统的组织结构图

21.5　公共类设计

21.5.1　创建 Item 公共类

Item 公共类的作用是对数据表最常用的 id 和 name 属性进行封装，从而给 Swing 列表、表格和下拉列表框等组件赋值。该类重写了 toString()方法，在该方法中只输出 name 属性，所以 Item 类在 Swing 组件显示文本时只包含名称信息，不包含 id 属性。但是，在获取组件的内容时，获取的是 Item 类的对象，从该对象中可以很容易地获取 id 属性，然后通过该属性访问数据库并从数据库中获取唯一的数据。Item 公共类的具体代码如下：

<代码 01　　　代码位置：资源包\code\21\Bits\01.txt>

```
package com.mingrisoft;
public class Item {                          // 数据表公共类
    private String id;                       // 编号属性
    private String name;                     // 名称信息
    public Item() {                          // 缺省构造函数
    }
    public Item(String id, String name) {    // 完整构造函数
        this.id = id;
        this.name = name;
    }
```

```
// 使用 Getters and Setters 方法将数据表公共类的私有属性封装起来
public String getId() {
    return id;
}
public void setId(String id) {
    this.id = id;
}
public String getName() {
    return name;
}
public void setName(String name) {
    this.name = name;
}
// 重写 toString()方法，只输出名称信息
public String toString() {
    return getName();
}
}
```

21.5.2 创建数据模型公共类

com.mingrisoft.dao.model 包中存放的是数据模型公共类，它们对应着数据库中不同的数据表，这些模型将被访问数据库的 Dao 类和程序中各个模块甚至各个组件使用。和 Item 公共类的使用方法类似，数据模型也是对数据表中所有字段（属性）的封装，但是数据模型是纯粹的模型类，它不但需要重写父类的 toString()方法，还需要重写 hashCode()方法和 equals()方法（这两个方法分别用于生成模型对象的哈希码和判断模型对象是否相同）。数据模型类主要用于存储数据，并通过相应的 getXXX()方法和 setXXX()方法实现不同属性的访问方式。下面以商品信息表对应的模型类为例讲解数据模型公共类。具体代码如下：

<代码 02   代码位置：资源包\code\21\Bits\02.txt>

```
package com.mingrisoft.dao.model;
public class TbSpinfo implements java.io.Serializable {// 商品信息（实现序列化接口）
    private String id;                                  // 商品编号
    private String spname;                              // 商品名称
    private String jc;                                  // 商品简称
    private String cd;                                  // 产地
    private String dw;                                  // 商品计量单位
    private String gg;                                  // 商品规格
    private String bz;                                  // 包装
    private String ph;                                  // 批号
    private String pzwh;                                // 批准文号
    private String memo;                                // 备注
    private String gysname;                             // 供应商名称
    public TbSpinfo() {                                 // 缺省构造方法
    }
    ...// 此处省略了使用 Getters and Setters 方法将商品信息类的私有属性封装起来
    @Override
```

```java
public String toString() {                                  // 重写 toString() 方法
    return getSpname();
}
@Override
public int hashCode() {                                     // 重写 hashCode() 方法
    final int PRIME = 31;
    int result = 1;
    result = PRIME * result + ((bz == null) ? 0 : bz.hashCode());
    result = PRIME * result + ((cd == null) ? 0 : cd.hashCode());
    result = PRIME * result + ((dw == null) ? 0 : dw.hashCode());
    result = PRIME * result + ((gg == null) ? 0 : gg.hashCode());
    result = PRIME * result + ((gysname == null) ? 0 : gysname.hashCode());
    result = PRIME * result + ((id == null) ? 0 : id.hashCode());
    result = PRIME * result + ((jc == null) ? 0 : jc.hashCode());
    result = PRIME * result + ((memo == null) ? 0 : memo.hashCode());
    result = PRIME * result + ((ph == null) ? 0 : ph.hashCode());
    result = PRIME * result + ((pzwh == null) ? 0 : pzwh.hashCode());
    result = PRIME * result + ((spname == null) ? 0 : spname.hashCode());
    return result;
}
@Override
public boolean equals(Object obj) {                         // 重写 equals() 方法
    if (this == obj)
        return true;
    if (obj == null)
        return false;
    if (getClass() != obj.getClass())
        return false;
    final TbSpinfo other = (TbSpinfo) obj;
    if (bz == null) {
        if (other.bz != null)
            return false;
    } else if (!bz.equals(other.bz))
        return false;
    if (cd == null) {
        if (other.cd != null)
            return false;
    } else if (!cd.equals(other.cd))
        return false;
    if (dw == null) {
        if (other.dw != null)
            return false;
    } else if (!dw.equals(other.dw))
        return false;
    if (gg == null) {
        if (other.gg != null)
            return false;
    } else if (!gg.equals(other.gg))
```

```
                return false;
        if (gysname == null) {
            if (other.gysname != null)
                return false;
        } else if (!gysname.equals(other.gysname))
            return false;
        if (id == null) {
            if (other.id != null)
                return false;
        } else if (!id.equals(other.id))
            return false;
        if (jc == null) {
            if (other.jc != null)
                return false;
        } else if (!jc.equals(other.jc))
            return false;
        if (memo == null) {
            if (other.memo != null)
                return false;
        } else if (!memo.equals(other.memo))
            return false;
        if (ph == null) {
            if (other.ph != null)
                return false;
        } else if (!ph.equals(other.ph))
            return false;
        if (pzwh == null) {
            if (other.pzwh != null)
                return false;
        } else if (!pzwh.equals(other.pzwh))
            return false;
        if (spname == null) {
            if (other.spname != null)
                return false;
        } else if (!spname.equals(other.spname))
            return false;
        return true;
    }
}
```

✍ 说明：

当一个类实现序列化接口（Serializable）时，需要重写 toString()方法、hashCode()方法以及 equals()方法。重写这 3 个方法的方法体时，可分别通过 source→Generate hashCode() and equals()…和 source→Generate toString ()…快捷方式获得。

其他模型类的定义与商品模型类的定义方法类似，其属性内容就是数据表中相应的字段。com.mingrisoft.dao.model 包中包含的数据模型类如表 21.9 所示。

表 21.9　com.mingrisoft.dao.model 包中的数据模型类

类　名	说　明
TbGysinfo	供应商数据表模型类
TbJsr	经手人数据表模型类
TbKhinfo	客户数据表模型类
TbKucun	库存数据表模型类
TbRkthDetail	进货退货详细数据表模型类
TbRkthMain	进货退货主数据表模型类
TbRukuDetail	进货详细信息数据表模型类
TbRukuMain	进货主表模型类
TbSellDetail	销售详细信息数据表模型类
TbSellMain	销售主表模型类
TbSpinfo	商品信息数据表模型类
TbXsthDetail	销售退货详细信息数据表模型类
TbXsthMain	销售退货主表模型类

21.5.3　创建 Dao 公共类

在企业进销存管理系统中，Dao 公共类作为数据库访问类，用来实现数据库的驱动、连接和关闭以及操作数据表。在具体操作数据表之前，需要先连接数据库。关键代码如下：

<代码 03　　代码位置：资源包\code\21\Bits\03.txt>

```java
package com.mingrisoft.dao;
import java.sql.*;                              // 导入其他类包
import java.sql.Date;
import java.util.*;
import com.mingrisoft.Item;
import com.mingrisoft.dao.model.*;
public class Dao {
    // MySQL 数据库驱动类的名称
    protected static String dbClassName = "com.mysql.jdbc.Driver";
    // 访问 MySQL 数据库的路径
    protected static String dbUrl =
            "jdbc:mysql://127.0.0.1:3306/db_jxcms";
    // 访问 MySQL 数据库的用户名
    protected static String dbUser = "root";
    // 访问 MySQL 数据库的密码
    protected static String dbPwd = "root";
    static {// 静态初始化 Dao 类
        try {
            if (conn == null) {
                // 实例化 MySQL 数据库的驱动
```

```
            Class.forName(dbClassName).newInstance();
            // 连接 MySQL 数据库
            conn = DriverManager.getConnection(dbUrl, dbUser, dbPwd);
        }
    } catch (ClassNotFoundException e) {
        e.printStackTrace();
        // 捕获异常后，弹出提示框
        JOptionPane.showMessageDialog(null, "请将 MySQL 的 JDBC 驱动包复制到 lib 文
件夹中。");
        System.exit(-1);                            // 系统停止运行
    } catch (Exception e) {
        e.printStackTrace();
    }
}
    private Dao() {                                 //封闭构造方法，禁止创建 Dao 类的实例对象
    }
}
```

Dao 类中操作数据表的方法都使用 static 关键字被定义为静态方法，所以 Dao 类不需要创建对象，可以直接调用类中的所有数据库操作方法。下面对 Dao 类中的主要方法进行讲解。

1．getKhInfo(Item item)方法

getKhInfo(Item item)方法创建 TbKhinfo 类的对象后，使用 setXXX()方法获取客户信息，该方法的返回值是 TbKhinfo 类的对象，即客户信息的数据模型。该方法的关键代码如下：

<代码 04　　代码位置：资源包\code\21\Bits\04.txt>

```
// 读取客户信息
public static TbKhinfo getKhInfo(Item item) {
    String where = "khname='" + item.getName() + "'";
    if (item.getId() != null)
        where = "id='" + item.getId() + "'";       // 获取 item 对象的 id 属性
    TbKhinfo info = new TbKhinfo();                 // 创建客户信息数据模型
    ResultSet set = findForResultSet("select * from tb_khinfo where "
        + where);                                  //查询数据
    try {
        if (set.next()) {                          // 封装数据到数据模型中
            info.setId(set.getString("id").trim());
            info.setKhname(set.getString("khname").trim());
            info.setJian(set.getString("jian").trim());
            info.setAddress(set.getString("address").trim());
            info.setBianma(set.getString("bianma").trim());
            info.setFax(set.getString("fax").trim());
            info.setHao(set.getString("hao").trim());
            info.setLian(set.getString("lian").trim());
            info.setLtel(set.getString("ltel").trim());
            info.setMail(set.getString("mail").trim());
            info.setTel(set.getString("tel").trim());
            info.setXinhang(set.getString("xinhang").trim());
        }
    } catch (SQLException e) {
```

```
            e.printStackTrace();
    }
    return info;                                        // 将数据模型作为返回值
}
```

2. getGysInfo(Item item)方法

getGysInfo(Item item)方法创建 TbGysinfo 类的对象后，使用 setXXX()方法获取供应商信息，该方法的返回值是 TbGysinfo 类的对象，即供应商数据表的模型对象。该方法的关键代码如下：

<代码 05　　代码位置：资源包\code\21\Bits\05.txt>

```java
// 读取指定供应商信息
public static TbGysinfo getGysInfo(Item item) {
    // 获取 item 对象的 name 属性
    String where = "name='" + item.getName() + "'";
    if (item.getId() != null)
        where = "id='" + item.getId() + "'";            // 获取 item 对象的 id 属性
    TbGysinfo info = new TbGysinfo();                    // 创建供应商数据模型
    ResultSet set = findForResultSet("select * from tb_gysinfo where "
            + where);                                   // 查询数据
    try {
        if (set.next()) {                               // 封装数据到数据模型中
            info.setId(set.getString("id").trim());
            info.setAddress(set.getString("address").trim());
            info.setBianma(set.getString("bianma").trim());
            info.setFax(set.getString("fax").trim());
            info.setJc(set.getString("jc").trim());
            info.setLian(set.getString("lian").trim());
            info.setLtel(set.getString("ltel").trim());
            info.setMail(set.getString("mail").trim());
            info.setName(set.getString("name").trim());
            info.setTel(set.getString("tel").trim());
            info.setYh(set.getString("yh").trim());
        }
    } catch (SQLException e) {
        e.printStackTrace();
    }
    return info;                                        // 将供应商数据模型返回给调用者
}
```

3. getSpInfo(Item item)方法

getSpInfo(Item item)方法创建 TbSpinfo 类的对象后，使用 setXXX()方法获取商品信息，方法的返回值是 TbSpinfo 类的对象，即商品数据表的模型对象。该方法的关键代码如下：

<代码 06　　代码位置：资源包\code\21\Bits\06.txt>

```java
// 读取商品信息
public static TbSpinfo getSpInfo(Item item) {
    String where = "spname='" + item.getName() + "'"; // 获取商品名称
    if (item.getId() != null)
        where = "id='" + item.getId() + "'";            // 获取商品编号
    ResultSet rs = findForResultSet("select * from tb_spinfo where "
```

```
                    + where);                        // 查询数据
        TbSpinfo spInfo = new TbSpinfo();            // 创建商品数据模型对象
        try {
            if (rs.next()) {                          // 将商品信息封装到数据模型中
                spInfo.setId(rs.getString("id").trim());
                spInfo.setBz(rs.getString("bz").trim());
                spInfo.setCd(rs.getString("cd").trim());
                spInfo.setDw(rs.getString("dw").trim());
                spInfo.setGg(rs.getString("gg").trim());
                spInfo.setGysname(rs.getString("gysname").trim());
                spInfo.setJc(rs.getString("jc").trim());
                spInfo.setMemo(rs.getString("memo").trim());
                spInfo.setPh(rs.getString("ph").trim());
                spInfo.setPzwh(rs.getString("pzwh").trim());
                spInfo.setSpname(rs.getString("spname").trim());
            }
        } catch (SQLException e) {
            e.printStackTrace();
        }
        return spInfo;                               // 返回商品数据模型对象
}
```

4．checkLogin(String userStr, String passStr)方法

checkLogin(String userStr, String passStr)方法用于判断登录用户的用户名与密码是否正确，该方法的返回值类型是 boolean。该方法接收的参数有 userStr 和 passStr，userStr 和 passStr 指的是用户名与密码信息。该方法的关键代码如下：

<代码 07　　代码位置：资源包\code\21\Bits\07.txt>

```
// 验证登录
public static boolean checkLogin(String userStr, String passStr)
        throws SQLException {
    ResultSet rs = findForResultSet("select * from tb_userlist where name='"
            + userStr + "' and pass='" + passStr + "'");// 获取登录时的用户名和密码
    if (rs == null)
        return false;
    return rs.next();
}
```

5．insertSellInfo(TbSellMain sellMain)方法

insertSellInfo(TbSellMain sellMain)方法用于将销售信息添加到数据库中，它将在事务中完成对销售主表、销售明细表和库存表的添加与保存操作。基于事务的安全原则，如果对任何一个数据表的操作失败，将导致整个事务回滚，恢复到之前的数据状态。因此，该方法执行前后可以保证数据库的完整性不被破坏，同时完成添加销售信息这一任务。在 JDBC 中使用事务的关键是调用 Connection 类的 setAutoCommit()方法设置自动提交模式为 false，完成业务之后，再调用 commit()方法手动提交事务。insertSellInfo(TbSellMain sellMain)方法的关键代码如下：

<代码 08　　代码位置：资源包\code\21\Bits\08.txt>

```
// 在事务中添加销售信息
```

```java
public static boolean insertSellInfo(TbSellMain sellMain) {
    try {
        boolean autoCommit = conn.getAutoCommit();
        conn.setAutoCommit(false);
        // 添加销售主表记录
        insert("insert into tb_sell_main values('" + sellMain.getSellId()
                + "','" + sellMain.getPzs() + "'," + sellMain.getJe()
                + ",'" + sellMain.getYsjl() + "','" + sellMain.getKhname()
                + "','" + sellMain.getXsdate() + "','" + sellMain.getCzy()
                + "','" + sellMain.getJsr() + "','" + sellMain.getJsfs()
                + "')");
        Set<TbSellDetail> rkDetails = sellMain.getTbSellDetails();
        for (Iterator<TbSellDetail> iter = rkDetails.iterator(); iter
                .hasNext();) {
            TbSellDetail details = iter.next();
            // 添加销售详细表记录
            insert("insert into tb_sell_detail values('"
                    + sellMain.getSellId() + "','" + details.getSpid()
                    + "'," + details.getDj() + "," + details.getSl() + ")");
            // 修改库存表记录
            Item item = new Item();
            item.setId(details.getSpid());
            TbSpinfo spInfo = getSpInfo(item);
            if (spInfo.getId() != null && !spInfo.getId().isEmpty()) {
                TbKucun kucun = getKucun(item);
                if (kucun.getId() != null && !kucun.getId().isEmpty()) {
                    int sl = kucun.getKcsl() - details.getSl();
                    update("update tb_kucun set kcsl=" + sl + " where id='"
                            + kucun.getId() + "'");
                }
            }
        }
        conn.commit();
        conn.setAutoCommit(autoCommit);
    } catch (SQLException e) {
        e.printStackTrace();
        return false;
    }
    return true;
}
```

6．backup()方法

backup()方法通过把数据表对象、数据表中的列等信息保存在 ArrayList 集合中后，使用 IO 流中的输出流将数据表中的数据写入指定路径下的 SQL 文件中，进而实现备份数据库的操作。该方法的返回值是备份文件的存放路径。backup()方法的关键代码如下：

<代码 09　　代码位置：资源包\code\21\Bits\09.txt>

```java
public static String backup() throws SQLException {
    LinkedList<String> sqls = new LinkedList<String>();    // 备份文件中的所有 sql
    // 存储要备份的表名
```

```java
String tables[] = { "tb_gysinfo", "tb_jsr", "tb_khinfo", "tb_kucun",
        "tb_rkth_detail", "tb_rkth_main", "tb_ruku_detail",
        "tb_ruku_main", "tb_sell_detail", "tb_sell_main", "tb_spinfo",
        "tb_userlist", "tb_xsth_detail", "tb_xsth_main" };
ArrayList<Tables> tableList = new ArrayList<Tables>();          // 创建保存所有表对象的集合
for (int i = 0; i < tables.length; i++) {                      // 遍历表名称数组
    Statement stmt = conn.createStatement();
    ResultSet rs = stmt.executeQuery("desc " + tables[i]);     // 查询表结构
    ArrayList<Columns> columns = new ArrayList<Columns>();      // 列集合
    while (rs.next()) {
        Columns c = new Columns();                             // 创建列对象
        c.setName(rs.getString("Field"));                      // 读取列名
        c.setType(rs.getString("Type"));                       // 读取列类型
        String isnull = rs.getString("Null");                  // 读取为空类型
        if ("YES".equals(isnull)) {                            // 如果列可以为空
            c.setNull(true);                                   // 列可以为空
        }
        String key = rs.getString("Key");                      // 读取主键类型
        if ("PRI".equals(key)) {                               // 如果是主键
            c.setKey(true);                                    // 列为主键
            String increment = rs.getString("Extra");          // 读取特殊属性
            if ("auto_increment".equals(increment)) {          // 表主键是否自增
                c.setIncrement(true);                          // 主键自增
            }
        }
        columns.add(c);                                        // 列集合添加此列
    }
    // 创建表示此表名和拥有对应列对象的表对象
    Tables table = new Tables(tables[i], columns);
    tableList.add(table);                                      // 表集合保存此表对象
    rs.close();                                                // 关闭结果集
    stmt.close();                                              // 关闭 sql 语句接口
}
for (int i = 0; i < tableList.size(); i++) {                   // 遍历表对象集合
    Tables table = tableList.get(i);                          // 获取表格对象
    // 删除表 sql
    String dropsql = "DROP TABLE IF EXISTS " + table.getName() + " ;";
    sqls.add(dropsql);                                         // 添加"删除表 sql"
    StringBuilder createsql = new StringBuilder();            // 创建表 sql
    createsql.append("CREATE TABLE " + table.getName() + " ( ");// 创建语句句头
    ArrayList<Columns> columns = table.getColumns();          // 获取表中所有列对象
    for (int k = 0; k < columns.size(); k++) {                // 遍历列集合
        Columns c = columns.get(k);                           // 获取列对象
        createsql.append(c.getName() + " " + c.getType());    // 添加列名和类型声明语句
        if (!c.isNull()) {                                    // 如果列可以为空
            createsql.append(" not null ");                   // 添加可以为空语句
        }
        if (c.isKey()) {                                      // 如果是主键
            createsql.append(" primary key ");                // 添加主键语句
            if (c.isIncrement()) {                            // 如果是主键自增
                createsql.append(" AUTO_INCREMENT ");         // 添加自增语句
            }
```

```
                }
            if (k < columns.size() - 1) {              // 如果不是最后一列
                createsql.append(",");                  // 添加逗号
            } else {                                    // 如果是最后一列
                createsql.append(");");                 // 创建语句结尾
            }
        }
        sqls.add(createsql.toString());                 // 添加"创建表 sql"
        Statement stmt = conn.createStatement();        // 执行 sql 接口
        ResultSet rs = stmt
                .executeQuery("select * from " + table.getName());
        while (rs.next()) {
            StringBuilder insertsql = new StringBuilder(); // 插入值 sql
            insertsql.append("INSERT INTO " + table.getName() + " VALUES(");
            for (int j = 0; j < columns.size(); j++) {  // 遍历表中所有列
                Columns c = columns.get(j);             // 获取列对象
                String type = c.getType();              // 获取列字段修饰符
                // 如果数据类型开头用 varchar、char、datetime 任意一种修饰
                if (type.startsWith("varchar") || type.startsWith("char")
                        || type.startsWith("datetime")) {
                    // 获取本列数据，两端加逗号
                    insertsql.append("'" + rs.getString(c.getName()) + "'");
                } else {
                    // 获取本列数据，两端不加逗号
                    insertsql.append(rs.getString(c.getName()));
                }
                if (j < columns.size() - 1) {           // 如果不是最后一列
                    insertsql.append(",");              // 添加逗号
                } else {// 如果是最后一列
                    insertsql.append(");");             // 添加句尾
                }
            }
            sqls.add(insertsql.toString());             // 添加"插入数据 sql"
        }
        rs.close();                                     // 关闭结果集
        stmt.close();                                   // 关闭 sql 语句接口
    }
    sqls.add("DROP VIEW IF EXISTS v_rukuView;");        // 插入删除视图语句
    // 插入创建视图语句
    sqls.add("CREATE VIEW v_rukuView AS SELECT tb_ruku_main.rkID, tb_ruku_detail.
spid, "
            + "tb_spinfo.spname, tb_spinfo.gg, tb_ruku_detail.dj, tb_ruku_detail. sl, "
            + "tb_ruku_detail.dj * tb_ruku_detail.sl AS je, tb_spinfo.gysname, "
            + "tb_ruku_main.rkdate, tb_ruku_main.czy, tb_ruku_main.jsr, "
            + "tb_ruku_main.jsfs FROM tb_ruku_detail INNER JOIN tb_ruku_main ON "
            + "tb_ruku_detail.rkID = tb_ruku_main.rkID INNER JOIN tb_spinfo ON "
            + "tb_ruku_detail.spid = tb_spinfo.id;");
    sqls.add("DROP VIEW IF EXISTS v_sellView;");        // 插入删除视图语句
    // 插入创建视图语句
    sqls.add("CREATE VIEW v_sellView AS SELECT tb_sell_main.sellID, tb_spinfo.
spname, "
            + "tb_sell_detail.spid, tb_spinfo.gg, tb_sell_detail.dj, tb_sell_
detail.sl, "
```

463

```
                          + "tb_sell_detail.sl * tb_sell_detail.dj AS je, tb_sell_main.khname, "
                          + "tb_sell_main.xsdate, tb_sell_main.czy, tb_sell_main.jsr, "
                          + "tb_sell_main.jsfs FROM tb_sell_detail INNER JOIN tb_sell_main ON "
                          + "tb_sell_detail.sellID = tb_sell_main.sellID INNER JOIN tb_spinfo ON "
                          + "tb_sell_detail.spid = tb_spinfo.id;");
        java.util.Date date = new java.util.Date();              // 通过 Date 对象获得当前
                                                                 // 时间
        SimpleDateFormat sdf = new SimpleDateFormat("yyyyMMdd_HHmmss");// 设置当前时间
                                                                 // 的输出格式
        String backupTime = sdf.format(date);                    // 格式化 Date 对象
        String filePath = "backup\\" + backupTime + ".sql";// 通过拼接字符串获得备份文件
                                                                 // 的存放路径
        File sqlFile = new File(filePath);                       // 创建备份文件对象
        FileOutputStream fos = null;                             // 文件字节输出流
        OutputStreamWriter osw = null;                           // 字节流转为字符流
        BufferedWriter rw = null;                                // 缓冲字符流
        try {
            fos = new FileOutputStream(sqlFile);
            osw = new OutputStreamWriter(fos);
            rw = new BufferedWriter(osw);
            for (String tmp : sqls) {                            // 遍历所有备份 sql 语句
                rw.write(tmp);                                   // 向文件中写入 sql 语句
                rw.newLine();                                    // 文件换行
                rw.flush();                                      // 字符流刷新
            }
        } catch (FileNotFoundException e) {
            e.printStackTrace();
        } catch (IOException e) {
            e.printStackTrace();
        } finally {
            // 倒序依次关闭所有 IO 流
            if (rw != null) {
                try {
                    rw.close();
                } catch (IOException e) {
                    e.printStackTrace();
                }
            }
            if (osw != null) {
                try {
                    osw.close();
                } catch (IOException e) {
                    e.printStackTrace();
                }
            }
            if (fos != null) {
                try {
                    fos.close();
                } catch (IOException e) {
                    e.printStackTrace();
                }
            }
        }
    }
```

```
        return filePath;
}
```

7. restore(String filePath)方法

restore(String filePath)方法通过获取 SQL 备份文件的存放路径，使用 IO 流中的输入流读取指定 SQL 备份文件中的数据表相关信息，进而实现恢复数据库的操作。restore(String filePath)方法的关键代码如下：

<代码10　　代码位置：资源包\code\21\Bits\10.txt>

```java
public static void restore(String filePath) {
    File sqlFile = new File(filePath);                          // 创建备份文件对象
    Statement stmt = null;                                      // sql 语句直接接口
    FileInputStream fis = null;                                 // 文件输入字节流
    InputStreamReader isr = null;                               // 字节流转为字符流
    BufferedReader br = null;                                   // 缓存输入字符流
    try {
        fis = new FileInputStream(sqlFile);
        isr = new InputStreamReader(fis);
        br = new BufferedReader(isr);
        String readStr = null;                                  // 缓冲字符串，保存备份文件中一行的内容
        while ((readStr = br.readLine()) != null) {             // 逐行读取备份文件中的内容
            if (!"".equals(readStr.trim())) {                   // 如果读取的内容不为空
                stmt = conn.createStatement();                 // 创建 sql 语句执行接口
                int count = stmt.executeUpdate(readStr);       // 执行 sql 语句
                stmt.close();                                  // 关闭接口
            }
        }
    } catch (SQLException e) {
        e.printStackTrace();
    } catch (FileNotFoundException e) {
        e.printStackTrace();
    } catch (IOException e) {
        e.printStackTrace();
    } finally {
        // 倒序依次关闭所有 IO 流
        if (br != null) {
            try {
                br.close();
            } catch (IOException e) {
                e.printStackTrace();
            }
        }
        if (isr != null) {
            try {
                isr.close();
            } catch (IOException e) {
                e.printStackTrace();
            }
        }
        if (fis != null) {
            try {
```

```
                fis.close();
        } catch (IOException e) {
                e.printStackTrace();
            }
        }
    }
}
```

✍ 说明：

由于篇幅有限，这里只列举了重要的操作数据表的方法，其他操作数据表的方法读者可参照"资源包\code\21\Project\企业进销存管理系统\src\com\ mingrisoft \ dao \Dao.java"加以理解。

21.6   系统主窗体概述

主窗体是用来实现人机交互的主体，用户通过主窗体中提供的各种菜单、表格、文本框和内部窗体等组件对程序进行管理和操作。企业进销存管理系统主窗体采用的是 MDI（即"多文档界面"），类似于 Word 应用程序，可以同时打开多个内部窗体进行操作，还可以对打开的功能窗体进行各种操作，如窗口平铺、全部还原、全部关闭。该程序还能够在菜单中列出当前打开的内部窗体的名称，企业进销存管理系统的主窗体如图 21.6 所示。

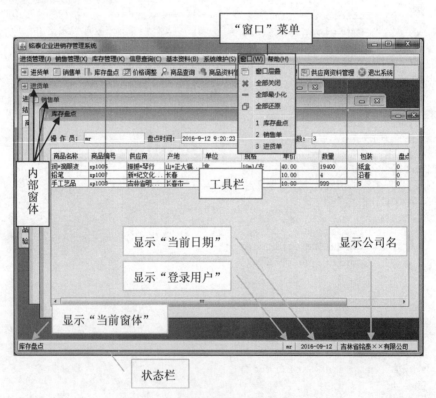

图 21.6   企业进销存管理系统的主窗体

1．设计菜单栏

企业进销存管理系统的菜单栏是由 MenuBar 类实现的，该类是一个自定义的菜单栏类，它继承 JMenuBar 类后，成为 Swing 的菜单栏组件。读者可参照源代码中 com.mingrisoft 包下的 MenuBar. java 文件学习"企业进销存管理系统的菜单栏"的实现过程。

2．设计工具栏

工具栏用于放置常用命令按钮，如进货单、销售单和库存盘点等。向企业进销存管理系统中添加工具栏的方法与向本系统中添加菜单栏的方法类似，也需要继承 Swing 的 JTool 组件编写自定义的工具栏。读者可参照源代码中 com.mingrisoft 包下的 ToolBar.java 文件学习"企业进销存管理系统的工具栏"的实现过程。

3．设计状态栏

企业进销存管理系统的状态栏显示了当前选择的功能窗体、登录用户名、当前日期和版权所有者等信息。该状态栏是由 JPanel 面板、JLabel 标签和 JSeparator 分隔条组件组成的。读者可参照源代码中 com.mingrisoft 包下的 MainFrame.java 文件中的 getStateLabel()方法（该方法被用于初始化当前窗体的状态标签）学习"企业进销存管理系统的状态栏"的实现过程。

📝 说明：

读者可以根据"资源包\code\21\Project\企业进销存管理系统\src\com\mingrisoft\ MainFrame.java"路径查看实现主窗体的源代码。

21.7　进货单模块设计

🔲 本模块使用的数据表：tb_ruku_main、tb_ruku_detail、tb_kucun、tb_gysinfo、tb_spinfo、tb_jsr

进货单模块负责添加企业的进货信息，它根据进货人员提供的单据，将采购商品的名称、编号、产地、规格、单价和数量等信息记录到数据库的库存表中。进货单窗体如图 21.7 所示。

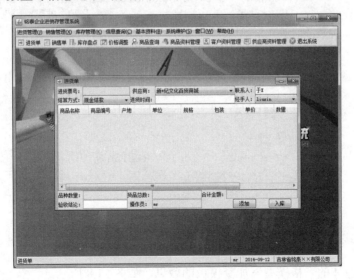

图 21.7　进货单窗体

在进货单窗体界面中可以单击"添加"按钮向进货单的表格中添加进货商品。表格的第一列，也就是"商品名称"字段，是下拉列表框组件，其内容根据"供应商"下拉列表框而定。单击组件中的商品名称，其他表格字段（商品信息）会自动添加。

✍ 说明：

> "进货管理"菜单中包含"进货单"和"进货退货"两个菜单项，由于实现方式基本相同，所以这里以进货单模块为例进行讲解。

21.7.1 添加进货商品的空模板

在进货单窗体中单击"添加"按钮，会在表格中添加一个空行，可以在该空行的第一个字段选择商品名称，其他的字段信息会根据选择的商品自动填充。要实现以上功能就需要为"添加"按钮编写 ActionListener 动作监听器，在该监听器中实现相应的操作。"添加"按钮的初始化由 getTjButton()方法完成，该方法在初始化"添加"按钮时，为该按钮添加动作事件监听器。关键代码如下：

<代码11   代码位置：资源包\code\21\Bits\11.txt>

```java
private JButton getTjButton() {
    if (tjButton == null) {                          // 如果"添加"按钮不存在
        tjButton = new JButton();                    // 创建"添加"按钮
        tjButton.setText("添加");                     // 设置"添加"按钮中的文本内容
        tjButton.addActionListener(new ActionListener() {  // 为"添加"按钮添加动作
                                                            事件的监听
            public void actionPerformed(ActionEvent e) {
                java.sql.Date date = new java.sql.Date(jhsjDate.getTime());
                                                     // 创建日期对象
                jhsjField.setText(date.toString());  // 设置"进货时间"文本框中的
                                                        文本内容
                String maxId = Dao.getRuKuMainMaxId(date);// 获取最大的"进货票号"
                idField.setText(maxId);              // 设置"进货票号"文本框中的文本内容
                // 结束表格中没有编写的单元
                stopTableCellEditing();
                // 如果表格中不包含空行，就添加新行
                for (int i = 0; i <= table.getRowCount() - 1; i++) {
                    if (table.getValueAt(i, 0) == null)
                        return;
                }
                // 创建表格对象
                DefaultTableModel model = (DefaultTableModel) table.getModel();
                model.addRow(new Vector());          // 向表格添加空行
            }
        });
    }
    return tjButton;
}
```

向进货单内部窗体的表格模型添加空模板的效果，如图 21.8 所示。

图 21.8　向进货单内部窗体添加空模板的效果图

21.7.2　显示指定供应商主营商品名称的下拉列表

自定义一个 getSpComboBox()方法，选择指定供应商后，双击进货商品空模板中的第一个单元格，即可弹出用来显示指定供应商主营商品的下拉列表。自定义 getSpComboBox()方法的具体代码如下：

<代码12　　　代码位置：资源包\code\21\Bits\12.txt>

```java
private JComboBox getSpComboBox() {
    if (spComboBox == null) {                              // 如果"商品"下拉列表不存在
        spComboBox = new JComboBox();                      // 创建"商品"下拉列表
        spComboBox.addItem(new TbSpinfo());        // 向"商品"下拉列表中添加商品信息
        // 为"商品"下拉列表添加动作事件的监听
        spComboBox.addActionListener(new ActionListener() {
            public void actionPerformed(ActionEvent e) {
                ResultSet set = Dao.query("select * from tb_spinfo where gysName='"
                + getGysComboBox().getSelectedItem() + "'");// 获得供应商信息的集合
                updateSpComboBox(set);                     // 更新商品下拉列表
            }
        });
        // 为"商品"下拉列表添加选项事件的监听
        spComboBox.addItemListener(new java.awt.event.ItemListener() {
            public void itemStateChanged(java.awt.event.ItemEvent e) {
                // 获得"商品"下拉列表中被选中的商品信息
                TbSpinfo info = (TbSpinfo) spComboBox.getSelectedItem();
                // 如果选择有效就更新表格
                if (info != null && info.getId() != null) {
                    updateTable();                         // 更新表格当前行的内容
                }
            }
        });
    }
    return spComboBox;
}
```

在进货单内部窗体的表格模型中，显示指定供应商主营商品的下拉列表的效果，如图 21.9 所示。

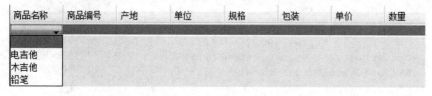

图 21.9　显示指定供应商主营商品的下拉列表的效果图

21.7.3　更新进货商品详细信息

在进货商品的空模板中选中某商品后，需要将该商品的详细信息显示到当前行中。为了实现该功能，首先调用 updateSpComboBox(ResultSet set)方法，该方法是自定义方法，用来获取被选中商品的详细信息。具体代码如下：

＜代码 13　　　代码位置：资源包\code\21\Bits\13.txt＞

```java
private void updateSpComboBox(ResultSet set) {
    try {
        while (set.next()) {                    // 移动后的记录指针指向一条有效的记录
            TbSpinfo spinfo = new TbSpinfo();   // 商品信息
            spinfo.setId(set.getString("id").trim());           // 商品编号
            spinfo.setSpname(set.getString("spname").trim());   // 商品名称
            spinfo.setCd(set.getString("cd").trim());           // 产地
            spinfo.setJc(set.getString("jc").trim());           // 商品简称
            spinfo.setDw(set.getString("dw").trim());           // 商品计量单位
            spinfo.setGg(set.getString("gg").trim());           // 商品规格
            spinfo.setBz(set.getString("bz").trim());           // 包装
            spinfo.setPh(set.getString("ph").trim());           // 批号
            spinfo.setPzwh(set.getString("pzwh").trim());       // 批准文号
            spinfo.setMemo(set.getString("memo").trim());       // 备注
            spinfo.setGysname(set.getString("gysname").trim());// 供应商名称
            // "商品"下拉列表的默认模型
            DefaultComboBoxModel model = (DefaultComboBoxModel) spComboBox.getModel();
                if (model.getIndexOf(spinfo) < 0)        // "商品"下拉列表不包含该商品
                    spComboBox.addItem(spinfo);          // 则添加选项
        }
    } catch (SQLException e1) {
        e1.printStackTrace();
    }
}
```

自定义一个 updateTable()方法，该方法将被选中商品的详细信息显示在"进货单"内部窗体空模板的当前行。调用 updateTable()方法的具体代码如下：

＜代码 14　　　代码位置：资源包\code\21\Bits\14.txt＞

```java
private synchronized void updateTable() {
    // 获得"商品"下拉列表中被选中的选项
    TbSpinfo spinfo = (TbSpinfo) spComboBox.getSelectedItem();
    int row = table.getSelectedRow();                  // 获得表格模型中被选中的行
    // 表格模型中被选中的行大于等于 0 且"商品"下拉列表中被选中的选项不为空
    if (row >= 0 && spinfo != null) {
        // 设置表模型中单元格的值
        table.setValueAt(spinfo.getId(), row, 1);       // 商品编号
        table.setValueAt(spinfo.getCd(), row, 2);       // 产地
        table.setValueAt(spinfo.getDw(), row, 3);       // 商品计量单位
        table.setValueAt(spinfo.getGg(), row, 4);       // 商品规格
        table.setValueAt(spinfo.getBz(), row, 5);       // 包装
        table.setValueAt("0", row, 6);                  // 单价
        table.setValueAt("0", row, 7);                  // 数量
```

```
        table.setValueAt(spinfo.getPh(), row, 8);          // 批号
        table.setValueAt(spinfo.getPzwh(), row, 9);        // 批准文号
        table.editCellAt(row, 6);                              // 单价可编辑
    }
}
```

在进货单内部窗体的表格模型中，更新进货商品详细信息的效果，如图 21.10 所示。

商品名称	商品编号	产地	单位	规格	包装	单价	数量
电吉他	sp1001	中**连	把	FD-3100	盒	0	0

图 21.10 更新进货商品详细信息的效果图

21.7.4 统计进货商品信息

在 bottomPanel 面板中布置了多个文本框，用于统计品种数量、货品总数和合计金额等商品信息。添加进货商品之后要实现商品信息的自动统计，就要在 table 表格的 PropertyChangeListener 事件监听器中编写统计代码。这里将统计代码编写为 ComputeInfo()方法，然后在事件监听器中调用。为表格添加事件监听器的关键代码如下：

<代码 15　　代码位置：资源包\code\21\Bits\15.txt>

```
//添加匿名的事件监听器
table.addPropertyChangeListener(new PropertyChangeListener() {
    // 为表格添加更改属性的监听事件
    public void propertyChange(java.beans.PropertyChangeEvent e) {
        if ((e.getPropertyName().equals("tableCellEditor"))) {
            // 事件处理器，该处理器用于计算货品总数和合计金额等信息
            new computeInfo();
        }
    }
});
```

当 table 表格发生属性改变事件时，事件监听器首先会检测发生的事件类型，也就是判断发生了哪种更改属性的事件，如果事件类型是 tableCellEditor，则说明属于表格编辑事件，这时应该针对表格的修改事件去调用 ComputeInfo 类执行商品进货的统计业务，并将结果显示在相应的组件上。ComputeInfo 类的关键代码如下：

<代码 16　　代码位置：资源包\code\21\Bits\16.txt>

```
private final class computeInfo implements ContainerListener {
    @Override
    public void componentRemoved(ContainerEvent e) {
        // 清除空行
        clearEmptyRow();
        int rows = table.getRowCount();                    // 获得表格模型中的行数
        int count = 0;                                       // "货品总数"
        double money = 0.0;                                 // "合计金额"
        TbSpinfo column = null;                             // "商品信息"的实例
        if (rows > 0)                                        // 表格模型中的行数大于 0
            // 为"商品信息"的实例赋值
            column = (TbSpinfo) table.getValueAt(rows - 1, 0);
```

```
                // 表格模型中的行数大于 0 且"商品信息"的实例不存在或商品编号为空
                if (rows > 0 && (column == null || column.getId().isEmpty()))
                    rows--;                                     // 表格模型中的行数减一
                // 计算货品总数和合计金额
                for (int i = 0; i < rows; i++) {
                    String column7 = (String) table.getValueAt(i, 7);  // 获得表格中"数量"
                    String column6 = (String) table.getValueAt(i, 6);  // 获得表格中"单价"
                    // 将 String 类型的"数量"转换为 int 型
                    int c7 =
                        (column7 == null || column7.isEmpty()) ? 0 : Integer.parseInt(column7);
                    // 将 String 类型的"单价"转换为 float 型
                    float c6 =
                        (column6 == null || column6.isEmpty()) ? 0 : Float.parseFloat(column6);
                    count += c7;                                 // 计算货品总数
                    money += c6 * c7;                            // 计算合计金额
                }
                pzslField.setText(rows + "");        // 设置"品种数量"文本框中的文本内容
                hpzsField.setText(count + "");       // 设置"货品总数"文本框中的文本内容
                hjjeField.setText(money + "");       // 设置"合计金额"文本框中的文本内容
            }
            @Override
            public void componentAdded(ContainerEvent e) {
            }
        }
```

在进货单内部窗体的表格模型中，统计进货商品详细信息的效果，如图 21.11 所示。

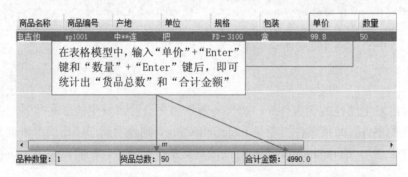

图 21.11 统计进货商品信息的效果图

21.7.5 进货商品入库功能的实现

添加进货单中的所有商品后，单击"入库"按钮，可以将这些商品添加到数据库中，这需要在"入库"按钮的初始化方法中为按钮添加 ActionListener 动作监听器，在监听器中实现商品入库的业务逻辑。getRukuButton()方法是"入库"按钮的初始化方法，该方法将判断"入库"按钮对象是否已经初始化，如果已经初始化，就直接将按钮对象返回给方法的调用者，否则先对按钮进行初始化，然后返回该按钮对象。初始化"入库"按钮的过程中为按钮添加了动作事件监听器，在该事件监听器中将首先调用 stopTableCellEditing()方法停止正在编辑的表格单元，然后获取进货单的品种数量、结算方式、合计金额、经手人、操作员、进货票号和验收结论等信息，并对关键信息进行判断，防止用户忘记填写这些关键信息。最后，创建进货主表的模型对象、进货详细表的模型对象和库存表的模型对象，使用进货单窗体中的信息初始化这些模型对象，并把它们通过 Dao 公共类的 insertRukuInfo()方法保存到数据库中。程序关键代码如下：

<代码 17　　　代码位置：资源包\code\21\Bits\17.txt>

```java
private JButton getRukuButton() {
    if (rukuButton == null) {                                // 如果"入库"按钮不存在
        rukuButton = new JButton();                          // 创建"入库"按钮
        rukuButton.setText("入库");                          // 设置"入库"按钮中的文本内容
        // 为"入库"按钮添加动作事件的监听
        rukuButton.addActionListener(new java.awt.event.ActionListener() {
            public void actionPerformed(java.awt.event.ActionEvent e) {
                // 停止表格单元的编辑
                stopTableCellEditing();
                // 清除空行
                clearEmptyRow();
                String pzsStr = pzslField.getText();        // 品种数
                String jeStr = hjjeField.getText();         // 合计金额
                String jsfsStr = jsfsComboBox.getSelectedItem().toString();
                                                            // 结算方式
                String jsrStr = jsrComboBox.getSelectedItem() + "";// 经手人
                String czyStr = jsrComboBox.getSelectedItem() + "";// 操作员
                String rkDate = jhsjField.getText();        // 入库时间
                String ysjlStr = ysjlField.getText().trim();    // 验收结论
                String id = idField.getText();              // 票号
                String gysName = gysComboBox.getSelectedItem() + ""; // 供应商名字
                // 如果"经手人"下拉列表不存在或"经手人"下拉列表为空
                if (jsrStr == null || jsrStr.isEmpty()) {
                    JOptionPane.showMessageDialog(JinHuoDan_IFrame.this, "请填写经
手人");
                    return;
                }
                // 如果"验收结论"文本框不存在或"验收结论"文本框为空
                if (ysjlStr == null || ysjlStr.isEmpty()) {
                    JOptionPane.showMessageDialog(JinHuoDan_IFrame.this, "填写验收
结论");
                    return;
                }
                if (table.getRowCount() <= 0) {      // 如果表格模型的行数小于等于 0
                    JOptionPane.showMessageDialog(JinHuoDan_IFrame.this, "填加入库
商品");
                    return;
                }
                TbRukuMain ruMain = new TbRukuMain(id, pzsStr, jeStr, ysjlStr, gysName,
                        rkDate, czyStr, jsrStr, jsfsStr);              // 入库主表
                Set<TbRukuDetail> set = ruMain.getTabRukuDetails();    // 入库明细
                int rows = table.getRowCount();               // 获得表格模型中的行数
                for (int i = 0; i < rows; i++) {
                    TbSpinfo spinfo = (TbSpinfo) table.getValueAt(i, 0);// 商品信息
                    // 商品信息不存在、商品编号不存在或商品编号为空
```

```
            if (spinfo == null || spinfo.getId() == null || spinfo.getId().
isEmpty())
                continue;                        // 跳过本次循环，执行下一次循环
            String djStr = (String) table.getValueAt(i, 6);// 单价
            String slStr = (String) table.getValueAt(i, 7);// 数量
            Double dj = Double.valueOf(djStr);// 将String类型的"单价"转换
                                                //    为 int 型
            Integer sl = Integer.valueOf(slStr);// 将String类型的"数量"转
                                                //    换为 int 型
            TbRukuDetail detail = new TbRukuDetail();  // 入库明细
            detail.setTabSpinfo(spinfo.getId());        // 商品信息
            detail.setTabRukuMain(ruMain.getRkId());    // 入库主表(入库编号)
            detail.setDj(dj);                           // 单价
            detail.setSl(sl);                           // 数量
            set.add(detail);                            // 添加入库明细
        }
        boolean rs = Dao.insertRukuInfo(ruMain);    // 是否成功添加入库信息
        if (rs) {                                   // 成功添加入库信息
            // 弹出提示框
            JOptionPane.showMessageDialog(JinHuoDan_IFrame.this, "入库完成");
            // 创建表格默认模型对象
            DefaultTableModel dftm = new DefaultTableModel();
            table.setModel(dftm);               // 将表格的数据模型设置为 dftm
            pzslField.setText("0");        // 设置"品种数量"文本框中的内容为 0
            hpzsField.setText("0");        // 设置"货品总数"文本框中的内容为 0
            hjjeField.setText("0");        // 设置"合计金额"文本框中的内容为 0
        }
    }
});
}
return rukuButton;
}
```

✍ 说明：

上述代码块是实现图 21.12 的关键代码，读者可以根据"资源包\code\21\Project\企业进销存管理系统\src\com\mingrisoft\iframe\JinHuoDan_IFrame.java"路径查看实现进货单模块的完整源代码。

把进货单内部窗体表格模型中的进货商品信息添加到数据库中的效果，如图 21.12 所示。

图 21.12　进货商品信息添加到数据库中的效果图

21.8 销售单模块设计

📇 **本模块使用的数据表：** tb_sell_main、tb_sell_detail、tb_kucun、tb_khinfo、tb_spinfo、tb_jsr

商品销售是进销存管理系统中的重要环节之一，进货商品在入库之后就可以开始销售了。销售单模块主要负责根据经手人提供的销售单据添加进销存管理系统的库存商品和记录销售信息，方便以后查询和统计。销售单窗体的运行效果如图 21.13 所示。

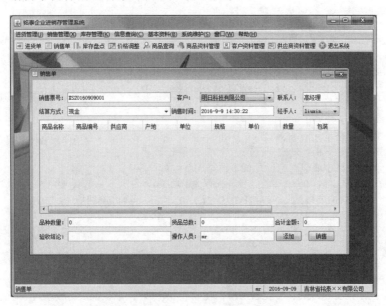

图 21.13　销售单窗体

21.8.1　初始化销售票号

定义一个 initPiaoHao()方法，用来初始化销售票号，该票号就是销售单在数据库中的 id 编号。具体实现时，首先创建 java.sql 包中 Date 类的对象，该对象包含当前日期；然后调用 Dao 类的 getSellMainMaxId()方法获取数据库销售主表中的最大 ID 编号；最后，将该 ID 编号更新到 piaoHao 文本框中。initPiaoHao()方法的代码如下：

<代码 18　　代码位置：资源包\code\21\Bits\18.txt>

```
private void initPiaoHao() {
    // 使用系统时间值构造一个日期对象
    java.sql.Date date = new java.sql.Date(System.currentTimeMillis());
    String maxId = Dao.getSellMainMaxId(date); // 获取销售票号最大 ID
    piaoHao.setText(maxId);                     // 设置"销售票号"文本框中的文本内容
}
```

初始化销售单内部窗体中销售票号的效果，如图 21.14 所示。

销售票号：| XS20161013001

图 21.14　初始化销售票号的效果图

21.8.2　添加销售商品信息

在销售单窗体中单击"添加"按钮，将向 table 表格中添加新的空行，操作员可以在空行的第一列字段的商品下拉列表框中选择销售的商品，该下拉列表框和进货单窗体不同，它不是根据供应商字段确定列表框的内容，而是包含了数据库中所有可以销售的商品。要实现添加销售商品功能需要为"添加"按钮添加动作监听器，在监听器中实现相应的业务逻辑。实现添加销售商品功能的关键代码如下：

<代码 19　　　代码位置：资源包\code\21\Bits\19.txt>

```java
JButton tjButton = new JButton("添加");
// 为 "添加" 按钮添加动作事件的监听
tjButton.addActionListener(new ActionListener() {
    public void actionPerformed(ActionEvent e) {
        // 初始化票号
        initPiaoHao();
        // 停止表格单元的编辑
        stopTableCellEditing();
        // 如果表格中还包含空行，就不再添加新行
        for (int i = 0; i < table.getRowCount(); i++) {
            TbSpinfo info = (TbSpinfo) table.getValueAt(i, 0);
            if (table.getValueAt(i, 0) == null)
                return;
        }
        // 创建默认的表格模型对象
        DefaultTableModel model = (DefaultTableModel) table.getModel();
        model.addRow(new Vector());                 // 向默认的表格模型对象添加空行
    }
});
```

21.8.3　统计销售商品信息

与进货单的统计功能类似，销售单也需要统计功能，统计的内容包括货品数量、品种数量和合计金额等信息，实现方式也是使用 table 表格的事件监听器来处理相应的统计业务，但是销售单窗体使用的不是 PropertyChangeListener 属性改变事件监听器，而是 ContainerListener 容器监听器。Table 表格事件监听器的关键代码如下：

<代码 20　　　代码位置：资源包\code\21\Bits\20.txt>

```java
table = new JTable();                                   // 表格模型对象
// 不自动调整列的宽度，使用滚动条
table.setAutoResizeMode(JTable.AUTO_RESIZE_OFF);
initTable();// 初始化表格
// 添加事件完成品种数量、货品总数和合计金额的计算
table.addContainerListener(new computeInfo());
```

computeInfo 类是销售单窗体的内部类，该类通过实现 ContainerListener 接口成为容器监听器，该监听器将 table 表格视为容器，当表格添加新行或删除行时，将触发 ContainerEvent 容器事件，引发监听器对该事件进行相应的业务处理，完成本次销售信息的统计。computeInfo 类的关键代码如下：

<代码 21　　　代码位置：资源包\code\21\Bits\21.txt>

```java
private final class computeInfo implements ContainerListener {
    public void componentRemoved(ContainerEvent e) {
        // 清除空行
        clearEmptyRow();
        int rows = table.getRowCount();          // 获得表格模型中的行数
        int count = 0;                           // "货品总数"
        double money = 0.0;                      // "合计金额"
        TbSpinfo column = null;                  // 商品信息的实例
        if (rows > 0)                            // 表格模型中的行数大于 0
            // 为"商品信息"的实例赋值
            column = (TbSpinfo) table.getValueAt(rows - 1, 0);
        // 表格模型中的行数大于 0 且"商品信息"的实例不存在或商品编号为空
        if (rows > 0 && (column == null || column.getId().isEmpty()))
            rows--;                              // 表格模型中的行数减一
        // 计算货品总数和金额
        for (int i = 0; i < rows; i++) {
            String column7 = (String) table.getValueAt(i, 7);// 获得表格中的"数量"
            String column6 = (String) table.getValueAt(i, 6);// 获得表格中的"单价"
            // 将 String 类型的"数量"转换为 int 型
            int c7 =
                (column7 == null || column7.isEmpty()) ? 0 : Integer.valueOf(column7);
            // 将 String 类型的"单价"转换为 Double 型
            Double c6 =
                (column6 == null || column6.isEmpty()) ? 0 : Double.valueOf(column6);
            count += c7;                         // 计算货品总数
            money += c6 * c7;                    // 计算合计金额
        }
        pzs.setText(rows + "");                  // 设置"品种数量"文本框中的文本内容
        hpzs.setText(count + "");                // 设置"货品总数"文本框中的文本内容
        hjje.setText(money + "");                // 设置"合计金额"文本框中的文本内容
    }
    public void componentAdded(ContainerEvent e) {
    }
}
```

向销售单内部窗体表格模型添加销售商品信息，更改"数量"，按下"Enter"键，即可实现统计销售商品信息的效果，如图 21.15 所示。

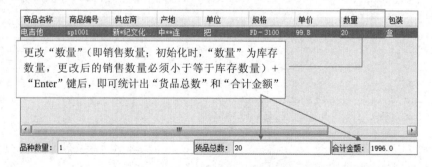

图 21.15　统计销售商品信息的效果图

21.8.4　商品销售功能的实现

在销售单窗体中添加完销售商品之后，单击"销售"按钮，将完成本次销售单的销售业务。系统会记录本次销售信息，并从库存表中扣除销售的商品数量。这些业务处理都是在"销售"按钮的动作监听器中完成的，该监听器需要获取销售单窗体中的所有销售信息和商品信息，将所有商品信息封装为销售明细表的模型对象，并将这些模型对象放到一个集合中，然后调用 Dao 公共类的 insertSellInfo()方法将该集合与销售主表的模型对象保存到数据库中。关键代码如下：

<代码22　　　代码位置：资源包\code\21\Bits\22.txt>

```java
JButton sellButton = new JButton("销售");                    // "销售"按钮
// 为"销售"按钮添加动作事件的监听
sellButton.addActionListener(new ActionListener() {
    public void actionPerformed(ActionEvent e) {
        stopTableCellEditing();                            // 结束表格中没有编写的单元
        clearEmptyRow();                                   // 清除空行
        String hpzsStr = hpzs.getText();                   // 货品总数
        String pzsStr = pzs.getText();                     // 品种数
        String jeStr = hjje.getText();                     // 合计金额
        String jsfsStr = jsfs.getSelectedItem().toString();  // 结算方式
        String jsrStr = jsr.getSelectedItem() + "";        // 经手人
        String czyStr = czy.getText();                     // 操作员
        String rkDate = xssjDate.toLocaleString();         // 销售时间
        String ysjlStr = ysjl.getText().trim();            // 验收结论
        String id = piaoHao.getText();                     // 票号
        String kehuName = kehu.getSelectedItem().toString(); // 供应商名字
        if (jsrStr == null || jsrStr.isEmpty()) {          // "经手人"为空
            JOptionPane.showMessageDialog(XiaoShouDan.this, "请填写经手人");
            return;
        }
        if (ysjlStr == null || ysjlStr.isEmpty()) {        // "验收结论"为空
            JOptionPane.showMessageDialog(XiaoShouDan.this, "填写验收结论");
            return;
        }
        if (table.getRowCount() <= 0) {                    // 表格模型的行数小于等于0
            JOptionPane.showMessageDialog(XiaoShouDan.this, "填加销售商品");
            return;
        }
        TbSellMain sellMain = new TbSellMain(id, pzsStr, jeStr, ysjlStr, kehuName,
                rkDate, czyStr, jsrStr, jsfsStr);          // 销售主表
        Set<TbSellDetail> set = sellMain.getTbSellDetails(); // 获得销售明细的集合
        int rows = table.getRowCount();                    // 获得表格模型中的行数
        for (int i = 0; i < rows; i++) {
            TbSpinfo spinfo = (TbSpinfo) table.getValueAt(i, 0);  // 商品信息
            String djStr = (String) table.getValueAt(i, 6);       // 单价
            String slStr = (String) table.getValueAt(i, 7);       // 库存数量
            Double dj = Double.valueOf(djStr); // 将 String 型的单价转换为 Double 型
            Integer sl = Integer.valueOf(slStr); // 将 String 型的库存数量转换为 Integer 型
```

```
        TbSellDetail detail = new TbSellDetail();              // 销售明细
        detail.setSpid(spinfo.getId());                        // 流水号
        detail.setTbSellMain(sellMain.getSellId());            // 销售主表
        detail.setDj(dj);                                      // 销售单价
        detail.setSl(sl);                                      // 销售数量
        set.add(detail);                    // 把销售明细添加到销售明细的集合中
    }
    boolean rs = Dao.insertSellInfo(sellMain);// 是否成功添加销售信息
    if (rs) {
        JOptionPane.showMessageDialog(XiaoShouDan.this, "销售完成");// 弹出提示框
        DefaultTableModel dftm = new DefaultTableModel();// 创建默认的表格模型对象
        table.setModel(dftm);               // 将表格的数据模型设置为默认的表格模型对象
        initTable();                        // 初始化表格
        pzs.setText("0");                   // 设置"品种数量"文本框中的内容为 0
        hpzs.setText("0");                  // 设置"货品总数"文本框中的内容为 0
        hjje.setText("0");                  // 设置"合计金额"文本框中的内容为 0
    }
  }
});
```

✍ 说明：

上述代码块是实现图 21.16 的关键代码，读者可以根据"资源包\code\21\Project\企业进销存管理系统\src\com\mingrisoft\iframe\XiaoShouDan.java"路径查看实现销售单模块的完整源代码。

把销售单内部窗体表格模型中的销售商品信息添加到数据库的效果，如图 21.16 所示。

图 21.16　把销售商品信息添加到数据库的效果图

21.9　库存盘点模块设计

📊 **本模块使用的数据表：tb_kucun、tb_spinfo**

库存盘点模块主要负责计算库存管理人员的商品盘点数量和库存数量的损益。程序将提示当前日期和库存商品的品种数量，并在表格中显示所有库存商品，在表格的"盘点数量"一列中输入相应商品的盘点数量，"损益数量"字段会自动计算该商品的剩余商品数量，如果该数量为正数，说明库存数量多于盘点数量，库存盘点窗体如图 21.17 所示。

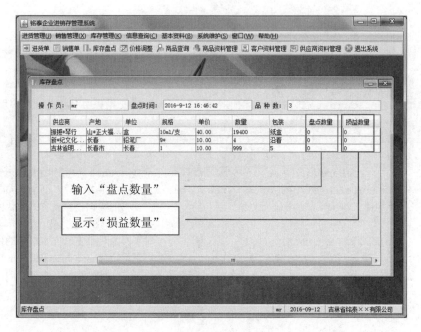

图 21.17　库存盘点窗体

21.9.1　显示所有库存商品信息

库存盘点窗体的商品表格 table 组件用于显示库存中的所有商品信息，这需要在 initTable()方法中初始化表格字段名，并调用 Dao 类的 getKucunInfos()方法读取库存数据中的所有商品列表，显示到 table 商品表格组件中。关键代码如下：

<代码 23　　　代码位置：资源包\code\21\Bits\23.txt>

```java
private void initTable() {                                          // 初始化表格
    String[] columnNames = { "商品名称", "商品编号", "供应商", "产地",
        "单位", "规格", "单价", "数量", "包装", "盘点数量", "损益数量" };// 表头
    // 获得表格默认模型
    DefaultTableModel tableModel = (DefaultTableModel) table.getModel();
    tableModel.setColumnIdentifiers(columnNames);                // 替换模型中的表头
    // 设置盘点字段只接收数字输入
    final JTextField pdField = new JTextField(0);          // "盘点"文本框
    pdField.setEditable(false);                      // 设置"盘点"文本框不可编辑
    // 为"盘点"文本框添加盘点字段的按键监听器
    pdField.addKeyListener(new PanDianKeyAdapter(pdField));
    JTextField readOnlyField = new JTextField(0);  // "只读"文本框
    readOnlyField.setEditable(false);                // 设置"只读"文本框不可编辑
    // 构造使用"盘点"文本框为参数的盘点编辑器
    DefaultCellEditor pdEditor = new DefaultCellEditor(pdField);
    // 构造使用"只读"文本框为参数的只读编辑器
    DefaultCellEditor readOnlyEditor = new DefaultCellEditor(readOnlyField);
    for (int i = 0; i < columnNames.length; i++) {
        TableColumn column = table.getColumnModel().getColumn(i); // 获得表格中的
                                                                 // 每一列
```

```
                column.setCellEditor(readOnlyEditor);                    // 设置表格单元为只
                                                                            读格式
        }
        TableColumn pdColumn = table.getColumnModel().getColumn(9);          // 盘点数量
        TableColumn syColumn = table.getColumnModel().getColumn(10);   // 损益数量
        pdColumn.setCellEditor(pdEditor);                         // 为盘点数量设置盘点编辑器
        syColumn.setCellEditor(readOnlyEditor);                   // 为损益数量设置只读编辑器
        // 初始化表格内容
        List kcInfos = Dao.getKucunInfos();                       // 获得库存信息的集合
        for (int i = 0; i < kcInfos.size(); i++) { // 遍历库存信息的集合
            List info = (List) kcInfos.get(i);       // 获得库存信息集合中的元素
            Item item = new Item();                              // 数据表公共类
            item.setId((String) info.get(0));                 // 经手人编号
            item.setName((String) info.get(1));               // 经手人姓名
            TbSpinfo spinfo = Dao.getSpInfo(item);              // 读取商品信息
            Object[] row = new Object[columnNames.length]; // 创建长度为表头数组长度的数组
            if (spinfo.getId() != null && !spinfo.getId().isEmpty()) {// 如果商品编号不为空
                row[0] = spinfo.getSpname();                     // 添加行数据之“商品名称”
                row[1] = spinfo.getId();                         // 添加行数据之“商品编号”
                row[2] = spinfo.getGysname();                    // 添加行数据之“供应商名称”
                row[3] = spinfo.getCd();                         // 添加行数据之“产地”
                row[4] = spinfo.getDw();                         // 添加行数据之“商品计量单位”
                row[5] = spinfo.getGg();                         // 添加行数据之“商品规格”
                row[6] = info.get(2).toString();                // 添加行数据之“单价”
                row[7] = info.get(3).toString();                // 添加行数据之“数量”
                row[8] = spinfo.getBz();                         // 添加行数据之“包装”
                row[9] = 0;                                      // 添加行数据之“盘点数量”
                row[10] = 0;                                     // 添加行数据之“损益数量”
                tableModel.addRow(row);                          // 向表格默认模型中添加行数据
                String pzsStr = pzs.getText();                   // 获得“品种数”文本框中的文本内容
                int pzsInt = Integer.parseInt(pzsStr); // 将String型的“品种数”换为int型
                pzsInt++;                                        // “品种数”加1
                pzs.setText(pzsInt + "");                        // 设置“品种数”文本框中的文本内容
            }
        }
}
```

在库存盘点内部窗体的表格模型中，显示所有库存商品信息的效果，如图 21.18 所示。

商品名称	商品编号	供应商	产地	单位	规格	单价	数量	包装	盘点
润*商眼液	sp1005	振摄*琴行	山*正大福	盒	10ml/支	40.00	19400	纸盒	0
铅笔	sp1007	新*纪文化	长春	铅笔厂	9*	10.00	0	沿着	0
手工艺品	sp1008	吉林省明	长春市	长春	1	23.00	1099	5	0
航母	sp1010	吉林省明	美国	艘	gbxxxxxx	20.00	3	gbxxxxxx	0
木吉他	sp1002	新*纪文化	中**海	把	HM2100	50.00	60	盒	0
电吉他	sp1001	新*纪文化	中**连	把	FD－3100	99.80	30	盒	0

图 21.18　显示所有库存商品信息的效果图

21.9.2　统计库存商品的损益数量

商品表格组件需要在用户输入盘点数量时，自动计算并更新损益单元格的内容，也就是用库存商品实际数量减去用户输入的盘点数量。实现自动计算功能最好的方式就是为表格组件的"盘点数量"编辑器的编辑组件添加按键监听器，使用该按键监听器可以限制用户只能输入数字信息，同时还可以在按键事件发生时进行损益统计。实现该监听器的关键代码如下：

<代码 24   代码位置：资源包\code\21\Bits\21.txt>

```java
// 盘点字段的按键监听器
private class PanDianKeyAdapter extends KeyAdapter {
    private final JTextField field;                    // "盘点"文本框
    // 区分同名变量，并为同名变量赋值
    private PanDianKeyAdapter(JTextField field) {
        this.field = field;
    }
    public void keyTyped(KeyEvent e) {                 // 键入某个键时
        // 限制盘点数量只能输入数字字符
        if (("0123456789" + (char) 8).indexOf(e.getKeyChar() + "") < 0) {
            e.consume();                               // 销毁当前没在 key 列表里的按键
        }
        field.setEditable(true);                       // 设置"盘点"文本框可编辑
    }
    public void keyReleased(KeyEvent e) {              // 释放某个键时
        String pdStr = field.getText();               // 获取盘点数量
        String kcStr = "0";                           // 声明 String 型的"库存数量"
        int row = table.getSelectedRow();             // 获得被选中的行
        if (row >= 0) {                               // 如果表格模型中存在被选中的行
            kcStr = (String) table.getValueAt(row, 7); // 获得库存数量
        }
        try {
            int pdNum = Integer.parseInt(pdStr);// 将 String 型的"盘点数量"转换为 int 型
            int kcNum = Integer.parseInt(kcStr);// 将 String 型的"库存数量"转换为 int 型
            if (row >= 0) {                           // 如果表格模型中存在被选中的行
                table.setValueAt(kcNum - pdNum, row, 10);// 为表格中的"损益数量"赋值
            }
            if (e.getKeyChar() != 8)                   // 当前按下的按键没在0123456789的范围里
                field.setEditable(false);             // "盘点"文本框不可编辑
        } catch (NumberFormatException e1) {
            field.setText("0");                       // 设置"盘点"文本框中的文本内容为 0
        }
    }
}
```

✎ 说明：

上述代码块是实现库存盘点功能的关键代码，读者可以根据"资源包\code\21\Project\企业进销存管理系统\src\com\mingrisoft\iframe\KuCunPanDian.java"路径查看实现库存盘点模块的完整源代码。

在库存盘点内部窗体的表格模型中，统计库存商品损益数量的效果，如图 21.19 所示。

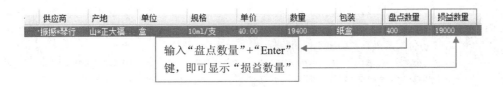

供应商	产地	单位	规格	单价	数量	包装	盘点数量	损益数量
*振撼*琴行	山*正大福	盒	10ml/支	40.00	19400	纸盒	400	19000

输入"盘点数量"+"Enter"
键，即可显示"损益数量"

图 21.19　统计库存商品损益数量的效果图

21.10　数据库备份与恢复模块设计

数据库备份与恢复模块可以增强系统的安全性。及时备份系统数据，如果发生意外，可以恢复最近时间段的数据库内容，将损失降低到最小程度。企业进销存管理系统数据库备份与恢复模块的窗体界面如图 21.20 所示。

图 21.20　数据库备份与恢复窗体

21.10.1　备份数据库

单击"备份"按钮，系统会将当前数据库内容备份到指定路径下以当前时间命名的文件中，该功能是通过在"备份"按钮的动作监听器中调用 Dao 类的 backup()方法实现的，如果在此期间程序抛出异常，将以对话框的方式提示用户错误信息，否则提示"备份成功"。"备份"按钮的关键代码如下：

<代码 25　　代码位置：资源包\code\21\Bits\25.txt>

```
private JButton getBackupButton() {          // 获得"备份"按钮
    if (backupButton == null) {              // "备份"按钮不存在
        backupButton = new JButton();        // 创建"备份"按钮
```

```
backupButton.setText("备份(K)");                    // 设置"备份"按钮中的字体内容
backupButton.setMnemonic(KeyEvent.VK_K);           // 设置"备份"按钮的键盘助记符为 K
// "备份"按钮添加动作事件的监听
backupButton.addActionListener(new java.awt.event.ActionListener() {
    public void actionPerformed(ActionEvent e) {
        try {
            String filePath = Dao.backup();// 获得备份 sql 文件的路径
            // 设置"数据库备份"文本框中的文本内容
            backupTextField.setText("数据库备份路径: " + filePath);
        } catch (Exception e1) {
            e1.printStackTrace();                  // 打印异常信息
            String message = e1.getMessage();      // 获得全部异常信息
            // 获得"]"在异常信息中最后一次出现处的索引
            int index = message.lastIndexOf(']');
            // 截取字符串获得最后一次出现"]"后的异常信息
            message = message.substring(index+1);
            // 弹出异常信息提示框
            JOptionPane.showMessageDialog(BackupAndRestore.this, message);
            return;                                 // 退出应用程序
        }
        // 弹出"备份成功"的提示框
        JOptionPane.showMessageDialog(BackupAndRestore.this, "备份成功");
    }
});
    }
    return backupButton;                           // 返回"备份"按钮
}
```

在数据库备份与恢复内部窗体中，单击"备份"按钮的效果，如图 21.21 所示。

图 21.21　单击"备份"按钮的效果图

21.10.2　获取数据库备份文件

数据库的恢复功能需要使用"浏览"按钮选择指定路径下已备份好的数据库文件。在"浏览"按钮的 ActionListener 动作监听器中通过 JFileChooser 文件选择器组件打开文件选择对话框，选择数据库备份文件。"浏览"按钮的动作监听器的关键代码如下：

<代码 26 代码位置：资源包\code\21\Bits\26.txt>

```java
private JButton getBrowseButton2() {                    // 获得"浏览"按钮
    if (browseButton2 == null) {                        // "浏览"按钮不存在
        browseButton2 = new JButton();                  // 创建"浏览"按钮
        browseButton2.setText("浏览(W)……");             // 设置"浏览"按钮中的文本内容
        browseButton2.setMnemonic(KeyEvent.VK_W);       // 设置"浏览"按钮的键盘助记符为 W
        // 为"浏览"按钮添加动作事件的监听
        browseButton2.addActionListener(new java.awt.event.ActionListener() {
            public void actionPerformed(java.awt.event.ActionEvent e) {
                // 把"./backup/"作为路径创建文件选择器
                JFileChooser dirChooser = new JFileChooser("./backup/");
                // 获得"打开""取消"的返回值
                int option = dirChooser.showOpenDialog(BackupAndRestore.this);
                //单击"打开"按钮
                if(option == JFileChooser.APPROVE_OPTION){
                    // 获得文件选择器中的文件
                    File selFile = dirChooser.getSelectedFile();
                    // 设置"数据库恢复"文本框中的文本内容
                    restoreTextField.setText(selFile.getAbsolutePath());
                }
            }
        });
    }
    return browseButton2;                               // 返回"浏览"按钮
}
```

在数据库备份与恢复内部窗体中，单击"浏览"按钮的效果，如图 21.22 所示。

图 21.22　单击"浏览"按钮的效果图

21.10.3　恢复数据库

如果由于不可避免的原因导致系统程序无法运行，或者数据库系统损坏，则可以在另一台计算机上安装企业进销存管理系统和数据库系统。在数据库中恢复功能模块中，单击"浏览"按钮选择备份在硬盘或其他移动设备上的数据库备份文件后，单击"恢复"按钮，即可使数据库恢复正常。

该功能是通过在"恢复"按钮的动作事件监听器中调用 Dao 类的 restore(String filePath)方法实现的，如果在此期间程序抛出异常，将以对话框的方式提示用户错误信息，否则提示"恢复成功"。"恢复"按钮的关键代码如下：

<代码 27　　　代码位置：资源包\code\21\Bits\27.txt>

```java
private JButton getRestoreButton() {                     // 获得"恢复"按钮
    if (restoreButton == null) {                         // "恢复"按钮不存在
        restoreButton = new JButton();                   // 创建"恢复"按钮
        restoreButton.setText("恢复(R)");                 // 设置"恢复"按钮中的文本内容
        // 设置"恢复"按钮的键盘助记符为 R
        restoreButton.setMnemonic(KeyEvent.VK_R);
        // 为"恢复"按钮添加动作事件的监听
        restoreButton.addActionListener(new java.awt.event.ActionListener() {
            public void actionPerformed(java.awt.event.ActionEvent e) {
                // 获得"数据库恢复"文本框中的路径
                String path = restoreTextField.getText();
                if(path == null || path.isEmpty())       // 路径不存在或路径下没有文件
                    return;// 退出应用程序
                File restoreFile = new File(path);       // 根据路径创建文件对象
                restoreFile.getAbsolutePath();           // 获得文件对象的绝对路径
                try {
                    Dao.restore(restoreFile.getAbsolutePath());// 数据库恢复
                } catch (Exception e1) {
                    e1.printStackTrace();                        // 打印异常信息
                    String message = e1.getMessage();  // 获得全部异常信息
                    // 获得"]"在异常信息中最后一次出现处的索引
                    int index = message.lastIndexOf(']');
                    // 截取字符串获得最后一次出现"]"后的异常信息
                    message = message.substring(index+1);
                    // 弹出异常信息提示框
                    JOptionPane.showMessageDialog(BackupAndRestore.this, message);
                    return;                              // 退出应用程序
                }
                // 弹出"恢复成功"的提示框
                JOptionPane.showMessageDialog(BackupAndRestore.this, "恢复成功");
            }
        });
    }
    return restoreButton;                                // 返回"恢复"按钮
}
```

✍ 说明：

上述代码块是实现恢复数据库的关键代码，读者可以根据"资源包\code\21\Project\企业进销存管理系统\src\com\mingrisoft\iframe\BackupAndRestore.java"路径查看实现数据库备份与恢复模块的完整源代码。

在数据库备份与恢复内部窗体中，单击"浏览"按钮选择指定的 sql 备份文件，再单击"恢复"按钮的效果，如图 21.23 所示。

图 21.23　单击"恢复"按钮的效果图

21.11　小　　结

下面通过一个思维导图对本章所讲模块及主要知识点进行总结，如图 21.24 所示。

图 21.24　企业进销存管理系统章节总结

Java 开发资源库使用说明

为了更好地学习《Java 从入门到精通（项目案例版）》，本书还赠送了 Java 开发资源库（需下载后使用，具体下载方法详见前言中"本书学习资源列表及获取方式"），以帮助读者快速提升编程水平。

打开下载的资源包中的 Java 开发资源库文件夹，双击 Java 开发资源库.exe 文件，即可进入 Java 开发资源库系统，其主界面如图 1 所示。Java 开发资源库内容很多，本书赠送了其中实例资源库中的"Java 范例库"（包括 1093 个完整实例的分析过程）、模块资源库中的 16 个典型模块、项目资源库中的 15 个项目开发的全过程，以及能力测试题库和编程人生（包括面试资源库）。

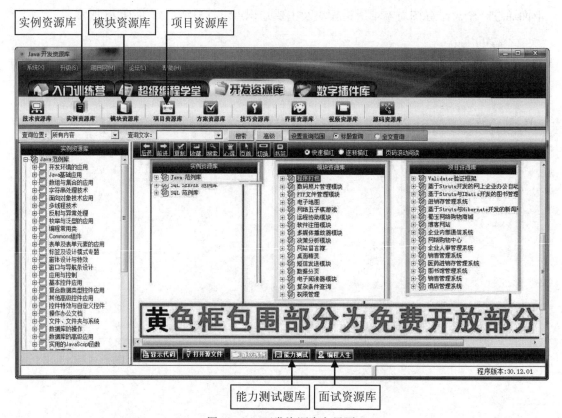

图 1　Java 开发资源库主界面

优秀的程序员通常都具有良好的逻辑思维能力和英语读写能力，所以在学习编程前，可以对数学及逻辑思维能力和英语基础能力进行测试，对自己的相关能力进行了解，并根据测试结果进行有针对的训练，以为后期能够顺利学好编程打好基础。本书附赠的开发资源库提供了相关的测试，如图 2 所示。

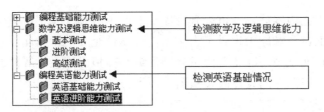

图 2　数学及逻辑思维能力测试和编程英语能力测试目录

在学习编程过程中，可以配合实例资源库，利用其中提供的大量典型实例，巩固所学编程技能，提高编程兴趣和自信心。同时，也可以配合能力测试题库的对应章节进行测试，以检测学习效果。实例资源库和编程能力测试题库目录如图 3 所示。

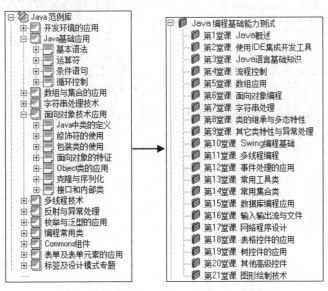

图 3　使用实例资源库和编程能力测试题库

当编程知识点学习完成后，可以配合模块资源库和项目资源库，快速掌握 16 个典型模块和 15 个项目的开发全过程，了解软件编程思想，全面提升个人综合编程技能和解决实际开发问题的能力，为成为软件开发工程师打下坚实基础。具体模块和项目目录如图 4 所示。

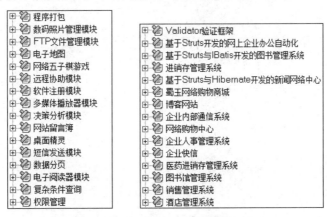

图 4　模块资源库和项目资源库目录

　　学以致用，学完以上内容后，就可以到程序开发的主战场上真正检测学习成果了。为祝您一臂之力，编程人生的面试资源库中提供了大量国内外软件企业的常见面试真题，同时还提供了程序员职业规划、程序员面试技巧、企业面试真题汇编和虚拟面试系统等精彩内容，是程序员求职面试的宝贵资料。面试资源库的具体内容如图 5 所示。

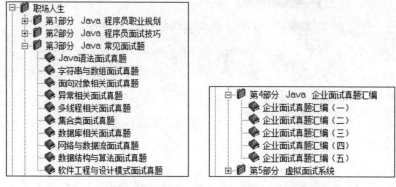

图 5　面试资源库目录

　　如果您在使用 Java 开发资源库时遇到问题，可查看前言中"本书学习资源列表及获取方式"，与我们联系，我们将竭诚为您服务。

150学时在线课程界面展示

明日学院 www.mingrisoft.com　专注编程教育十八年！

课程　请输入内容　　　　　　　　　　明日图书　淘宝店铺　　登录 | 注册

首页　　课程　　读书　　社区　　服务中心　　　　　　　VIP会员

💻 实战课程　　　　　　　　　　　　　　　　　　　　更多>>

命令方式修改数据库
Oracle | 实例　　免费
⏱ 12分9秒　　221人学习

实现手机QQ农场的进入游戏界面
Android | 实例　　免费
⏱ 12分19秒　　313人学习

第1讲 企业门户网站-功能概述
Java | 模块　　免费
⏱ 1分34秒　　329人学习

第1讲 酒店管理系统-概述
Java | 项目　　免费
⏱ 1分32秒　　440人学习

编写一个考试的小程序
Java | 实例　　免费
⏱ 3分57秒　　878人学习

画桃花游戏
C# | 实例　　免费
⏱ 12分48秒　　236人学习

三天打鱼两天晒网
C++ | 实例　　免费
⏱ 29分26秒　　336人学习

统计学生成绩
C++ | 实例　　免费
⏱ 9分51秒　　161人学习

体系课程　　　　　　　　　　　　　　　　　　　　更多>>

Java入门第一季

C#入门第一季

ORACLE入门第一季

Java入门第二季

C++入门第一季

Android入门第一季

Php入门第一季

JavaScript入门第一季

🧭 发现课程　　　　　　　　　　选择我的偏好　　📢 最新动态

三天打鱼两天晒网

命令方式修改数据库

编写一个考试的小程序

1　1.7 集成Android开发环境的安装
2　10.8 调用存储过程
3　10.7 动态查询
4　10.6 批处理
5　10.5 添加、修改和删除数据
6　10.4 数据库查询
7　10.3 链接数据库
8　10.2 JDBC简介

📞 客服热线(每日9:00-21:00)
400 675 1066

关注学习交流群

专注编程

专业用户，专注编程
提高能力，经验分享

成长自己成就他人

不断学习、成长自己
授人以渔、助人成长

150学时在线课程资源展示

Java入门第一季　　　　Java入门第二季　　　　Java入门第三季　　课时：7小时15分

注册为网站会员，可观看150学时相关视频，每个软件课程包括"体系课程"和"实战课程"，其中"体系课程"主要介绍软件各知识点的使用方法，"实战课程"介绍具体项目案例的实现过程，并传达一种软件设计思想和思维方法。

课程提纲

- 第一章 初识Java
- 第二章 Java编码规范
- 第三章 变量和常量
- 第四章 运算符
- 第五章 选择结构
- 第六章 循环结构
- 第七章 数组的使用
- 第八章 数组排序
- 第九章 String字符串基础
- 第十章 字符串操作

提纲展开

第三章 变量和常量

- 3.1 标识符与关键字　免费
- 3.2 变量　开始学习
- 3.3 常量　免费
- 3.4 整数类型　免费
- 3.5 浮点类型　免费
- 3.6 字符类型　免费
- 3.7 布尔类型　免费
- 3.8 数据类型转换　免费
- 3.9 练习——输出字符画　免费
- 3.10 练习——打印汇款单　免费
- 3.11 练习——模拟移动充值　免费
- 3.12 练习——输出天气预报　免费
- 3.13 练习——输出象棋口诀　免费
- 3.14 练习——模拟儿童购票　免费
- 3.15 练习——输出列车时刻表　免费

视频展示

实例视频——核对用户注册信息

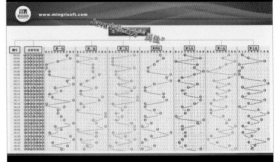

项目视频——明日彩票预测系统

模块视频——企业门户网站

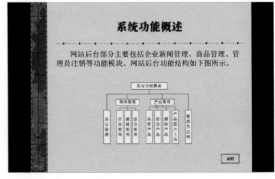

实战课程

难 - 中 - 易

▶ 实例　　　　　　　　　　更多

- 编写一个考试的小程序　　Java|实例　免费　3分57秒　878人学习
- 核对用户注册信息　　Java|实例　免费　26分8秒　64人学习
- 猴子吃桃问题　　Java|实例　免费　3分33秒　42人学习

▶ 项目　　　　　　　　　　更多

- 明日彩票预测系统　　Java|项目　免费　2小时7分49秒　28人学习
- 通讯录系统　　Java|项目　免费　1小时49分53秒　9人学习
- 一起来画画　　Java|项目　免费　1小时52分48秒　29人学习

▶ 模块　　　　　　　　　　更多

- BBS系统　　Java|模块　免费　1小时46分钟　38人学习
- 企业门户网站　　Java|模块　免费　1小时9分钟　368人学习
- 医药管理系统　　Java|模块　VIP　2小时15分钟　221人学习